무접점 시퀀스 제어를 위한

디지털 논리회로

현근호 · 정일화 지음

KM 경문사

머리말

디지털 시스템은 현대사회 전 분야에 걸쳐 없어서는 안 될 필수적인 요소로 사용되고 있습니다. 이 기술은 좀 더 많은 정보를 빠르고, 정확하게 처리하려는 인간의 욕구와 시대적 부흥에 따라 오늘날에도 비약적인 발전을 거듭하고 있습니다. 이러한 추세에 발맞추어 이 분야를 공부하는 학생이나 종사하는 사람들은 물론, 일반인도 쉽게 이해하고 학습할 수 있는 기초적인 디지털논리회로 교재를 필요로 하고 있습니다.

본 교재는 2년제 전기전자전공 대학생의 디지털논리회로 기본교재로 집필되었으며 수(數)의 체계와 논리함수(論理函數), 각종 논리게이트의 활용, 부울 대수 및 카르노맵에 의한 논리함수의 간략화, 조합논리회로(組合論理回路) 및 순차논리회로(順次論理回路)에 관한 내용을 포함하고 있습니다. 또한, 전기 및 전자분야를 전공하는 학생들에게 무접점(無接點) 시퀀스제어의 개념을 심어주기 위하여 시간제어 및 시퀀스회로의 변환방법을 제시하였습니다.

본 교재가 디지털시대에 살고 있는 우리들에게 조금이나마 유익한 지식의 산실로 자리매김 될 것으로 확신하며 혹시라도 발생한 오탈자 및 내용의 오류에 대하여 독자의 아낌없는 지적을 바라는 바입니다.

저자 올림

차례

제1장 수(數)의 체계

제2장 논리게이트와 논리함수

제3장 논리함수의 간략화

제4장 조합논리회로

제5장 순차논리회로

제6장 무접점제어 응용

부록 A PSpice 사용법

부록 B 논리게이트 일람표 231

강의계획서

(1학기 16주 강의용)

주차	제목	강의내용	교재범위
1	수(數)의 체계	수의 표현, 2진수의 연산, 2진 코드	1장
2	논리게이트	논리게이트의 종류와 특성, 부울 대수 기본법칙	2.1~2.2, 부록B
3	논리회로 구현	논리게이트에 의한 논리함수의 구현, 드모르간의 법칙	2.2~연습문제
4	카르노맵	카르노맵 개념 및 이용방법, 간략화 과제 설계	3.1~3.2
5	논리함수 간략화	논리함수 간략화 연습문제 선 및 시험	3.2~연습문제
6	조합논리회로	조합논리회로 정의 및 설계절차, 가감산회로	4.1~4.2
7	조합논리회로 응용	전동기 시한동작회로 배선 및 시험	4.3~4.5
8	중간고사		
9	플립플롭	순차논리회로와 기억소자, 플립플롭(SR, JK, T, D)	5.1
10	카운터 설계	플립플롭 변환회로, 비동기식 카운터 설계	5.2~5.3
11	동기식 카운터	플립플롭을 이용한 동기식 카운터 설계과제 풀이	5.3
12	시간제어 소자	MMV 등 시간제어용 소자의 응용, 시퀀스회로의 변환	6.1~6.2
13	무접점 시퀀스제어	유접점 시퀀스제어회로의 무접점 디지털회로로의 변환	6.3
14	PSpice 개요	PSpice 소프트웨어 소개 및 사용방법 설명	부록 A
15	PSpice 응용	조합 및 순차논리회로 대상 PSpice 시뮬레이션	
16	기말고사		

제 1 장

수數의 체계

미리보기

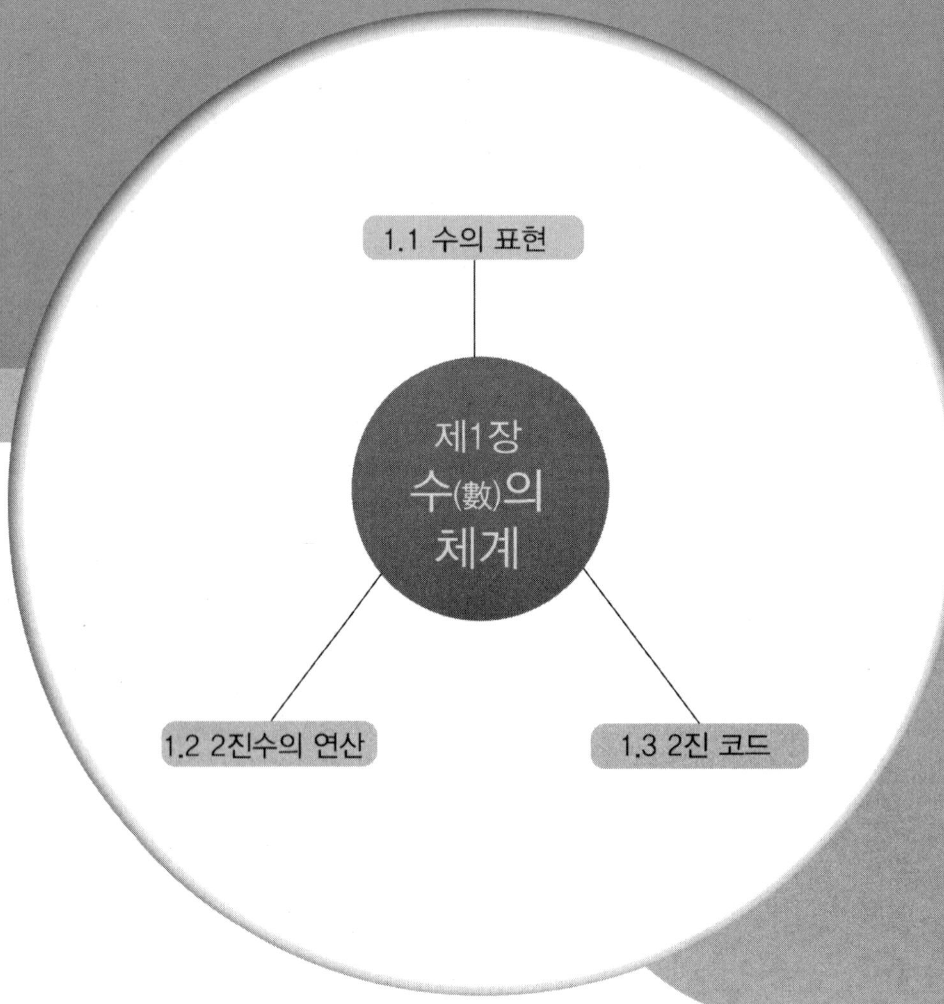

여기서는 2장 이후로 전개될 학습의 기초로써 디지털공학에서 주로 사용되는 2진수, 8진수, 16진수의 개념과 보수(complement)의 활용방법을 기술하였습니다. 또한, BCD코드를 비롯한 여러 가지 2진 코드의 개념과 활용방법도 설명하였습니다.

1.1 수의 표현

특정한 값의 크기를 나타내기 위하여 2진법, 8진법, 16진법, 10진법 등 여러 종류의 진법체계가 사용되고 있는데, n진법의 숫자 N을 나타내기 위한 표현식은 다음과 같다.

$$N = d_{n-1}R^{n-1} + d_{n-2}R^{n-2} + \cdots + d_1R^1 + d_0R^0$$

여기에서 R은 기수(基數)로서 2진수에서는 2, 8진수에서는 8을 나타내는 수이며, d는 각 자리에서의 임의의 숫자를 나타내며 2진수에서는 0과 1, 8진수에서는 0에서 7까지의 숫자 중 하나이다.

일반적으로 사용되는 수체계는 10진법에 기본을 두고 있으므로, 0, 1, 2, 3 … 8, 9의 10가지 종류의 숫자를 이용하여 값을 표시하며 각각의 자리에 고유의 가중치(weight)를 갖는 다음과 같은 진법체계를 갖게 된다.

$$457 = 4\times10^2 + 5\times10^1 + 7\times10^0 = 4\times100 + 5\times10 + 7\times1$$

$$\begin{aligned} 289.3 &= 2\times10^2 + 8\times10^1 + 9\times10^0 + 3\times10^{-1} \\ &= 2\times100 + 8\times10 + 9\times1 + 3\times0.1 \end{aligned}$$

1) 2진수

컴퓨터시스템의 기본적인 수의 체계는 참(true)과 거짓(false), 켜짐(on)과 꺼짐(off) 등의 두 가지 상태만을 나타내는 것을 기본으로 하고 있으며, 이를 수치적으로 표현하기 위하여 2진법을 기본으로 하는 2진수를 사용하고 있다.

따라서 2진수의 경우, 0과 1의 두 가지 종류의 숫자만을 사용하여 값을 표현하게 된다.

① 2진수를 10진수로 변환하는 경우

$$\begin{aligned} 1011 &= 1\times2^3 + 0\times2^2 + 1\times2^1 + 1\times2^0 \\ &= 1\times8 + 0\times4 + 1\times2 + 1\times1 = 11_{10} \end{aligned}$$

$$\begin{aligned} 110.01 &= 1\times2^2 + 1\times2^1 + 0\times2^0 + 0\times2^{-1} + 1\times2^{-2} \\ &= 1\times4 + 1\times2 + 0\times1 + 0\times0.5 + 1\times0.25 = 6.75_{10} \end{aligned}$$

② 10진수를 2진수로 변환하는 경우

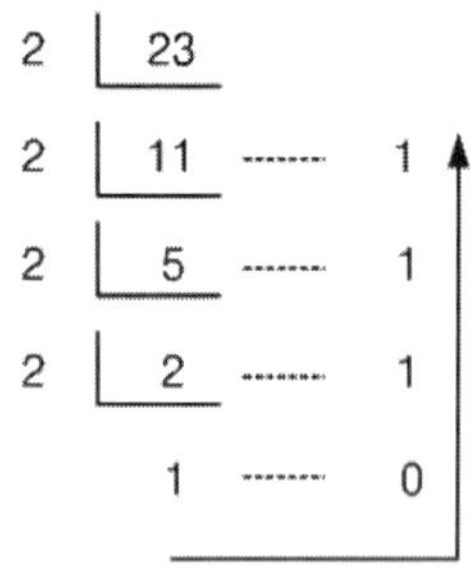

$23_{10} = 10111_2$

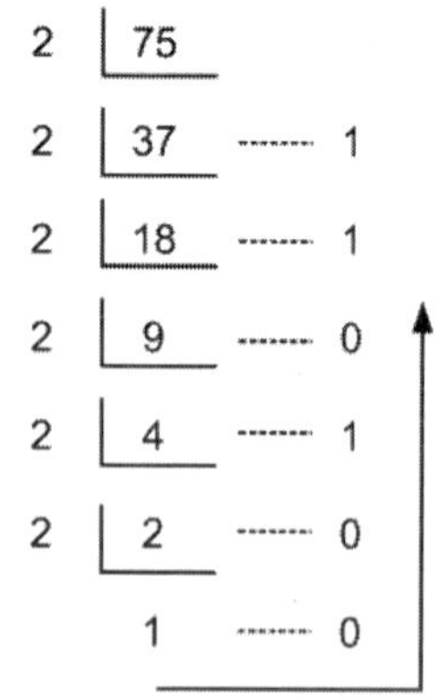

$75_{10} = 1001011_2$

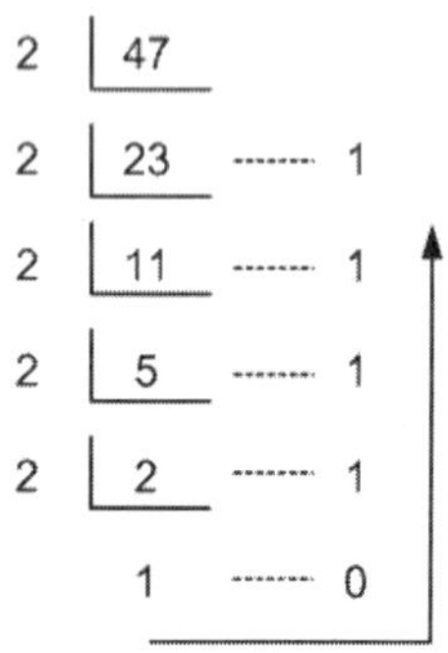

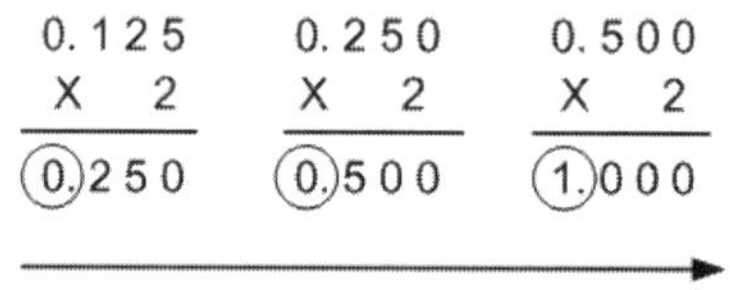

$47.125_{10} = 101111.001_2$

2) 8진수

8진수의 경우, 0, 1, 2 … 7의 8가지 숫자만을 사용하여 값을 표현하게 된다.

① 8진수를 10진수로 변환하는 경우

$$326_8 = 3\times 8^2 + 2\times 8^1 + 6\times 8^0 = 3\times 64 + 2\times 8 + 6\times 1 = 214_{10}$$

$$45.1_8 = 4\times 8^1 + 5\times 8^0 + 1\times 8^{-1}$$
$$= 4\times 8 + 5\times 1 + 1\times 0.125 = 32+5+0.125 = 37.125_{10}$$

② 10진수를 8진수로 변환하는 경우

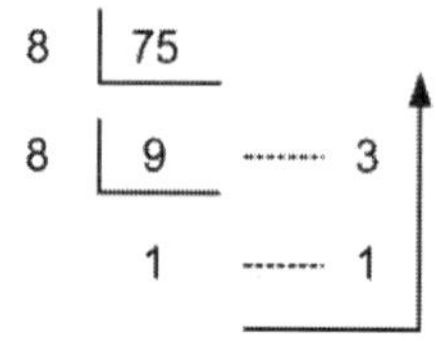

$75_{10} = 113_8$

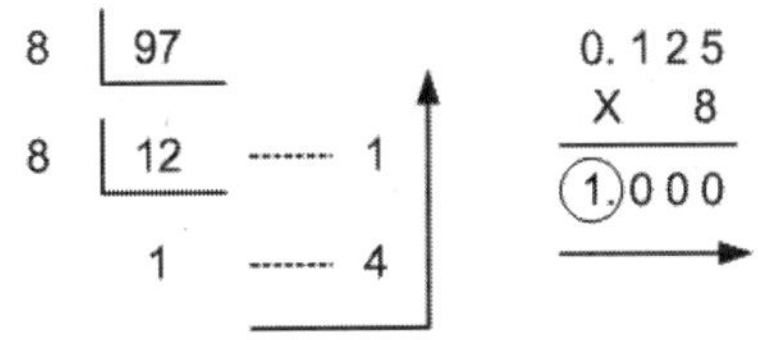

$97.125_{10} = 141.1_8$

③ 2진수를 8진수로 변환하는 경우

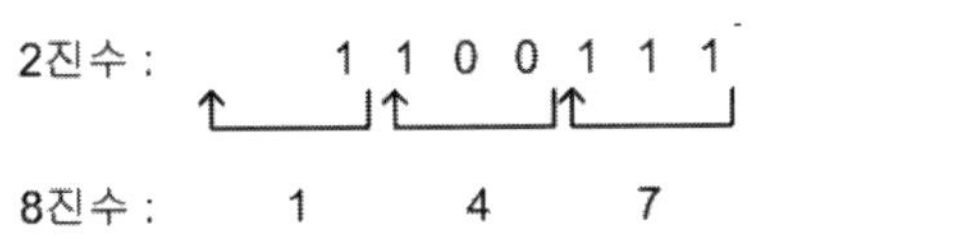

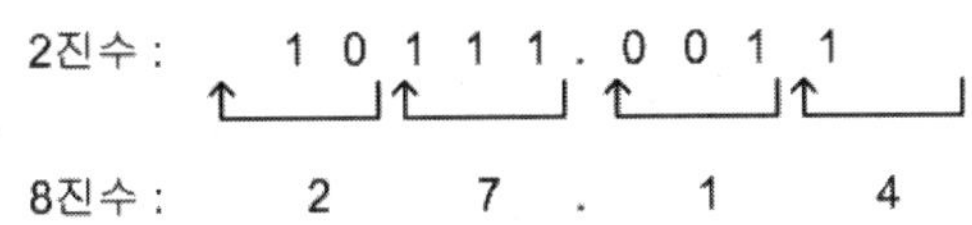

3) 16진수

16진수의 경우 모두 16가지의 숫자를 이용하여 표현하는데, 0에서 9까지의 10개 숫자와 A, B, C, D, E, F의 6가지 문자를 사용하여 값을 표현하게 된다. 2진수를 16진수로 변환하는 과정은 아래와 같다.

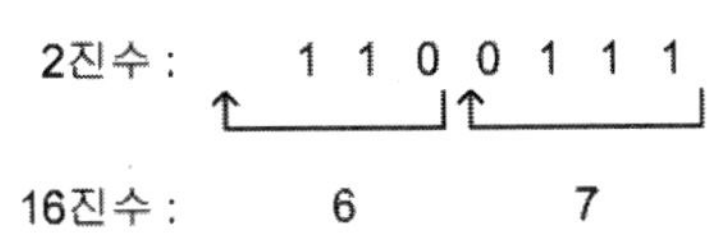

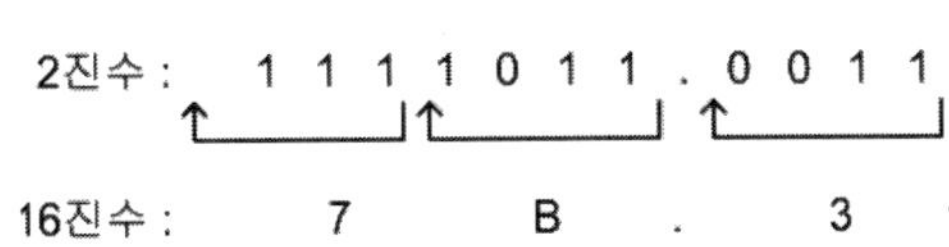

표 1.1 진법체계

10진수	2진수	8진수	16진수	10진수	2진수	8진수	16진수
0	00000	00	00	10	01010	12	0A
1	00001	01	01	11	01011	13	0B
2	00010	02	02	12	01100	14	0C
3	00011	03	03	13	01101	15	0D
4	00100	04	04	14	01110	16	0E
5	00101	05	05	15	01111	17	0F
6	00110	06	06	16	10000	20	10
7	00111	07	07	17	10001	21	11
8	01000	10	08	18	10010	22	12
9	01001	11	09	19	10011	23	13

1.2 2진수의 연산

1) 보수

컴퓨터에서 2진수의 뺄셈이 수행될 때, 컴퓨터는 이를 보수(complement)라는 개념을 도입, 덧셈으로 대치하여 실행하게 된다. 이는 보수의 개념으로 음수(陰數)를 표현할 수 있다는 것을 의미하며 2진수의 경우 1의 보수와 2의 보수라는 개념이 존재하게 된다.

① 1의 보수: 2진수의 각 비트를 1은 0으로 0은 1로 대치하면 된다.

1000 → 0111　　　01011 → 10100

② 2의 보수: 2진수를 1의 보수로 변환한 후 1을 더해주면 된다.

1001 → 0110 → 0110 + 1 → 0111

③ 1의 보수를 이용한 음수(陰數)의 표현: 일반적으로 2진수의 부호를 표현하기 위하여 1개의 비트가 추가되는데, 예를 들어, 7개의 데이터 비트와 1개의 부호 비트로 구성된 2진수에서 음수를 표현하려면, 표현하려는 음수의 절댓값에 해당하는 2진수에 대해 1의 보수를 취하는 간단한 과정으로 음수 표현이 가능해지게 되는데, 이때 부호 비트의 0은 양수를 1은 음수를 나타내게 된다.

◦ (−33)의 표현:

$+33_{10} = 00100001_2 \rightarrow 11011110_2 = -33_{10}$

2) 2진수의 덧셈

2진수	10진수	2진수	10진수
100011	35	100111	39
+ 000110	+ 6	+ 010011	+ 19
101001	41	111010	58

3) 2진수의 뺄셈

① 17−11=17+(−11)의 경우

$17_{10} = 00010001_2$

$11_{10} = 00001011_2$

$-11_{10} = 11110100_2$

```
  00010001
+ 11110100
----------
 100000101
  ↘      1
```

$00000110_2 = 6_{10}$

② 11−17=11+(−17)의 경우

$11_{10} = 00001011_2$

$17_{10} = 00010001_2$

$-17_{10} = 11101110_2$

```
  00001011
+ 11101110
----------
```

$11111001_2 = -6_{10}$

1.3 2진 코드

1) BCD 코드

BCD(Binary-Coded Decimal) 코드는 4비트의 2진수로 1자리의 10진수를 표현하는 코드로 4개의 비트가 각각 8,4,2,1의 자릿값(weighting)을 가지므로 8421 코드라고도 한다.

4비트로 만들 수 있는 경우의 수는 0000~1111의 16개가 가능하나 한자리의 10진수는 0~9까지 0개만이 사용되므로 10진수 10~15에 해당하는 1010~1111의 6가지는 사용하지 않는다.

10진수:	3 8 9
BCD코드:	0011 1000 1001
2진수:	110000101

표 1.2 BCD코드

10진수	BCD코드
0	0000
1	0001
2	0010
3	0011
4	0100
5	0101
6	0110
7	0111
8	1000
9	1001

2) 그레이 코드

그레이(Gray) 코드는 BCD 코드와는 달리 연속적인 수의 변화과정에서 단 1개의 비트만이 변화되는 특징을 갖기 때문에 A/D변환에서와 같이 연속적으로 변화되는 양을 코드화하는데 적합하다.

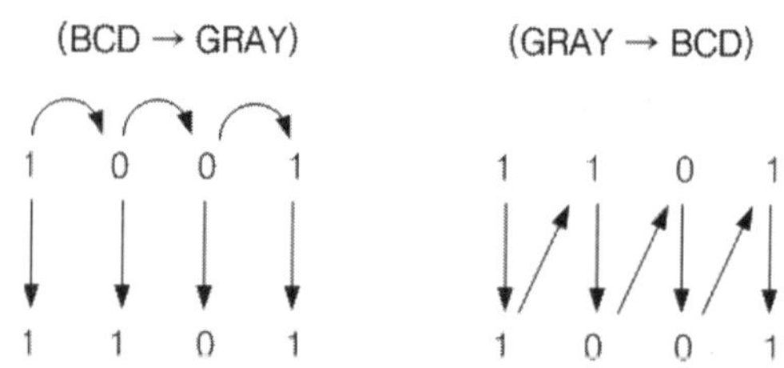

표 1.3 그레이코드

BCD코드	그레이코드
0000	0000
0001	0001
0010	0011
0011	0010
0100	0110
0101	0111
0110	0101
0111	0100
1000	1100
1001	1101

3) ASCII 코드

ASCII(American Standard Code for Information Interchange) 코드는 알파벳 대/소문자, 숫자, 특수문자, 제어명령 등을 표현하는 7비트 표준 입출력 코드로 2^7=128개의 코드조합이 가능해지고 여기에 1비트의 패리티를 부가하여 사용한다.

표 1.4 아스키코드

MSB / LSB	000	001	010	011	100	101	110	111
0000	NUL	DLE	SP	0	@	P	‘	p
0001	SOH	DC1	!	1	A	Q	a	q
0010	STX	DC2	”	2	B	R	b	r
0011	ETX	DC3	#	3	C	S	c	s
0100	EOT	DC4	$	4	D	T	d	t
0101	END	NAK	%	5	E	U	e	u
0110	ACK	SYN	&	6	F	V	f	v
0111	BEL	ETB	’	7	G	W	g	w
1000	BS	CAN	(	8	H	X	h	x
1001	HT	EM	)	9	I	Y	i	y
1010	LF	SUB	*	:	J	Z	j	z
1011	VT	ESC	+	;	K	[	k	{
1100	FF	FS	,	〈	L	/	l	|
1101	CR	GS	–	=	M	]	m	}
1110	SO	RS	.	〉	N	∧	n	~
1111	SI	US	/	?	O	—	o	DEL

4) 패리티 비트

전송 중에 발생하는 1비트의 오류를 검출하기 위해 사용하며, 데이터 집단 내에 오류가 존재함을 감지할 수 있으나 그 위치는 알 수가 없다. 따라서 오류검출코드의 일종이라 할 수 있다. 패리티(Parity) 비트의 종류에는 홀수패리티와 짝수패리티가 있으며, 부가방식으로는 1차원과 2차원 방식이 있는데 2차원 방식의 경우 오류검출 뿐만 아니라 정정까지도 가능해진다.

표 1.5 패리티비트

BCD코드	홀수패리티	짝수패리티
0000	10000	00000
0001	00001	10001
0010	00010	10010
0011	10011	00011
0100	00100	10100
0101	10101	00101
0110	10110	00110
0111	00111	10111
1000	01000	11000
1001	11001	01001

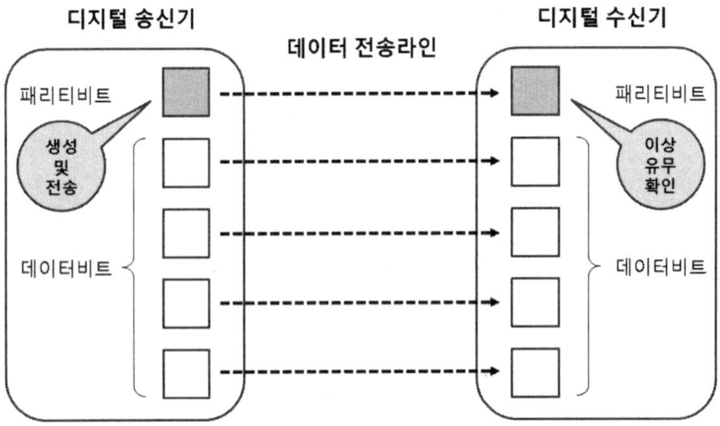

5) 해밍 코드

데이터의 오류 검출(detection)뿐 아니라 정정(correction)까지도 가능한 코드로, 데이터 내에 복수개의 패리티 비트를 부가시키는 방식으로 만들어진다.

오류정정을 위해 사용되는 패리티비트의 수는 다음 식에 의해 결정된다.

$$2^P \geq M + P + 1$$

P : 패리티비트 수

M : 오류정정을 위한 데이터의 비트 수

4비트의 데이터에 대해 해밍(Hamming) 코드(홀수 패리티 사용)를 사용하여 오류 정정 과정을 수행한다고 가정하면 그 과정은 아래와 같다.

데이터:

M1	M2	M3	M4

P1: M1, M2, M4의 홀수패리티 비트
P2: M1, M3, M4의 홀수패리티 비트
P4: M2, M3, M4의 홀수패리티 비트

전송 데이터:

P1	P2	M1	P4	M2	M3	M4

1011이라는 데이터를 전송한다고 가정할 때, 해밍 코드 부가와 오류 정정 과정을 살펴보면 다음과 같다.

P1: M1, M2, M4의 홀수패리티 비트 = 1, 0, 1의 홀수 패리티 = 1
P2: M1, M3, M4의 홀수패리티 비트 = 1, 1, 1의 홀수 패리티 = 0
P4: M2, M3, M4의 홀수패리티 비트 = 0, 1, 1의 홀수 패리티 = 1

따라서 전송 데이터는

1	0	1	1	0	1	1

만약에 전송 중에 5번째 비트에 오류가 발생하여 1011111 이라는 데이터가 수신되었다면,

체크포인트 1: P1, M1, M2, M4의 홀수 패리티 : 1, 1, 1, 1 : F(거짓)
체크포인트 2: P2, M1, M3, M4의 홀수 패리티 : 0, 1, 1, 1 : T(참)
체크포인트 4: P4, M2, M3, M4의 홀수 패리티 : 1, 1, 1, 1 : F(거짓)

가 되므로 5번째 비트의 오류발생을 검출하여 1011011이라는 원래의 데이터로 정정할 수 있게 된다.

예제 1-1 해밍코드를 사용하여 오류제어를 행한 0100101이라는 데이터가 수신되었을 때, 수신데이터의 오류를 검출하여 정정하시오.

P1	P2	M1	P4	M2	M3	M4
0	1	0	0	1	0	1

체크포인트 1: P1, M1, M2, M4의 홀수 패리티 : 0, 0, 1, 1 : F(거짓)
체크포인트 2: P2, M1, M3, M4의 홀수 패리티 : 1, 0, 0, 1 : F(거짓)

체크포인트 4: P4, M2, M3, M4의 홀수 패리티 : 0, 1, 0, 1 : F(거짓)

따라서 1+2+4=7, 즉 7번째 비트의 오류를 검출하여 원래의 송신데이터 0100100을 추출할 수 있게 된다.

예제 1-2 해밍코드를 사용하여 오류제어를 행한 0011100이라는 데이터가 수신되었을 때, 수신데이터의 오류를 검출하여 정정하시오.

P1	P2	M1	P4	M2	M3	M4
0	0	1	1	1	0	0

체크포인트 1: P1, M1, M2, M4의 홀수 패리티 : 0, 1, 1, 0 : F(거짓)
체크포인트 2: P2, M1, M3, M4의 홀수 패리티 : 0, 1, 0, 0 : T(참)
체크포인트 4: P4, M2, M3, M4의 홀수 패리티 : 1, 1, 0, 0 : F(거짓)

따라서 1+4=5, 즉 5번째 비트의 오류를 검출하여 원래의 송신데이터 0011000을 추출할 수 있게 된다.

5비트의 데이터에 대해 해밍 코드(홀수 패리티 사용)를 사용하여 오류 정정 과정을 수행한다고 가정하면 그 과정은 아래와 같다.

데이터:

M1	M2	M3	M4	M5

P1: M1, M2, M4, M5의 홀수패리티 비트
P2: M1, M3, M4의 홀수패리티 비트
P4: M2, M3, M4의 홀수패리티 비트
P8: M5의 홀수패리티 비트

전송 데이터:

P1	P2	M1	P4	M2	M3	M4	P8	M5

예제 1-3 해밍코드를 사용하여 오류제어를 행한 101101010이라는 데이터가 수신되었을 때, 수신데이터의 오류를 검출하여 정정하시오.

P1	P2	M1	P4	M2	M3	M4	P8	M5

1	0	1	1	0	1	0	1	0

체크포인트 1: P1, M1, M2, M4, M5의 홀수 패리티 : 1,1,0,0,0 : F(거짓)
체크포인트 2: P2, M1, M3, M4의 홀수 패리티 : 0,1,1,0 : F(거짓)
체크포인트 4: P4, M2, M3, M4의 홀수 패리티 : 1,0,1,0 : F(거짓)
체크포인트 8: P8, M5의 홀수 패리티 : 1,0 : T(참)

1+2+4=7, 즉 7번째 비트의 오류를 검출하여 원래의 송신데이터 101101110을 추출할 수 있게 된다.

예제 1-4 해밍코드를 사용하여 오류제어를 행한 111011001이라는 데이터가 수신되었을 때, 수신데이터의 오류를 검출하여 정정하시오.

P1	P2	M1	P4	M2	M3	M4	P8	M5
1	1	1	0	1	1	0	0	1

체크포인트 1: P1, M1, M2, M4, M5의 홀수 패리티 : 1,1,1,0,1 : F(거짓)
체크포인트 2: P2, M1, M3, M4의 홀수 패리티 : 1,1,1,0 : T(참)
체크포인트 4: P4, M2, M3, M4의 홀수 패리티 : 0,1,1,0 : F(거짓)
체크포인트 8: P8, M5의 홀수 패리티 : 0,1 : T(참)

1+4=5, 즉 7번째 비트의 오류를 검출하여 원래의 송신데이터 111001001을 추출할 수 있게 된다.

제2장

논리게이트와 논리함수

미리보기

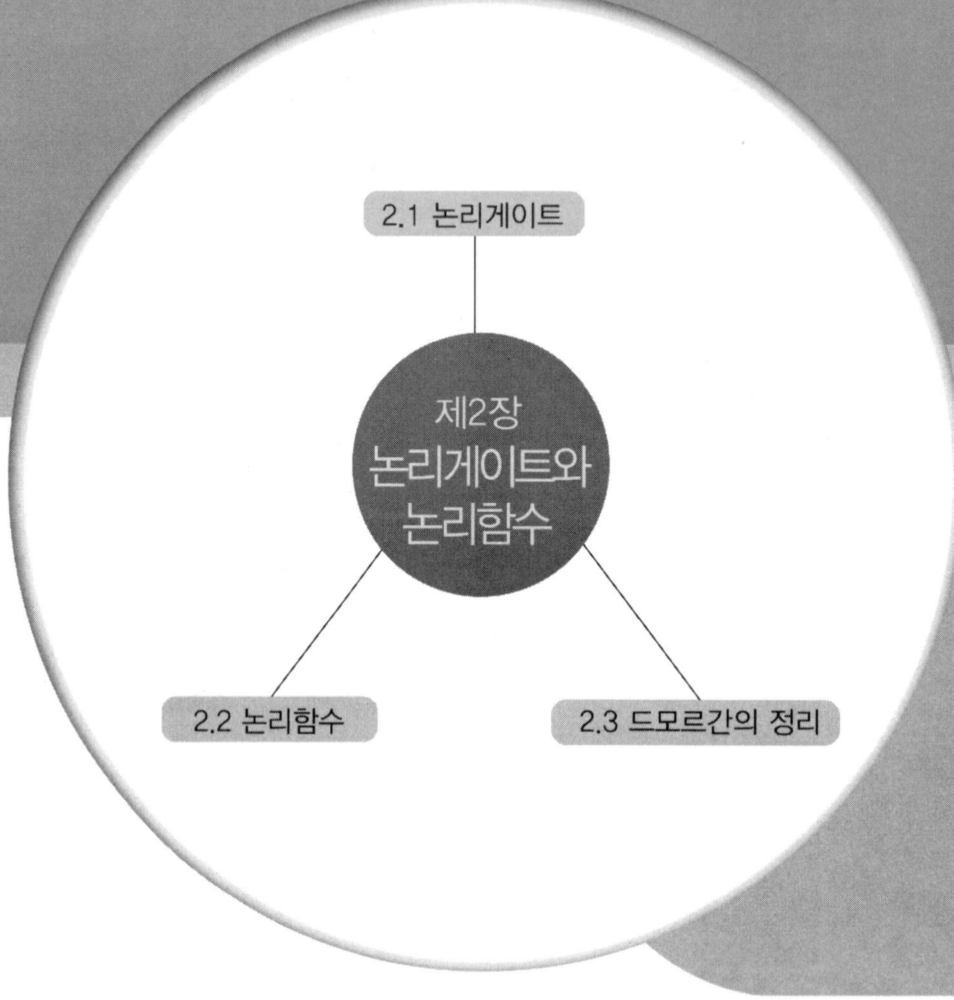

여기서는 디지털 논리회로의 기본인 논리게이트(AND, OR, NOT 등)의 개념을 설명하고, 논리함수 간략화를 위한 부울 대수(Boolean Algebra) 활용방법을 기술하였습니다. 주어진 논리식을 간략화하여 논리회로로 구현하고, 반대로 주어진 논리회로를 간략화하여 논리함수로 표현할 수 있는 능력을 갖게 됩니다.

2.1 논리게이트

1) AND 게이트

모든 입력이 1일 경우에만 출력이 1이 되고, 어느 하나의 입력이라도 0이면 출력이 0이 되는 특성을 갖는 게이트 (진리표로 기능 표현)

표 2.1 AND게이트

A	B	X
0	0	0
0	1	0
1	0	0
1	1	1

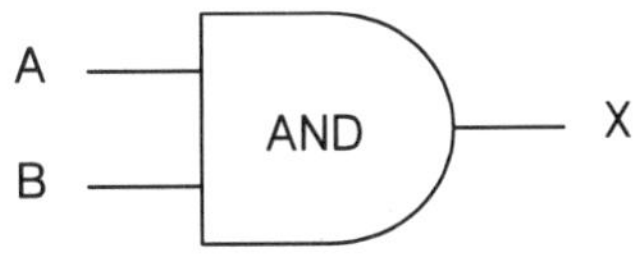

$$X = AB$$

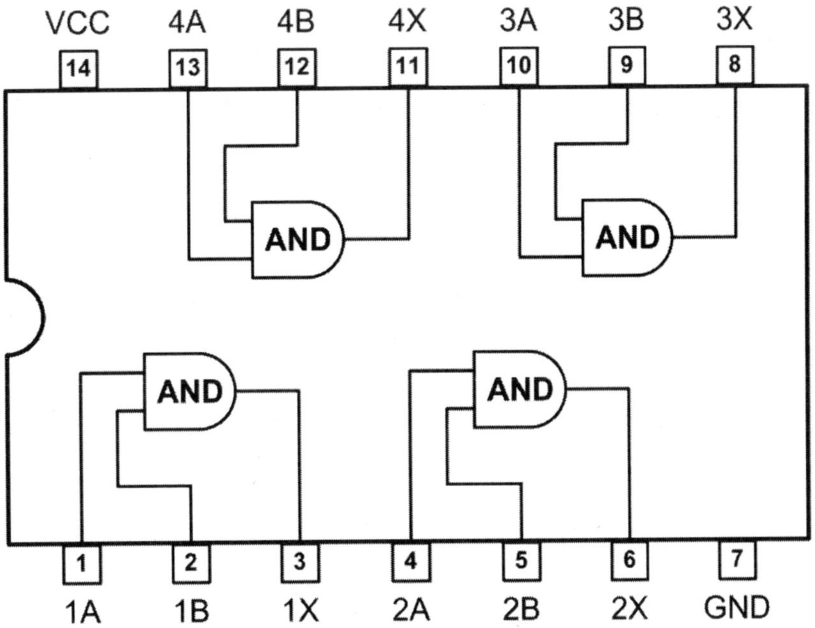

그림 2.1 AND게이트 IC칩(74LS08)

2) OR 게이트

모든 입력 중 1개만이 1이더라도 출력이 1이 되고, 모든 입력이 0일 때만 출력이 0이 되는 게이트

표 2.2 OR게이트

A	B	X
0	0	0
0	1	1
1	0	1
1	1	1

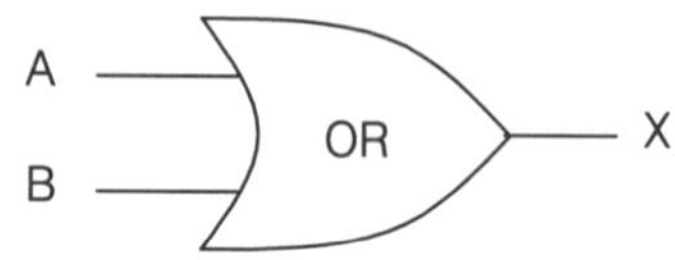

$$X = A + B$$

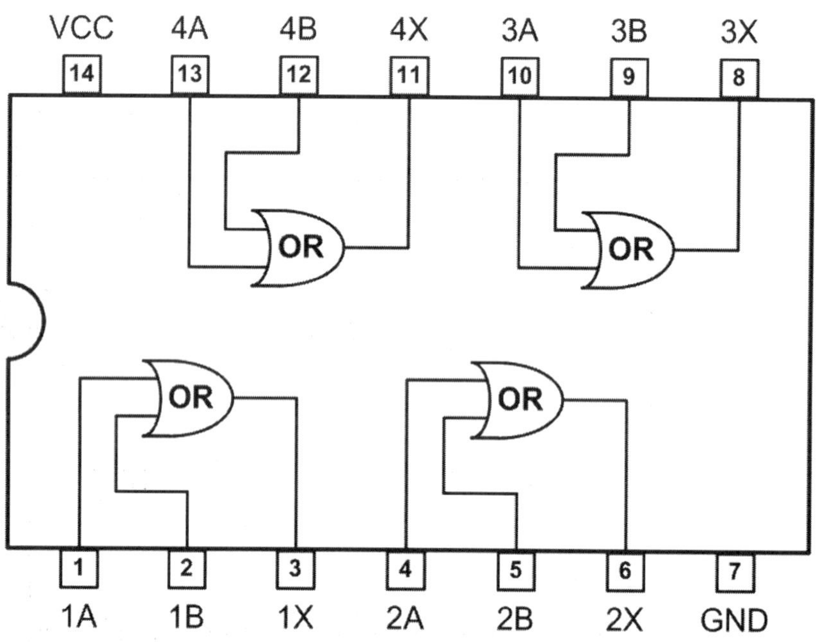

그림 2.2 OR 게이트 IC칩(74LS32)

3) NAND 게이트

모든 입력이 1일 경우에만 출력이 0이 되는 게이트로 AND 게이트의 출력 값을 NOT 게이트에 통과시킨 결과와 같다.

표 2.3 NAND 게이트

A	B	X
0	0	1
0	1	1
1	0	1
1	1	0

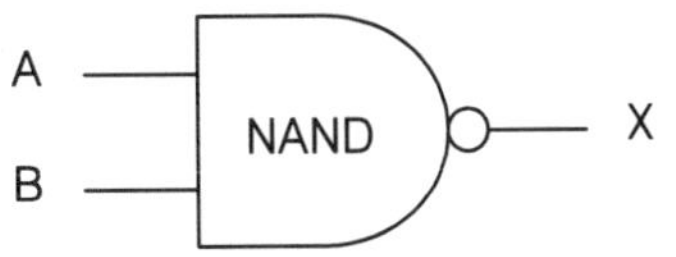

$$X = \overline{AB}$$

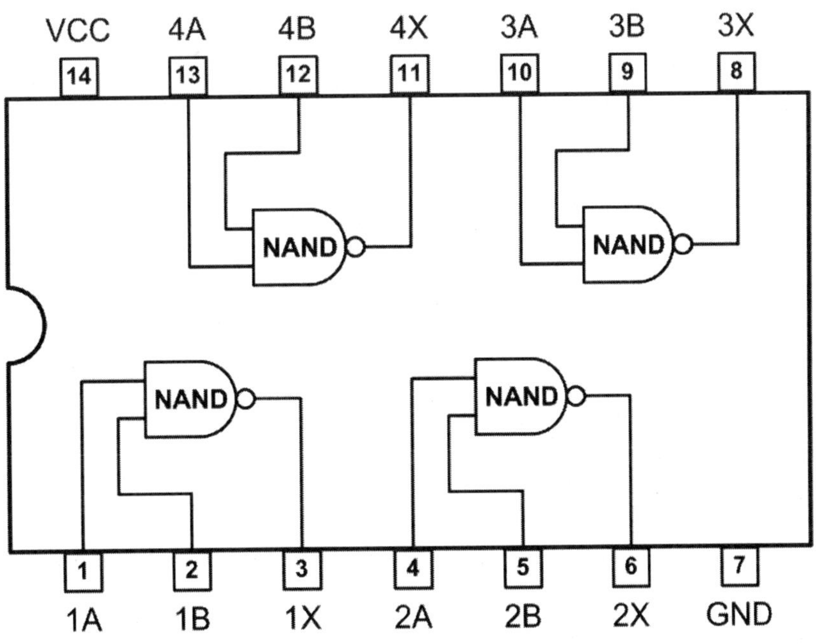

그림 2.3 NAND 게이트 IC칩(74LS00)

4) NOR 게이트

모든 입력이 0일 경우에만 출력이 1이 되는 게이트로 OR 게이트의 출력 값을 NOT 게이트에 통과시킨 결과와 같다.

표 2.4 NOR 게이트

A	B	X
0	0	1
0	1	0
1	0	0
1	1	0

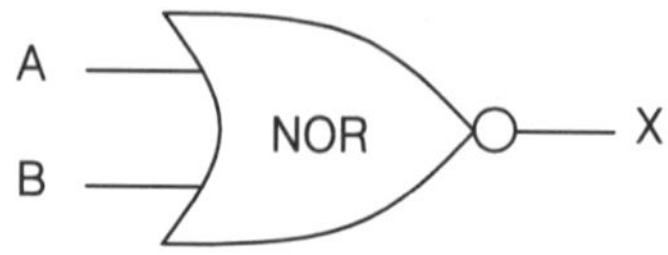

$$X = \overline{A+B}$$

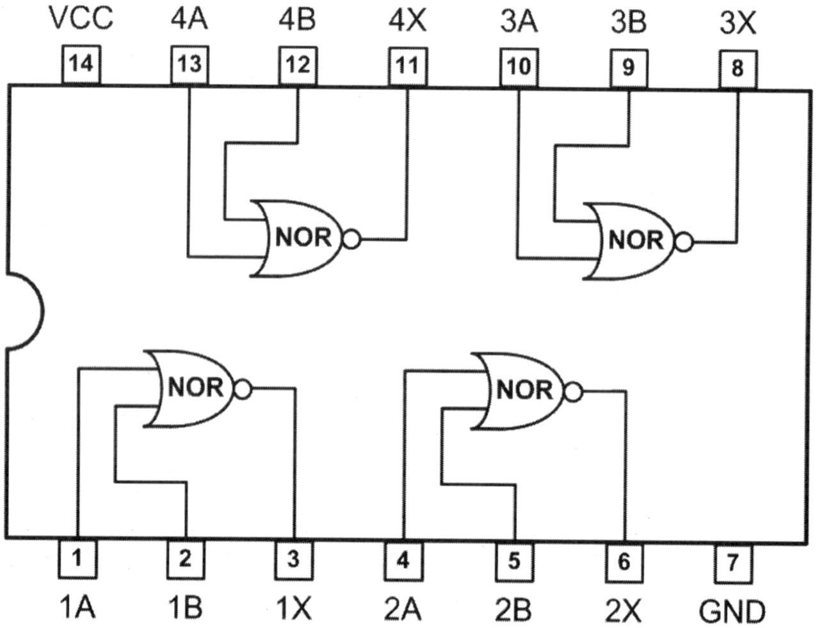

그림 2.4 NOR 게이트 IC칩(74LS02)

5) Exclusive-OR(EOR) 게이트

입력이 서로 같은 값이면 0을 출력하고, 다른 값이면 1을 출력하는 게이트

표 2.5 EOR 게이트

A	B	X
0	0	0
0	1	1
1	0	1
1	1	0

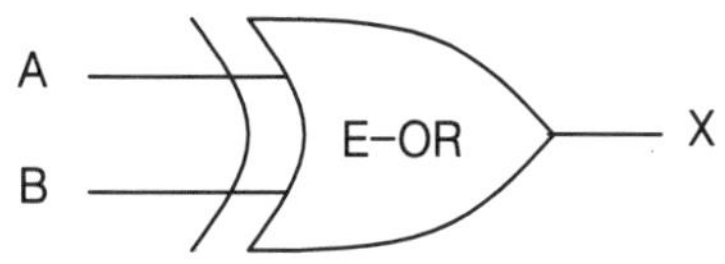

$$X = A \oplus B = A\overline{B} + \overline{A}B$$

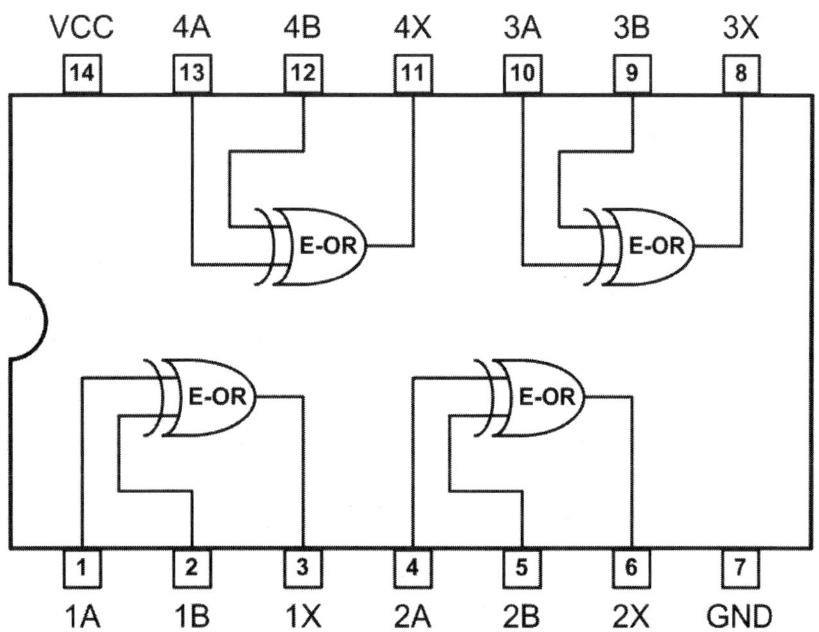

그림 2.5 EOR 게이트 IC칩(74LS86)

6) NOT 게이트

입력이 반전되어 출력되는 게이트

표 2.6 NOT 게이트

A	X
0	1
1	0

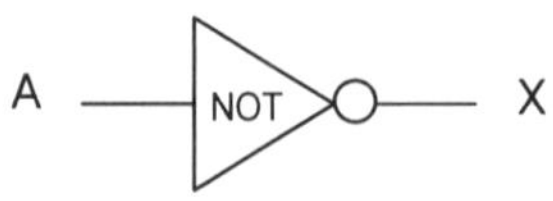

$$X = \overline{A}$$

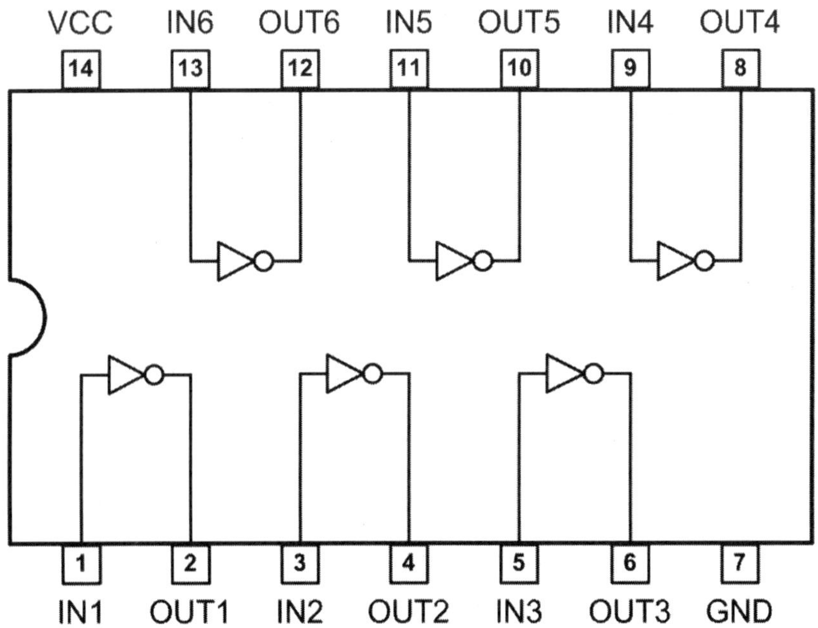

그림 2.6 NOT 게이트 IC칩(74LS04)

7) Buffer 게이트

출력 값의 변화는 없고 단지 시간 지연(delay) 효과만이 있는 게이트

표 2.7 Buffer게이트

A	X
0	0
1	1

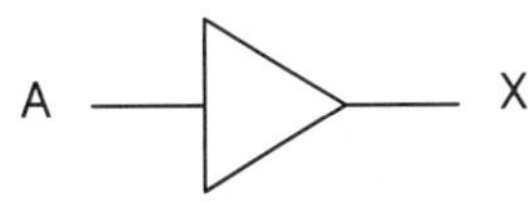

$$X = A$$

8) Exclusive-NOR(ENOR) 게이트

EOR 게이트의 출력 값을 NOT 게이트에 통과시킨 결과와 같다.

표 2.8 ENOR 게이트

A	B	X
0	0	1
0	1	0
1	0	0
1	1	1

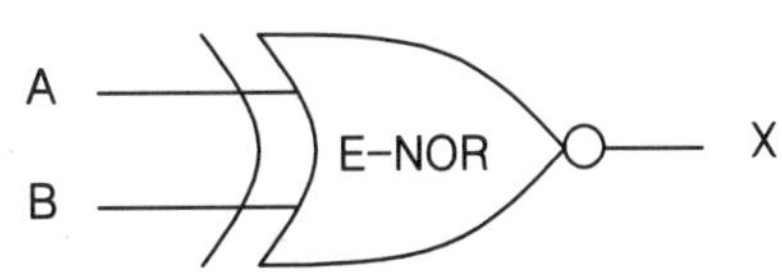

$$X = \overline{A \oplus B} = A \odot B$$

9) 논리회로 구현하기

다음과 같은 논리식을 논리회로로 구현하시오. (설계도 활용)

1) $w = A + B\overline{C}$

2) $x = (A + \overline{B})C$

3) $y = A\overline{B} + C\overline{D}$

4) $z = (\overline{A} + B)(\overline{C} + D)$

디지털 논리회로 설계도

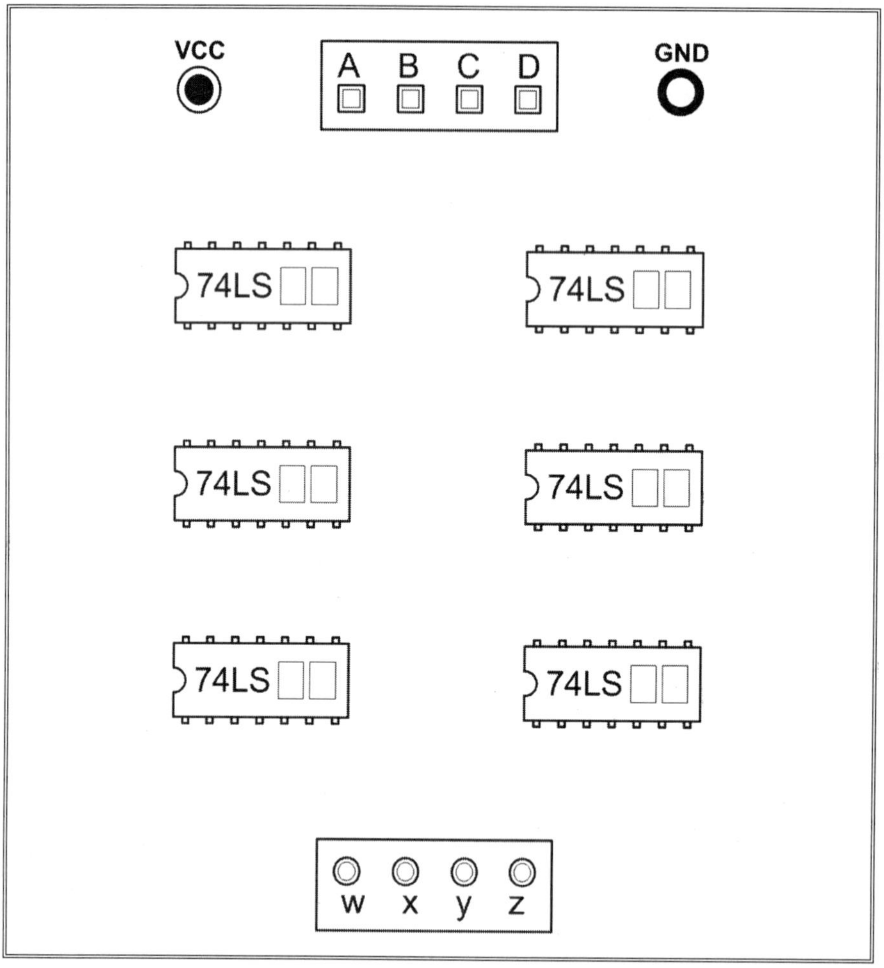

어떤 논리게이트에 임의의 입력파형이 주어졌을 경우 출력의 파형을 구하는 방법을 연습을 통하여 익힐 수 있다.

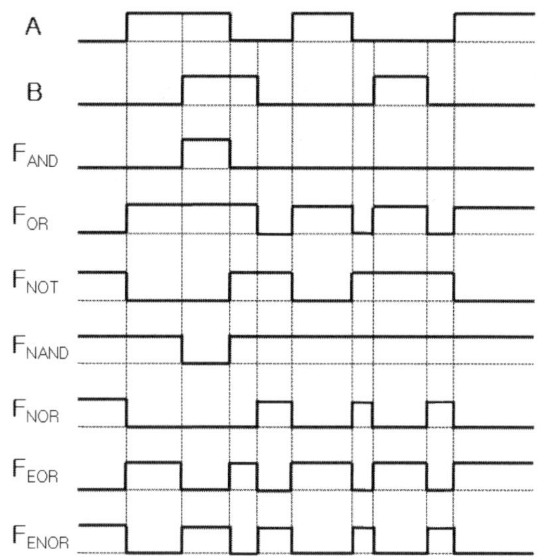

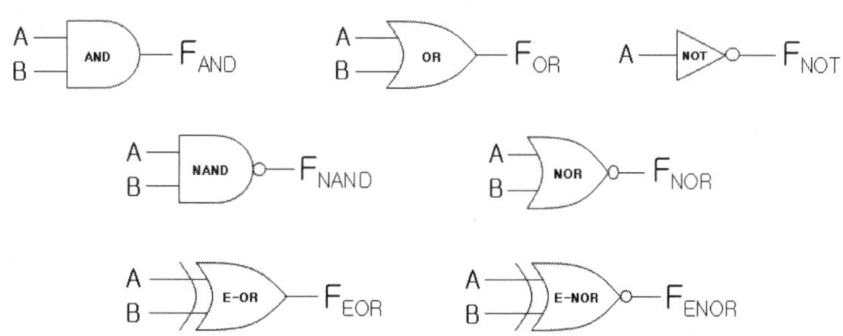

2.2 논리함수(Logic Function)

1) 논리함수의 기본 정리: 부울 대수(Boolean Algebra)

(1) $A + 0 = A$

A	0	X
0	0	0
1	0	1

(2) $A \cdot 0 = 0$

A	0	X
0	0	0
1	0	0

(3) $A + 1 = 1$

A	1	X
0	1	1
1	1	1

(4) $A \cdot 1 = A$

A	1	X
0	1	0
1	1	1

(5) $A + A = A$

A	A	X
0	0	0
1	1	1

(6) $A + \overline{A} = 1$

A	$\overline{A}$	X
0	1	1
1	0	1

(7) A • A = A

A	A	X
0	0	0
1	1	1

(8) A • $\overline{A}$ = 0

A	$\overline{A}$	X
0	1	0
1	0	0

(9) $\overline{\overline{A}}$ = A

A	$\overline{A}$	X
0	1	0
1	0	1

(10) A + B = B + A

A	B	A + B	B + A
0	0	0	0
0	1	1	1
1	0	1	1
1	1	1	1

(11) A • B = B • A

A	B	A • B	B • A
0	0	0	0
0	1	0	0
1	0	0	0
1	1	1	1

(12) (A • B) • C = A • (B • C)

A	B	C	A • B	(A • B) • C	B • C	A • (B • C)
0	0	0	0	0	0	0
0	0	1	0	0	0	0
0	1	0	0	0	0	0
0	1	1	0	0	1	0
1	0	0	0	0	0	0
1	0	1	0	0	0	0
1	1	0	1	0	0	0
1	1	1	1	1	1	1

(13) AB + AC = A(B+C)

A	B	C	AB	AC	AB+AC	B+C	A(B+C)
0	0	0	0	0	0	0	0
0	0	1	0	0	0	1	0
0	1	0	0	0	0	1	0
0	1	1	0	0	0	1	0
1	0	0	0	0	0	0	0
1	0	1	0	1	1	1	1
1	1	0	1	0	1	1	1
1	1	1	1	1	1	1	1

(14) $A+BC = (A+B)(A+C)$

A	B	C	BC	A+BC	A+B	A+C	(A+B) • (A+C)
0	0	0	0	0	0	0	0
0	0	1	0	0	0	1	0
0	1	0	0	0	1	0	0
0	1	1	1	1	1	1	1
1	0	0	0	1	1	1	1
1	0	1	0	1	1	1	1
1	1	0	0	1	1	1	1
1	1	1	1	1	1	1	1

(15) $A+AB = A(1+B) = A \cdot 1 = A$

A	B	A	AB	A+AB
0	0	0	0	0
0	1	0	0	0
1	0	1	0	1
1	1	1	1	1

(16) $A+\overline{A}B = (A+\overline{A})(A+B) = 1 \cdot (A+B) = A+B$

A	B	A	$\overline{A}$	$\overline{A}B$	$A+\overline{A}B$
0	0	0	1	0	0
0	1	0	1	1	1
1	0	1	0	0	1
1	1	1	0	0	1

(17) $(A+B)(A+\overline{B}) = AA+A\overline{B}+BA+B\overline{B} = A+A\overline{B}+AB$

$= A+A(\overline{B}+B) = A+A = A$

A	B	A+B	$\overline{B}$	$A+\overline{B}$	$(A+B)(A+\overline{B})$
0	0	0	1	1	0
0	1	1	0	0	0
1	0	1	1	1	1
1	1	1	0	1	1

예제 2-1 다음 논리식을 논리함수 기본정리를 이용하여 간략화 하시오.

① $A + A \cdot B$

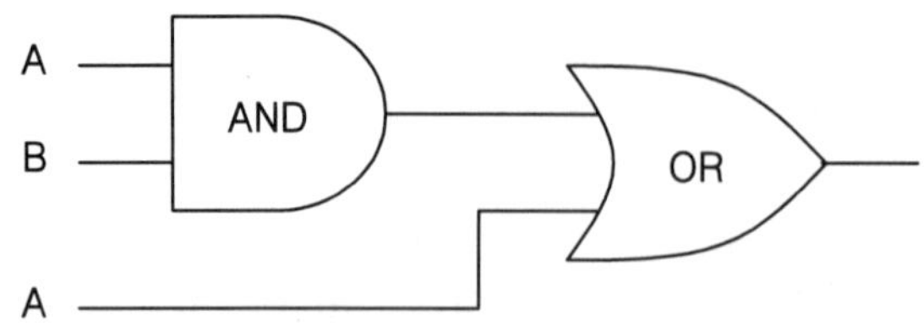

➡ $A + A \cdot B = A \cdot 1 + A \cdot B = A(1+B) = A \cdot 1 = A$

② $A \cdot (\overline{A} + B)$

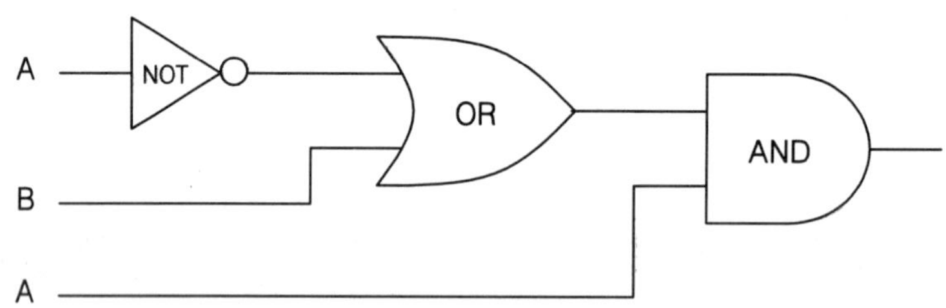

➡ $A(\overline{A} + B) = A\overline{A} + AB = 0 + AB = AB$

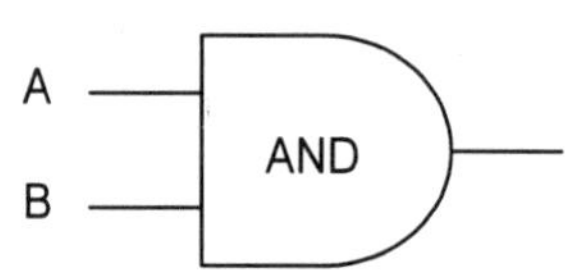

③ $A \cdot (A + B)$

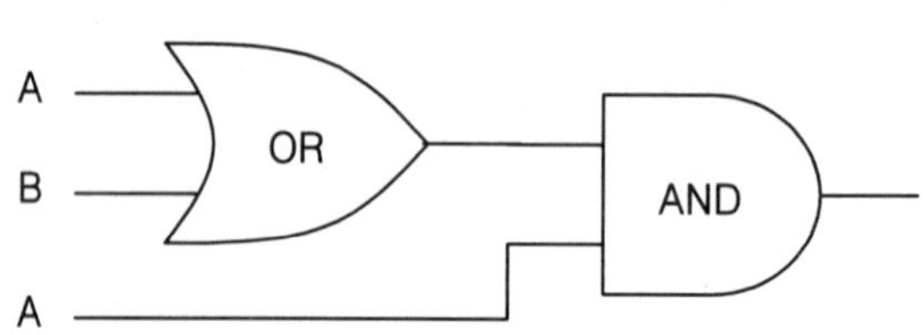

➡ $A(A+B) = AA + AB = A + AB = A(1+B) = A$

④ $A+\overline{A}B$

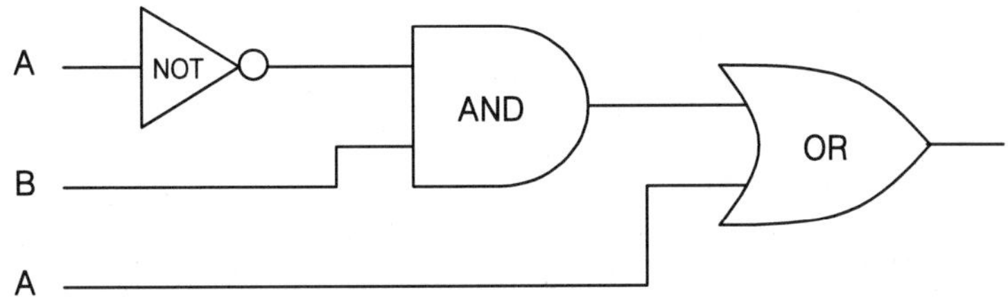

➡ $A+\overline{A}B=(A+\overline{A})(A+B)=1\cdot(A+B)=A+B$

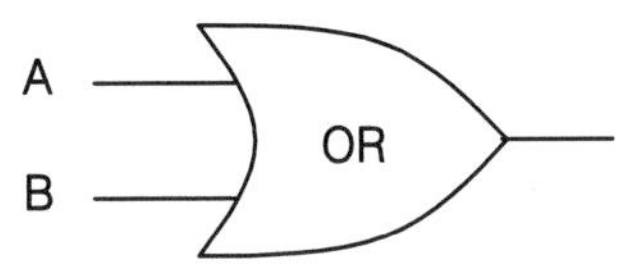

⑤ $(A+B)\cdot(A+C)$

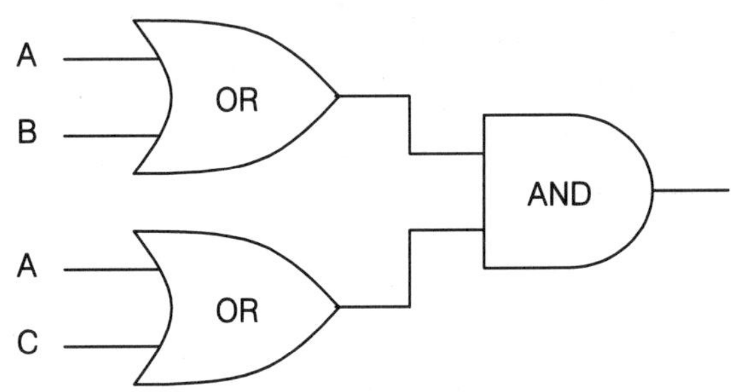

➡ $(A+B)\cdot(A+C)=AA+AC+AB+BC=A+AC+AB+BC$

$=A(1+C+B)+BC \quad =A+BC$

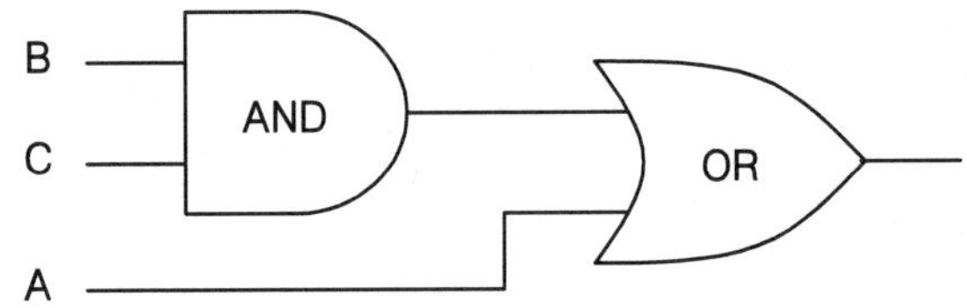

⑥ $AB + A\overline{B}C$

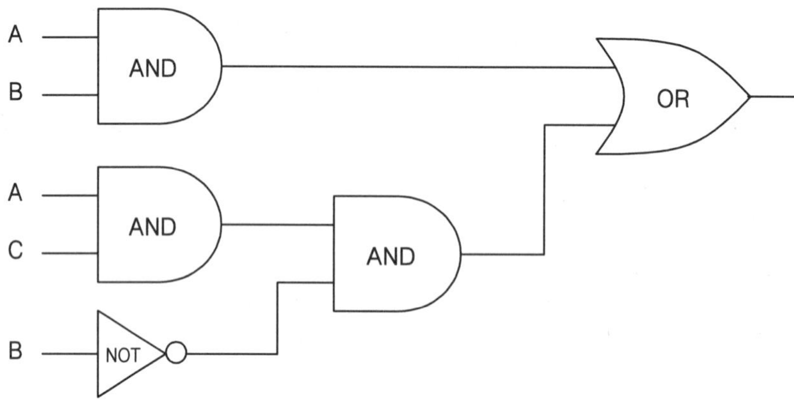

➔ $AB + A\overline{B}C = A(B + \overline{B}C) = A((B + \overline{B}) \cdot (B + C))$

$= A(1 \cdot (B + C)) = A(B + C)$

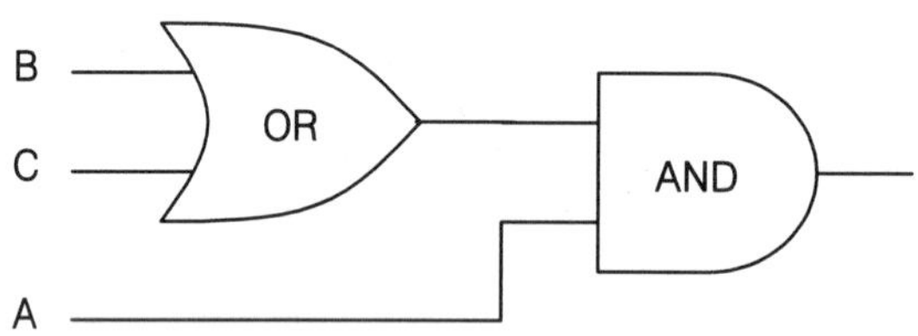

⑦ $(A + B)(B + C)(C + \overline{A})$

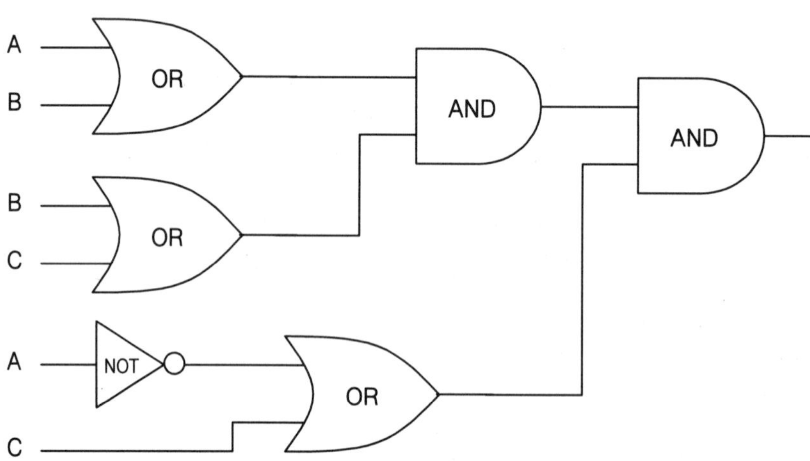

$$(A+B)(B+C)(C+\overline{A}) = (AB+AC+BB+BC)(C+\overline{A})$$
$$= (B(A+1+C)+AC)(C+\overline{A})$$
$$= (B+AC)(C+\overline{A}) = BC+\overline{A}B+ACC+AC\overline{A}$$
$$= BC+\overline{A}B+AC = BC(A+\overline{A})+\overline{A}B+AC$$
$$= ABC+\overline{A}BC+\overline{A}B+AC$$
$$= AC(1+B)+\overline{A}B(1+C) = AC+\overline{A}B$$

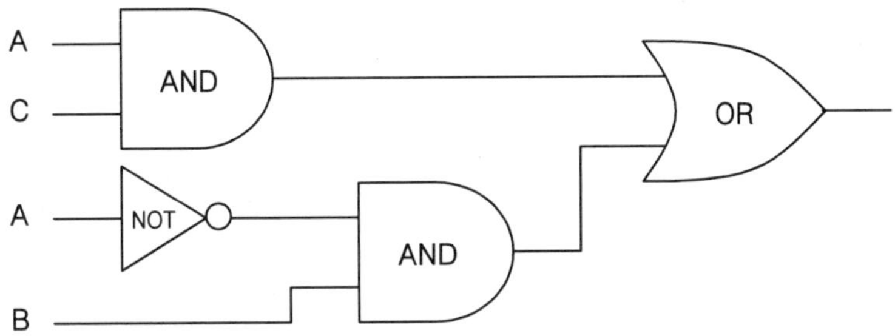

⑧ $AB + ABC$

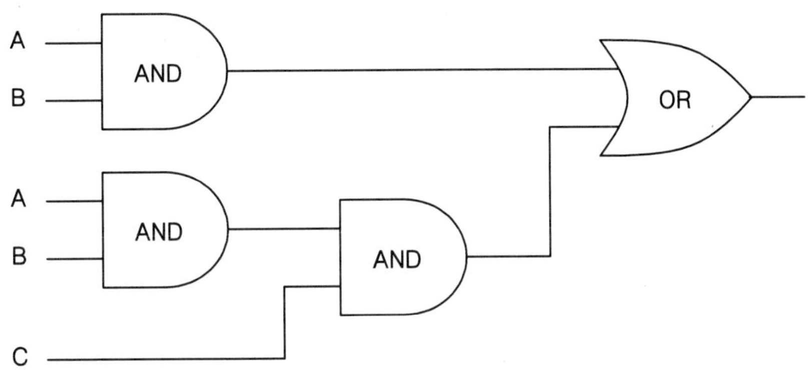

$$AB+ABC = AB \cdot 1+ABC = AB(1+C) = AB \cdot 1 = AB$$

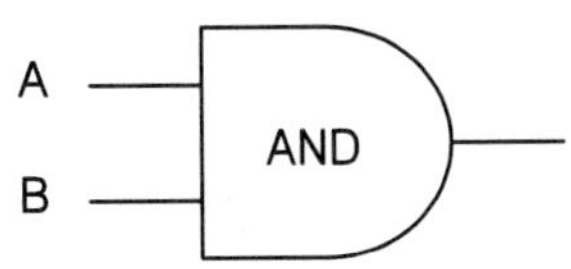

⑨ $BC(A+\overline{A})\overline{C}+\overline{A}B(A+\overline{A})+AB$

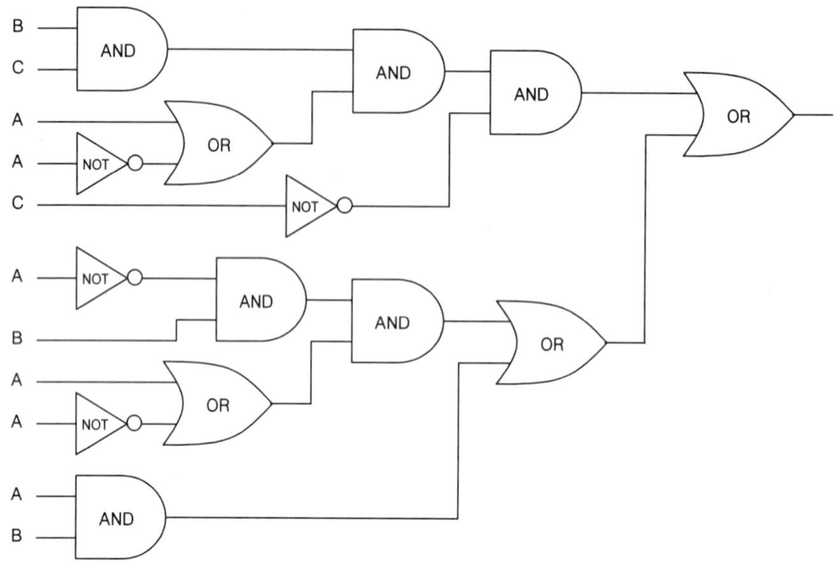

$$BC(A+\overline{A})\overline{C}+\overline{A}B(A+\overline{A})+AB = BC\cdot 1\cdot \overline{C}+\overline{A}B\cdot 1+AB$$
$$= B\cdot 0+\overline{A}B+AB$$
$$= \overline{A}B+AB+0=\overline{A}B+AB$$
$$= B(A+\overline{A})=B\cdot 1=B$$

⑩ $\overline{A}+\overline{A}B+BC\overline{D}+B\overline{D}$

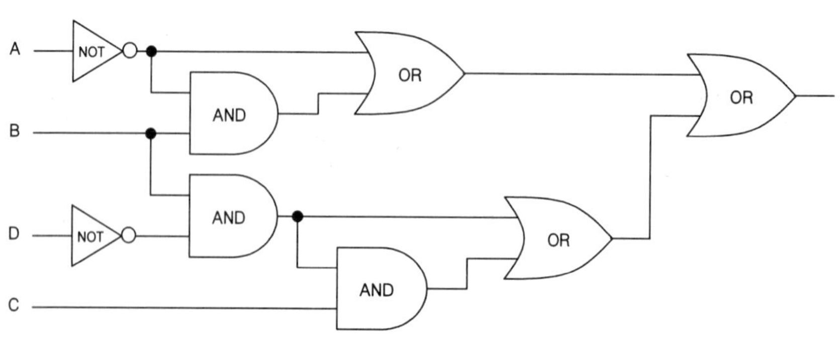

$$\overline{A}+\overline{A}B+BC\overline{D}+B\overline{D} = \overline{A}\cdot 1+\overline{A}B+BC\overline{D}+B\overline{D}\cdot 1$$
$$= \overline{A}(1+B)+B\overline{D}(C+1)=\overline{A}+B\overline{D}$$

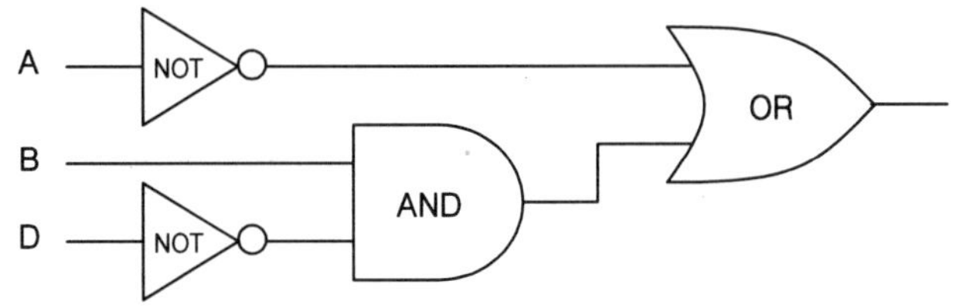

⑪ $AB + \overline{A}B + \overline{B}C$

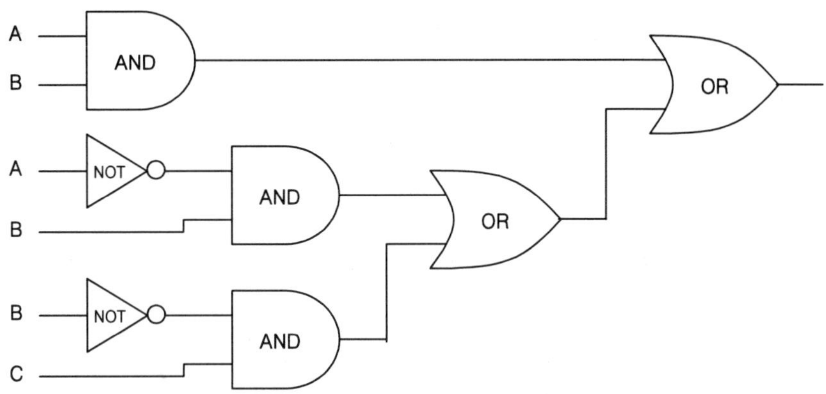

$$AB + \overline{A}B + \overline{B}C = B(A + \overline{A}) + \overline{B}C = B \cdot 1 + \overline{B}C = B + \overline{B}C$$

$$= (B + \overline{B})(B + C) = 1 \cdot (B + C) = B + C$$

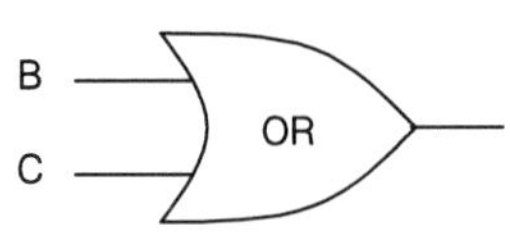

⑫ $A + \overline{A}BC + B\overline{C}$

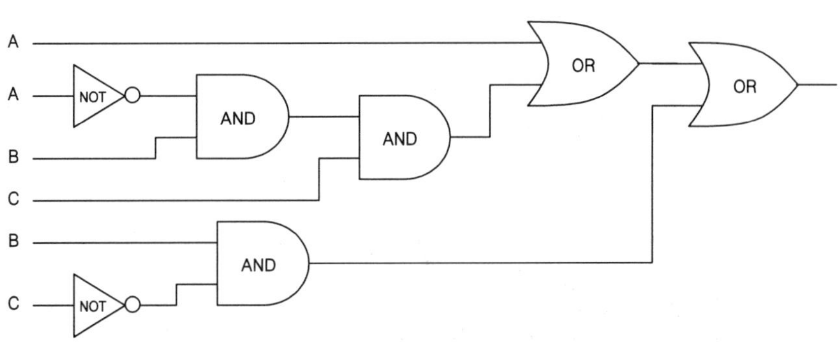

$$A + \overline{A}BC + B\overline{C} = (A + \overline{A})(A + BC) + B\overline{C} = 1 \cdot (A + BC) + B\overline{C}$$

$$= A + BC + B\overline{C} = A + B(C + \overline{C}) = A + B \cdot 1 = A + B$$

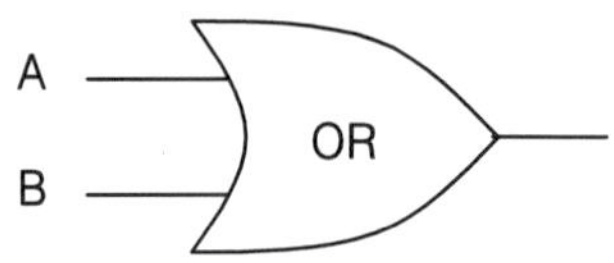

⑬ $A+\overline{A}BC+\overline{A}$

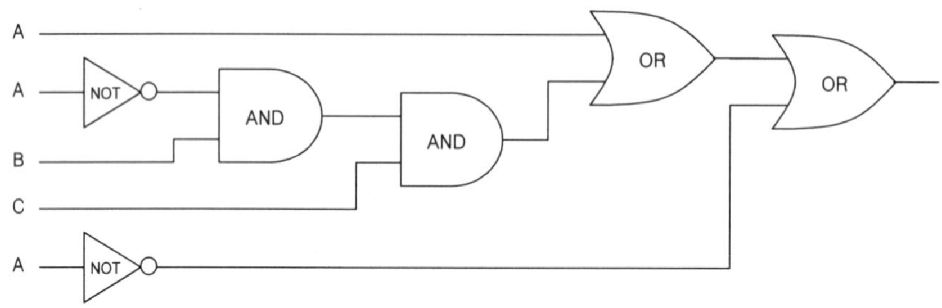

➡ $A+\overline{A}BC+\overline{A}=A+\overline{A}+\overline{A}BC=1+\overline{A}BC=1$

⑭ $A+\overline{A}C+B\overline{C}$

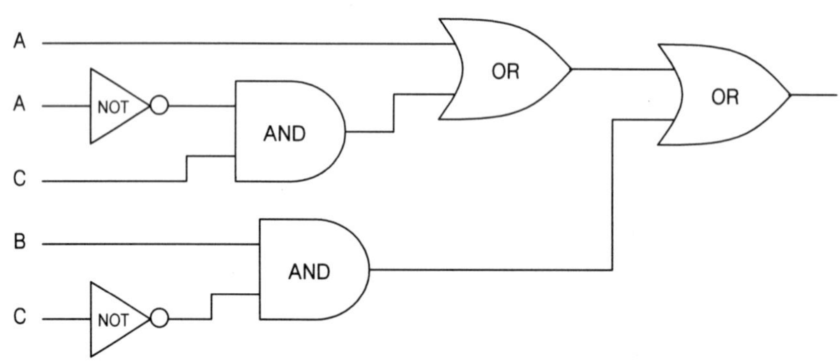

➡ $A+\overline{A}C+B\overline{C}=(A+\overline{A})(A+C)+B\overline{C}=1\cdot(A+C)+B\overline{C}$

$=A+C+B\overline{C}=A+(C+B)(C+\overline{C})=A+(C+B)\cdot 1$

$=A+B+C$

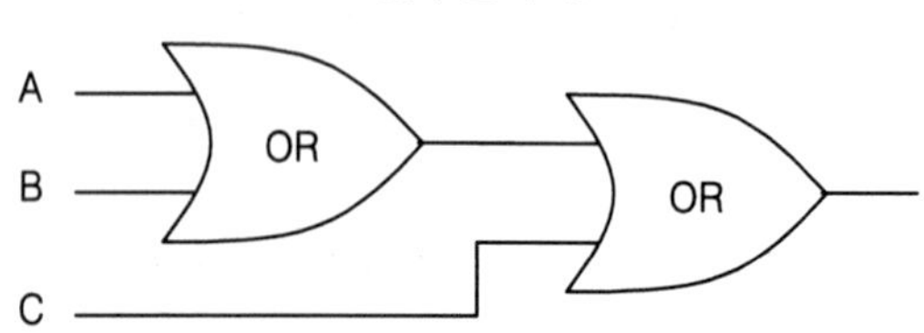

⑮ $B+\overline{A}C+BC+\overline{A}\,\overline{C}$

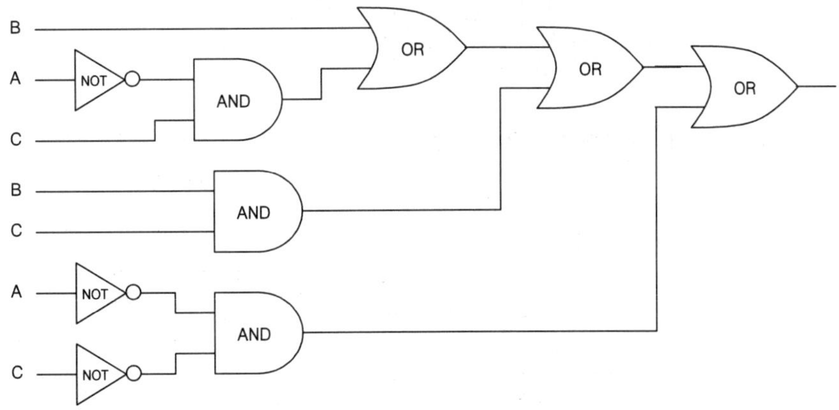

➡ $B+\overline{A}C+BC+\overline{A}\,\overline{C} = B+BC+\overline{A}C+\overline{A}\,\overline{C} = B\cdot 1+BC+\overline{A}C+\overline{A}\,\overline{C}$

$= B(1+C)+\overline{A}(C+\overline{C}) = B\cdot 1+\overline{A}\cdot 1 = B+\overline{A}$

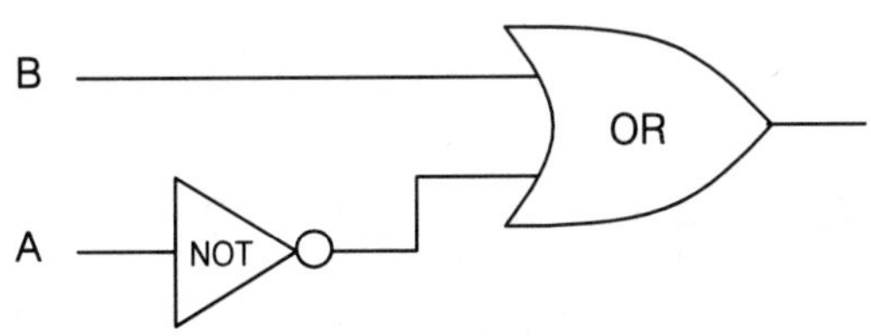

⑯ $\overline{(A+B)(\overline{A}+\overline{B})}$

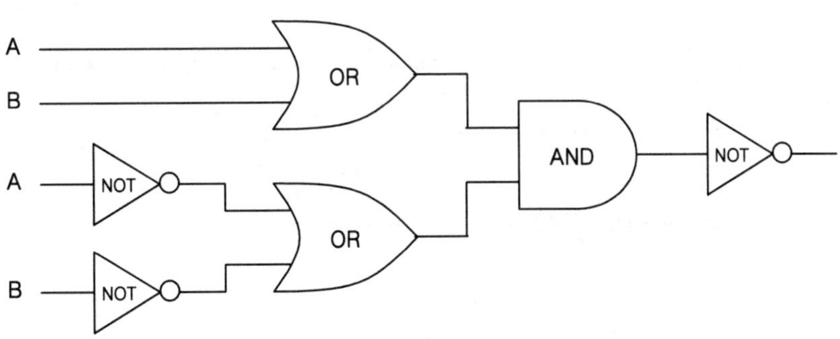

➡ $\overline{(A+B)(\overline{A}+\overline{B})} = \overline{(A+B)} + \overline{(\overline{A}+\overline{B})} = \overline{A}\,\overline{B}+\overline{\overline{A}}\,\overline{\overline{B}} = \overline{A}\,\overline{B}+AB$

$= A\odot B = \overline{A\oplus B}$

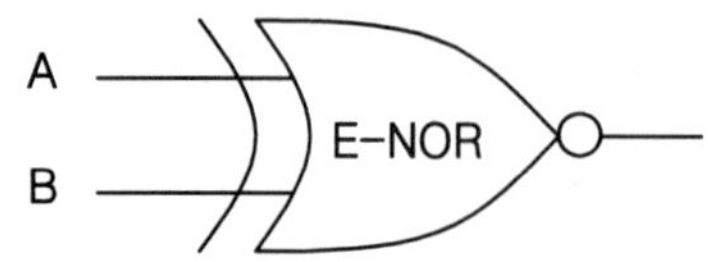

⑰ $(\overline{A}+B)(A+B+D)\overline{D}$

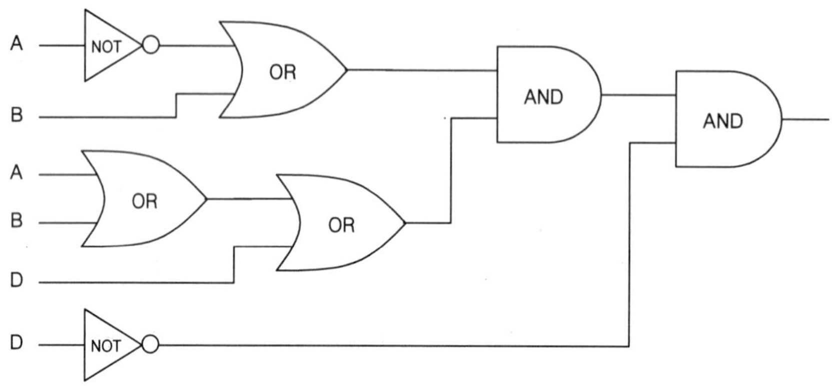

➔

$$(\overline{A}+B)(A+B+D)\overline{D} = (\overline{A}+B)(A\overline{D}+B\overline{D}+D\overline{D})$$

$$= (\overline{A}+B)(A\overline{D}+B\overline{D}+0) = (\overline{A}+B)(A\overline{D}+B\overline{D})$$

$$= \overline{A}A\overline{D}+\overline{A}B\overline{D}+BA\overline{D}+BB\overline{D}$$

$$= 0+\overline{A}B\overline{D}+BA\overline{D}+B\overline{D} = \overline{A}B\overline{D}+AB\overline{D}+B\overline{D}\cdot 1$$

$$= B\overline{D}(\overline{A}+A+1) = B\overline{D}\cdot 1 = B\overline{D}$$

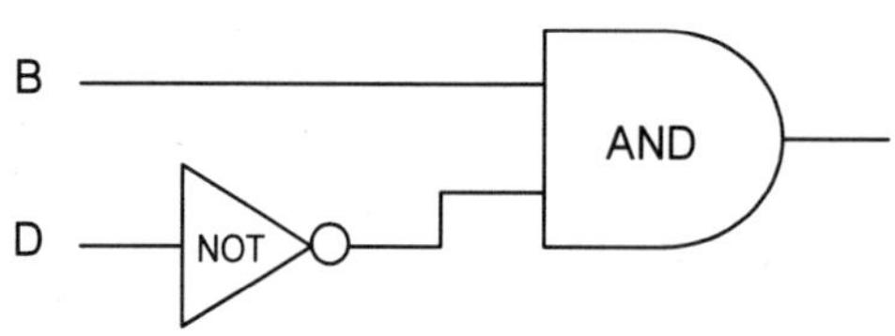

⑱ $AB+\overline{A}C+BC+\overline{A}\,\overline{C}$

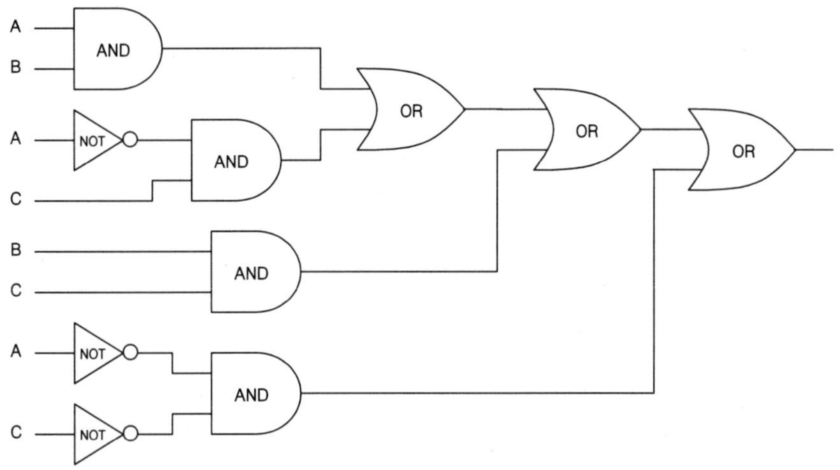

$$
\begin{aligned}
AB+\overline{A}C+BC+\overline{A}\,\overline{C} &= \overline{A}C+\overline{A}\,\overline{C}+AB+BC \\
&= \overline{A}(C+\overline{C})+AB+BC = \overline{A}\cdot 1+AB+BC \\
&= \overline{A}+AB+BC = (\overline{A}+A)(\overline{A}+B)+BC \\
&= 1\cdot(\overline{A}+B)+BC = \overline{A}+B+BC \\
&= \overline{A}+B\cdot 1+BC = \overline{A}+B(1+C) \\
&= \overline{A}+B\cdot 1 = \overline{A}+B
\end{aligned}
$$

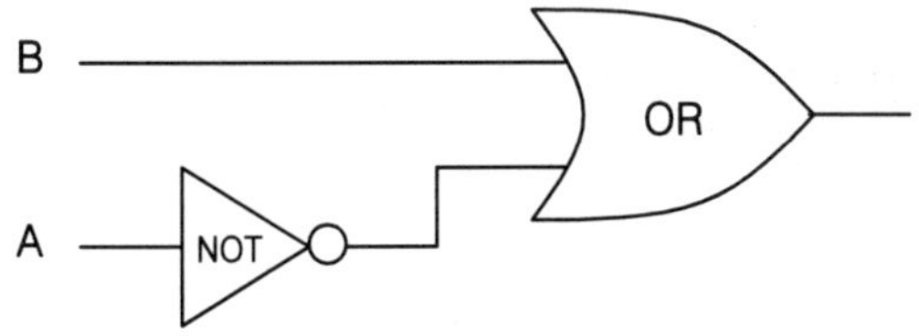

⑲ $\overline{A}B + AC + BC$

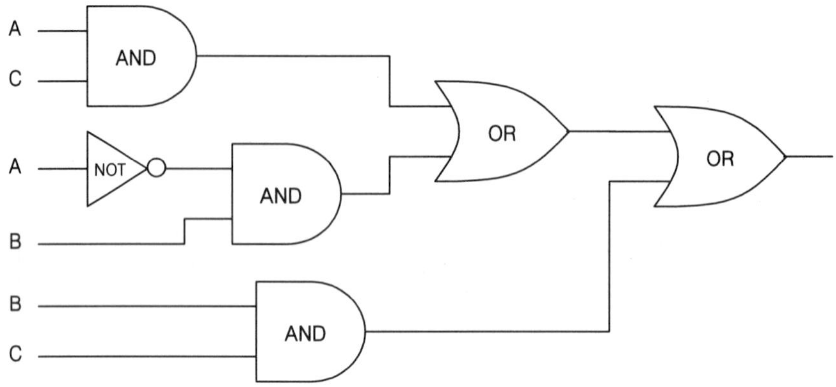

$$\overline{A}B + AC + BC = \overline{A}B + AC + BC \cdot 1 = \overline{A}B + AC + BC(\overline{A} + A)$$

$$= \overline{A}B + AC + \overline{A}BC + ABC = \overline{A}B + \overline{A}BC + AC + ABC$$

$$= \overline{A}B \cdot 1 + \overline{A}BC + AC \cdot 1 + ABC$$

$$= \overline{A}B(1 + C) + AC(1 + B) = \overline{A}B \cdot 1 + AC \cdot 1$$

$$= \overline{A}B + AC$$

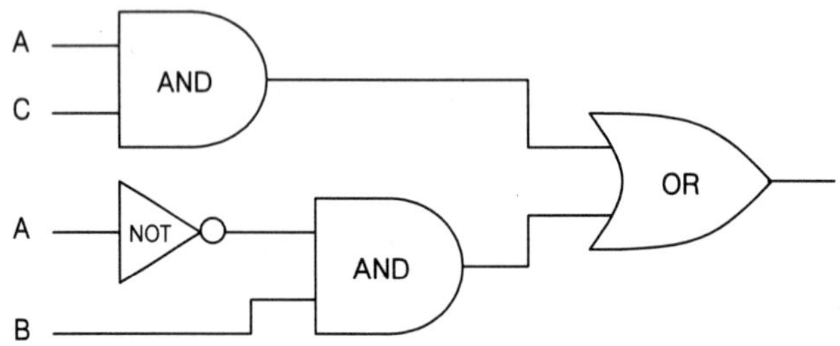

⑳ $\overline{A}B+AC+BCD$

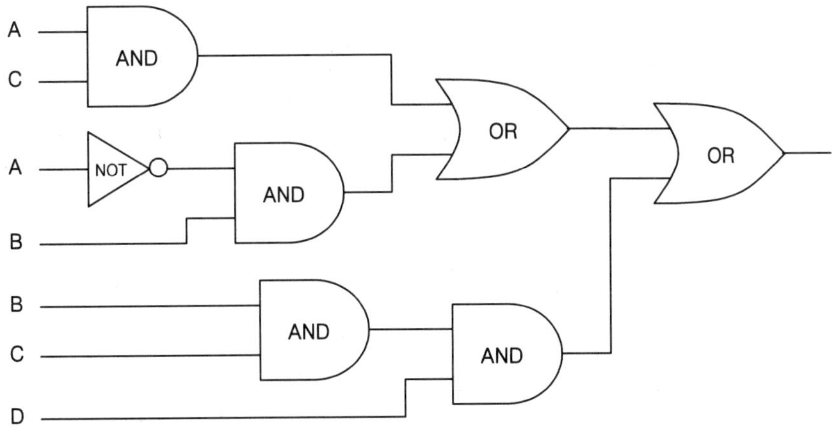

$$\overline{A}B+AC+BCD=\overline{A}B+AC+BCD\cdot 1=\overline{A}B+AC+BCD(\overline{A}+A)$$
$$=\overline{A}B+AC+\overline{A}BCD+ABCD$$
$$=\overline{A}B+\overline{A}BCD+AC+ABCD$$
$$=\overline{A}B\cdot 1+\overline{A}BCD+AC\cdot 1+ABCD$$
$$=\overline{A}B(1+CD)+AC(1+BD)=\overline{A}B\cdot 1+AC\cdot 1$$
$$=\overline{A}B+AC$$

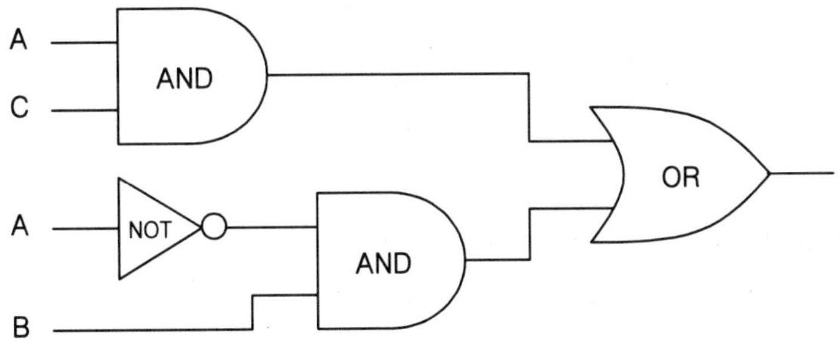

2.3 드모르간(De Morgan)의 정리

(1) $\overline{A+B} = \overline{A} \cdot \overline{B}$

A	B	$\overline{A}$	$\overline{B}$	$A+B$	$\overline{A+B}$	$\overline{A} \cdot \overline{B}$
0	0	1	1	0	1	1
0	1	1	0	1	0	0
1	0	0	1	1	0	0
1	1	0	0	1	0	0

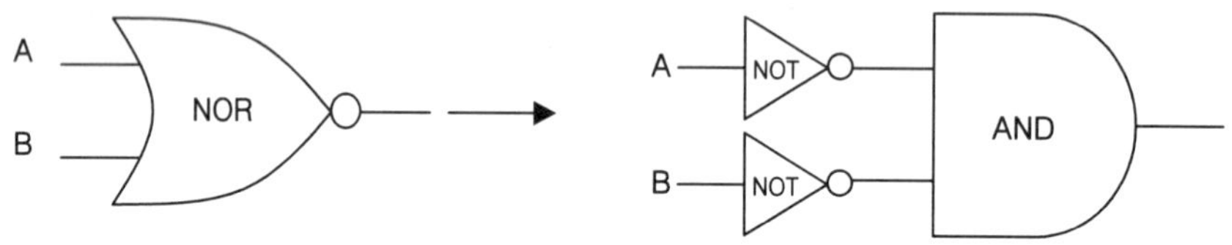

(2) $\overline{A \cdot B} = \overline{A} + \overline{B}$

A	B	$\overline{A}$	$\overline{B}$	$A+B$	$\overline{A+B}$	$\overline{A} \cdot \overline{B}$
0	0	1	1	1	0	1
0	1	1	0	1	0	1
1	0	0	1	1	0	1
1	1	0	0	0	1	0

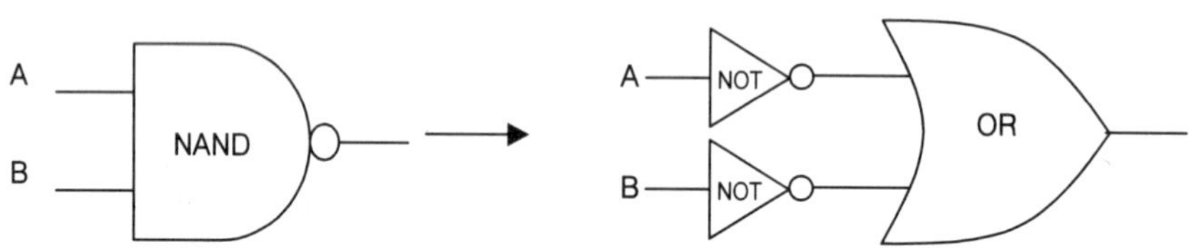

예제 2-2 다음의 게이트를 NAND 게이트만을 이용하여 표현하시오.

(1) NOT (2) AND (3) OR (4) NOR (5) EOR (6) ENOR

(1) $\overline{A} = \overline{A \cdot A}$

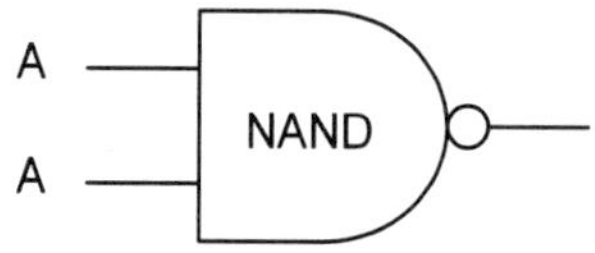

(2) $A \cdot B = \overline{\overline{A \cdot B}}$

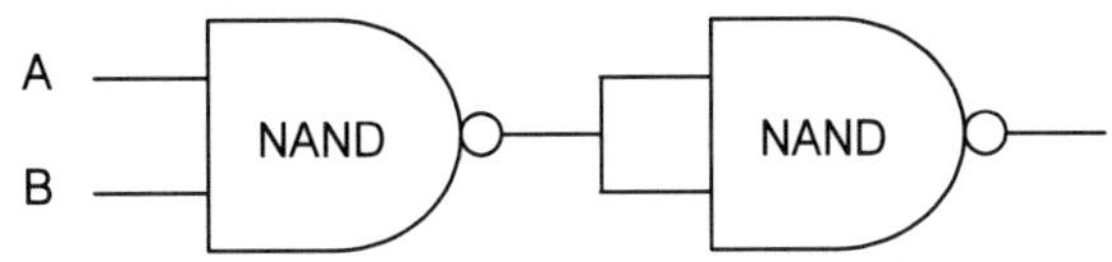

(3) $A + B = \overline{\overline{A + B}} = \overline{\overline{A} \cdot \overline{B}} = \overline{\overline{A \cdot A} \cdot \overline{B \cdot B}}$

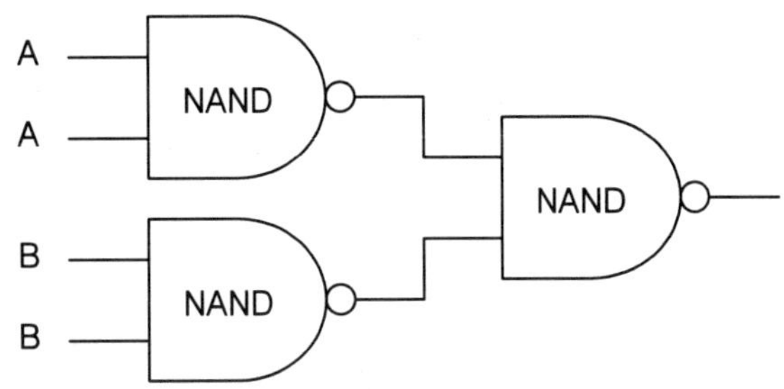

(4) $\overline{A + B} = \overline{\overline{\overline{A + B}}} = \overline{\overline{\overline{A} \cdot \overline{B}}} = \overline{\overline{\overline{A \cdot A} \cdot \overline{B \cdot B}}}$

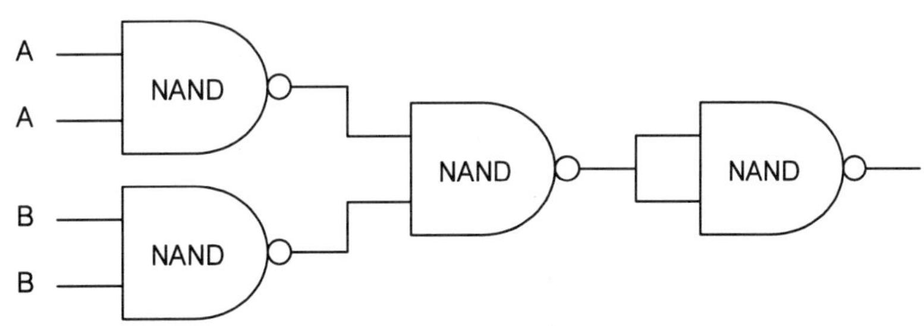

(5) $A\overline{B} + \overline{A}B = \overline{\overline{A\overline{B} + \overline{A}B}} = \overline{\overline{A\overline{B}} \cdot \overline{\overline{A}B}} = \overline{\overline{A \cdot \overline{(B \cdot B)}} \cdot \overline{\overline{(A \cdot A)} \cdot B}}$

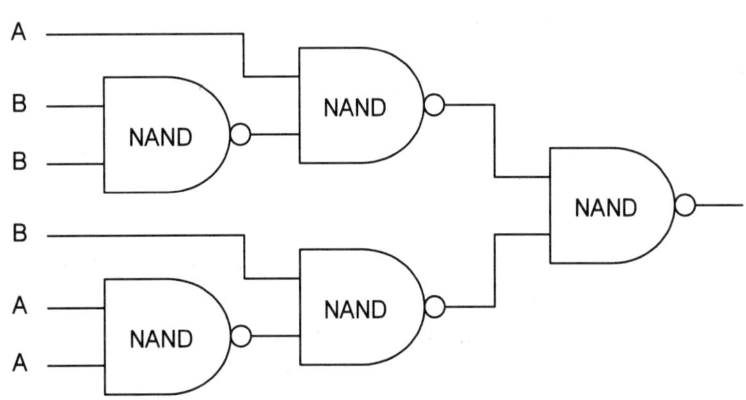

(6) $AB + \overline{A}\,\overline{B} = \overline{\overline{AB + \overline{A}\,\overline{B}}} = \overline{\overline{A \cdot B} \cdot \overline{\overline{A \cdot A} \cdot \overline{B \cdot B}}}$

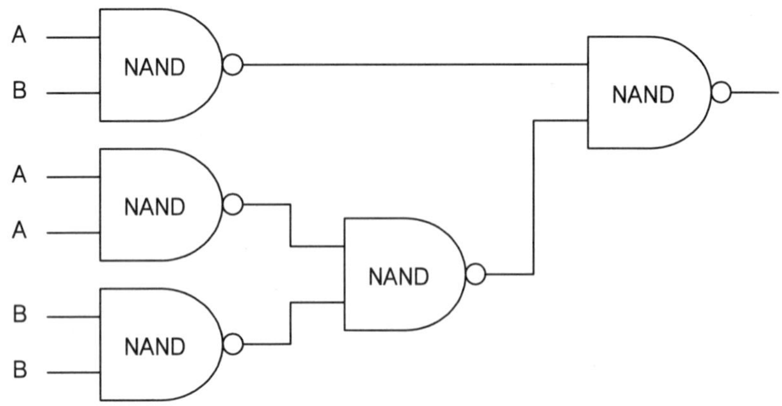

예제 2-3 다음의 게이트를 NOR 게이트만을 이용하여 표현하시오.

(1) NOT (2) OR (3) AND (4) NAND (5) EOR (6) ENOR

(1) $\overline{A} = \overline{A+A}$

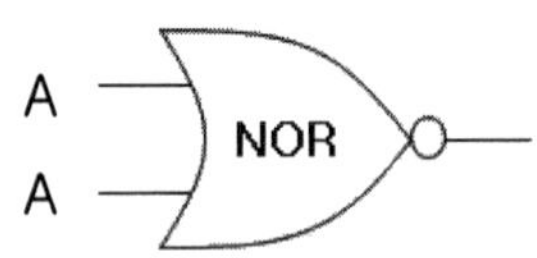

(2) $A+B = \overline{\overline{A+B}}$

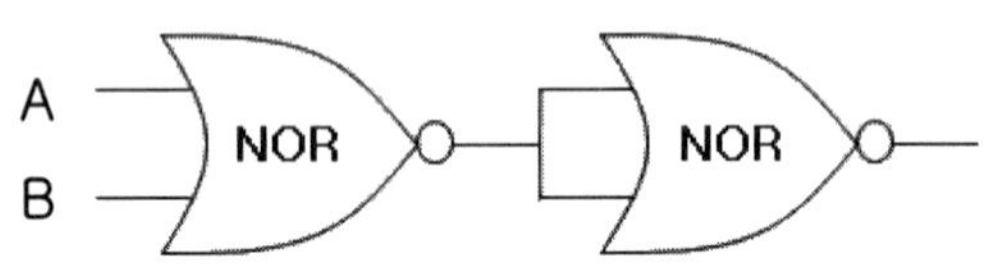

(3) $A \cdot B = \overline{\overline{A \cdot B}} = \overline{\overline{A}+\overline{B}} = \overline{\overline{A+A}+\overline{B+B}}$

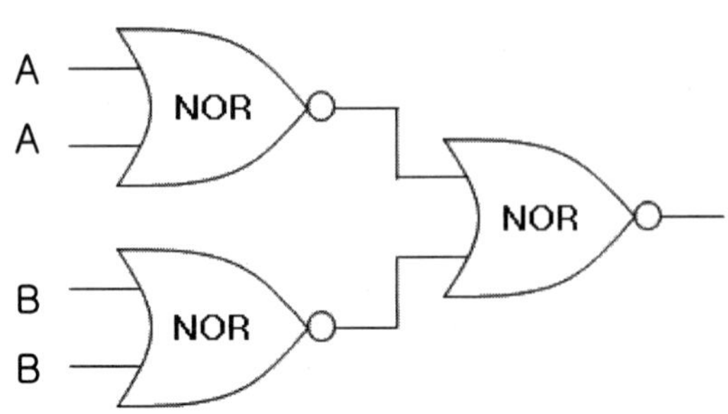

(4) $\overline{A \cdot B} = \overline{\overline{\overline{A \cdot B}}} = \overline{\overline{\overline{A} + \overline{B}}} = \overline{\overline{\overline{A+A} + \overline{B+B}}}$

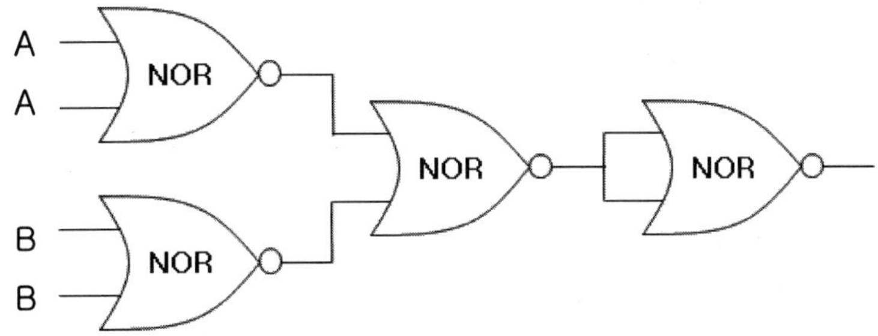

(5) $A\overline{B} + \overline{A}B = \overline{\overline{A} + B} + \overline{A + \overline{B}} = \overline{\overline{A+A} + B} + \overline{A + \overline{B+B}}$

$= \overline{\overline{\overline{\overline{A+A} + B} + \overline{A + \overline{B+B}}}}$

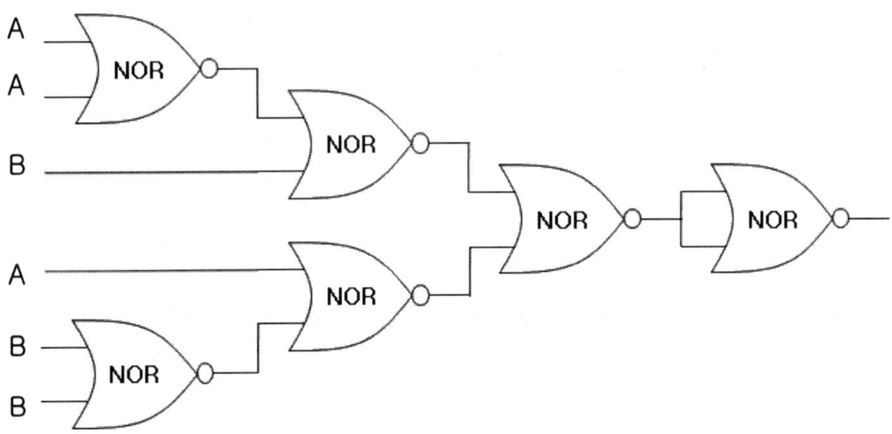

(6) $AB + \overline{A}\,\overline{B} = \overline{\overline{A} + \overline{B}} + \overline{A+B} = \overline{\overline{A+A} + \overline{B+B}} + \overline{A+B}$

$= \overline{\overline{\overline{\overline{A+A} + \overline{B+B}} + \overline{A+B}}}$

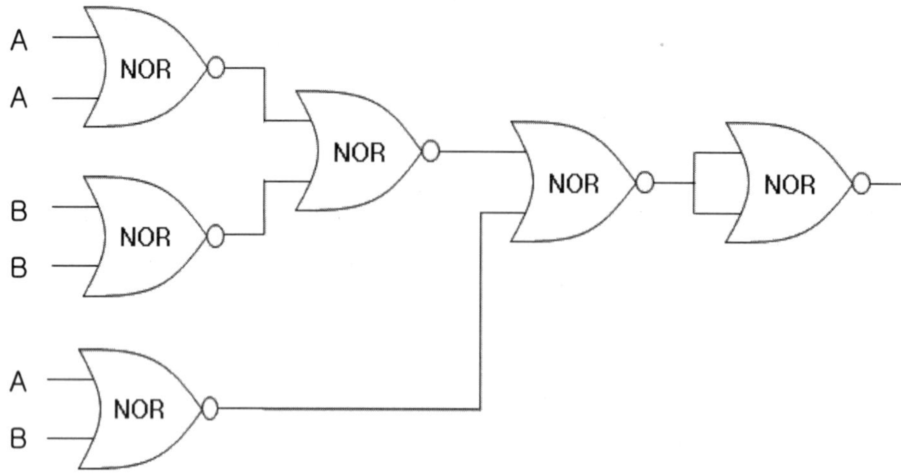

정(正)논리와 부(負)논리

정논리(Positive Logic)	LOW 레벨 → 0 HIGH 레벨 → 1
부논리(Negative Logic)	LOW 레벨 → 1 HIGH 레벨 → 0

(정논리)		(부논리)
AND 게이트 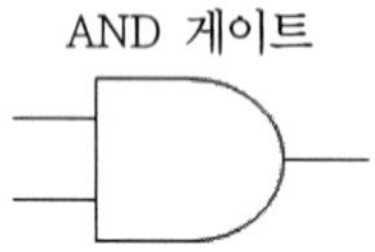	⇔	OR 게이트 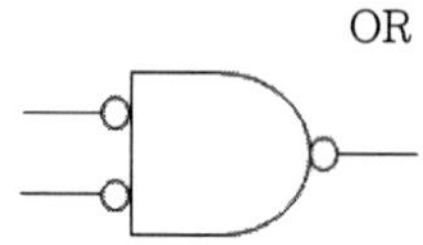 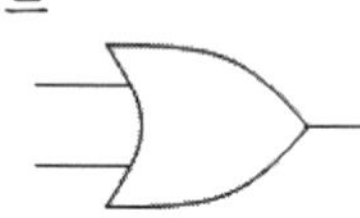
OR 게이트 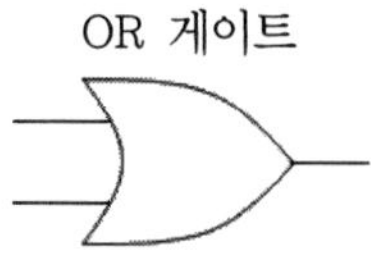	⇔	AND 게이트 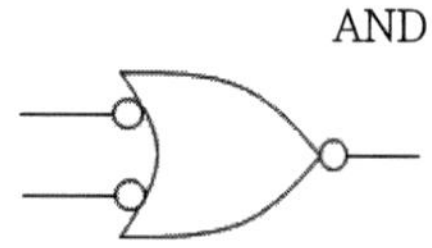 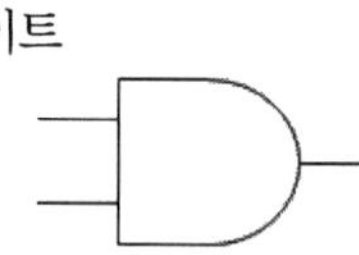
NAND 게이트 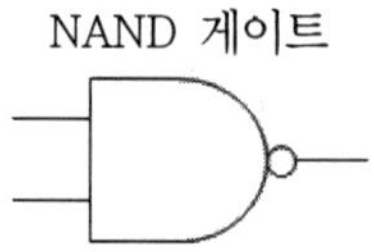	⇔	NOR 게이트 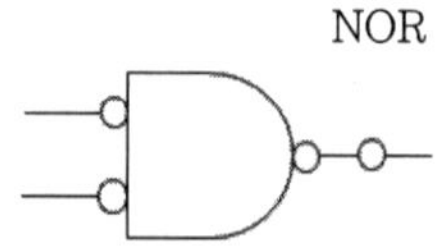 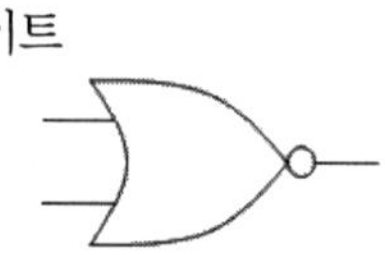
NOR 게이트 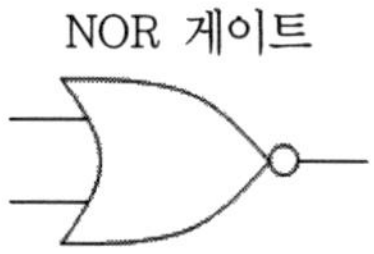	⇔	NAND 게이트 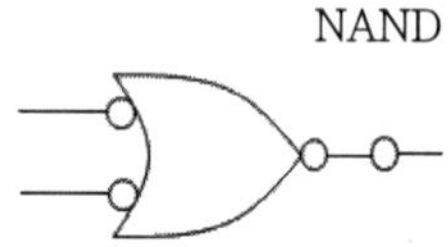 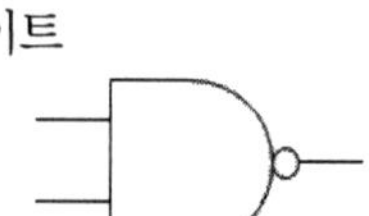

연습문제

2-1 부울 대수를 이용하여 다음 관계식이 성립됨을 확인하시오.

(a) $\overline{A(\overline{B}\,\overline{C}+BC)} = \overline{A} + B\overline{C} + \overline{B}C$

(b) $\overline{A}\,\overline{B}\,\overline{C} + A\overline{B}\,\overline{C} + A\overline{B}C + AB\overline{C} + ABC = A + \overline{B}\,\overline{C}$

(c) $A + \overline{A}B\overline{C} + \overline{B+C} = A + \overline{C}$

(d) $\overline{\overline{X}Y + X\overline{Y} + XY} = \overline{X}\,\overline{Y}$

(e) $(A+B)(\overline{A}+C) = AC + \overline{A}B$

(f) $\overline{(A+B)(\overline{A}+B)} = \overline{B}$

(g) $\overline{X}Y + X\overline{Y} + XY + \overline{X}\,\overline{Y} = 1$

2-2 부울 대수를 이용하여 다음 논리식을 간략화하고 이에 대한 논리회로를 3가지로 구분하여 작성하시오. (일반게이트만 사용, NAND게이트만 사용, NOR게이트만 사용)

(a) $(\overline{X+Y+Z})(\overline{X}+\overline{Y}+Z)$

(b) $(\overline{A}+B+\overline{C})(A+B+C)$

(c) $\overline{X}\,\overline{Y} + XY + \overline{X}Y + Z$

(d) $\overline{A\overline{B}\,\overline{C} + AC}$

(e) $(X+\overline{Y}+Z)(\overline{X}+\overline{Y})$

(f) $\overline{A}\,\overline{B}\,\overline{C} + \overline{B}C\overline{D} + \overline{A}BC\overline{D} + A\overline{B}\,\overline{C}$

(g) $\overline{W}X\overline{Y}Z + \overline{W}XYZ + \overline{W}\,\overline{X}YZ + WX\overline{Y}Z + WXYZ + W\overline{X}YZ$

제3장

논리함수의 간략화

미리보기

3.1 카르노맵

제3장
논리함수의
간략화

3.2 카르노도를 이용한 논리함수의 간략화

여기서는 논리회로 간략화를 좀 더 빠르고 정확하게 수행할 수 있는 카르노맵(Karnaugh Map)을 소개하고 여러 가지 예제를 통하여 논리함수 간략화 및 논리회로 구현방법을 이해할 수 있도록 하였습니다.

3.1 카르노맵

여러 개의 변수 간의 함수관계는 진리표로 유일하게 정의되지만 그 함수관계를 표현하는 논리방정식은 여러 가지가 가능하며 그 중에서 대표적인 것(표준형)이 "곱(積)의 합(合) : 최소항" 형식과 "합의 곱 : 최대항" 형식이다.

표준형 (곱의 합-최소항)

X	Y	Z	최소항	표시
0	0	0	$\overline{X}\,\overline{Y}\,\overline{Z}$	m_0
0	0	1	$\overline{X}\,\overline{Y}\,Z$	m_1
0	1	0	$\overline{X}\,Y\,\overline{Z}$	m_2
0	1	1	$\overline{X}\,Y\,Z$	m_3
1	0	0	$X\,\overline{Y}\,\overline{Z}$	m_4
1	0	1	$X\,\overline{Y}\,Z$	m_5
1	1	0	$X\,Y\,\overline{Z}$	m_6
1	1	1	$X\,Y\,Z$	m_7

표준형 (합의 곱-최대항)

X	Y	Z	최소항	표시
0	0	0	$X+Y+Z$	n_0
0	0	1	$X+Y+\overline{Z}$	n_1
0	1	0	$X+\overline{Y}+Z$	n_2
0	1	1	$X+\overline{Y}+\overline{Z}$	n_3
1	0	0	$\overline{X}+Y+Z$	n_4
1	0	1	$\overline{X}+Y+\overline{Z}$	n_5
1	1	0	$\overline{X}+\overline{Y}+Z$	n_6
1	1	1	$\overline{X}+\overline{Y}+\overline{Z}$	n_7

예를 들어, 동일한 출력도 다음과 같이 곱의 합 및 합의 곱으로 표현할 수 있다.

$$
\begin{aligned}
\text{곱의 합: } F(X,Y,Z) &= \overline{X}\,\overline{Z} + Y\overline{Z} + X\,\overline{Y}\,Z \\
&= \overline{X}\,\overline{Y}\,\overline{Z} + \overline{X}\,Y\,\overline{Z} + X\,\overline{Y}\,Z + X\,Y\,\overline{Z} \\
&= \sum m(0,\ 2,\ 5,\ 6)
\end{aligned}
$$

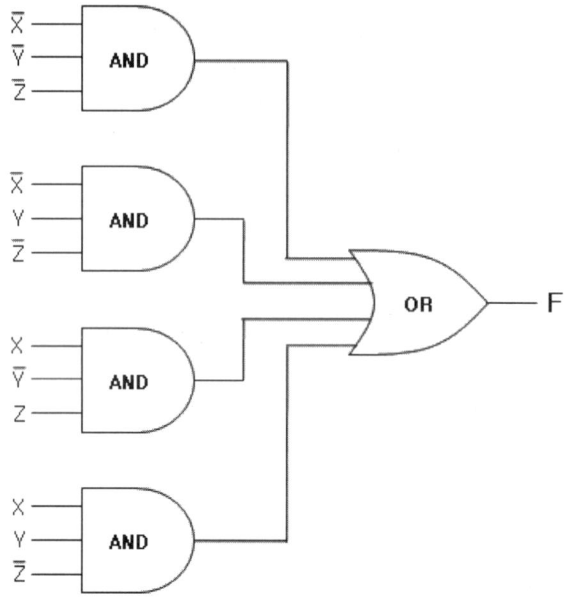
$\overline{X}$
$\overline{Y}$
$\overline{Z}$
AND
$\overline{X}$
Y
$\overline{Z}$
AND
X
$\overline{Y}$
Z
AND
X
Y
$\overline{Z}$
AND
OR
F

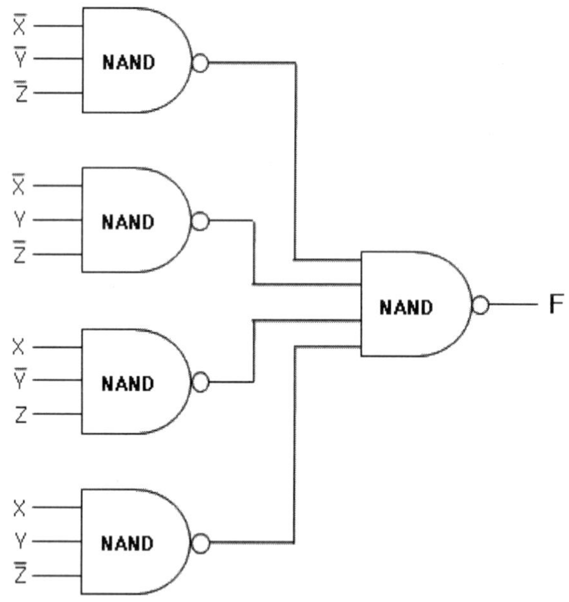
$\overline{X}$
$\overline{Y}$
$\overline{Z}$
NAND
$\overline{X}$
Y
$\overline{Z}$
NAND
X
$\overline{Y}$
Z
NAND
X
Y
$\overline{Z}$
NAND
NAND
F

합의곱: $F(X, Y, Z) = \overline{X}\,\overline{Z} + Y\,\overline{Z} + X\,\overline{Y}\,Z$

$$= (X + Y + \overline{Z})(X + \overline{Y} + \overline{Z})(\overline{X} + Y + Z)(\overline{X} + \overline{Y} + \overline{Z})$$

$$= \prod n(1, 3, 4, 6)$$

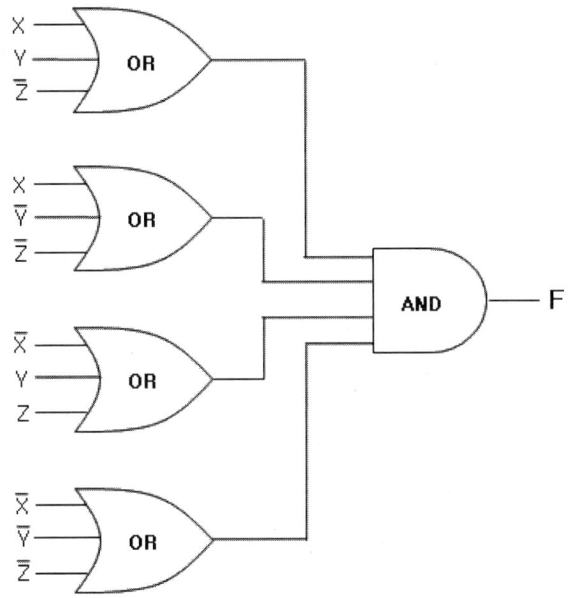

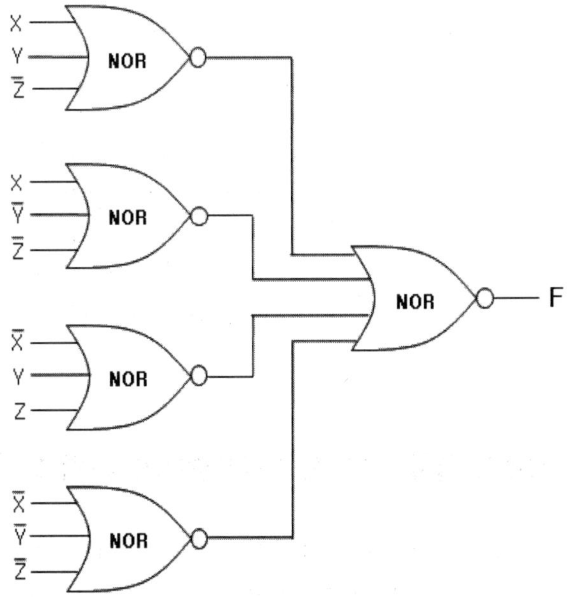

일정한 규칙에 의해 논리함수를 간략화 하는 방법으로 대수적 방법에 비해 대부분 간단하게 간략화가 행해지는 장점이 있는 반면에 논리변수가 5개 이상이 되면 적용에 어려움이 따르게 된다.

카르노맵(Karnaugh Map)은 사용되는 논리변수의 개수가 2개, 3개, 4개에 따라 4, 8, 16칸 크기가 사용되며, 진리표에서 출력이 1인 경우의 입력조건에 해당하는 위치에 1을 표시한 후 인접하는 1들을 2, 4, 8, 16개 등으로 묶어서 간략화를 행하게 되는데, 이때 간략화의 근거는 $A+\overline{A}=1$이라는 기본정리이다.

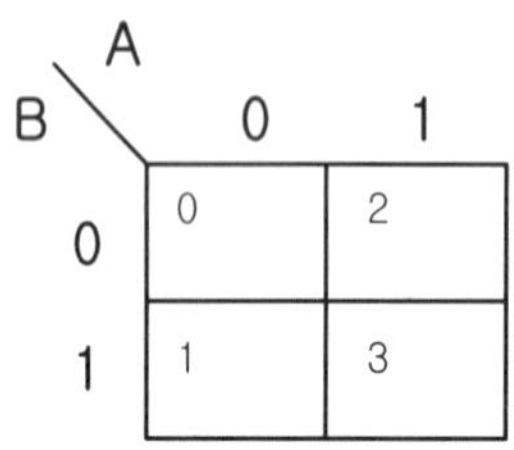

(논리변수가 2개)

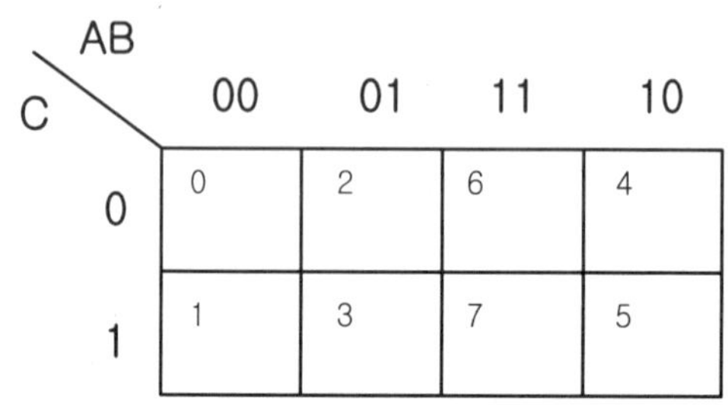

(논리변수가 3개)

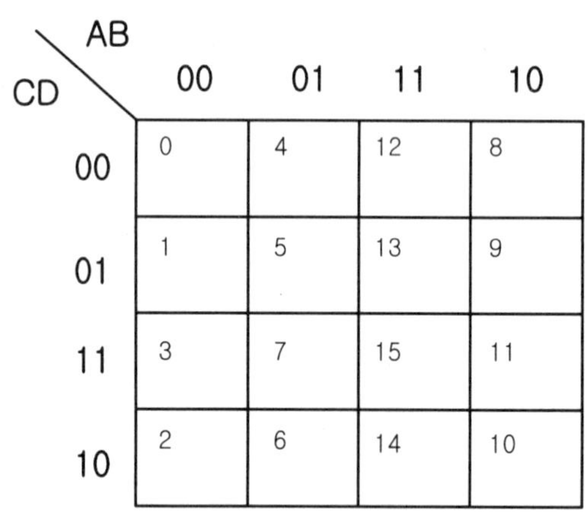

(논리변수가 4개)

3.2 카르노맵을 이용한 논리함수의 간략화

① 입력변수의 개수에 따라 적당한 크기의 카르노맵을 선택한다.

② 진리표 또는 함수식으로 주어진 입출력 조건에서 출력이 1인 부분에 해당하는 곳에만 1을 표시한다.

③ 인접하는 1들을 최대한 크게 묶는다.(2개, 4개, 8개, 16개 가능, 대각선 방향 제외)

④ 묶음 사이에 겹치는 부분이 있어도 상관없지만, 한 개의 묶음에는 적어도 1개 이상의 독립적인 1이 존재해야 한다.

⑤ 주어진 입력조건 중 사용하지 않는 부분(BCD코드에서의 1010~1111과 같은 경우)이 있는 경우는 무정의(don't care) 항으로 하여 d로 표시한다.

⑥ 무정의항 d는 묶음을 크게 하기 위하여 필요하면 1로 사용할 수 있다.

⑦ 묶음에서 변수 값의 변화(0→1, 1→0)가 있으면 그 변수는 생략된다.

1) 논리변수가 2개인 경우

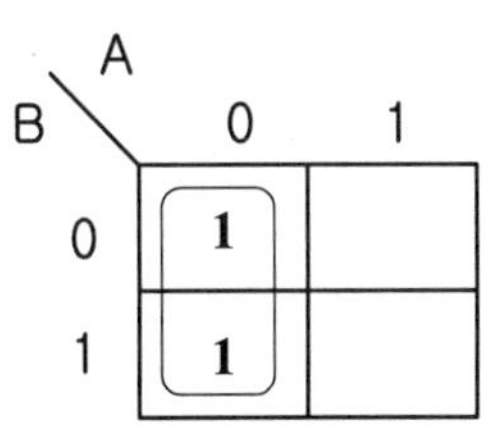

$\overline{A}$

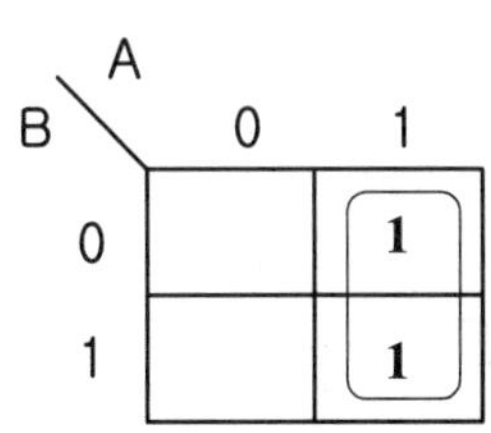

A

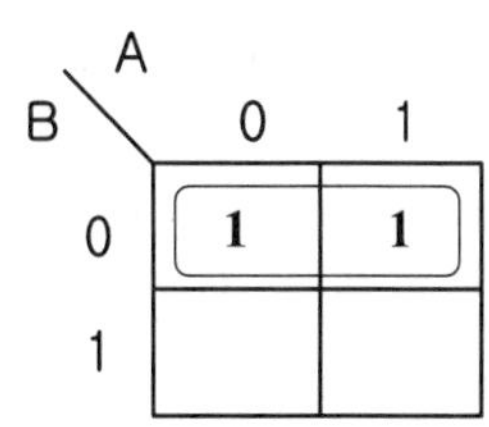

$\overline{B}$

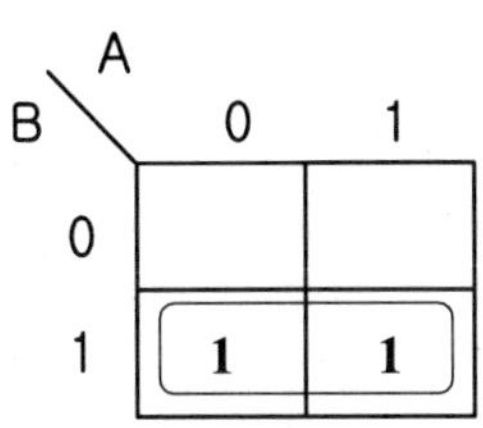

B

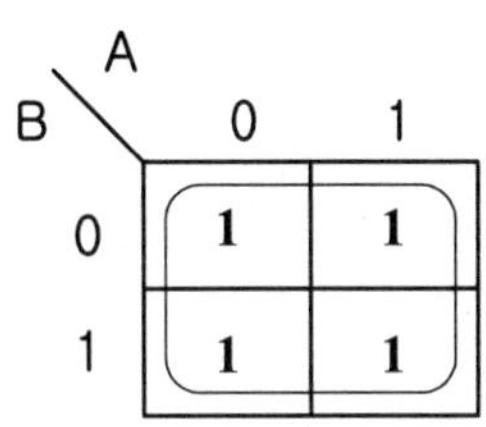

1

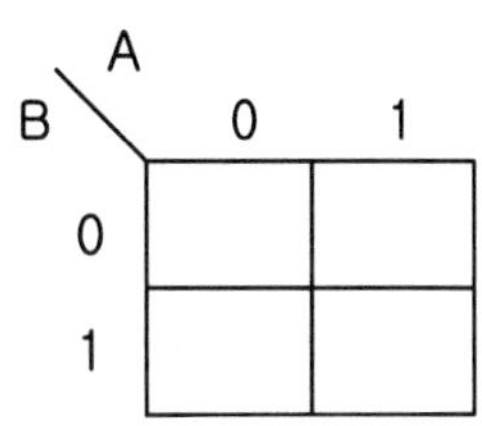

0

2) 논리변수가 3개인 경우

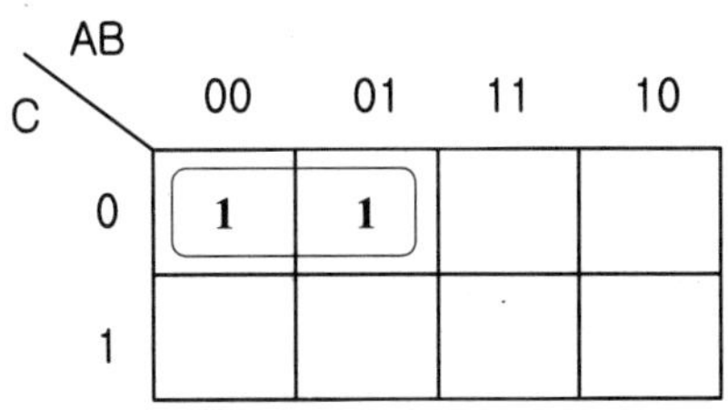

$\overline{A}\,\overline{C}$

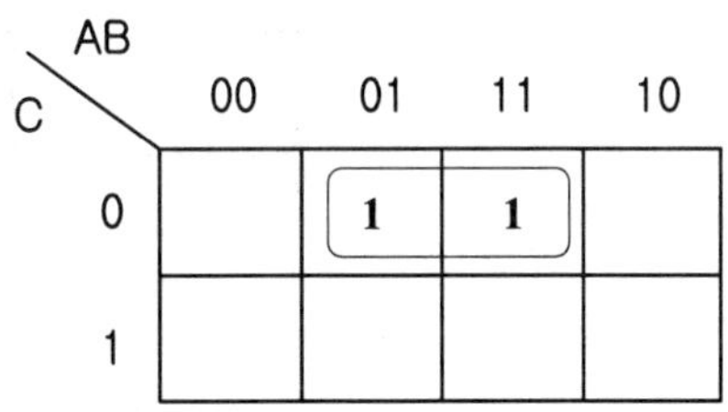

$B\overline{C}$

C \ AB	00	01	11	10
0			**1**	**1**
1				

$A\,\overline{C}$

C \ AB	00	01	11	10
0				
1	**1**	**1**		

$\overline{A}\,C$

C \ AB	00	01	11	10
0				
1		**1**	**1**	

BC

C \ AB	00	01	11	10
0				
1			**1**	**1**

AC

C \ AB	00	01	11	10
0	**1**			**1**
1				

$\overline{B}\,\overline{C}$

C \ AB	00	01	11	10
0				
1	**1**			**1**

$\overline{B}\,C$

C \ AB	00	01	11	10
0	**1**			
1	**1**			

$\overline{A}\,\overline{B}$

C \ AB	00	01	11	10
0		**1**		
1		**1**		

$\overline{A}\,B$

C \ AB	00	01	11	10
0			**1**	
1			**1**	

AB

C \ AB	00	01	11	10
0				**1**
1				**1**

$A\,\overline{B}$

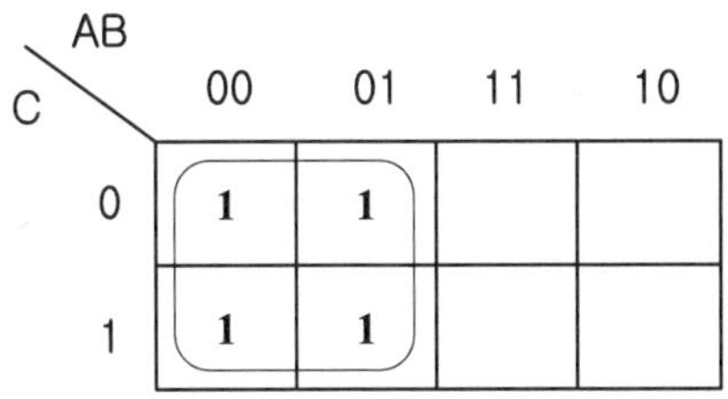

$\overline{A}$

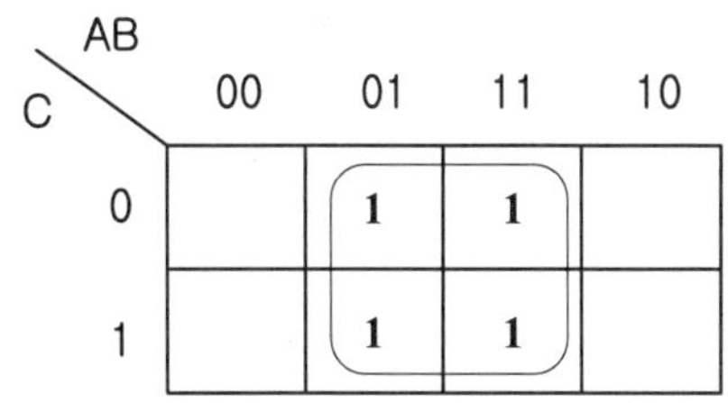

B

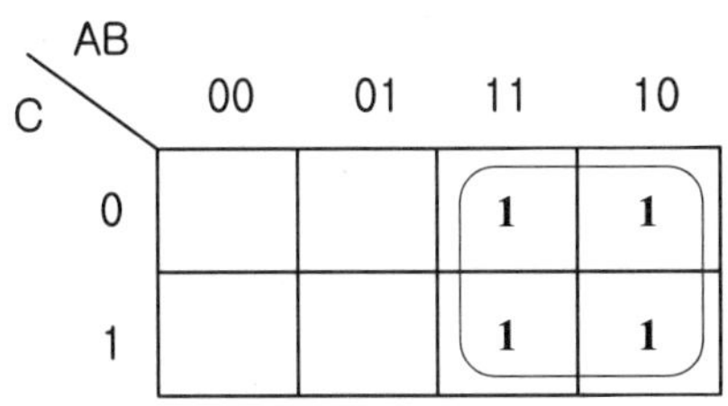

A

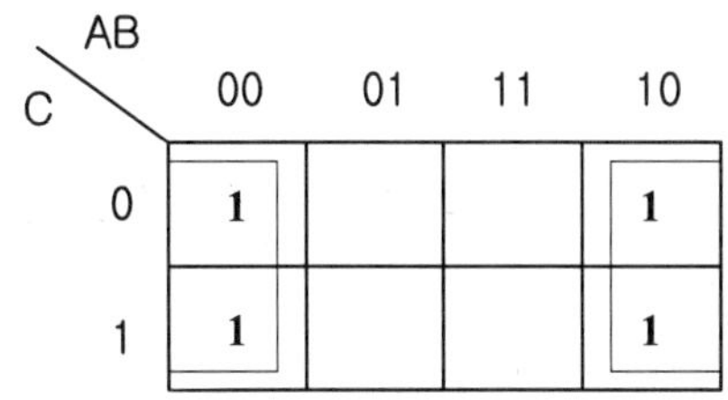

$\overline{B}$

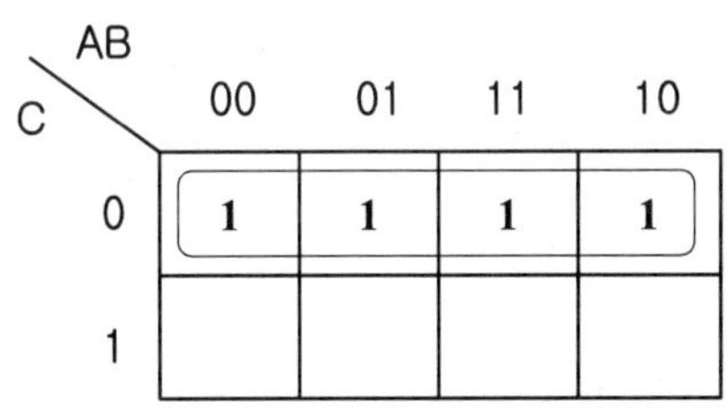

$\overline{C}$

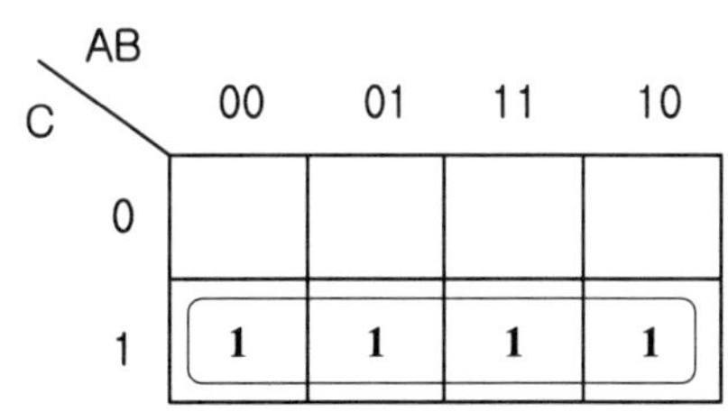

C

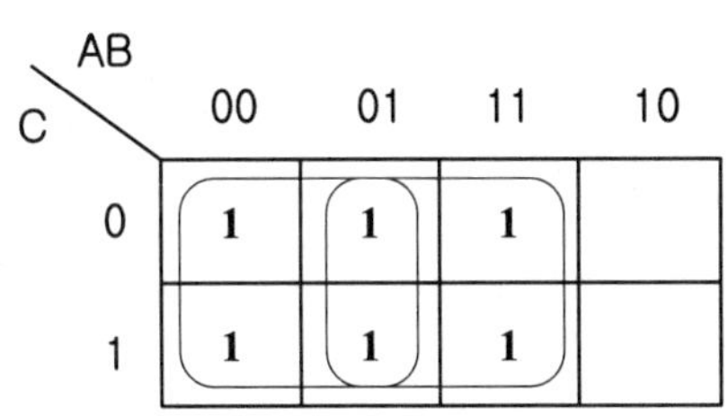

$\overline{A} + B$

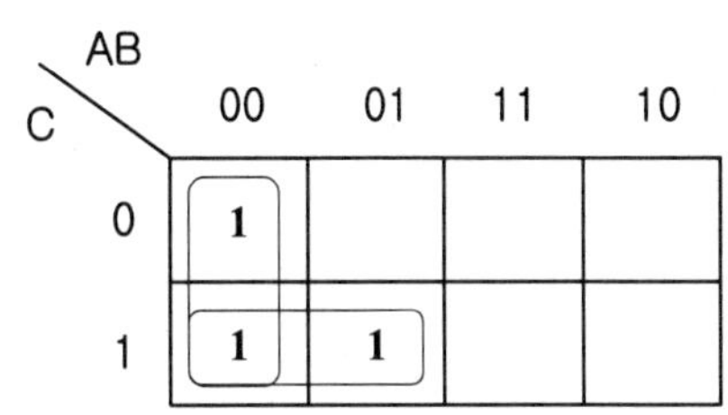

$\overline{A}\,\overline{B} + \overline{A}C = \overline{A}(\overline{B} +$

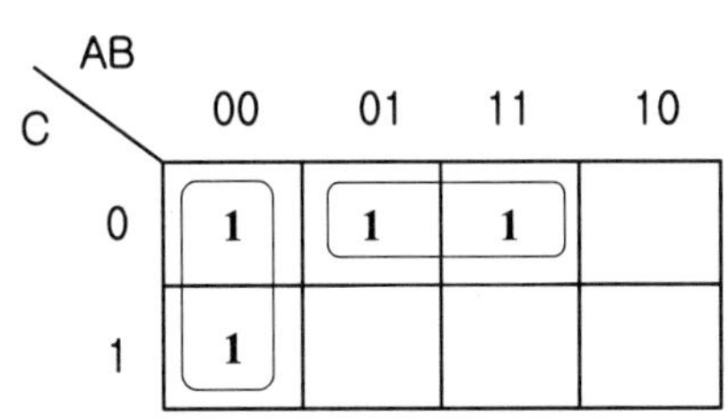

$\overline{A}\,\overline{B} + B\overline{C}$

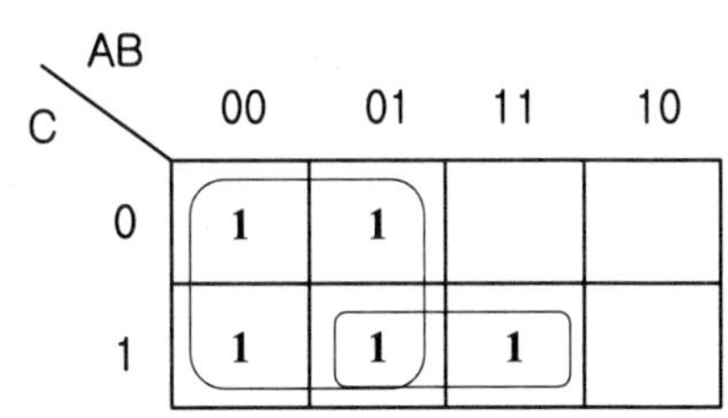

$\overline{A} + BC$

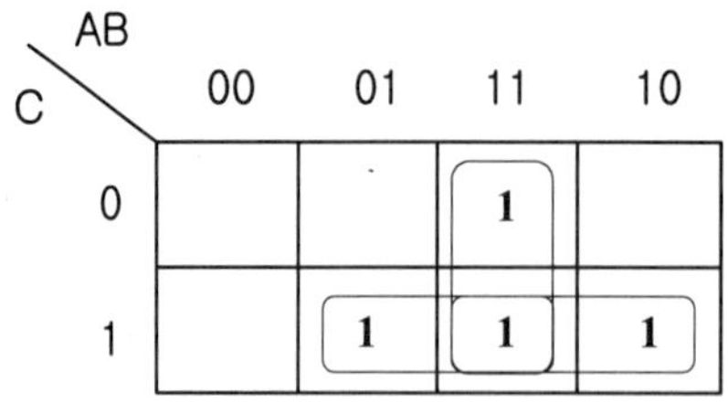

$AB + BC + AC$

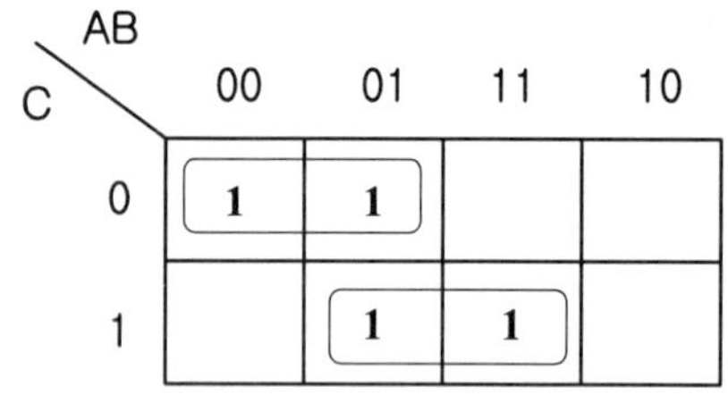

$\overline{A}\,\overline{C} + BC$

3) 논리변수가 4개인 경우

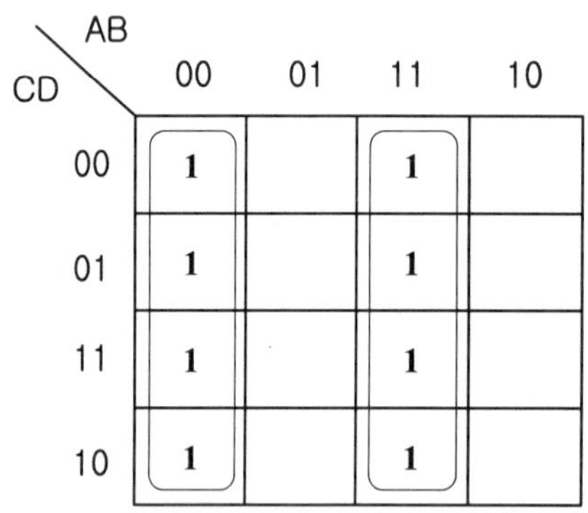

$\overline{A}\,\overline{B} + AB$

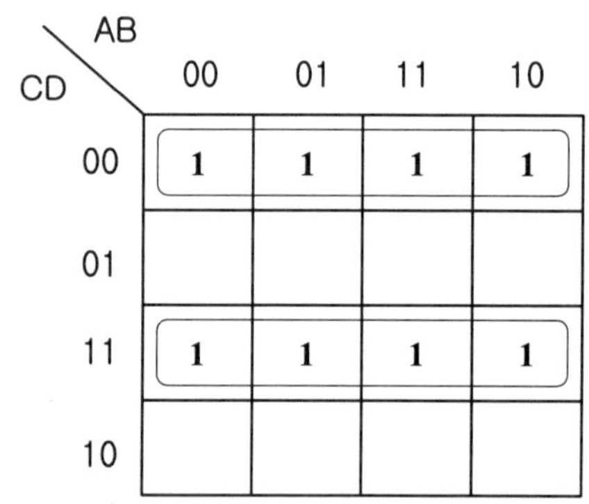

$\overline{C}\,\overline{D} + CD$

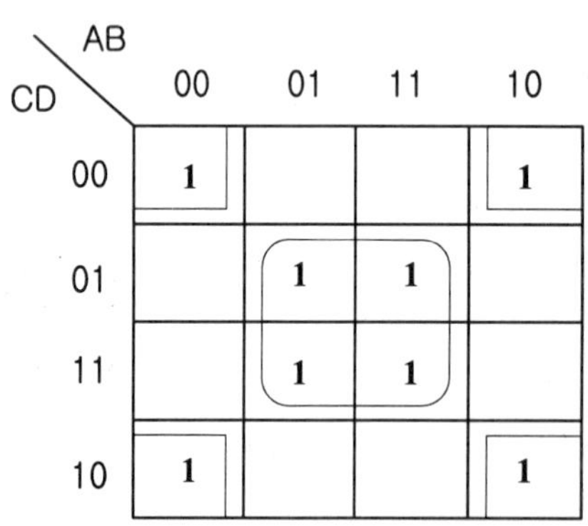

$\overline{B}\,\overline{D} + BD$

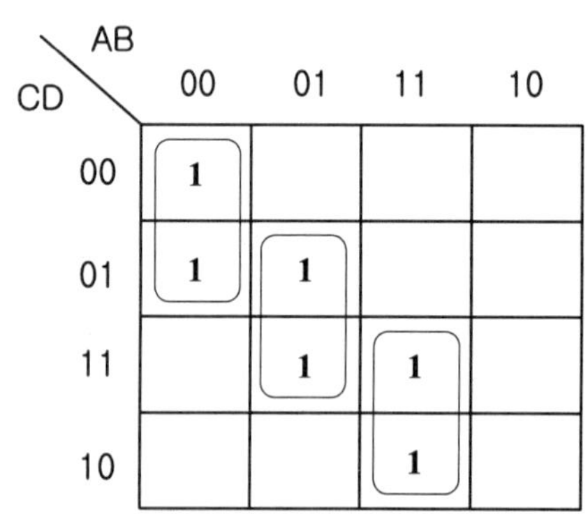

$\overline{A}\,\overline{B}\,\overline{C} + \overline{A}BD + ABC$

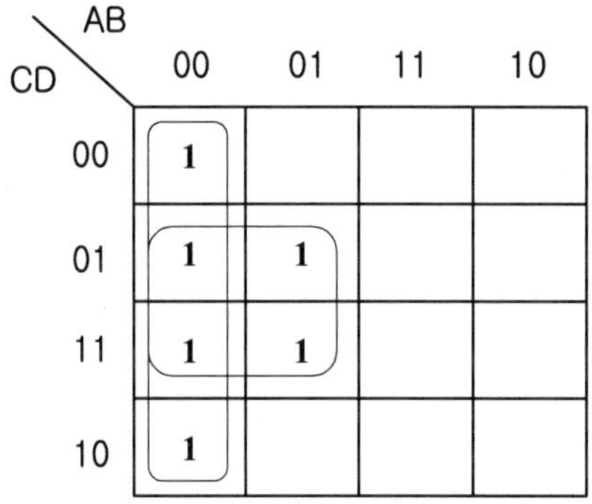

$\overline{A}\,\overline{B} + \overline{A}D = \overline{A}\,(\overline{B} +$

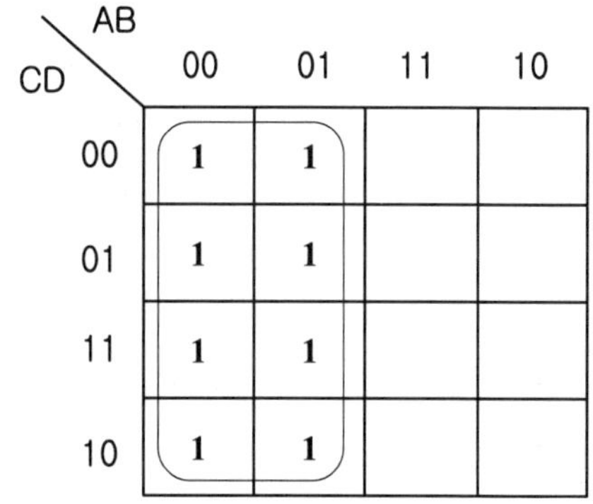

$\overline{A}$

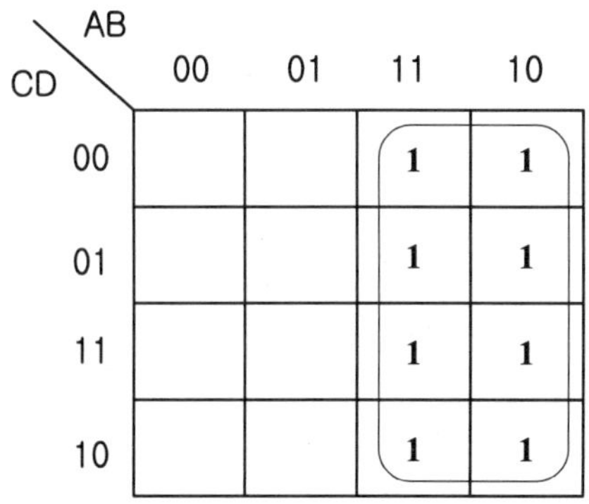

A

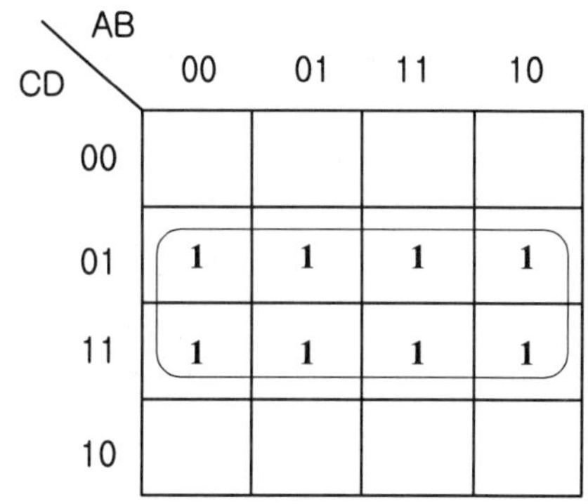

D

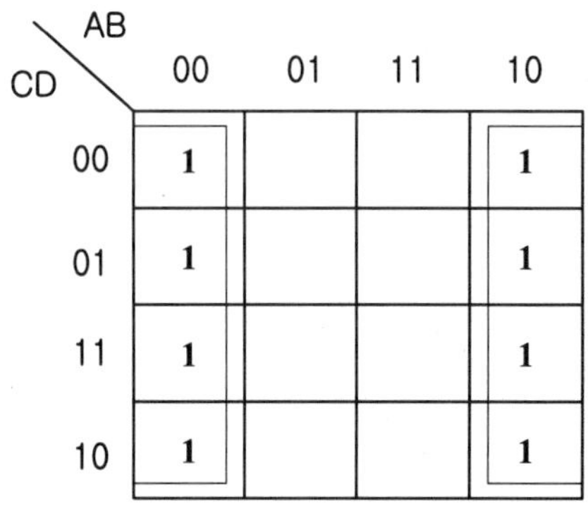

$\overline{B}$

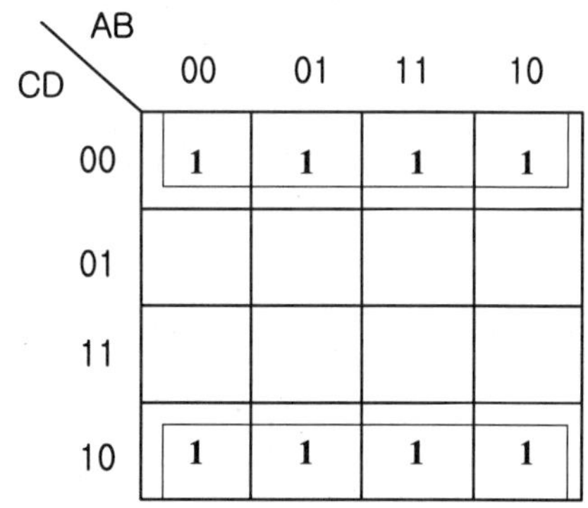

$\overline{D}$

CD \ AB	00	01	11	10
00	1	1	1	
01	1	1	1	
11	1	1	1	
10	1	1	1	

$\overline{A} + B$

CD \ AB	00	01	11	10
00	1	1	1	1
01	1	1	1	1
11	1	1	1	1
10	1	1	1	1

1

예제 3-1 $F(A,B,C) = \sum m(0,1,2)$

C \ AB	00	01	11	10
0	1	1		
1	1			

$$F = \overline{A}\,\overline{B} + \overline{A}\,\overline{C} = \overline{A}(\overline{B} + \overline{C})$$

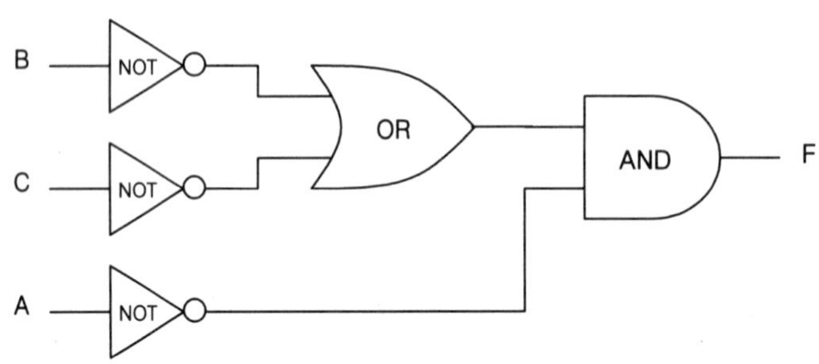

예제 3-2 $F(A,B,C) = \sum m(2,3,6,7)$

C \ AB	00	01	11	10
0		1	1	
1		1	1	

$$F = B$$

예제 3-3 $F(A,B,C) = \sum m(0,1,2) + \sum d(3,7)$

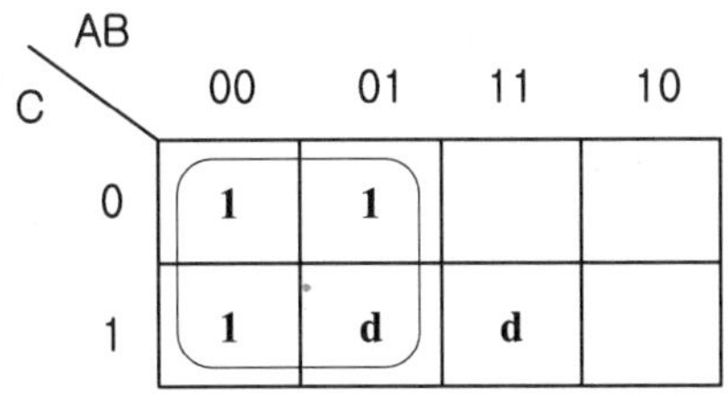

$F = \overline{A}$

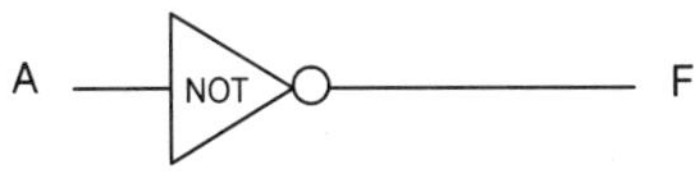

예제 3-4 $F(A,B,C) = \sum m(0,2,4,5,6)$

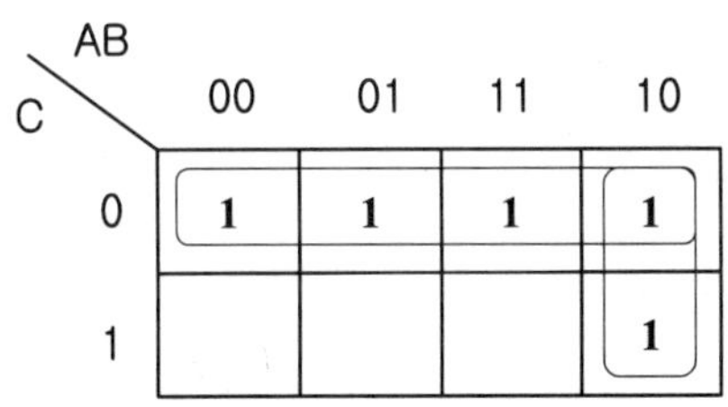

$F = A\,\overline{B} + \overline{C}$

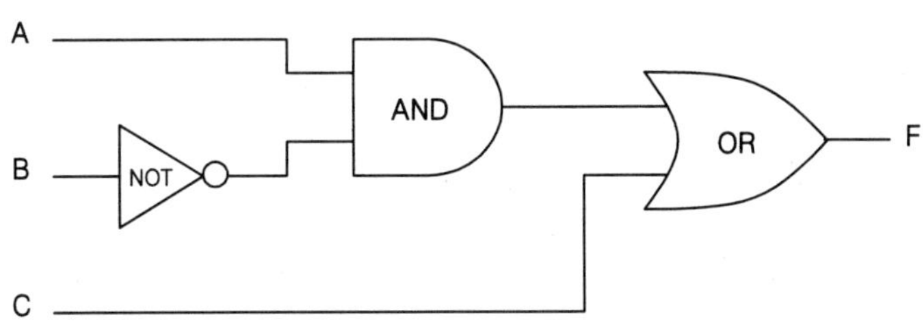

예제 3-5 $F(A,B,C,D) = \sum m(0,1,4,5,6,8,9,12,13)$

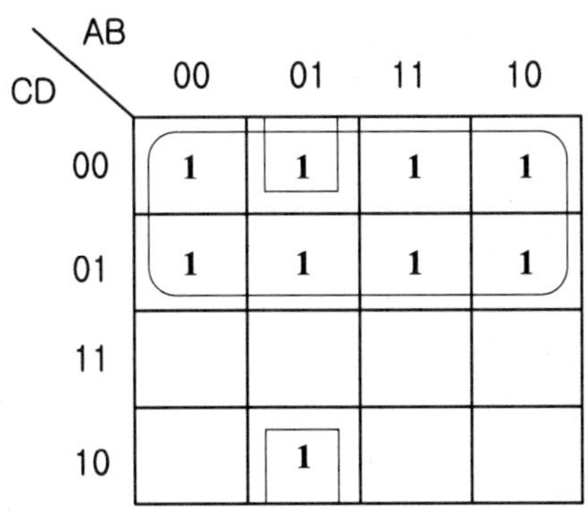

$F = \overline{C} + \overline{A}\,B\,\overline{D}$

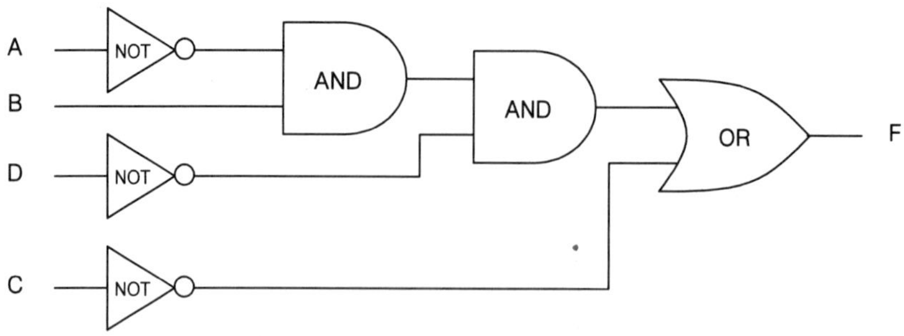

예제 3-6 $F(A,B,C,D) = \sum m(5,7,9,11) + \sum d(13,15)$

CD \ AB	00	01	11	10
00				
01		1	d	1
11		1	d	1
10				

$$F = AD + BD = D(A+B)$$

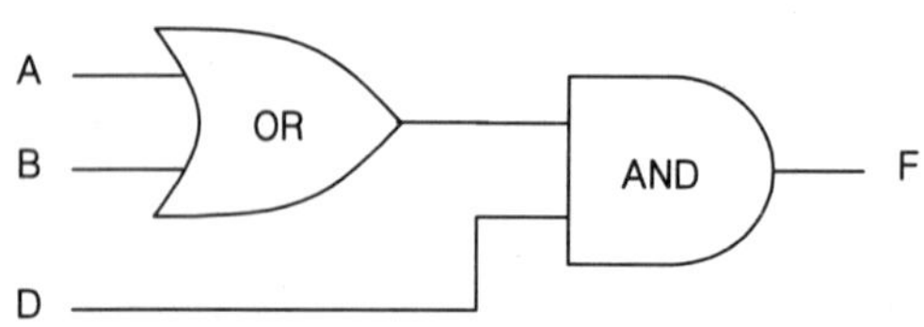

예제 3-7 $F(A,B,C,D) = \sum m(0,2,3,5,6,7,8,10,11,14,15)$

CD \ AB	00	01	11	10
00	1			1
01		1		
11	1	1	1	1
10	1	1	1	1

$$F = C + \overline{B}\,\overline{D} + \overline{A}\,B\,D$$

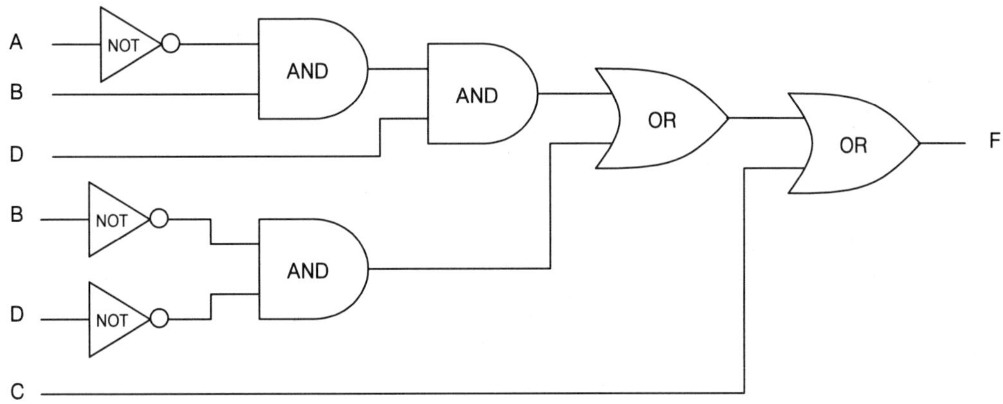

예제 3-8 $F = A + A \cdot B$

A

A	B	AB
1	0	10
	1	11

$A \cdot B$

A	B	AB
1	1	11

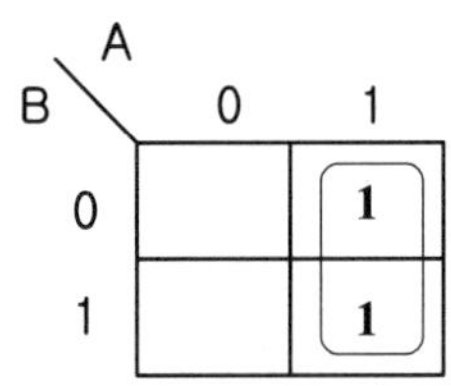

$F = A$

예제 3-9 $F = A + \overline{A}B$

A

A	B	AB
1	0	10
	1	11

$\overline{A}B$

A	B	AB
0	1	01

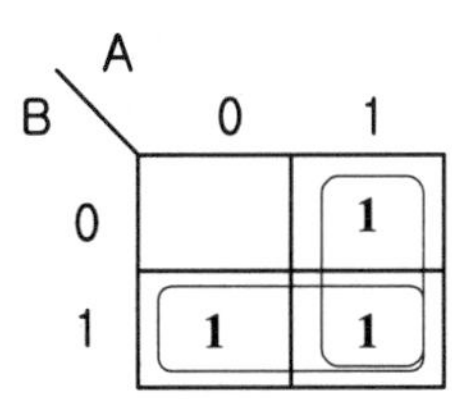

$F = A + B$

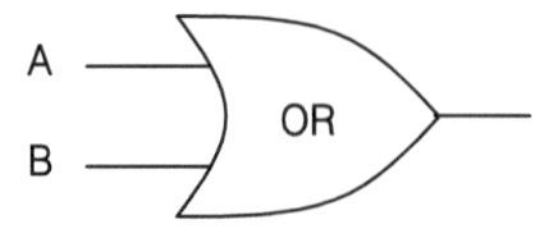

예제 3-10 $F = AB + A\overline{B}C$

AB

A	B	C	ABC
1	1	0	110
		1	111

$A\overline{B}C$

A	B	C	ABC
1	0	1	101

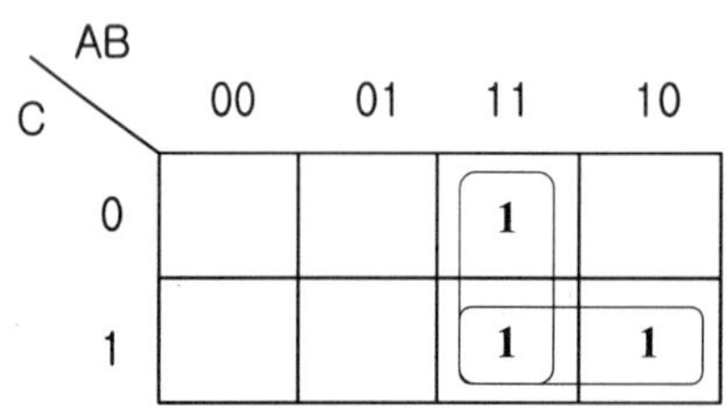

$F = AB + AC = A(B + C)$

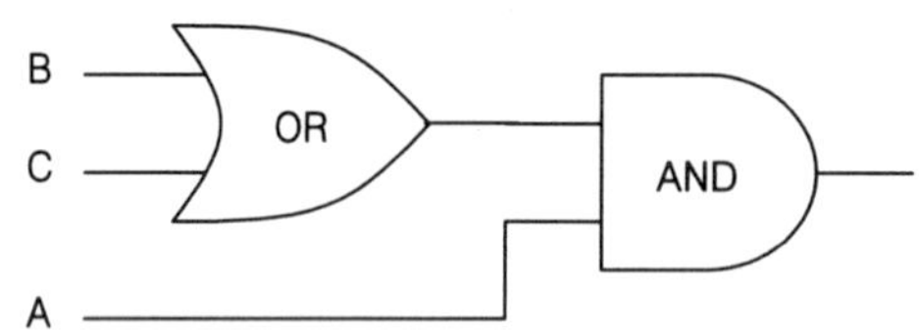

예제 3-11 $F = AB + ABC$

AB

A	B	C	ABC
1	1	0	110
		1	111

ABC

A	B	C	ABC
1	1	1	111

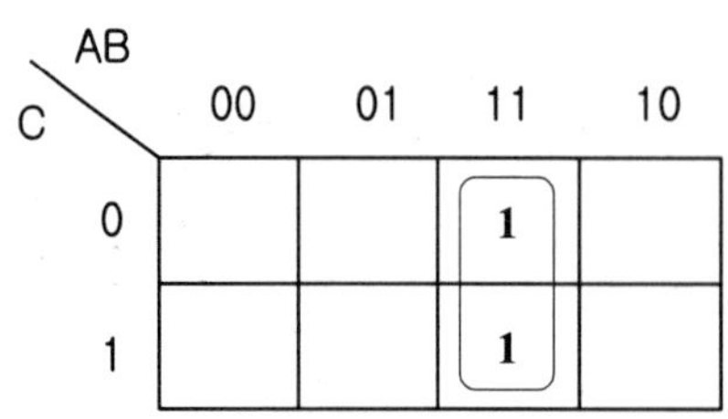

$F = AB$

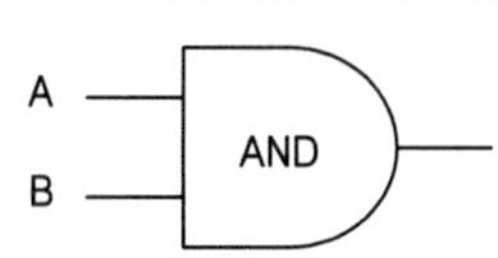

예제 3-12 $F = \overline{A} + \overline{A}B + BC\overline{D} + B\overline{D}$

➡

$BC\overline{D}$

A	B	C	D	ABCD
0	1	1	0	0110
1				1110

$B\overline{D}$

A	B	C	D	ABCD
0	1	0	0	0100
		1		0110
1		0		1100
		1		1110

$\overline{A}$

A	B	C	D	ABCD
0	0	0	0	0000
			1	0001
		1	0	0010
			1	0011
	1	0	0	0100
			1	0101
		1	0	0110
			1	0111

$\overline{A}B$

A	B	C	D	ABCD
0	1	0	0	0100
			1	0101
		1	0	0110
			1	0111

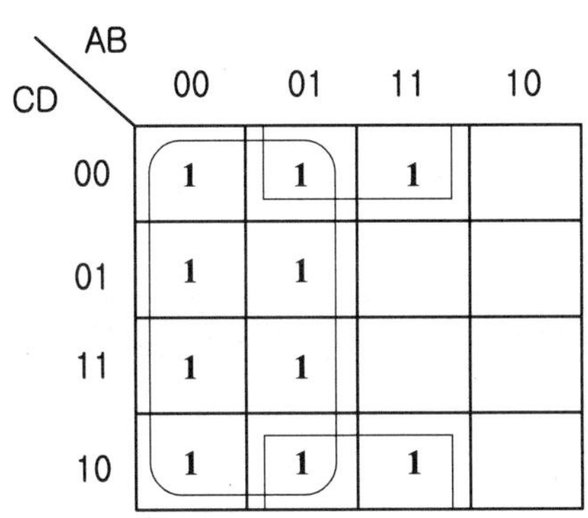

$F = \overline{A} + B\overline{D}$

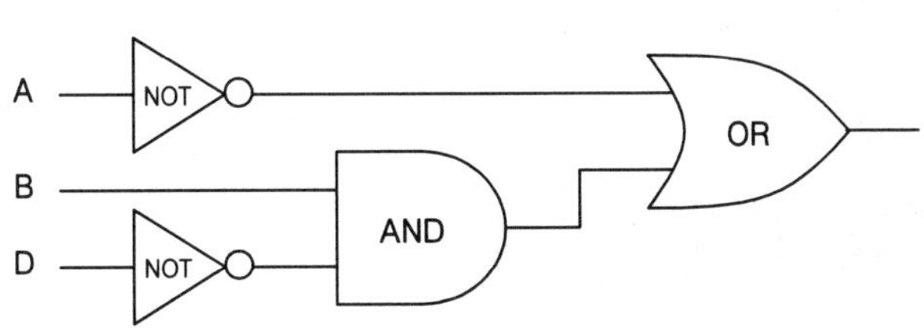

예제 3-13 $F = AB + \overline{A}B + \overline{B}C$

AB

A	B	C	ABC
1	1	0	110
		1	111

$\overline{A}B$

A	B	C	ABC
0	1	0	010
		1	011

$\overline{B}C$

A	B	C	ABC
0	0	1	001
1			101

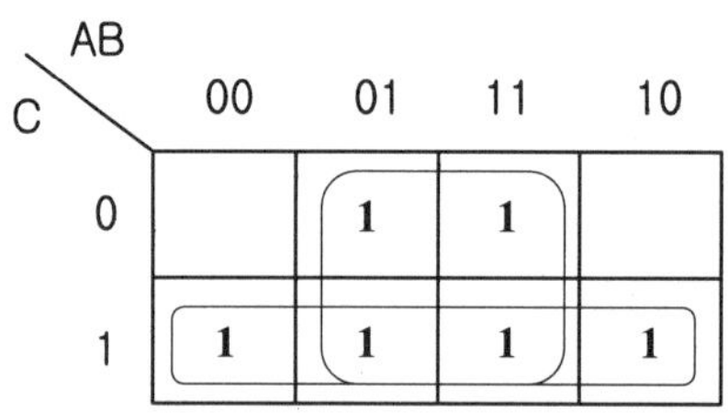

$F = B + C$

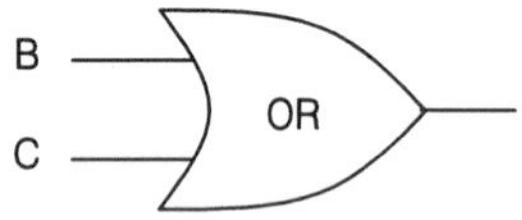

예제 3-14 $F = A + \overline{A}BC + B\overline{C}$

A

A	B	C	ABC
1	0	0	100
		1	101
	1	0	110
		1	111

$B\overline{C}$

A	B	C	ABC
0	1	0	010
1			110

$\overline{A}BC$

A	B	C	ABC
0	1	1	011

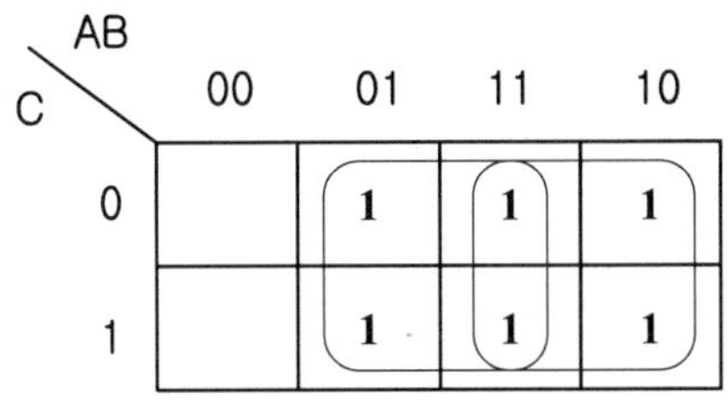

$F = A + B$

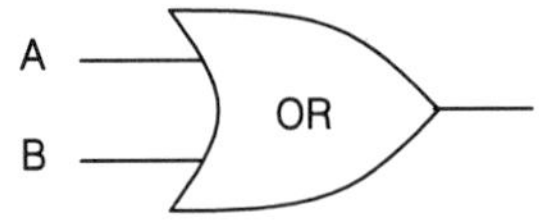

예제 3-15 $F = A + \overline{A}BC + \overline{A}$

A

A	B	C	ABC
1	0	0	100
		1	101
	1	0	110
		1	111

$\overline{A}$

A	B	C	ABC
0	0	0	000
		1	001
	1	0	010
		1	011

$\overline{A}BC$

A	B	C	ABC
0	1	1	011

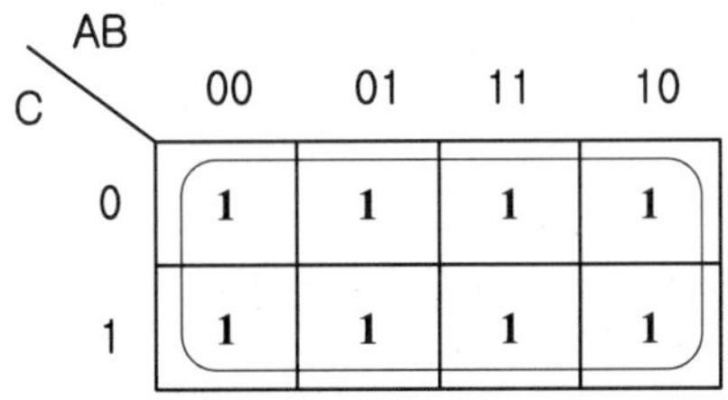

$F = 1$

예제 3-16 $F = A + \overline{A}C + B\overline{C}$

$\overline{A}C$

A	B	C	ABC
0	0	1	001
	1		011

$B\overline{C}$

A	B	C	ABC
0	1	0	010
1			110

A

A	B	C	ABC
1	0	0	100
		1	101
	1	0	110
		1	111

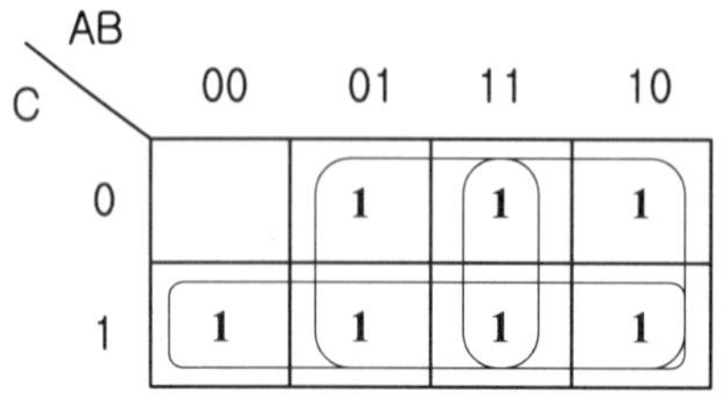

$F = A + B + C$

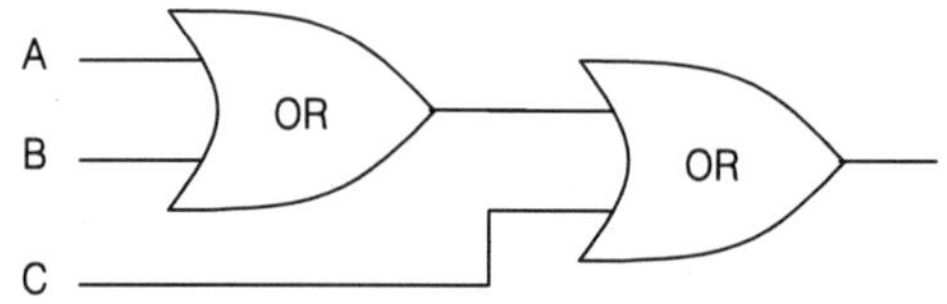

예제 3-17 $F = B + \overline{A}C + BC + \overline{A}\,\overline{C}$

B

A	B	C	ABC
0	1	0	010
		1	011
1		0	110
		1	111

$\overline{A}C$

A	B	C	ABC
0	0	1	001
	1		011

BC

A	B	C	ABC
0	1	1	011
1			111

$\overline{A}\,\overline{C}$

A	B	C	ABC
0	0	0	000
	1		010

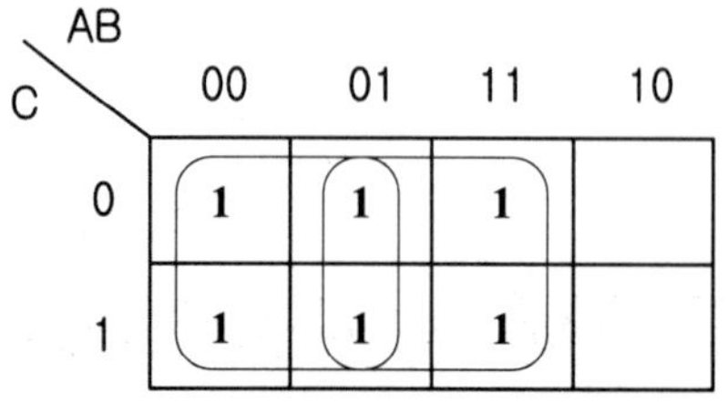

$F = B + \overline{A}$

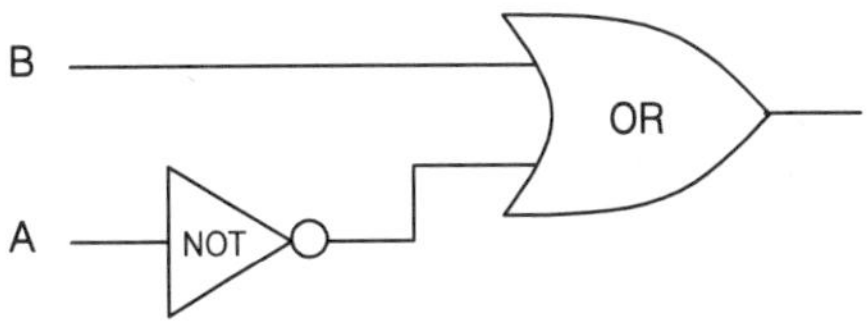

예제 3-18 $F = AB + \overline{A}C + BC + \overline{A}\,\overline{C}$

AB

A	B	C	ABC
1	1	0	110
		1	111

$\overline{A}C$

A	B	C	ABC
0	0	1	001
	1		011

BC

A	B	C	ABC
0	1	1	011
1			111

$\overline{A}\,\overline{C}$

A	B	C	ABC
0	0	0	000
	1		010

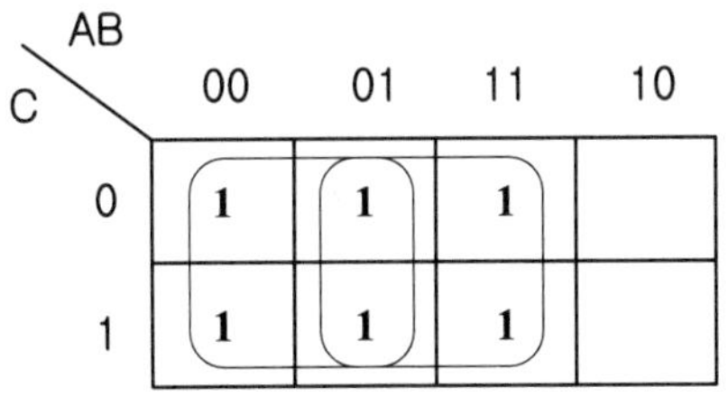

$F = \overline{A} + B$

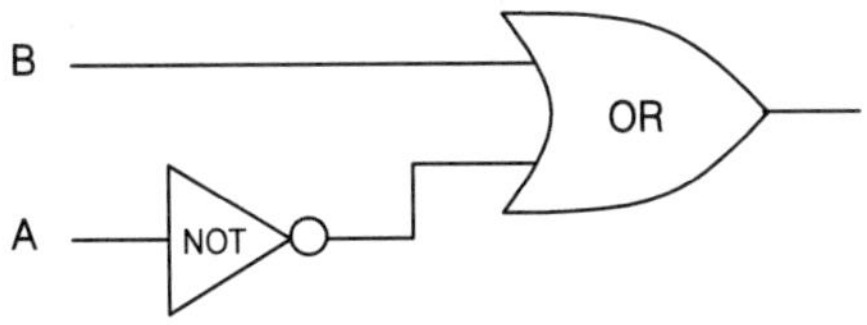

예제 3-19 $F = \overline{A}B + AC + BC$

$\overline{A}B$

A	B	C	ABC
0	1	0	010
		1	011

AC

A	B	C	ABC
1	0	1	101
	1		111

BC

A	B	C	ABC
0	1	1	011
1			111

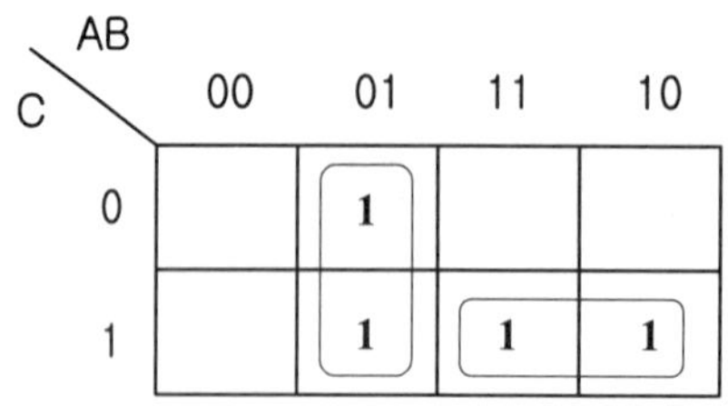

$F = \overline{A}B + AC$

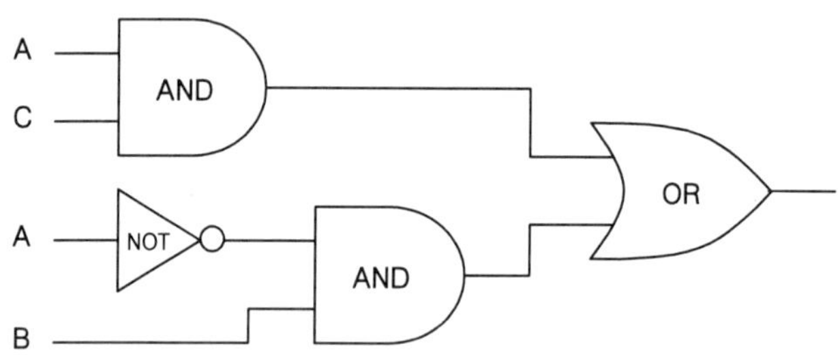

예제 3-20 $F = \overline{A}B + AC + BCD$

$\overline{A}B$

A	B	C	D	ABCD
0	1	0	0	0100
			1	0101
		1	0	0110
			1	0111

AC

A	B	C	D	ABCD
1	0	1	0	1010
			1	1011
	1		0	1110
			1	1111

BCD

A	B	C	D	ABCD
0	1	1	1	0111
1				1111

CD \ AB	00	01	11	10
00		1		
01		1		
11		1	1	1
10		1	1	1

$$F = \overline{A}B + AC$$

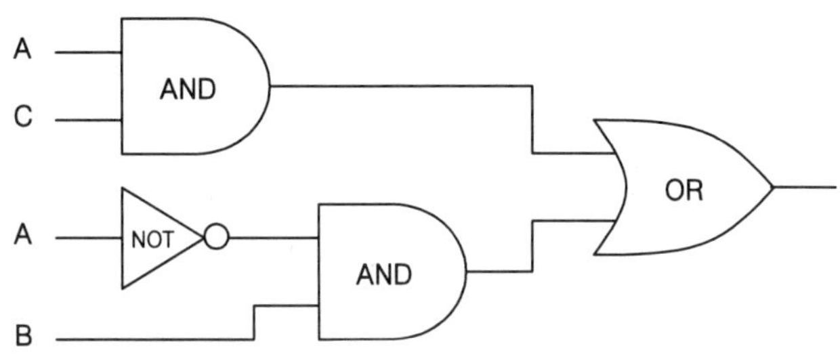

합의곱 형태를 이용한 카르노맵 간략화

$$F = (A+B)(\overline{B}+C)(\overline{A}+B+\overline{C})(A+\overline{B}+C)$$

$$= \prod n(0,1,2,5,6)$$

C \ AB	00	01	11	10
0	0	0	0	
1	0			0

간략화 결과 : $F = (A+B)(\overline{B}+C)(B+\overline{C})$

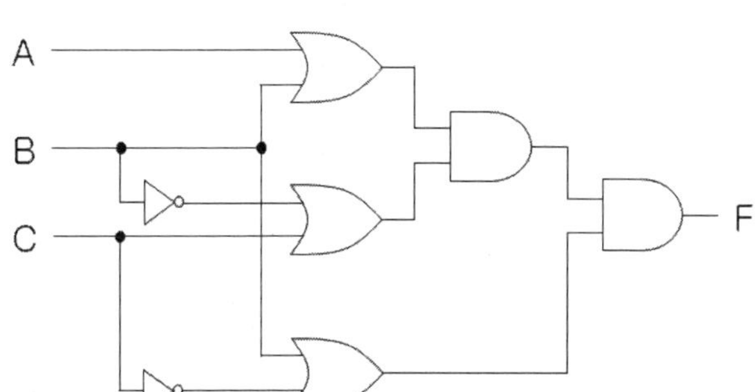

연습문제

3-1 카르노맵을 이용하여 다음 관계식이 성립됨을 확인하시오.

(a) $\overline{A(\overline{B}\,\overline{C}+BC)} = \overline{A}+B\overline{C}+\overline{B}C$

(b) $\overline{A}\,\overline{B}\,\overline{C}+A\overline{B}\,\overline{C}+A\overline{B}C+AB\overline{C}+ABC = A+\overline{B}\,\overline{C}$

(c) $A+\overline{A}B\overline{C}+\overline{B+C} = A+\overline{C}$

(d) $\overline{\overline{X}Y+X\overline{Y}+XY} = \overline{X}\,\overline{Y}$

(e) $(A+B)(\overline{A}+C) = AC+\overline{A}B$

(f) $\overline{(A+B)(\overline{A}+B)} = \overline{B}$

(g) $\overline{X}Y+X\overline{Y}+XY+\overline{X}\,\overline{Y} = 1$

3-2 카르노맵으로 다음 논리식을 간략화하고 논리회로를 작성하시오.

(a) $(\overline{X+Y+Z})(\overline{X}+\overline{Y}+Z)$

(b) $(\overline{A}+B+\overline{C})(A+B+C)$

(c) $\overline{X}\,\overline{Y}+XY+\overline{X}Y+Z$

(d) $\overline{A\overline{B}\,\overline{C}+AC}$

(e) $(X+\overline{Y}+Z)(\overline{X}+\overline{Y})$

(f) $\overline{A}\,\overline{B}\,\overline{C}+\overline{B}C\overline{D}+\overline{A}BC\overline{D}+A\overline{B}\,\overline{C}$

(g) $\overline{W}X\overline{Y}Z+\overline{W}XYZ+\overline{W}\,\overline{X}YZ+WX\overline{Y}Z+WXYZ+W\overline{X}YZ$

제4장

조합논리회로

미리보기

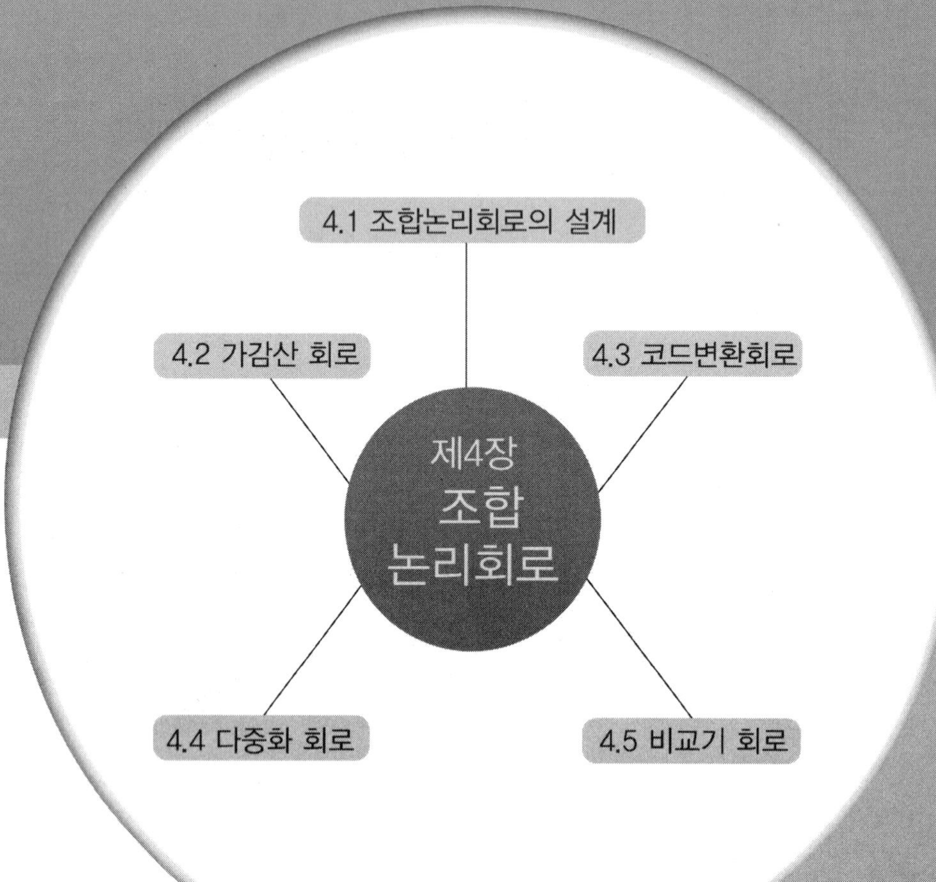

여기서는 조합논리회로를 설계하는 절차를 세부적으로 설명하고 여러 가지 예를 제시하여 기술을 습득하도록 하였습니다. 또한, 가감산회로, 코드변화회로, 다중화 회로 등 실무현장에서 많이 사용하는 조합논리회로를 설계한 과정을 자세히 기술하여 실무에 적용할 수 있는 능력을 갖게 됩니다.

4.1 조합논리회로의 설계

논리게이트를 활용한 논리회로는 크게 조합(組合)논리회로와 순차(順次)논리회로로 구분되며 그 차이는 조합논리회로의 경우 현재 주어진 입력에 대하여 출력이 동시에 결정되는 반면 순차논리회로는 조합논리회로와 이에 더하여 기억소자(Memory)를 활용하여 출력이 결정된다는 것이다.

조합논리회로

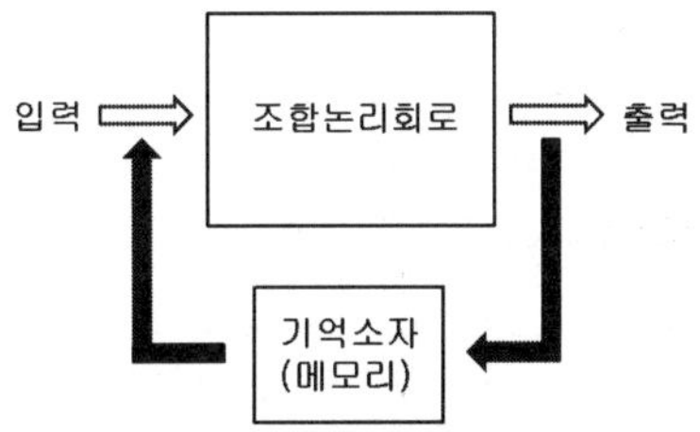

순차논리회로

어떤 특수한 용도를 갖는 조합논리회로를 설계하는 순서는 일반적으로 다음과 같다.

① 주어진 문제로부터 요구되는 입력 및 출력의 개수를 결정하고 각각을 적당한 기호로 표시하여 블록 다이어그램을 그린다.

② 입출력 변수 사이의 진리표를 작성하며, 입력이 n개라면 $0\sim2^{n-1}-1$개의 2진수를 1씩 증가되는 순서로 나열한다.

③ 각각의 출력을 입력변수의 함수로 표시하며 이때 부울 대수 및 카르노맵 등을 활용하여 최대한 간략화 시킨다.

④ 논리게이트를 이용하여 논리회로를 작성한다.

예제 4-1 3비트 2진수가 4보다 클 경우 출력이 "0"이 되고, 나머지에서는 출력이 "1"이 되는 조합논리회로를 설계하시오.

① 블록 다이어그램

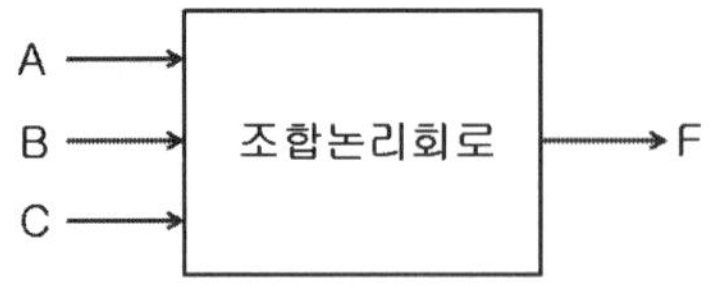

입력 3개
출력 1개

② 진리표

A	B	C	F
0	0	0	1
0	0	1	1
0	1	0	1
0	1	1	1
1	0	0	1
1	0	1	0
1	1	0	0
1	1	1	0

③ 카르노맵

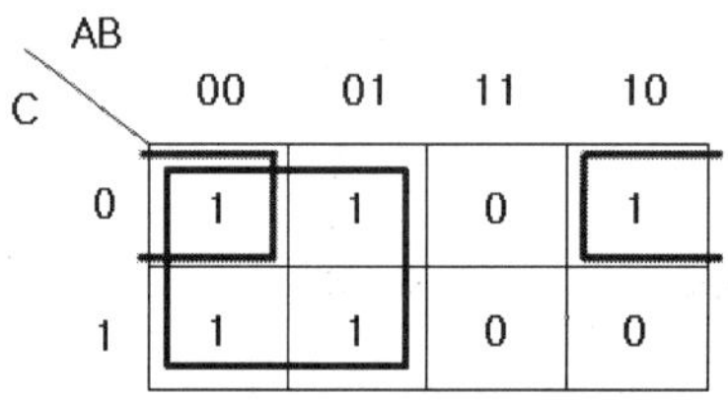

$F = \overline{A} + \overline{B}\,\overline{C}$

④ 설계 결과

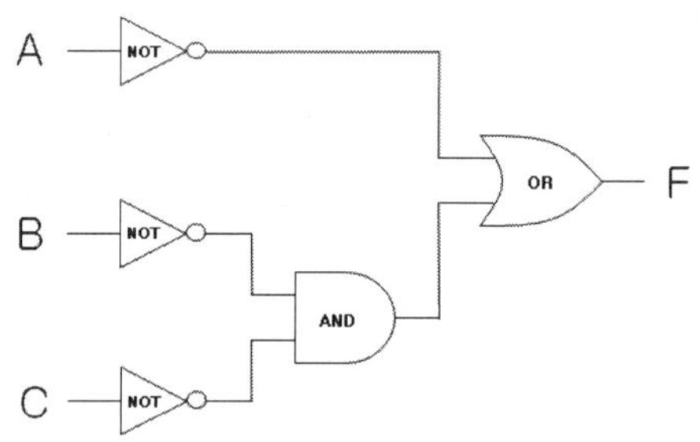

예제 4-2 3비트 2진수 중에서 십진수로서 짝수인 것은 그대로 출력으로 통과시키고, 반면에 홀수인 것은 출력을 모두 "101"로 하도록 하는 조합논리회로를 구현하시오.

① 블록 다이어그램

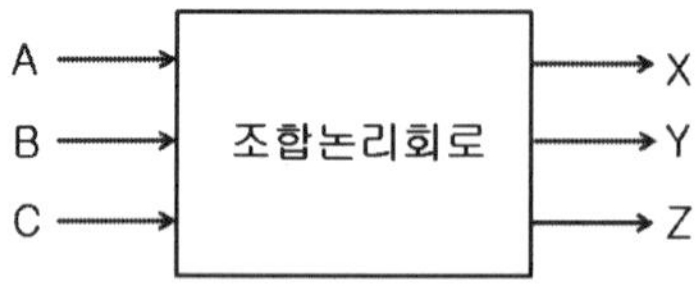

입력 3개
출력 3개

② 진리표

A	B	C	X	Y	Z
0	0	0	0	0	0
0	0	1	1	0	1
0	1	0	0	1	0
0	1	1	1	0	1
1	0	0	1	0	0
1	0	1	1	0	1
1	1	0	1	1	0
1	1	1	1	0	1

③ 카르노맵

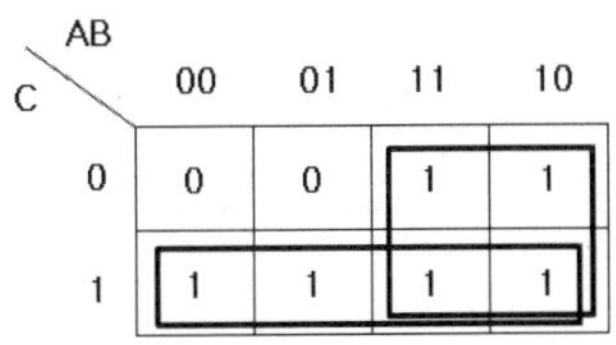

$X = A + C$

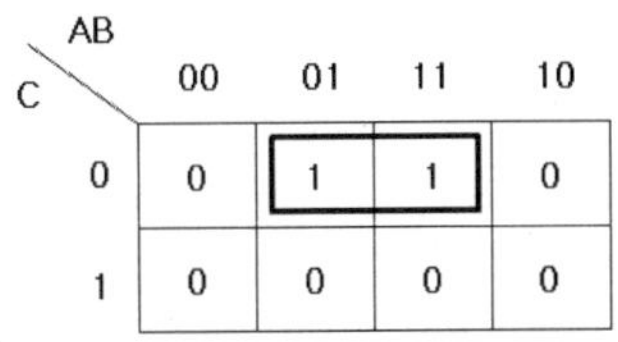

$Y = B\overline{C}$

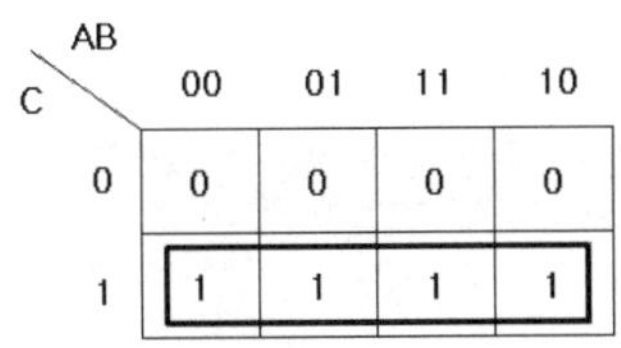

$Z = C$

④ 설계 결과

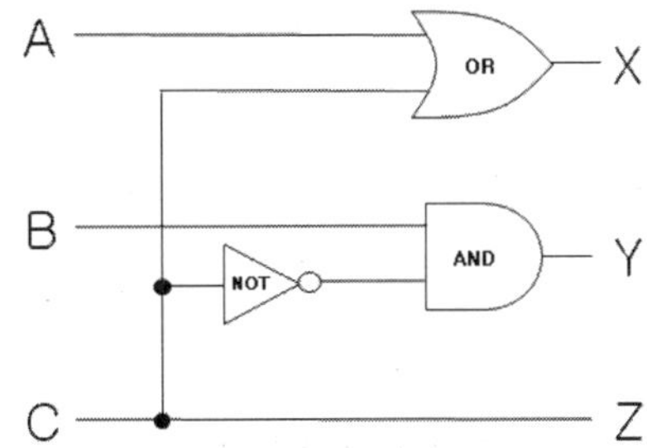

4.2 가감산 회로

1) 반가산기(Half Adder)

2비트의 2진수를 더할 수 있는 회로로 두 개의 입력과 두 개의 출력(합계 S, 자리올림수 C)을 갖는다.

표 4.1 반가산기 진리표

A	B	Sum	Carry
0	0	0	0
0	1	1	0
1	0	1	0
1	1	0	1

$$S = \overline{A}B + A\overline{B} = A \oplus B$$

$$C = AB$$

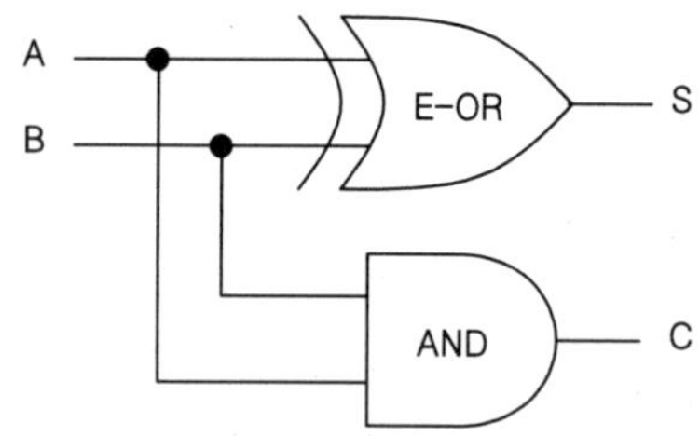

그림 4.1 반가산기 회로도

2) 전가산기(Full Adder)

2비트의 2진수와 앞단에서의 자리올림수까지 더할 수 있는 회로로 3개의 입력과 2개의 출력을 갖는다.

표 4.2 전가산기 진리표

A	B	C_n	S	C_{n+1}
0	0	0	0	0
0	0	1	1	0
0	1	0	1	0
0	1	1	0	1
1	0	0	1	0
1	0	1	0	1
1	1	0	0	1
1	1	1	1	1

$$S = \overline{A}\,\overline{B}C + \overline{A}B\overline{C} + A\overline{B}\,\overline{C} + ABC = A(BC + \overline{B}\,\overline{C}) + \overline{A}(\overline{B}C + B\overline{C})$$

$$= A(\overline{B \oplus C}) + \overline{A}(B \oplus C) \quad (B \oplus C = W\text{로 치환})$$

$$= A\overline{W} + \overline{A}W = A \oplus W = A \oplus B \oplus C$$

$$C_{n+1} = \overline{A}BC_n + A\overline{B}C_n + AB\overline{C_n} + ABC_n = C_n(\overline{A}B + A\overline{B}) + AB(C_n + \overline{C_n})$$

$$= AB + C_n(\overline{A}B + A\overline{B}) = AB + C_n(A \oplus B)$$

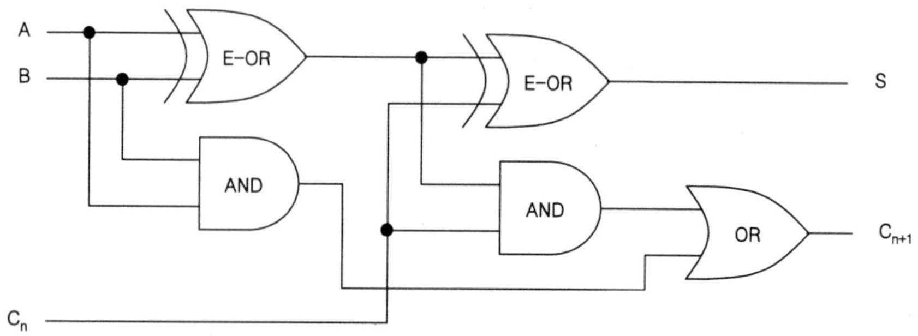

그림 4.2 전가산기(FA) 회로도

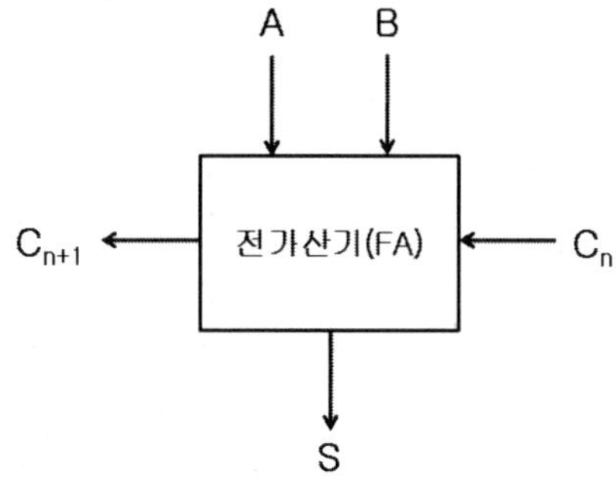

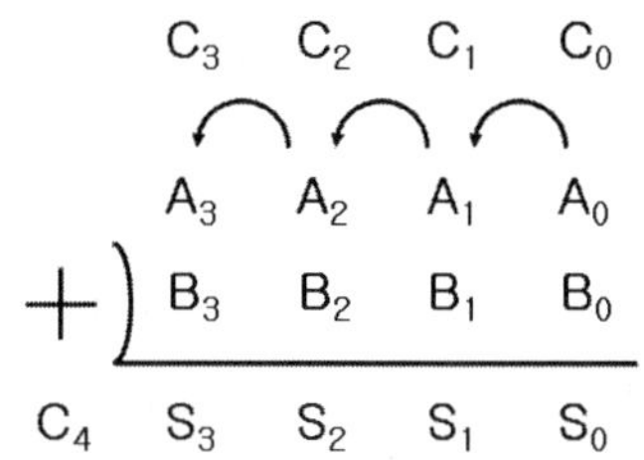

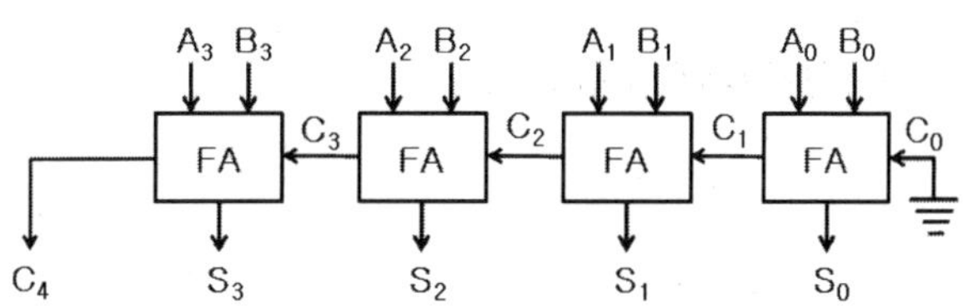

전가산기를 이용한 4비트 2진 병렬가산기의 세부구조

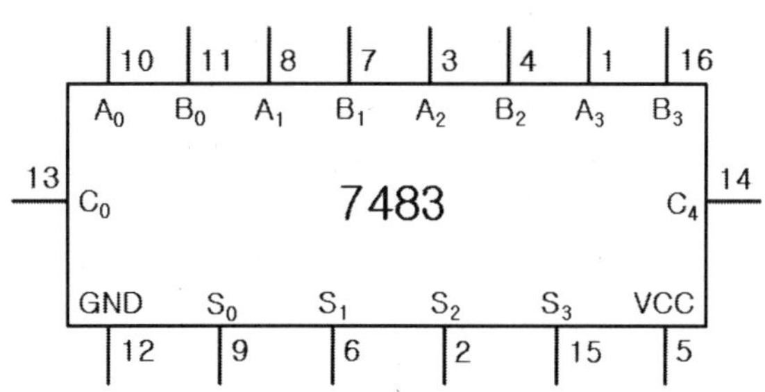

4비트 가산기 (7483)의 핀 구성도

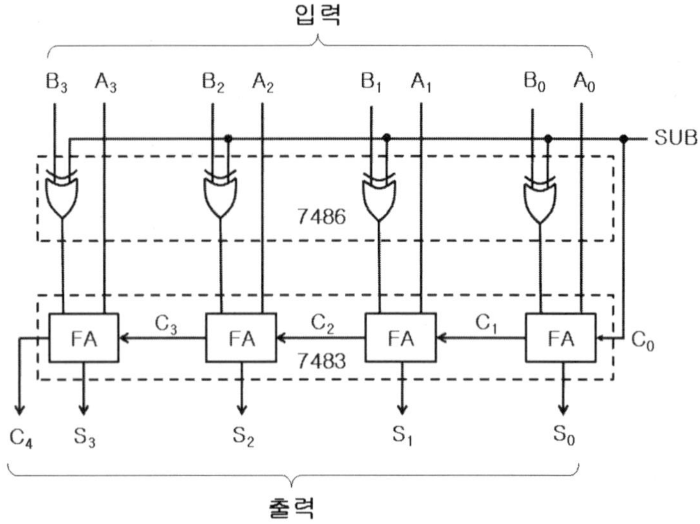

7483을 이용한 가감산기
(SUB=0이면 가산기, SUB=1이면 감산기로 사용)

3) 반감산기(Half Subtractor)

2비트의 2진수를 감할 수 있는 회로로 두 개의 입력과 두 개의 출력(차 D, 빌림수 B)을 갖는다.

표 4.3 반감산기 진리표

A	B	D	B
0	0	0	0
0	1	1	1
1	0	1	0
1	1	0	0

$$D = \overline{A}B + A\overline{B} = A \oplus B$$

$$B = \overline{A}B$$

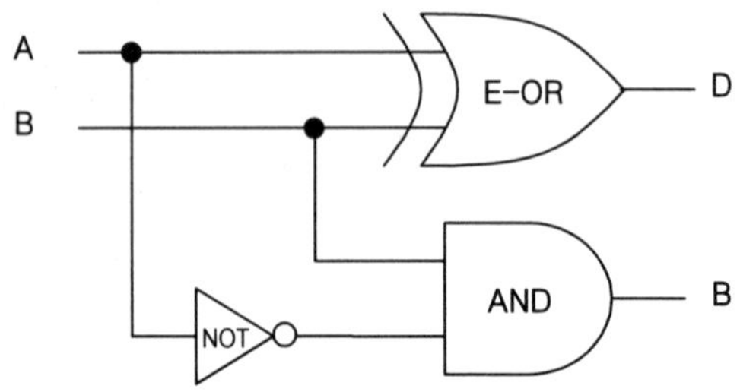

그림 4.3 반감산기 회로도

4.3 코드변환 회로

1) 인코더

10진수나 문자코드의 입력에 대해 2진 코드를 출력하는 회로로 디코더 회로의 역으로 회로가 동작된다. 좁은 의미에서 인코더(Encoder)는 $m(2^n)$개의 입력신호 중에서 1개만이 1이 되면 그 신호에 대응하여 n비트의 부호가 출력되는 조합논리회로이다.

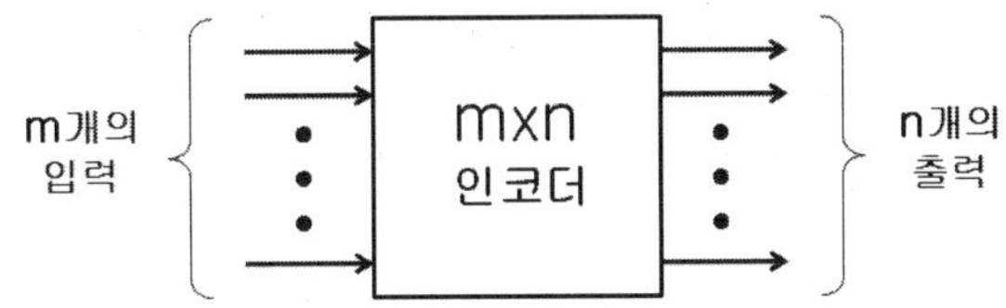

인코더 개념도 ($m > n$)

입력				출력	
D_0	D_1	D_2	D_3	A	B
1	0	0	0	0	0
0	1	0	0	0	1
0	0	1	0	1	0
0	0	0	1	1	1

4×2 인코더의 진리표

입력								출력		
D_0	D_1	D_2	D_3	D_4	D_5	D_6	D_7	A	B	C
1	0	0	0	0	0	0	0	0	0	0
0	1	0	0	0	0	0	0	0	0	1
0	0	1	0	0	0	0	0	0	1	0
0	0	0	1	0	0	0	0	0	1	1
0	0	0	0	1	0	0	0	1	0	0
0	0	0	0	0	1	0	0	1	0	1
0	0	0	0	0	0	1	0	1	1	0
0	0	0	0	0	0	0	1	1	1	1

8×3 인코더의 진리표

표 4.4 10진-BCD 인코더 진리표

입력										출력			
D0	D1	D2	D3	D4	D5	D6	D7	D8	D9	A	B	C	D
1	0	0	0	0	0	0	0	0	0	0	0	0	0
0	1	0	0	0	0	0	0	0	0	0	0	0	1
0	0	1	0	0	0	0	0	0	0	0	0	1	0
0	0	0	1	0	0	0	0	0	0	0	0	1	1
0	0	0	0	1	0	0	0	0	0	0	1	0	0
0	0	0	0	0	1	0	0	0	0	0	1	0	1
0	0	0	0	0	0	1	0	0	0	0	1	1	0
0	0	0	0	0	0	0	1	0	0	0	1	1	1
0	0	0	0	0	0	0	0	1	0	1	0	0	0
0	0	0	0	0	0	0	0	0	1	1	0	0	1

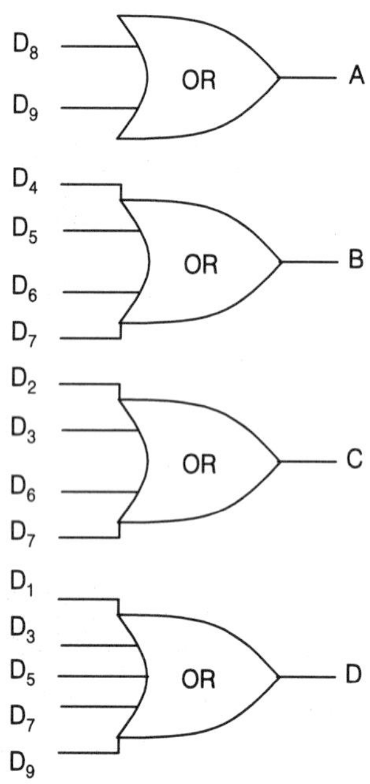

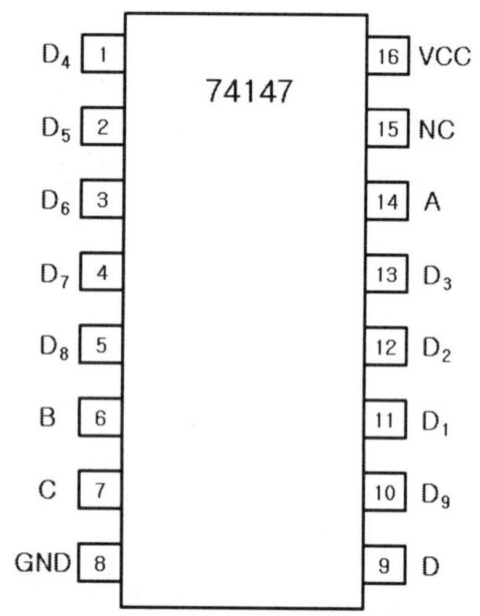

그림 4.4 10진-BCD인코더 회로도와 전용IC(74147)

2) 디코더(Decoder)

입력단자의 2진 코드를 10진수나 문자로 표시하거나 코드끼리의 변환을 위한 회로이다. 일반적으로 입력의 개수가 n개이면 출력은 2^n개가 된다.

표 4.5 2×4 디코더

A	B	Z_0	Z_1	Z_2	Z_3
0	0	1	0	0	0
0	1	0	1	0	0
1	0	0	0	1	0
1	1	0	0	0	1

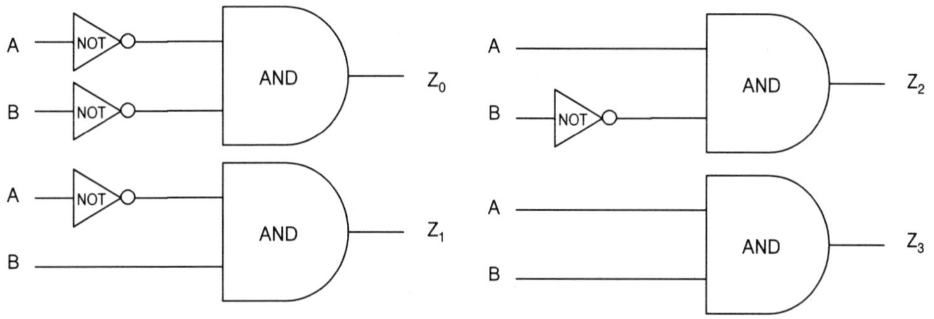

그림 4.5 2×4 디코더

[예제 4-1]을 3×8 디코더로 재구현

논리식: $F(A,B,C) = \overline{A} + \overline{B}\,\overline{C} = \sum m\,(0,1,2,3,4)$

① 일반 논리게이트로 구현한 결과

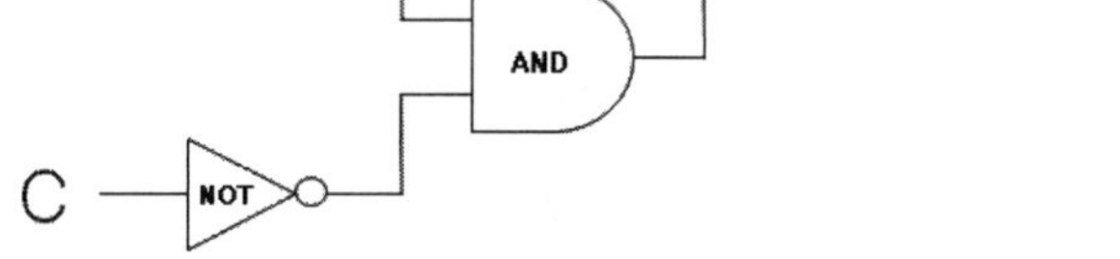

② 3×8 디코더로 구현한 결과

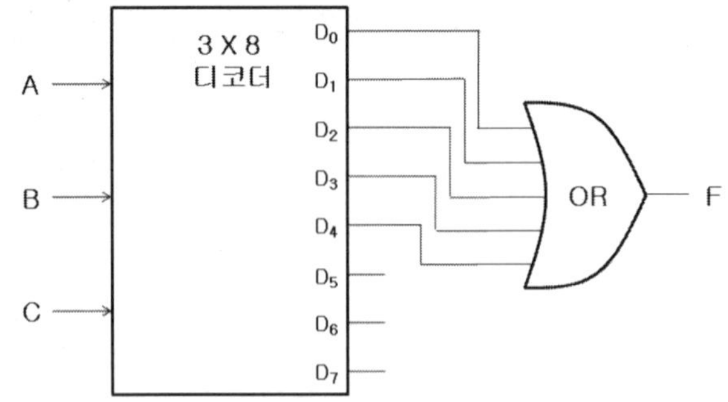

[예제 4-2]를 3×8 디코더로 재구현

논리식: $X(A,B,C) = A + C = \sum m(1,3,4,5,6,7)$

$$Y(A,B,C) = B\,\overline{C} = \sum m(2,6)$$

$$Z(A,B,C) = C = \sum m(1,3,5,7)$$

① 일반 논리게이트로 구현한 결과

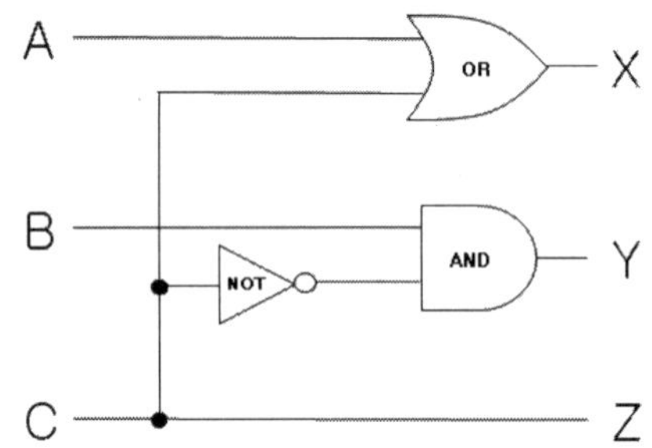

② 3×8 디코더로 구현한 결과

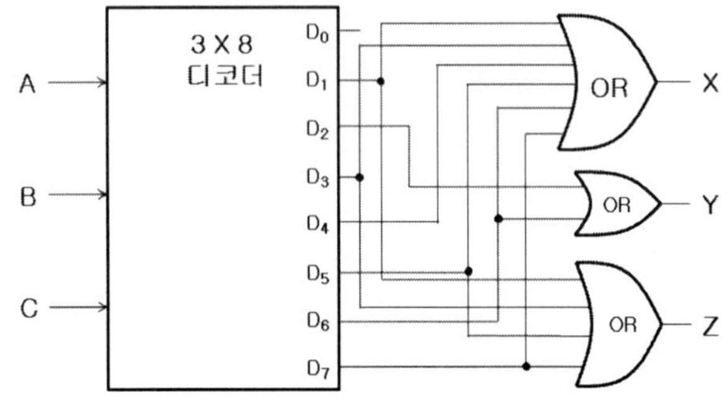

BCD-10진 디코더의 진리표

입력				출력									
A	B	C	D	D_0	D_1	D_2	D_3	D_4	D_5	D_6	D_7	D_8	D_9
0	0	0	0	1	0	0	0	0	0	0	0	0	0
0	0	0	1	0	1	0	0	0	0	0	0	0	0
0	0	1	0	0	0	1	0	0	0	0	0	0	0
0	0	1	1	0	0	0	1	0	0	0	0	0	0
0	1	0	0	0	0	0	0	1	0	0	0	0	0
0	1	0	1	0	0	0	0	0	1	0	0	0	0
0	1	1	0	0	0	0	0	0	0	1	0	0	0
0	1	1	1	0	0	0	0	0	0	0	1	0	0
1	0	0	0	0	0	0	0	0	0	0	0	1	0
1	0	0	1	0	0	0	0	0	0	0	0	0	1

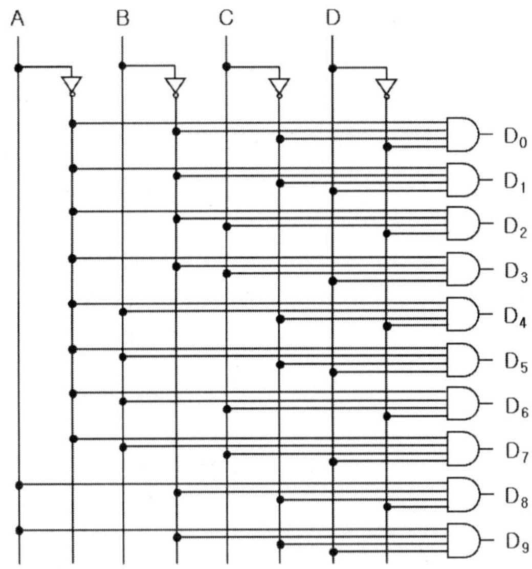

BCD-10진 디코더의 논리회로 구성

3) BCD-3초과 코드 변환기

표 4.6 BCD코드와 3초과 코드

BCD코드				3초과 코드			
A	B	C	D	a	b	c	d
0	0	0	0	0	0	1	1
0	0	0	1	0	1	0	0
0	0	1	0	0	1	0	1
0	0	1	1	0	1	1	0
0	1	0	0	0	1	1	1
0	1	0	1	1	0	0	0
0	1	1	0	1	0	0	1
0	1	1	1	1	0	1	0
1	0	0	0	1	0	1	1
1	0	0	1	1	1	0	0

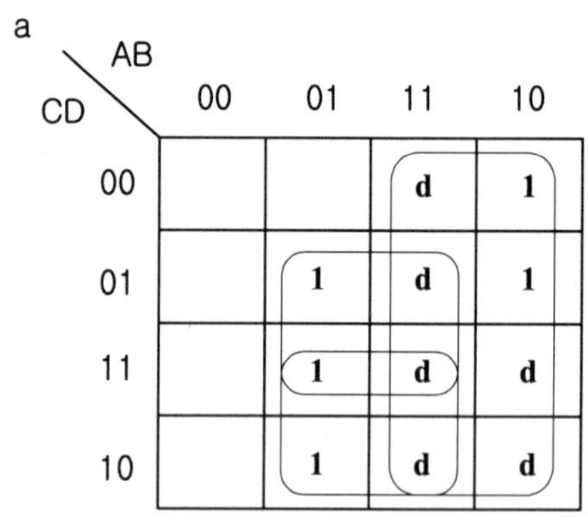

$$a = A + BD + BC = A + B(C + D)$$

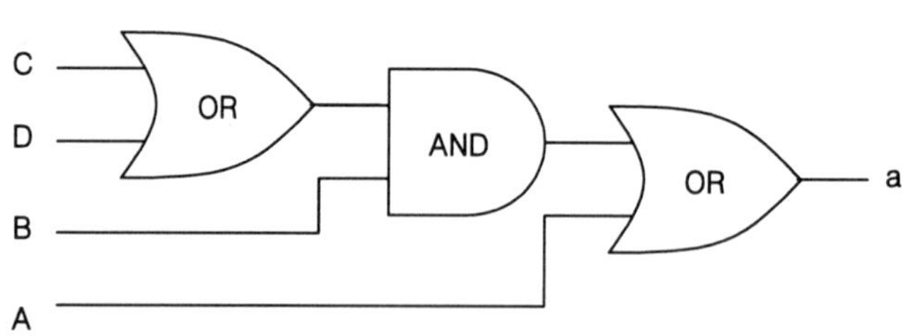

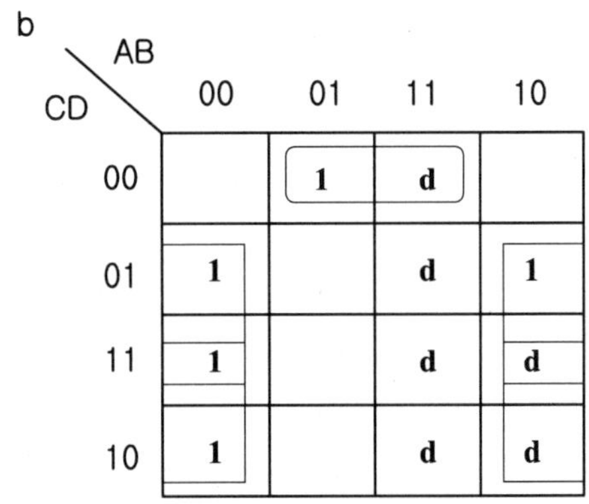

$$b = B\overline{C}\,\overline{D} + \overline{B}C + \overline{B}D = B\overline{(C+D)} + \overline{B}(C+D) = B\oplus(C+D)$$

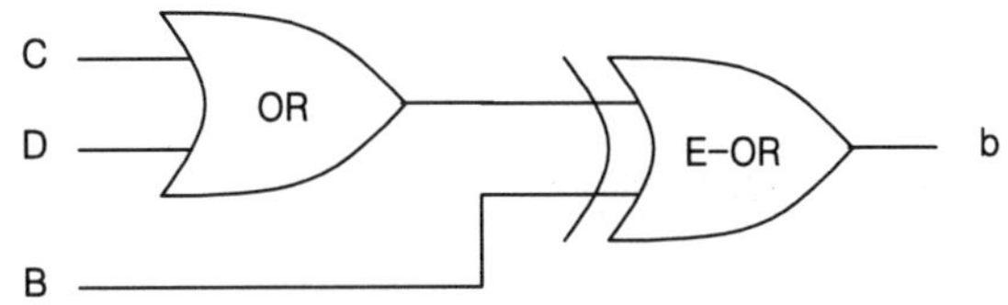

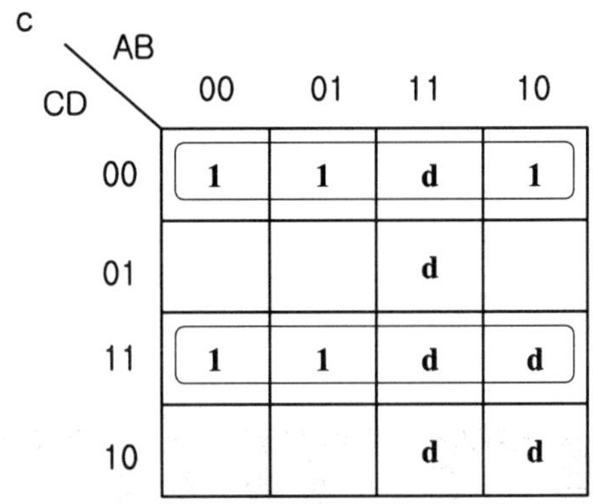

$$c = CD + \overline{C}\,\overline{D} = \overline{(C\oplus D)} = C\odot D$$

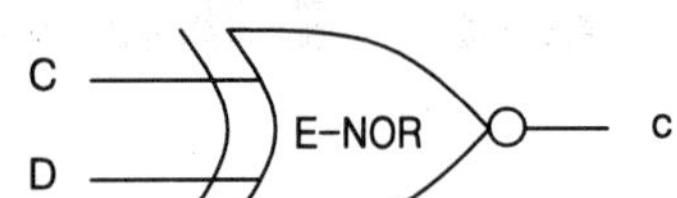

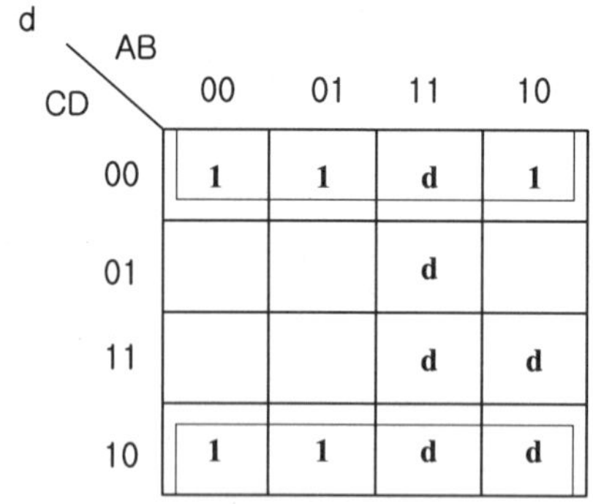

$d = \overline{D}$

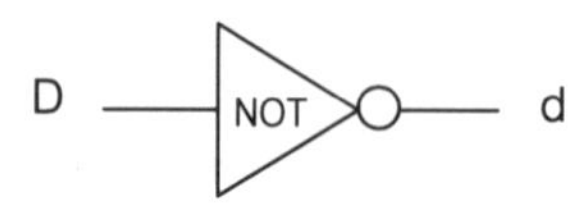

4) BCD-7세그먼트 변환기

정해진 위치의 소자를 발광시켜 0에서 9까지의 10진수 1자리를 표현하는 코드로 아래의 그림 12와 같이 위치를 고정시켜 사용한다.

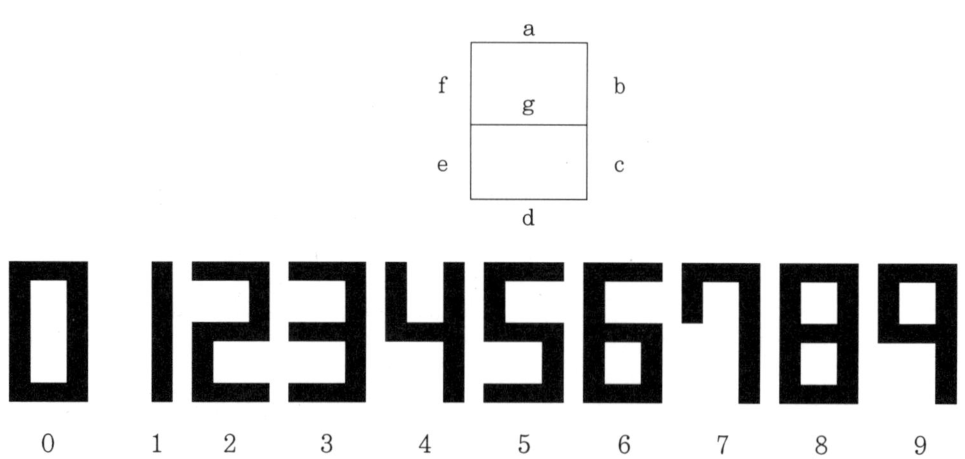

그림 4.6 7-세그먼트 표시기를 이용한 10진수의 표시

표 4.7 BCD코드와 7-세그먼트 표시기

BCD코드				7-세그먼트						
A	B	C	D	a	b	c	d	e	f	g
0	0	0	0	1	1	1	1	1	0	1
0	0	0	1	0	1	1	0	0	0	0
0	0	1	0	1	1	0	1	1	0	1
0	0	1	1	1	1	1	1	0	0	1
0	1	0	0	0	1	1	0	0	1	1
0	1	0	1	1	0	1	1	0	1	1
0	1	1	0	1	0	1	1	1	1	1
0	1	1	1	1	1	1	0	0	1	0
1	0	0	0	1	1	1	1	1	1	1
1	0	0	1	1	1	1	0	0	1	1

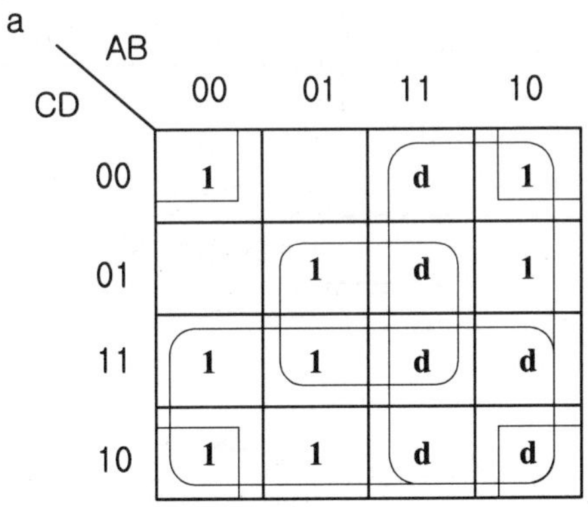

$$a = A + C + BD + \overline{B}\,\overline{D} = A + C + B \odot D$$

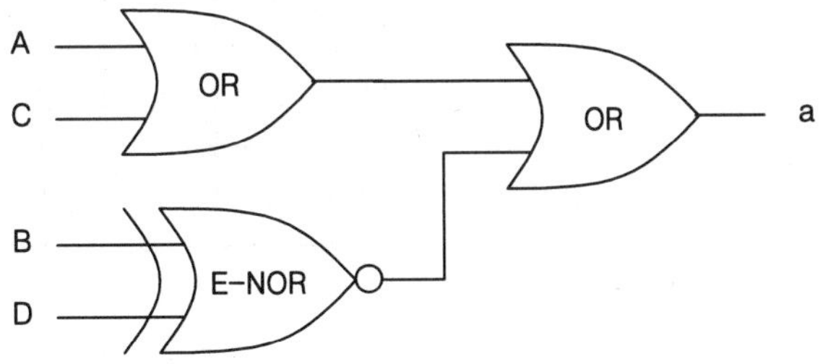

b

CD \ AB	00	01	11	10
00	1	1	d	1
01	1		d	1
11	1	1	d	d
10	1		d	d

$$b = \overline{B} + CD + \overline{C}\,\overline{D} = \overline{B} + C \odot D$$

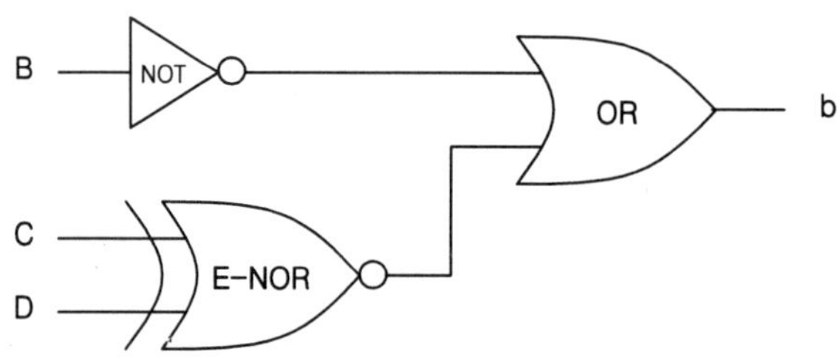

c

CD \ AB	00	01	11	10
00	1	1	d	1
01	1	1	d	1
11	1	1	d	d
10		1	d	d

$$c = B + D + \overline{C}$$

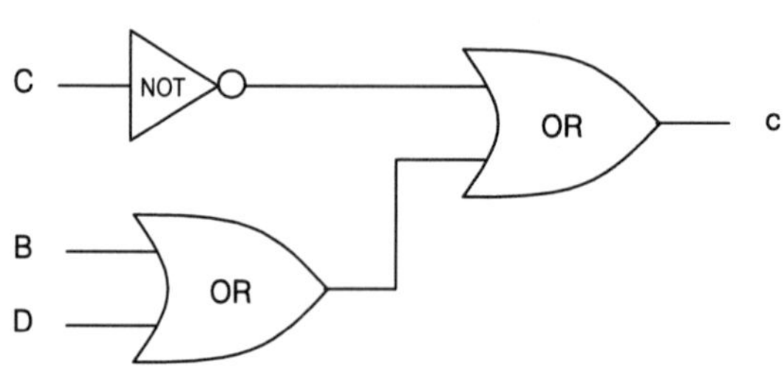

d

CD \ AB	00	01	11	10
00	1		d	1
01		1	d	
11	1		d	d
10	1	1	d	d

$$d = C\overline{D} + \overline{B}\,\overline{D} + \overline{B}C + B\overline{C}D = C\overline{D} + \overline{B}(C+\overline{D}) + B\overline{C}D = C\overline{D} + B \oplus (C+\overline{D})$$

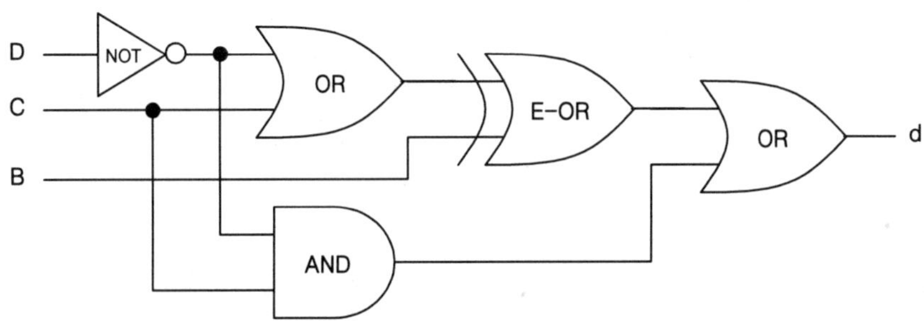

e

CD \ AB	00	01	11	10
00	1		d	1
01			d	
11			d	d
10	1	1	d	d

$$e = C\overline{D} + \overline{B}\,\overline{D} = \overline{D}(C+\overline{B})$$

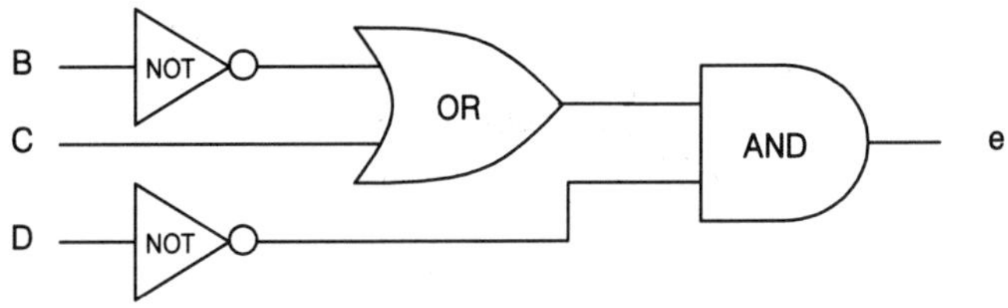

f

CD \ AB	00	01	11	10
00		1	d	1
01		1	d	1
11		1	d	d
10		1	d	d

$$f = A + B$$

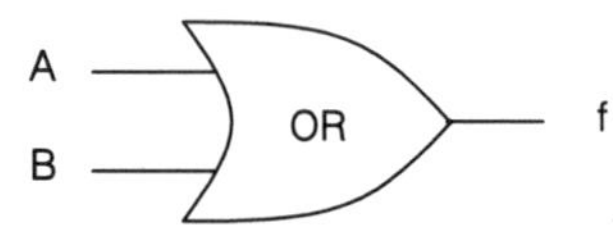

g

CD \ AB	00	01	11	10
00	1	1	d	1
01		1	d	1
11	1		d	d
10	1	1	d	d

$$g = A + \overline{D} + B\overline{C} + \overline{B}C = A + \overline{D} + (B \oplus C)$$

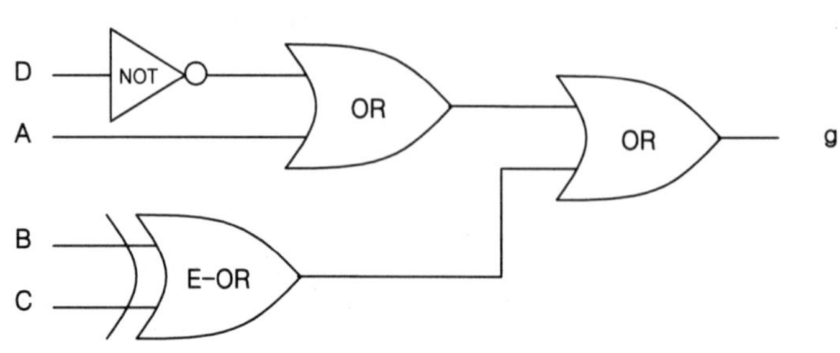

5) BCD-Gray 코드 변환기

표 4.8 BCD코드와 GRAY코드

BCD코드				GRAY코드			
A	B	C	D	a	b	c	d
0	0	0	0	0	0	0	0
0	0	0	1	0	0	0	1
0	0	1	0	0	0	1	1
0	0	1	1	0	0	1	0
0	1	0	0	0	1	1	0
0	1	0	1	0	1	1	1
0	1	1	0	0	1	0	1
0	1	1	1	0	1	0	0
1	0	0	0	1	1	0	0
1	0	0	1	1	1	0	1

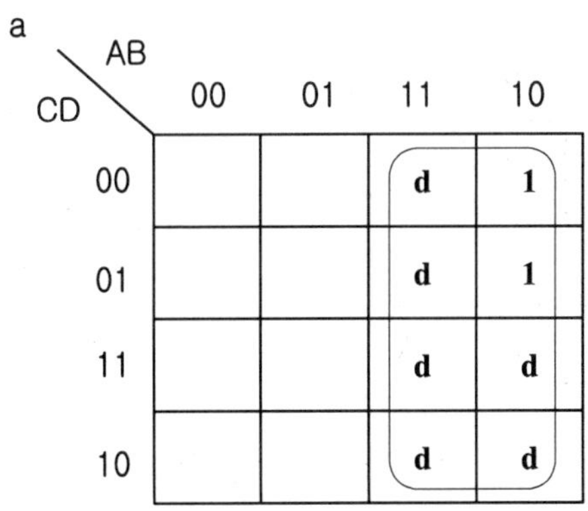

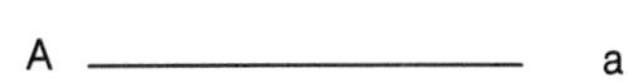

$$a = A$$

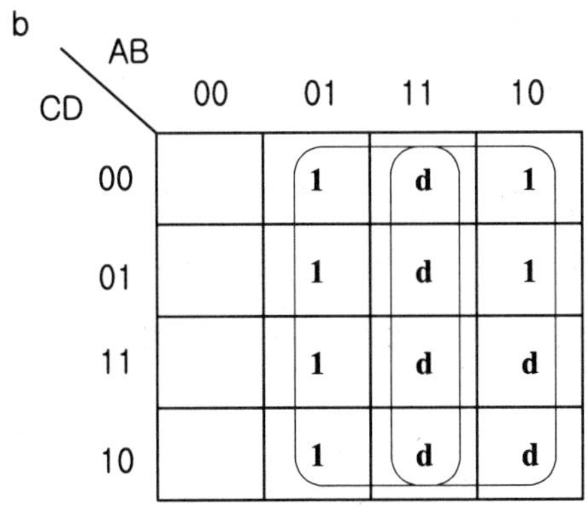

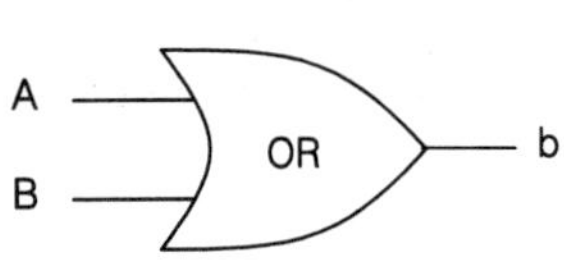

$$b = A + B$$

c

CD \ AB	00	01	11	10
00		1	d	
01		1	d	
11	1		d	d
10	1		d	d

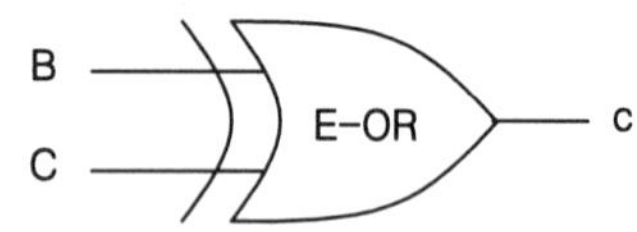

$$c = B\overline{C} + \overline{B}C = B \oplus C$$

d

CD \ AB	00	01	11	10
00			d	
01	1	1	d	1
11			d	d
10	1	1	d	d

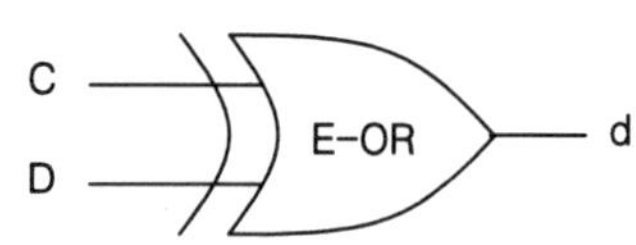

$$d = C\overline{D} + \overline{C}D = C \oplus D$$

4.4 다중화 회로

1) 멀티플렉서

복수개의 입력회선 중에서 하나를 선택하여 출력선을 통하여 출력하는 회로로 다중화기라고도 불리 운다. 그림 13과 같이 n개의 선택선을 갖는 멀티플렉서(Multiplexer: MUX)는 2^n개의 입력선과 1개의 출력선을 갖게 된다.

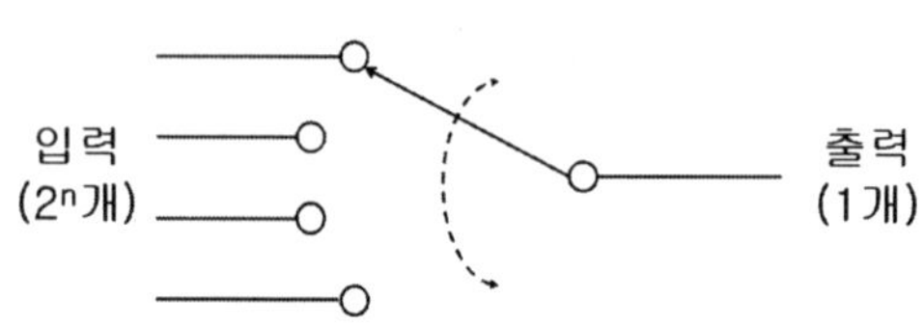

또한 멀티플렉서를 이용하면 부울 함수를 구성할 수도 있는데 3변수 부울 함수일 경우 4×1 MUX를, 4변수일 경우에는 8×1 MUX를 사용하여, 논리게이트를 이용하여 회로를 구성하였을 때와 같은 결과를 얻을 수 있는데, 방법은 아래 예제와 같다.

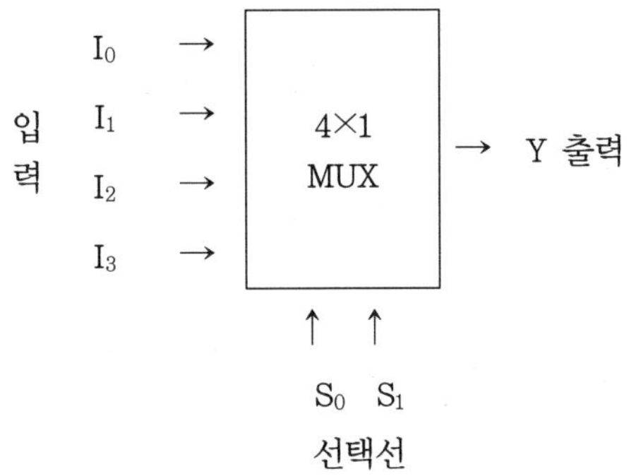

그림 4.7 4×1멀티플렉서

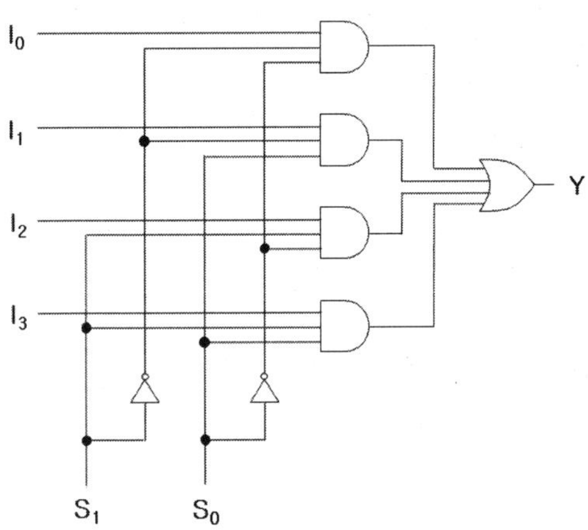

4X1 멀티플렉서의 내부회로

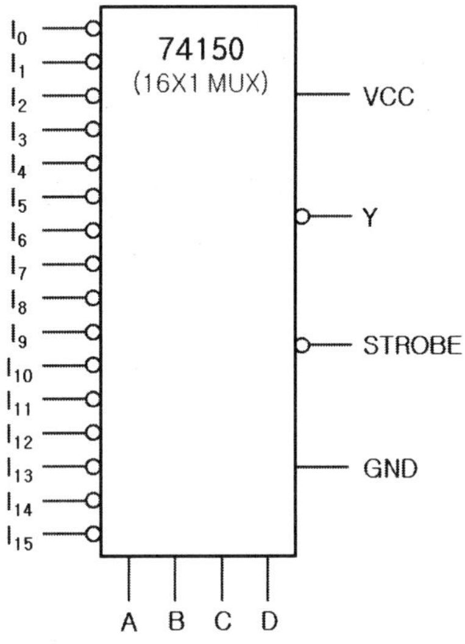

16X1 멀티플렉서인 74150의 구성

예제 4-3 $F(A,B,C) = \sum m(2,3,6,7)$로 주어지는 부울 함수를 MUX를 이용하여 표현하시오.

➡ 3개의 변수가 사용되므로 4×1 MUX를 사용하여 변수 B, C는 선택선으로 이용하고 A는 입력단자에 연결하기로 한 후 다음과 같은 과정을 거쳐 입력단자의 상태를 결정한다.

$\overline{A}$	0	1	(2)	(3)
A	4	5	(6)	(7)
	0	0	1	1

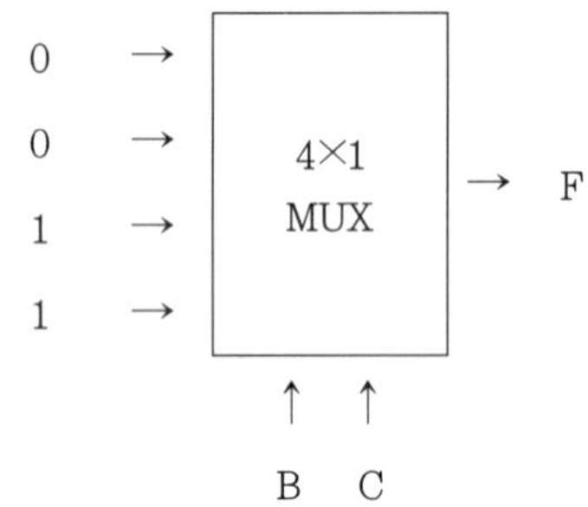

예제 4-4 $F(A,B,C) = \sum m(0,2,4,5,6)$로 주어지는 부울 함수를 MUX를 이용하여 표현하시오.

➡ 3개의 변수가 사용되므로 4×1 MUX를 사용하여 변수 B, C는 선택선으로 이용하고 A는 입력단자에 연결한다.

$\overline{A}$	(0)	1	(2)	3
A	(4)	(5)	(6)	7
	1	A	1	0

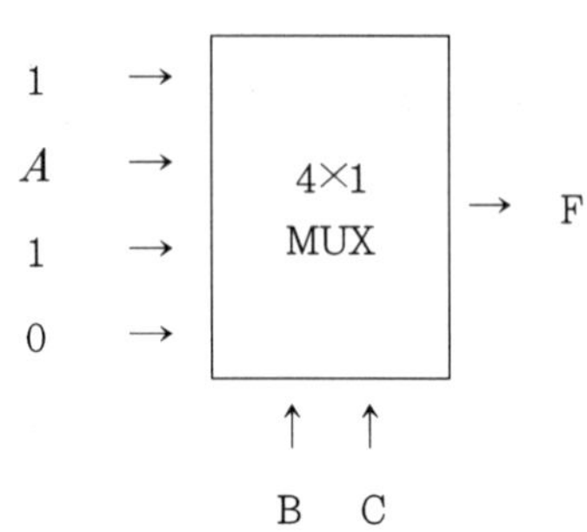

[예제 4-1]을 4×1 멀티플렉서 1개로 재구현

논리식 : $F(A,B,C) = \overline{A} + \overline{B}\,\overline{C} = \sum m\,(0,1,2,3,4)$

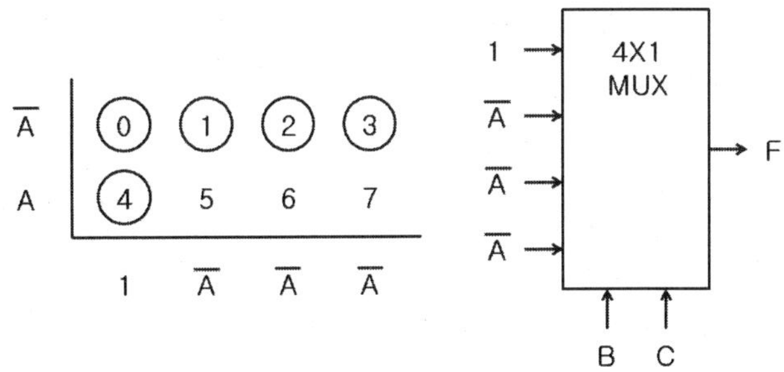

[예제 4-2]를 4×1 멀티플렉서 3개로 재구현

논리식 : $X(A,B,C) = A + C = \sum m\,(1,3,4,5,6,7)$

$Y(A,B,C) = B\,\overline{C} = \sum m\,(2,6)$

$Z(A,B,C) = C = \sum m\,(1,3,5,7)$

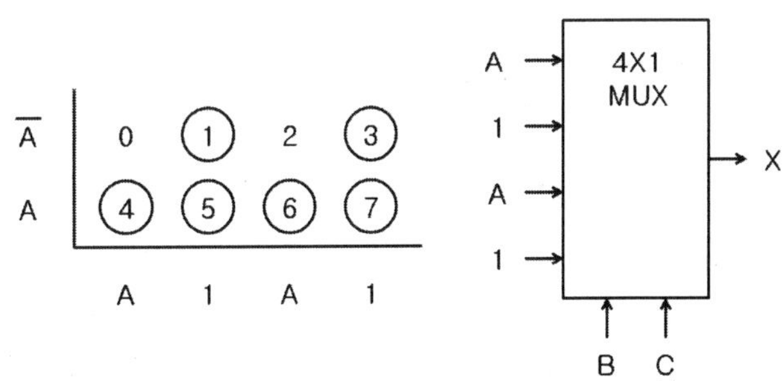

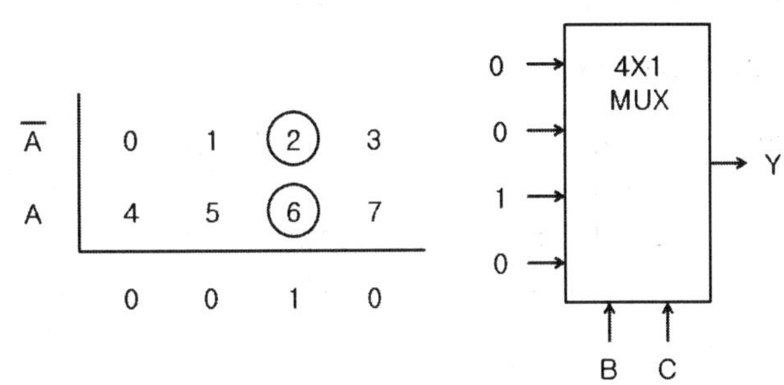

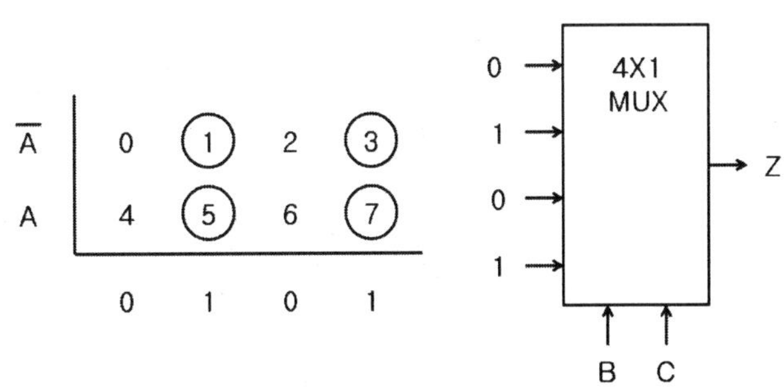

예제 4-5 $F(A,B,C,D) = \sum m(0,1,4,5,6,8,9,12,13)$로 주어지는 부울 함수를 MUX를 이용하여 표현하시오.

4개의 변수가 사용되므로 8×1 MUX를 사용하여 변수 B, C, D는 선택선으로 이용하고 A는 입력단자에 연결한다.

$\overline{A}$	⓪	①	2	3	④	⑤	⑥	7
A	⑧	⑨	10	11	⑫	⑬	14	15
	1	1	0	0	1	1	$\overline{A}$	0

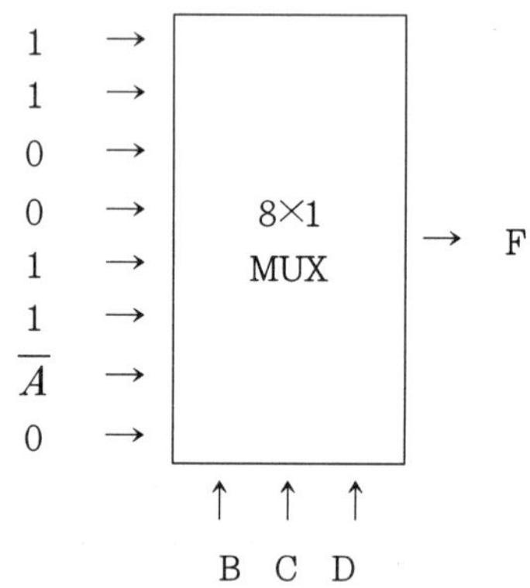

예제 4-6 $F(A,B,C,D) = \sum m(0,2,3,5,6,7,8,10,11,14,15)$로 주어지는 부울 함수를 MUX를 이용하여 표현하시오.

$\overline{A}$	⓪	1	②	③	4	⑤	⑥	⑦
A	⑧	9	⑩	⑪	12	13	⑭	⑮
	1	0	1	1	0	$\overline{A}$	1	1

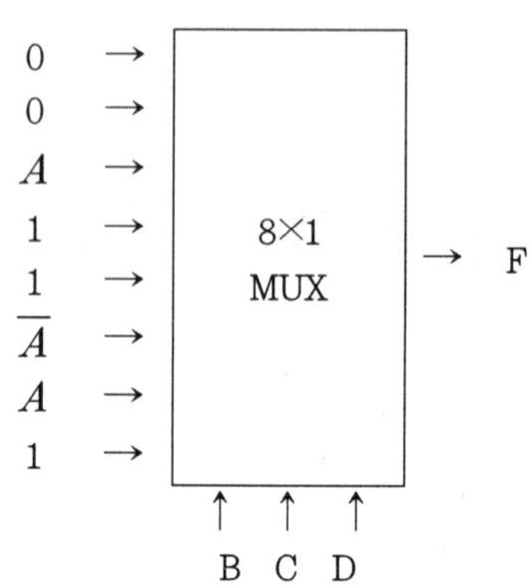

예제 4-7 $F(A,B,C,D) = \sum m(3,4,5,7,10,11,12,14,15)$로 주어지는 부울 함수를 MUX를 이용하여 표현하시오.

$\overline{A}$	0	1	2	3	4	5	6	7
A	8	9	10	11	12	13	14	15
	0	0	A	1	1	$\overline{A}$	A	1

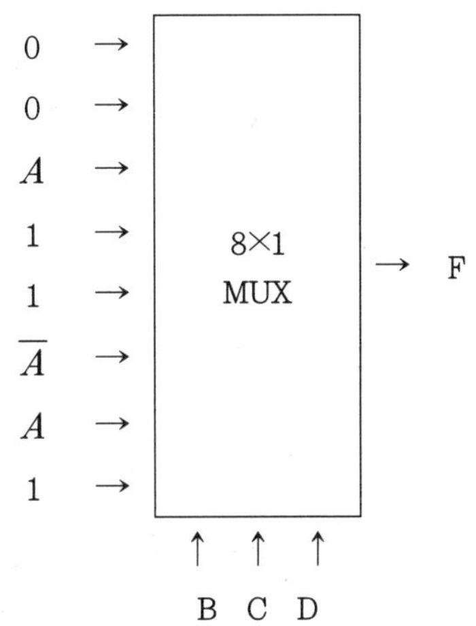

2) 디멀티플렉서

1개의 입력신호가 복수개의 출력선 중 하나를 선택하여 출력하는 회로로 그림 14와 같이 n개의 선택선을 갖는 디멀티플렉서(Demultiplexer: DEMUX)는 2^n개의 출력선과 1개의 입력선을 갖게 된다.

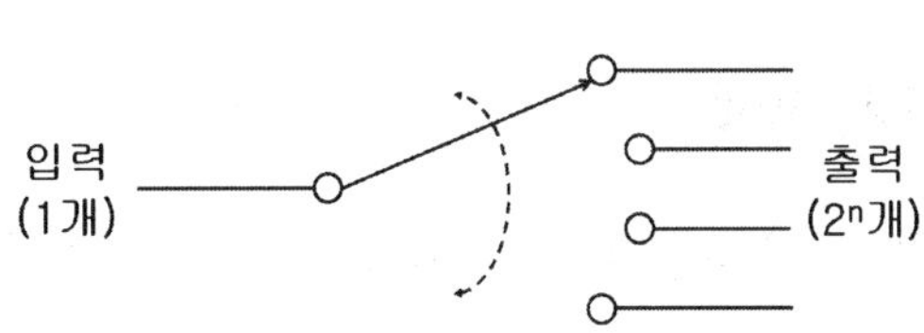

일반적인 디멀티플렉서의 개념

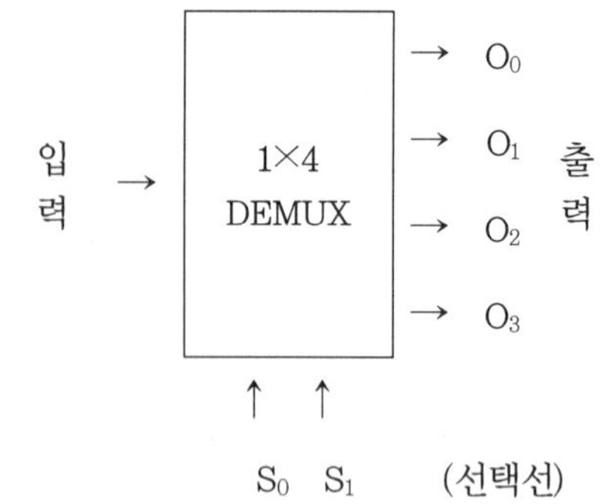

그림 4.8 1×4 DEMUX 구조

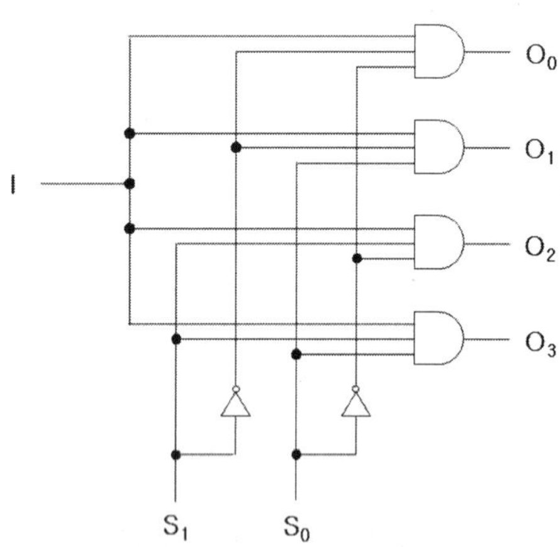

1X4 디멀티플렉서의 내부회로

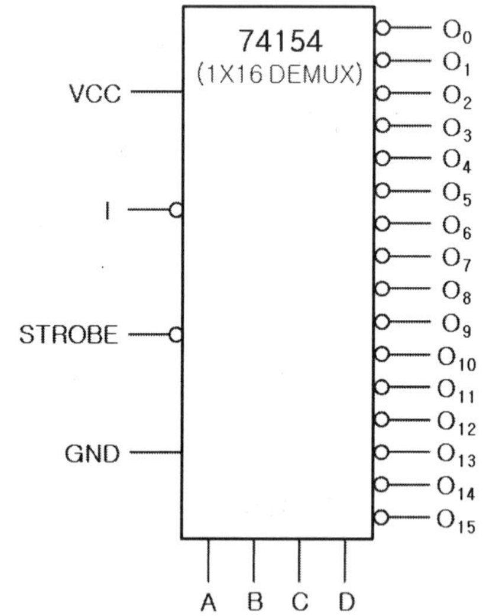

1X16 디멀티플렉서인 74154의 구성

4.5 비교기 회로

2개의 수에 대한 비교는 하나의 수가 다른 수보다 작은 수인가, 큰 수인가 또는 같은 크기인가를 나타내는 동작이다.

크기 비교기 회로는 2개의 수 A, B를 비교하여 이들의 대소를 결정하는 조합 논리회로이고, 이들의 결과는 A>B, A=B 또는 A<B를 나타내는 3개의 출력에 의해 결정된다.

1) A=B일 경우의 회로

1개의 비트로 이루어진 두 2진수 A, B에 있어서 A=B인 경우에 대한 진리표는 표 4.9와 같다.

표 4.9 A=B일 경우의 진리표

A	B	X	논리식
0	0	1	$X = AB+\overline{A}\,\overline{B}$ $= A \odot B$
0	1	0	
1	0	0	
1	1	1	

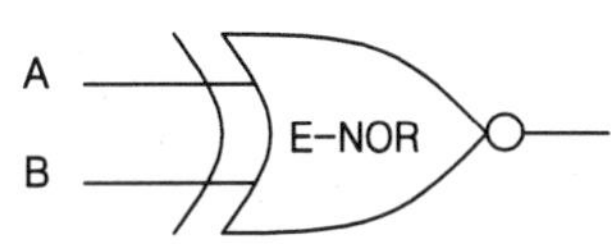

2) A>B일 경우의 회로

1개의 비트로 이루어진 두 2진수 A, B에 있어서 A>B인 경우에 대한 진리표는 표 4.10과 같다.

표 4.10 A>B일 경우의 진리표

A	B	X	논리식
0	0	0	$X = A\overline{B}$
0	1	0	
1	0	1	
1	1	0	

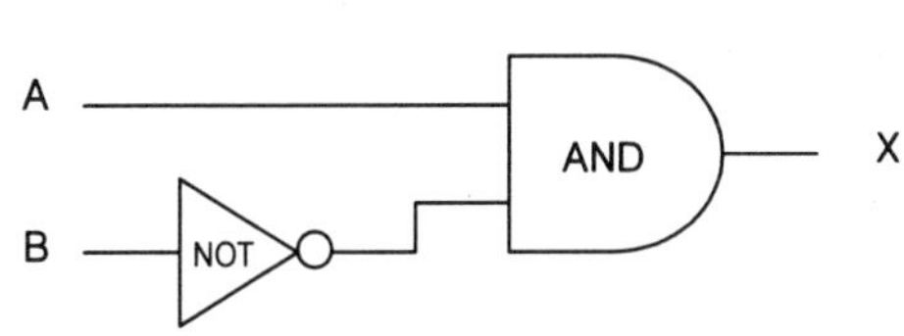

3) A<B일 경우의 회로

1개의 비트로 이루어진 두 2진수 A, B에 있어서 A<B인 경우에 대한 진리표는 표 4.11과 같다.

표 4.11 A<B일 경우의 진리표

A	B	X	논리식
0	0	0	
0	1	1	$X = \overline{A}B$
1	0	0	
1	1	0	

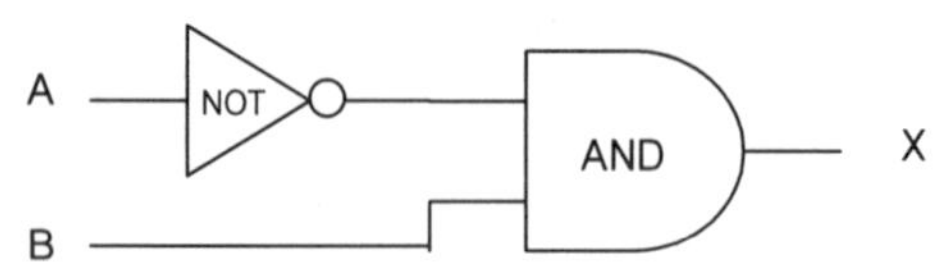

표 4.12 1비트 두 2진수의 비교

입력		출력		
A	B	A〉B	A=B	A〈B
0	0	0	1	0
0	1	0	0	1
1	0	1	0	0
1	1	0	1	0

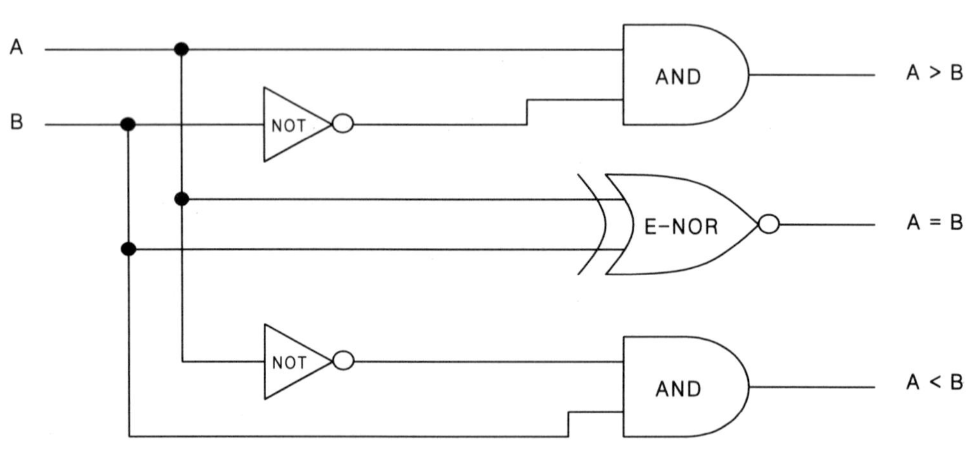

그림 4.9 1비트 두 2진수의 비교회로

2비트 2진수의 비교기 설계

① 블록 다이어그램 (입력 4개, 출력 3개)

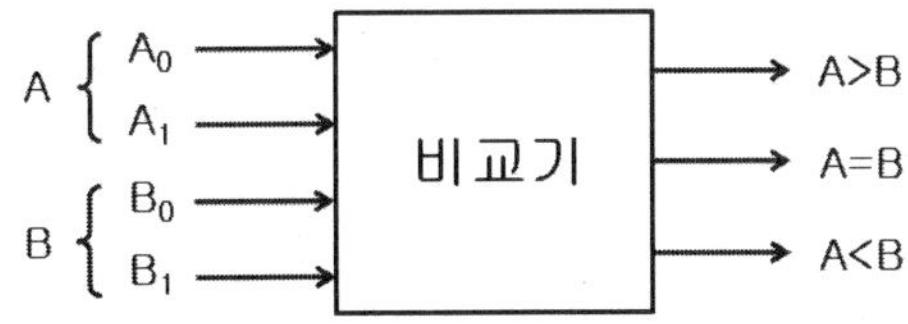

② 진리표

입력				출력		
A_1	A_0	B_1	B_0	A>B	A=B	A<B
0	0	0	0	0	1	0
0	0	0	1	0	0	1
0	0	1	0	0	0	1
0	0	1	1	0	0	1
0	1	0	0	1	0	0
0	1	0	1	0	1	0
0	1	1	0	0	0	1
0	1	1	1	0	0	1
1	0	0	0	1	0	0
1	0	0	1	1	0	0
1	0	1	0	0	1	0
1	0	1	1	0	0	1
1	1	0	0	1	0	0
1	1	0	1	1	0	0
1	1	1	0	1	0	0
1	1	1	1	0	1	0

③ 카르노맵

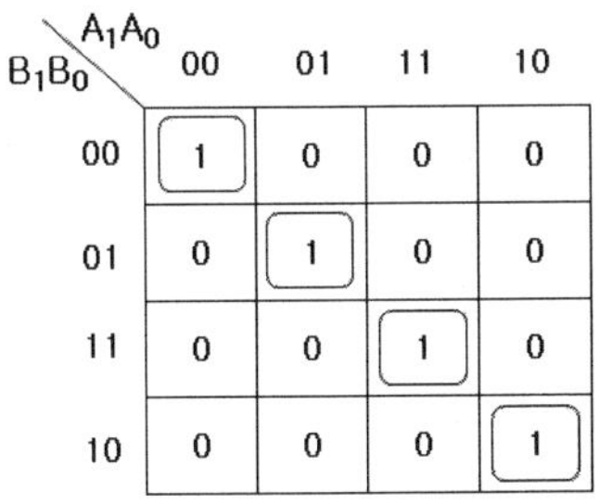

$[A > B] = A_1 \overline{B_1} + A_0 \overline{B_1}\,\overline{B_0} + A_1$

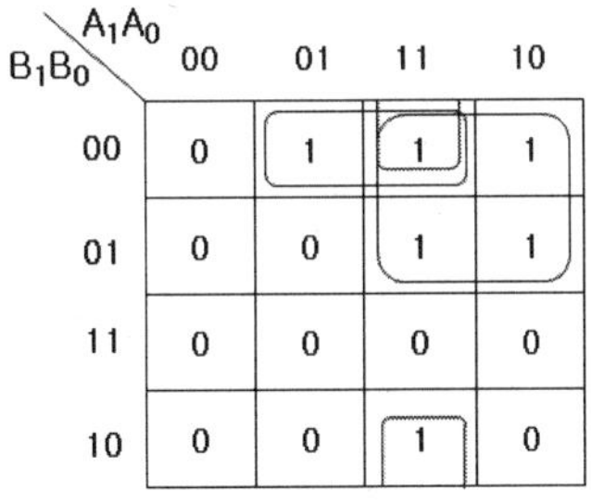

$[A = B] = \overline{(A_0 \oplus B_0) + (A_1 \oplus B_1)}$

B_1B_0 \ A_1A_0	00	01	11	10
00	0	0	0	0
01	1	0	0	0
11	1	1	0	1
10	1	1	0	0

$$[A < B] = \overline{A_1}B_1 + \overline{A_0}B_1B_0 + \overline{A_1}$$

④ 논리회로 설계결과

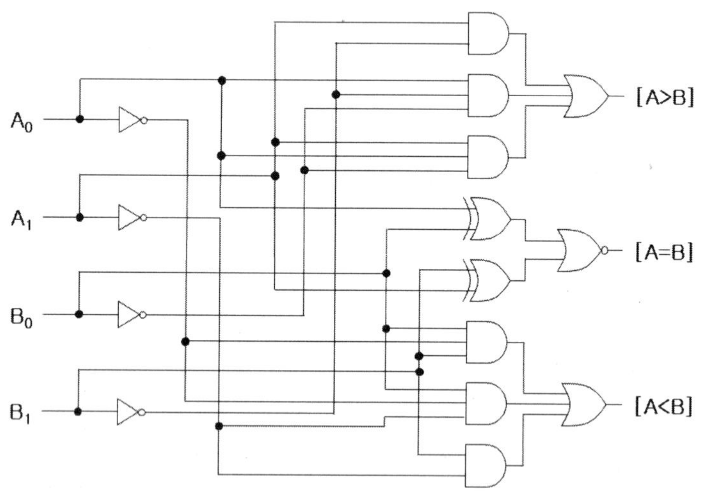

제5장 순차논리회로

미리보기

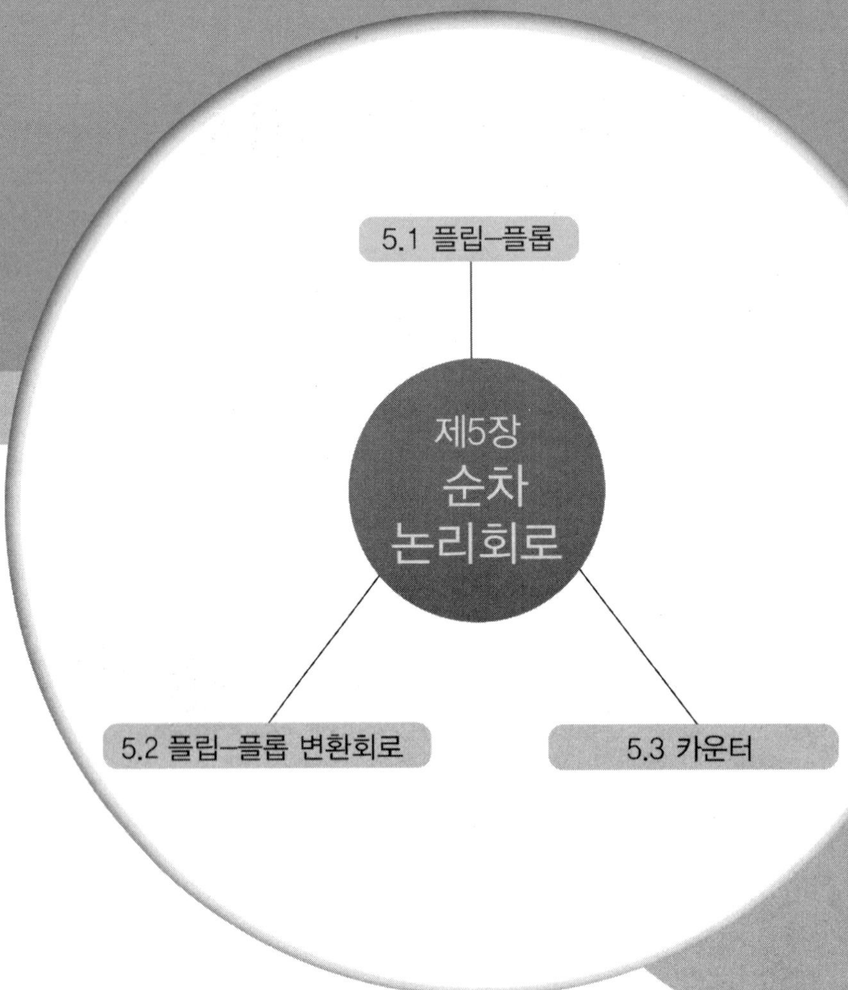

여기서는 순차논리회로를 구성하는 플립플롭(Flip-Flop)이라는 기억소자의 종류와 활용방법을 제시하고 이를 이용하여 동기식, 비동기식 카운터(Counter)를 설계하는 절차를 세부적으로 설명하였습니다.

5.1 플립플롭

조합논리회로는 회로의 이전 상태에 상관없이 현재의 입력상태에 의해서만 출력이 결정되는 회로인 반면에, 순차논리 회로는 이전의 결과가 현재의 결과에 영향을 미치는 점이 다르다고 할 수 있다. 따라서 순차논리 회로는 기억능력을 갖는 회로소자를 필요로 하게 되고, 이를 위하여 플립플롭(flip-flop)이라는 기억소자를 사용하게 된다.

플립플롭은 1비트의 정보를 기억할 수 있는 소자로, 구성형태에 따라 레벨 트리거(level trigger) 플립플롭, 주종(master-slave) 플립플롭, 에지 트리거(edge trigger) 플립플롭 등으로 분류되며, 동작특성에 따라 S-R플립플롭, J-K플립플롭, T플립플롭, D플립플롭으로 분류된다.

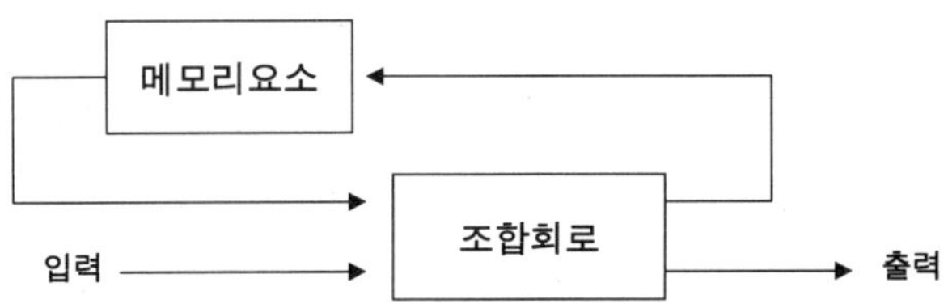

그림 5.1 순차논리회로의 블록선도

1) 기억소자와 래치회로

디지털논리회로에서 데이터의 기억기능은 그림 5.2와 같이 OR게이트의 출력을 입력 측으로 되돌려 주는 것에 의하여 얻을 수 있다.

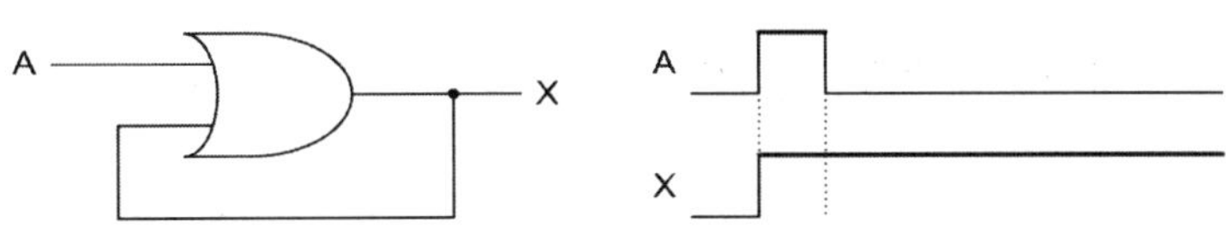

그림 5.2 데이터의 기억기능

기억기능을 해제하기 위해 그림 5.3과 같이 회로를 구성하면 입력 A, B로 출력을 제어할 수 있으며 이와 같은 회로를 기억회로라고 한다.

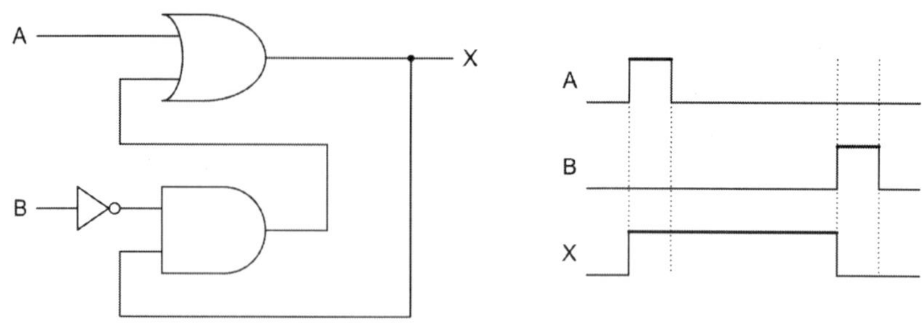

그림 5.3 기억회로의 구성과 타임차트

기억기능을 갖는 그림 5.4와 같은 회로를 래치(latch)회로라고 한다. 출력에는 기호 Q를 사용하고 이 출력 Q를 1로 하기 위한 입력단자를 세트(S)입력, 출력 Q를 본래의 0으로 되돌리기 위한 입력단자를 리셋(R)입력이라고 한다.

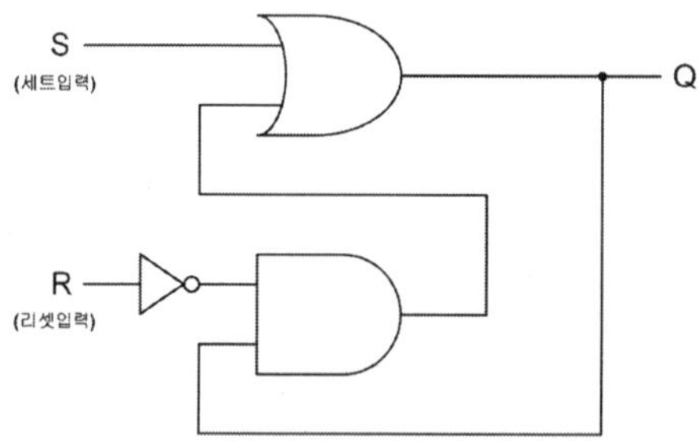

SR래치의 진리표

S	R	Q(t+1)
0	0	Q(t)
0	1	0
1	0	1
1	1	불확실

그림 5.4 SR래치회로의 구성과 타임차트

래치회로는 NAND 및 NOT게이트를 사용하여 그림 5.5와 같이 표현할 수 있으며 일반적으로 이러한 형태로 플립플롭을 구현한다. 또한 정상출력(Q)에 대응하는 반전출력($\overline{Q}$)도 얻을 수 있도록 하였다.

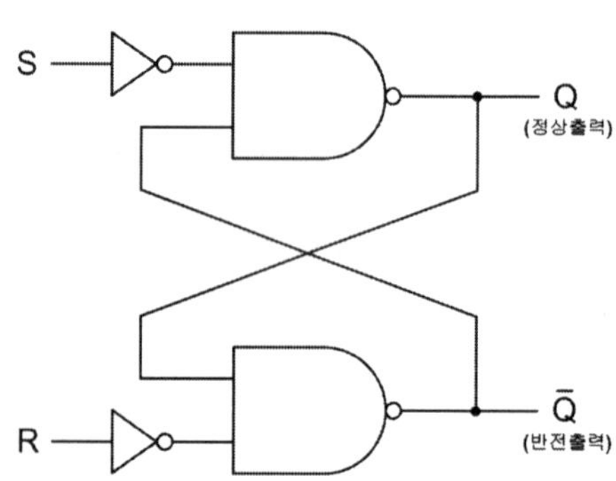

그림 5.5 일반적인 SR래치회로의 구성

플립플롭은 그림 5.6과 같은 클럭펄스(CP: Clock Pulse)에 의해 구동되며, 상승(OFF→ON)클럭과 하강(ON→OFF)클럭으로 구분된다.

레벨 트리거 플립플롭의 경우 그림 5.6의 ①과 같이 클럭펄스가 "1"이 유지되는 동안에 동작되도록 설계되었기 때문에 클럭펄스의 "1"인 구간이 길어지면 플립플롭의 입력상태가 변화되어 잘못된 출력이 나타날 확률이 높아지는 이른바 "Racing" 현상이 발생하게 된다. 이러한 현상을 방지하기 위하여 주(master)와 종(slave)이라는 2단의 플립플롭을 연결하여 서로 반전된 형태의 클럭펄스를 공급하는 방법으로 문제를 해결하는 주종(master-slave) 플립플롭의 개념과 그림 5.6의 ②부분(PGT: Positive Going Transition) 또는 ③부분(NGT: Negative Going Transition)에서만 동작하도록 설계하는 에지 트리거(edge trigger) 플립플롭의 개념이 도입되어지는데, 앞으로는 특별한 언급이 없는 한 에지 트리거 플립플롭으로 간주하여 사용하도록 한다.

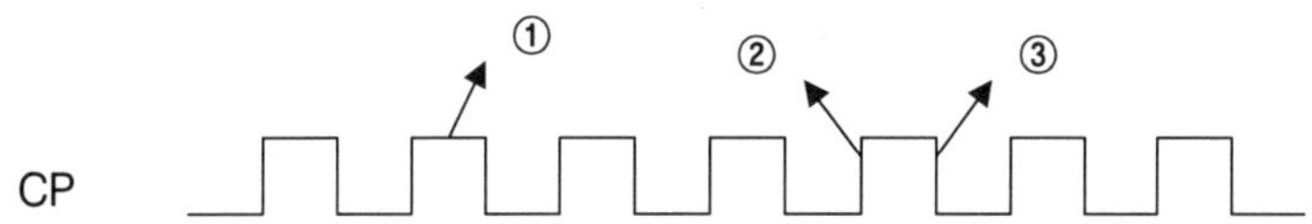

그림 5.6 클럭 펄스

2) 플립플롭의 종류와 기능

(1) S-R 플립플롭

S(Set)와 R(Reset)의 두 가지 입력과 Q, $\overline{Q}$의 두 가지 출력을 갖는 회로로 00, 01, 10의 입력상태에 따른 결과 값은 갖지만 입력조건 11은 사용되지 않는 제한이 있다.

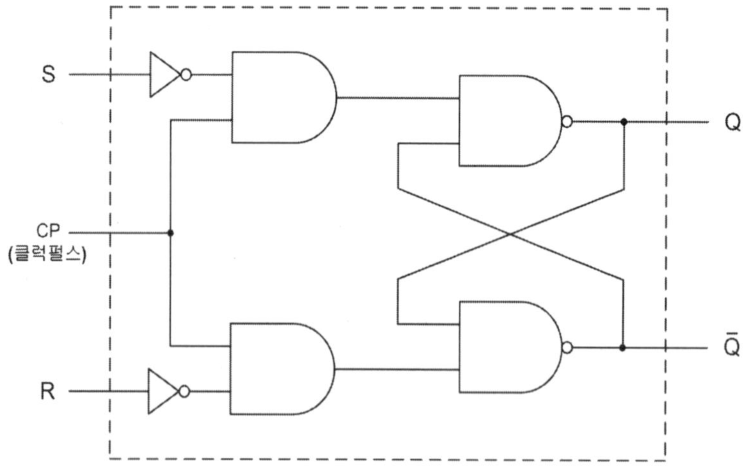

입력			출력
CP	S	R	Q(t+1)
↑	0	0	Q(t): 변화 없음
↑	0	1	0: Reset
↑	1	0	1: Set
↑	1	1	X: 불확실

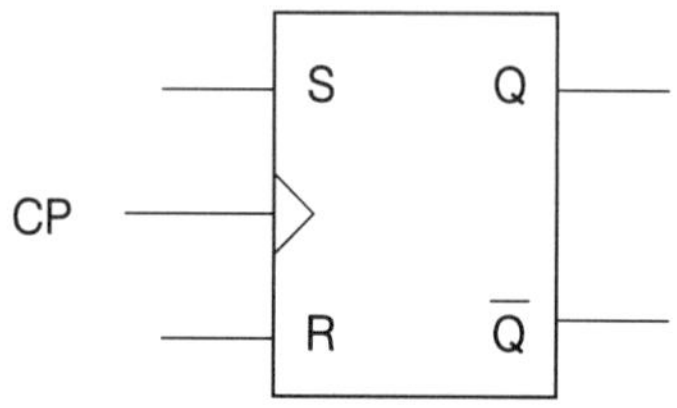

입력			출력
CP	S	R	Q(t+1)
↓	0	0	Q(t): 변화 없음
↓	0	1	0: Reset
↓	1	0	1: Set
↓	1	1	X: 불확실

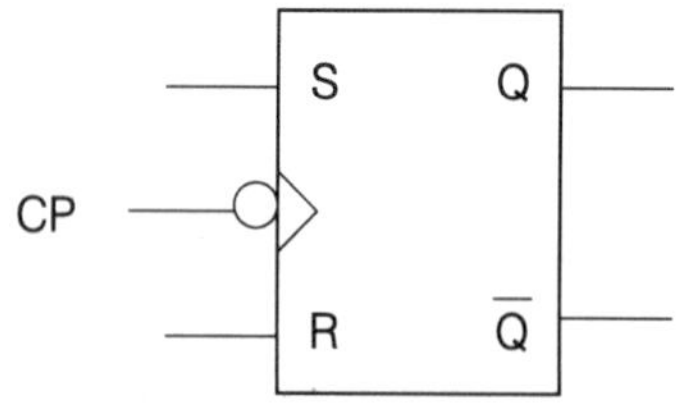

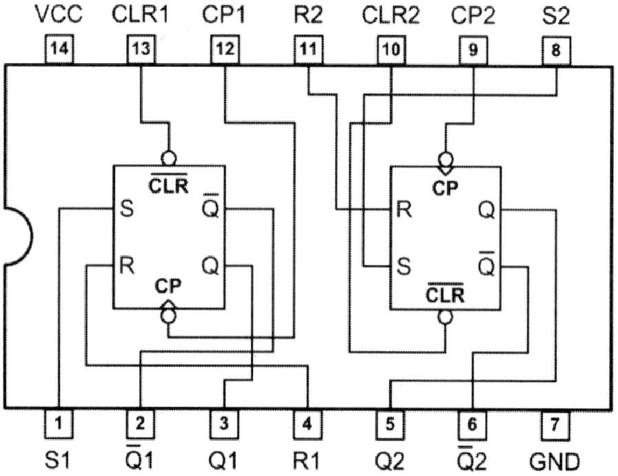

그림 5.7 S–R 플립플롭의 구성과 IC칩(14핀)

(2) J-K 플립플롭

J와 K의 두 가지 입력과 $Q, \overline{Q}$의 두 가지 출력을 갖는 회로로 00, 01, 10의 입력상태에 따른 결과 값 뿐만 아니라 입력조건 11에서의 결과 값도 사용한다.

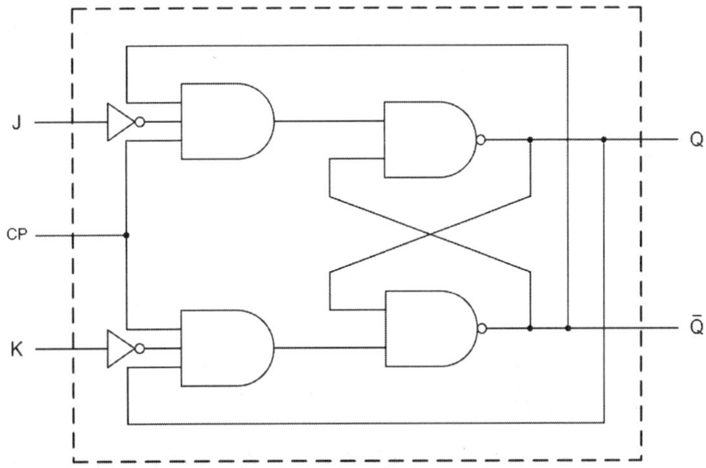

입력 CP	J	K	출력 Q(t+1)
↑	0	0	Q(t): 변화 없음
↑	0	1	0: Reset
↑	1	0	1: Set
↑	1	1	$\overline{Q(t)}$: Toggle

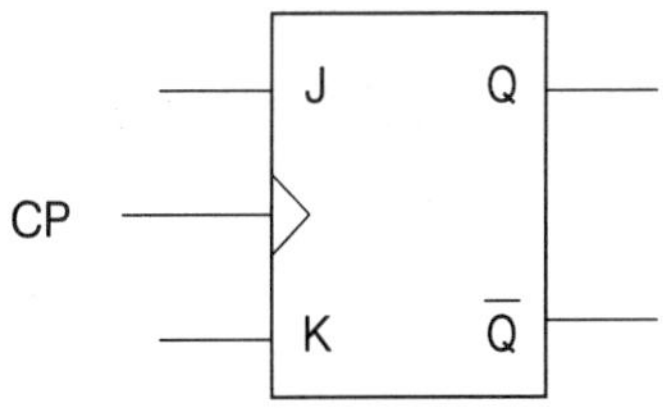

입력 CP	J	K	출력 Q(t+1)
↓	0	0	Q(t): 변화 없음
↓	0	1	0: Reset
↓	1	0	1: Set
↓	1	1	$\overline{Q(t)}$: Toggle

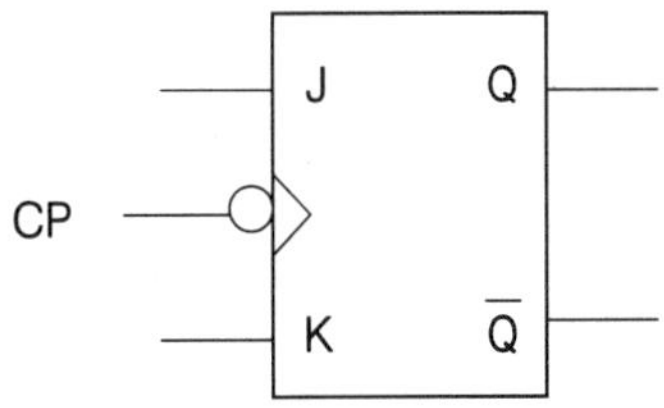

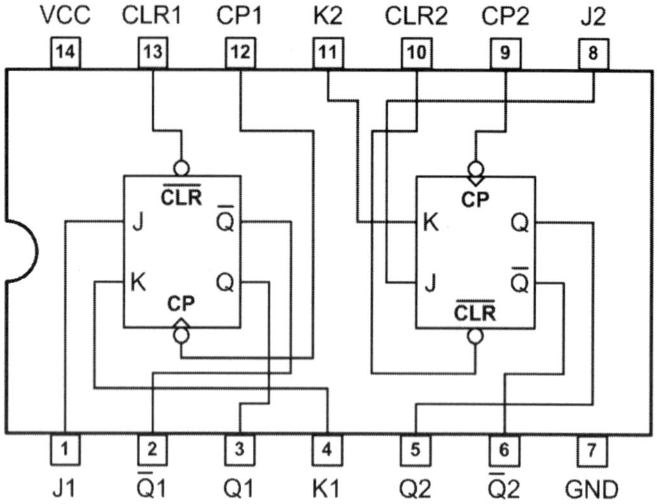

그림 5.8 J-K 플립플롭의 구성과 IC칩(14핀)

(3) T 플립플롭

T라는 1개의 입력과 Q, $\overline{Q}$의 두 가지 출력을 가지는 회로로, 입력이 한 개이므로 0, 1의 조건만이 존재하게 된다. J-K 플립플롭에서 입력조건 00과 11의 경우만을 취한 상태라 생각할 수 있다.

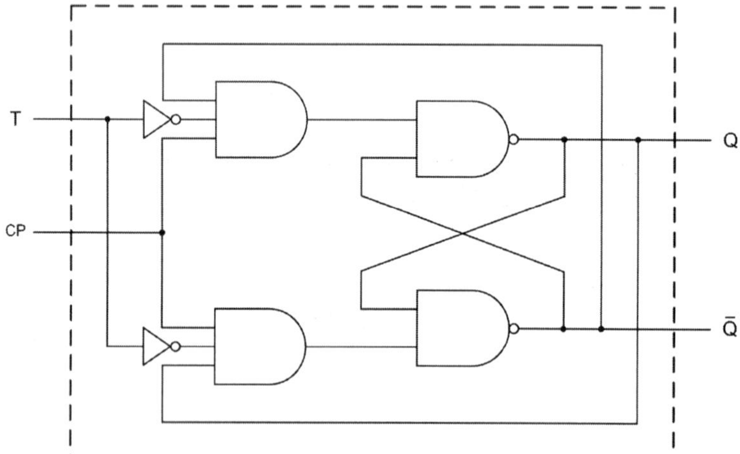

입력 CP	T	출력 Q(t+1)
↑	0	Q(t) : 변화 없음
↑	1	$\overline{Q(t)}$: Toggle

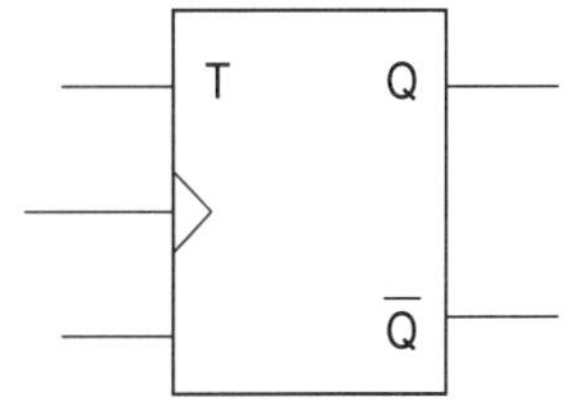

입력 CP	T	출력 Q(t+1)
↓	0	Q(t) : 변화 없음
↓	1	$\overline{Q(t)}$: Toggle

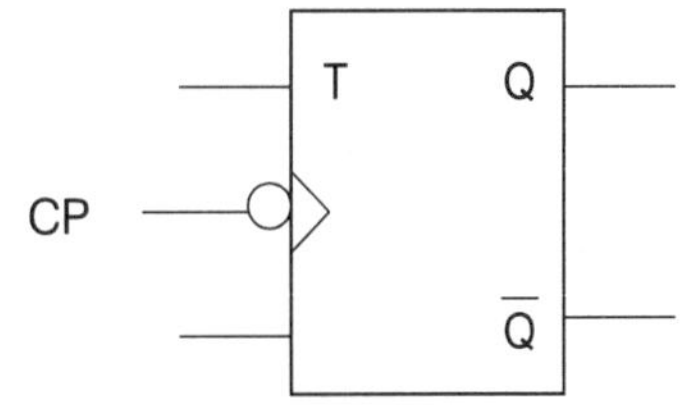

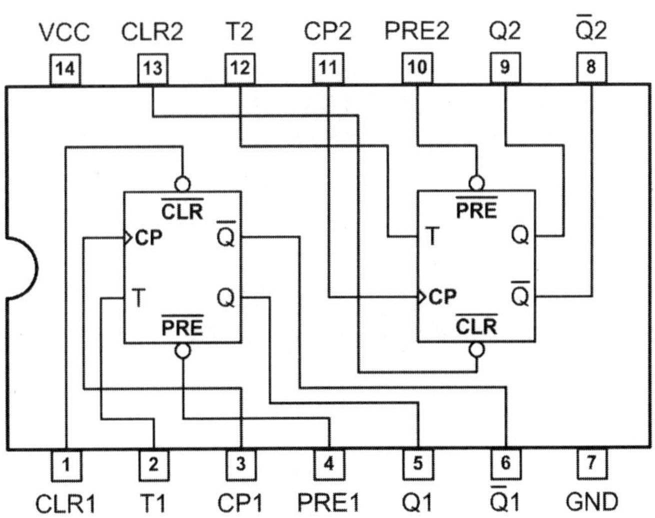

그림 5.9 T 플립플롭의 구성과 IC칩(14핀)

(4) D 플립플롭

D라는 1개의 입력과 Q, $\overline{Q}$의 두 가지 출력을 가지는 회로로, 입력이 한 개이므로 0, 1의 조건만이 존재하고, 이에 따른 출력도 0, 1로 결정되어지므로 논리 게이트에서의 버퍼와 같이 지연(Delay)의 의미를 갖는다고 할 수 있다.

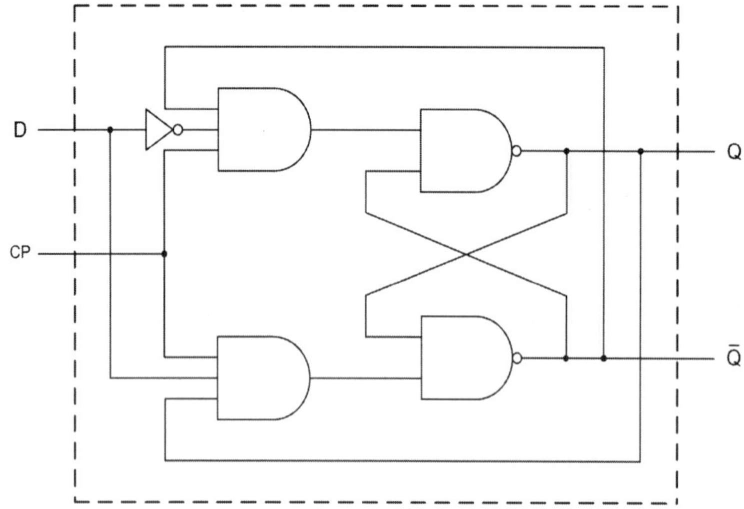

입력 CP	입력 D	출력 Q(t+1)
↑	0	0
↑	1	1

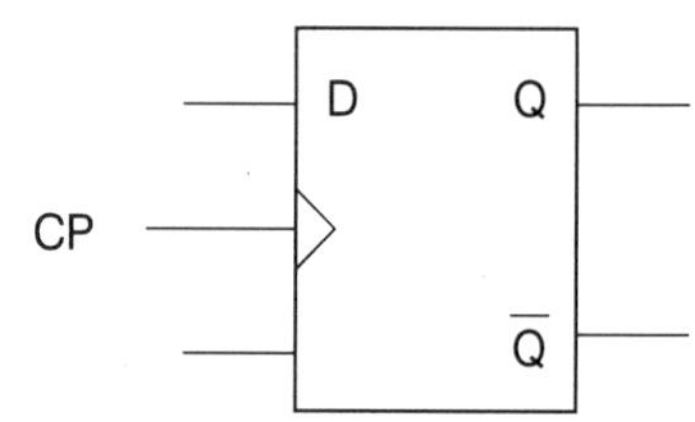

입력 CP	입력 D	출력 Q(t+1)
↓	0	0
↓	1	1

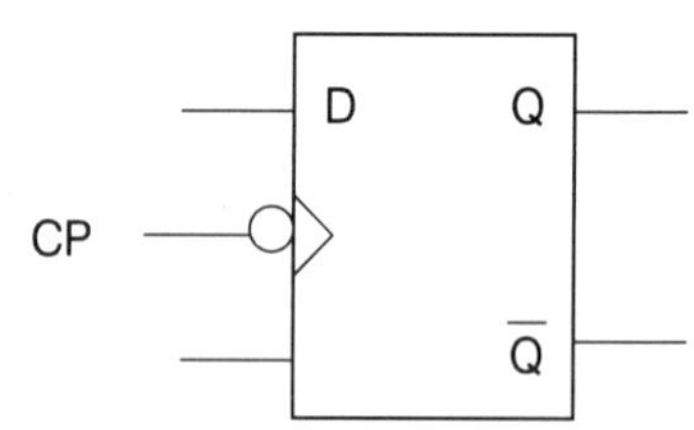

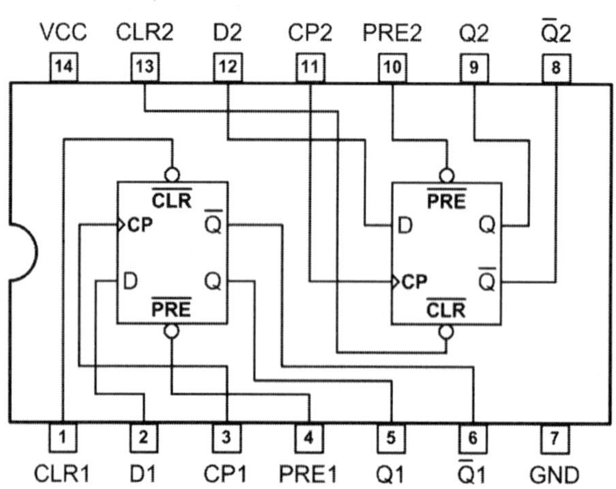

그림 5.10 D플립플롭의 구성과 IC칩(14핀)

SR 플립플롭의 입출력 파형 연습

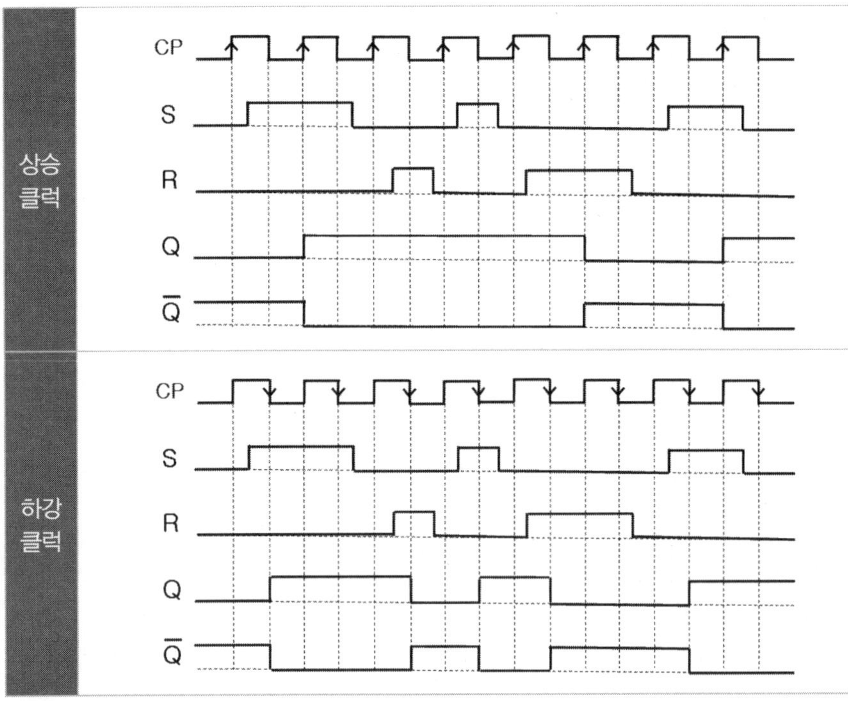

JK 플립플롭의 입출력 파형 연습

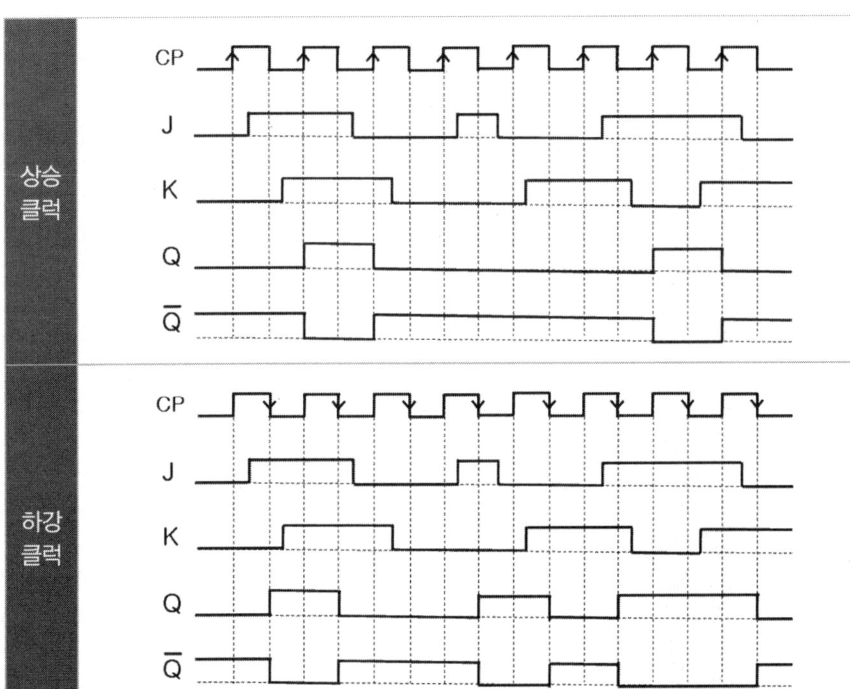

T 플립플롭의 입출력 파형 연습

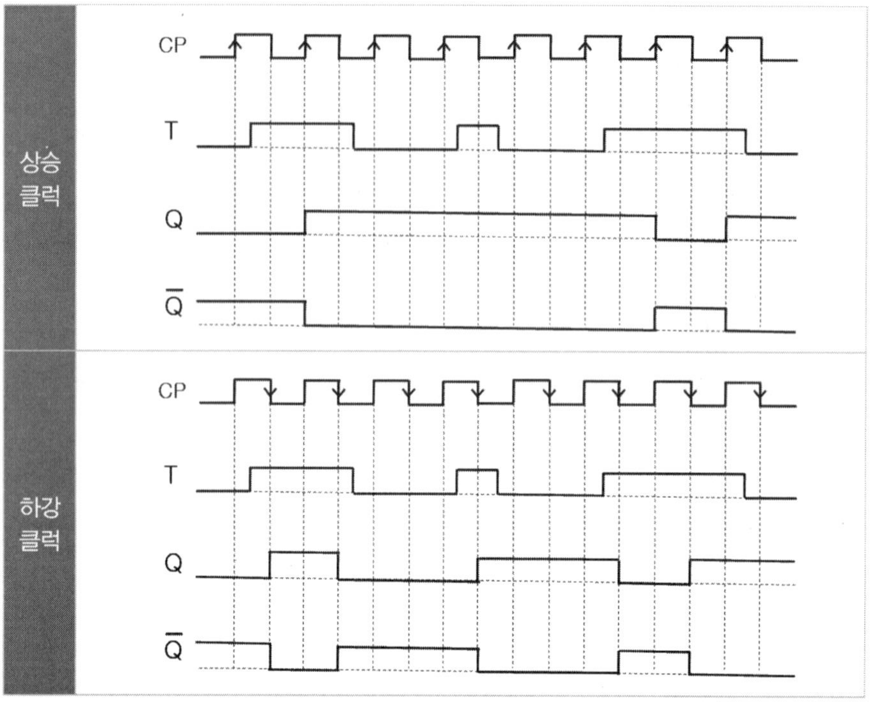

D 플립플롭의 입출력 파형 연습

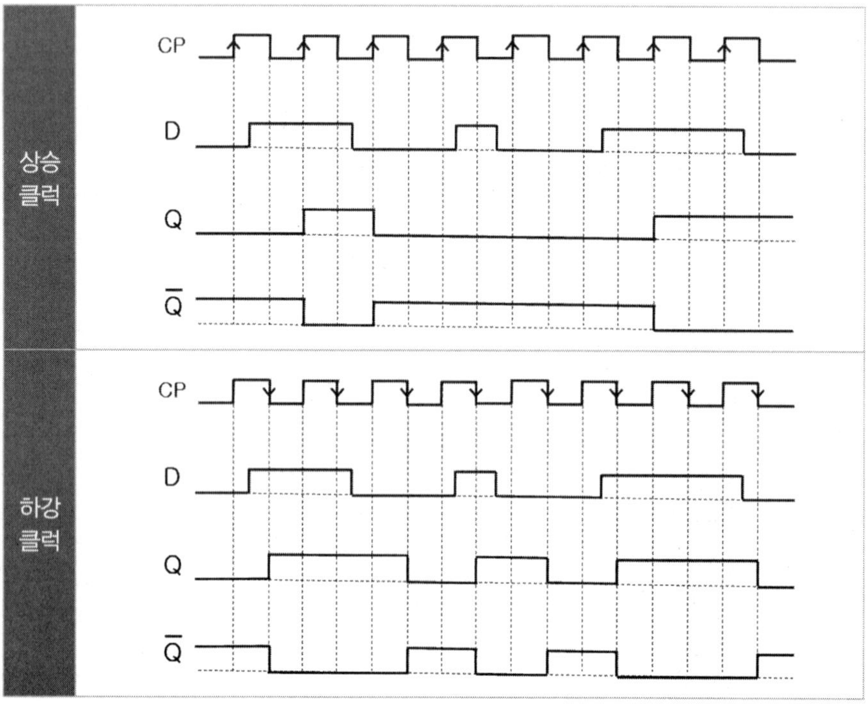

3) 주종 플립플롭과 프리셋/클리어기능

주종 플립플롭은 그림 5.11과 같은 형태이며 두 개의 플립플롭으로 구성된다. 한 회로(왼쪽)는 주인의 역할을 하며 또 다른 회로(오른쪽)는 종의 역할을 맡는데 트리거형 플립플롭에서 발생되는 경합조건을 해결하는데 이용된다.

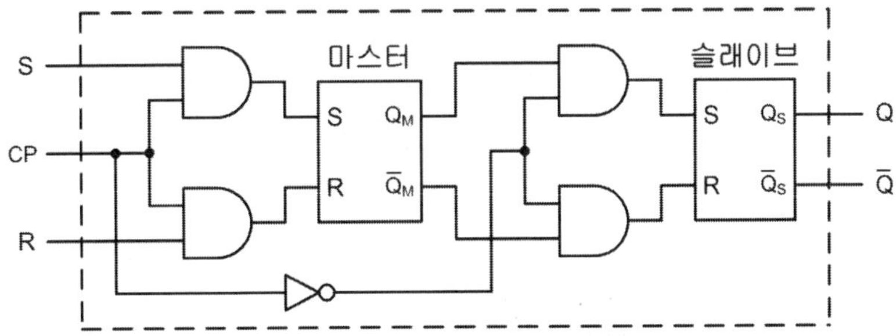

그림 5.11 주종 플립플롭 구성의 예

프리셋과 클리어 기능은 플립플롭 입력단자 및 클록펄스와 상관없이 출력으로 순간적으로 바꾸어 주는 역할을 한다. 그림 5.12와 같이 프리셋은 출력 Q를 1로 만들어 주고 클리어는 출력 Q를 0으로 만들어 준다.

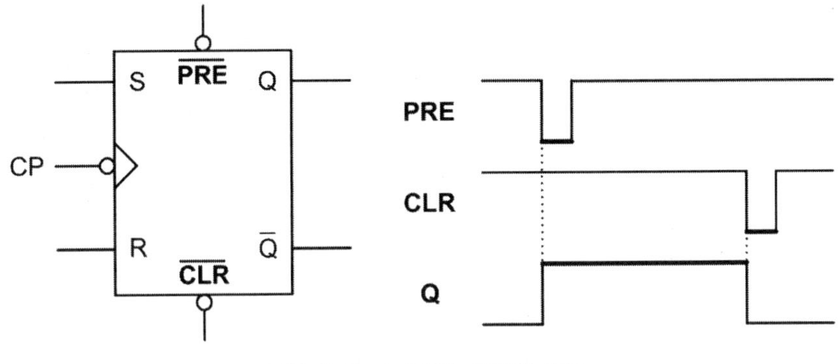

그림 5.12 프리셋과 클리어 단자

4) 비동기 입력

기본적으로 플립플롭의 출력은 입력조건에 의해 결정되고, 이 출력은 플립플롭이 클럭펄스에 의해서 활성화되어지는 시점에 출력단에 나타나게 되므로, 동기입력이라 할 수 있는 반면에 클럭펄스나 입력조건에 관계없이 독립적으로 플립플롭의 상태를 "0" 또는 "1"의 상태로 조정할 수 있는 경우의 입력을 비동기 입력이라 하며, "CLR"과 "PRE"의 두 가지가 사용된다.

입력					출력
CP	$\overline{PRE}$	$\overline{CLR}$	J	K	Q(t+1)
X	0	1	X	X	1
X	1	0	X	X	0
↓	1	1	0	0	Q(t)
↓	1	1	0	1	0
↓	1	1	1	0	1
↓	1	1	1	1	$\overline{Q(t)}$

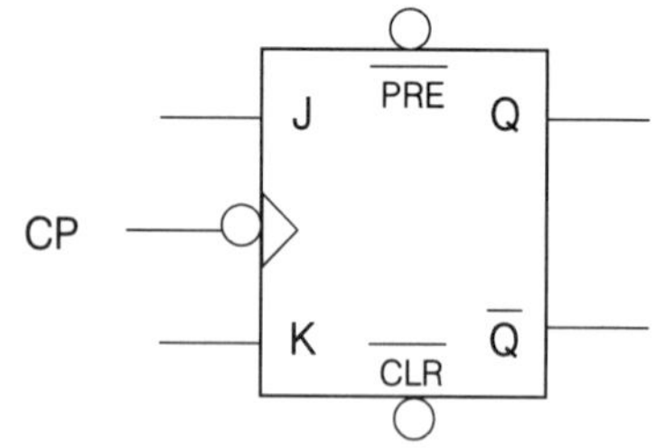

그림 5.13 플립플롭의 비동기 입력

5.2 플립플롭 변환회로

1) S-R에서 D플립플롭으로의 변환

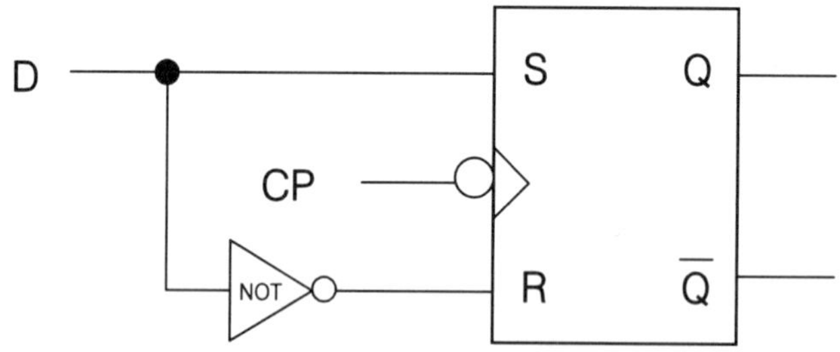

그림 5.14 S-R플립플롭에서 D플립플롭으로의 변환

입력 D=0 일 때: 입력 S=0, R=1

: S-R 플립플롭의 출력은 "0"이 되므로 이는 D 플립플롭의 입력이 "0"일 때 출력이 "0"이 되는 경우와 같다.

입력 D=1 일 때: 입력 S=1, R=0

: S-R 플립플롭의 출력은 "1"이 되므로 이는 D 플립플롭의 입력이 "1"일 때 출력이 "1"이 되는 경우와 같다.

S-R 플립플롭의 R 입력에 연결된 인버터는 S-R 플립플롭에 "00" 또는 "11"의 값이 입력되는 것을 막아주기 때문에, 이전 상태에 의해 현재의 결과가 결정되어지는 경우와 불확실한 출력을 발생시키는 "11"이라는 입력의 사용을 방지하

는 역할을 한다.

2) S-R 플립플롭에서 J-K 플립플롭으로의 변환

S-R 플립플롭을 이용하여 J-K 플립플롭의 동작이 가능하도록 하기 위해서는 그림 24에서와 같이 이전상태의 출력이 두 개의 AND 게이트를 통하여 귀환(feedback) 되도록 구성한다.

표 5.1 S-R 플립플롭의 J-K 플립플롭으로의 변환

J-K 플립플롭		이전 상태	S-R 플립플롭		출력
J	K		S	R	
0	0	0	0	0	0
		1	0	0	1
0	1	0	0	0	0
		1	0	1	0
1	0	0	1	0	1
		1	0	0	1
1	1	0	1	0	1
		1	0	1	0

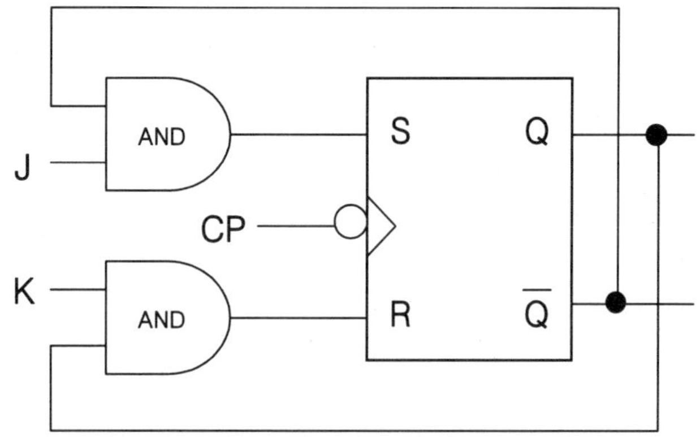

그림 5.15 S-R 플립플롭에서 J-K 플립플롭으로의 변환

5.3 카운터

카운터(계수기: Counter)는 플립플롭을 직렬 또는 병렬로 연결하여 2진수를 셈하는 회로로 순차논리 회로의 특성을 이해하는데 유용하게 사용될 수 있다.

사용하는 플립플롭을 직렬로 연결하여 클럭 펄스를 첫 번째 플립플롭에만 공급하고 다음 플립플롭의 클럭 펄스는 앞단에서의 출력을 사용하도록 구성한 경우를 비동기식 카운터라 하는데, 회로가 간단한 반면 각 단에서의 전달지연 시간이 누적되어 전체 회로의 속도가 떨어져 고속의 카운터 구성에는 어려움이 있는 단점을 가진다.

반면 동기식 카운터는 각각의 플립플롭에 클럭 펄스를 별도로 공급하는 병렬형으로 구성되어 고속 동작이 가능하나 이에 따른 부가회로가 상대적으로 복잡해지게 된다.

1) 비동기식 카운터

비동기식 카운터의 설계과정은 다음과 같다.

① 사용할 플립플롭의 종류를 결정한다.
: 대부분의 경우, J-K, T 플립플롭의 토글(Toggle) 특성을 이용한다.

② 카운터의 MOD 수에 따라 플립플롭의 개수를 결정한다.
: 예를 들어, MOD 4인 경우에는 2^2=4이므로 2개의 플립플롭이, MOD 7인 경우에는 2^3=8이므로 3개의 플립플롭이 필요하게 된다.

③ 사용되는 플립플롭을 직렬로 연결한 후, 첫 단에는 클럭 펄스를 연결하고 둘째 단부터는 앞단의 출력을 클럭 펄스로 사용한다.

④ MOD 수가 2^n의 수가 아닐 경우에는 비동기 입력 “CLR”나 “PRE”를 사용하여 회로를 구성한다.

⑤ 구성된 회로에 대한 출력파형을 그려, 결과를 확인한다.

예제 5-1 MOD-2의 비동기식 카운터를 설계하시오.

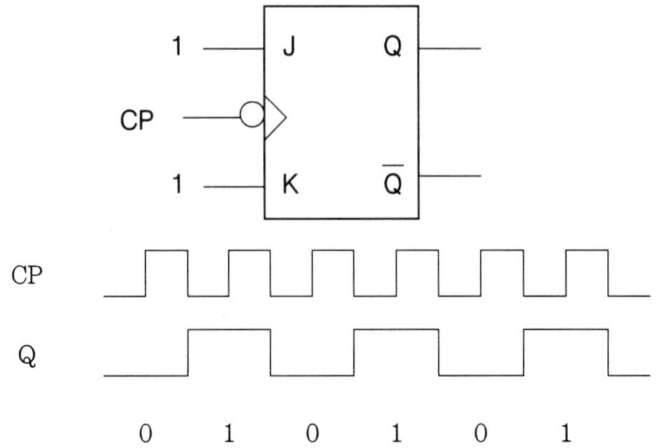

예제 5-2 MOD-4의 비동기식 카운터를 설계하시오.

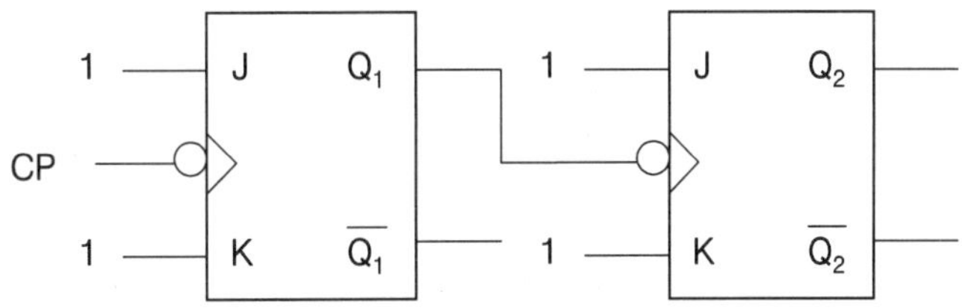

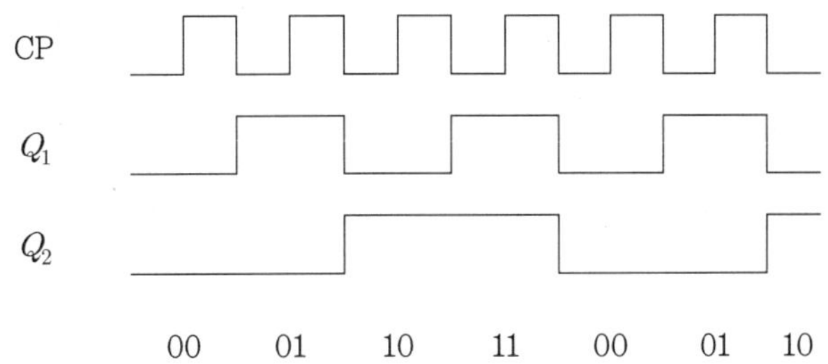

카운터회로 설계도

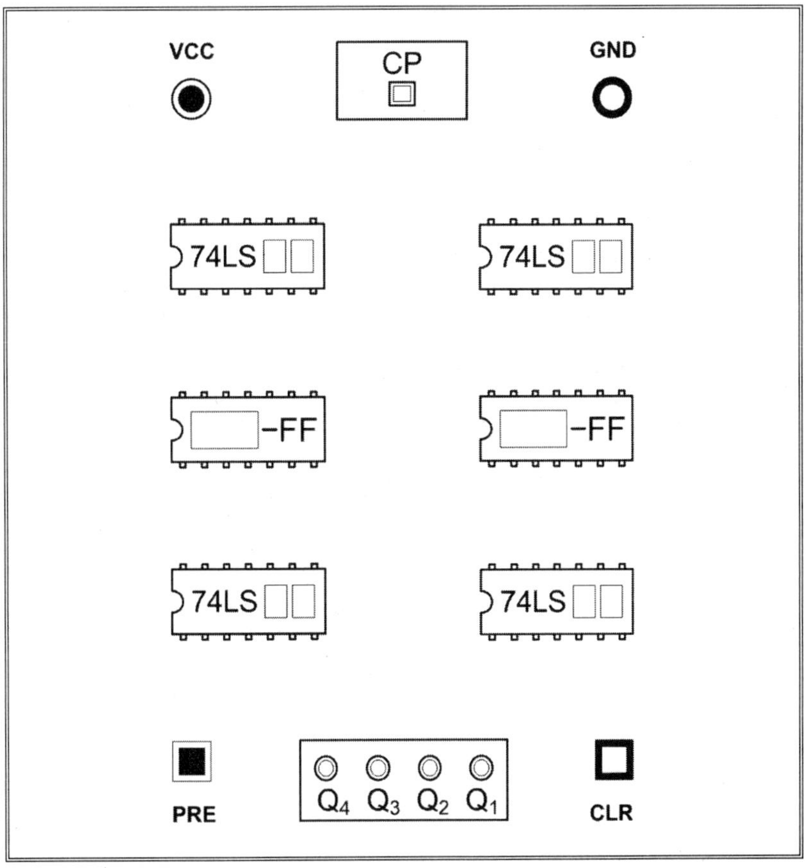

예제 5-3 MOD-8의 비동기식 카운터를 설계하시오.

▶

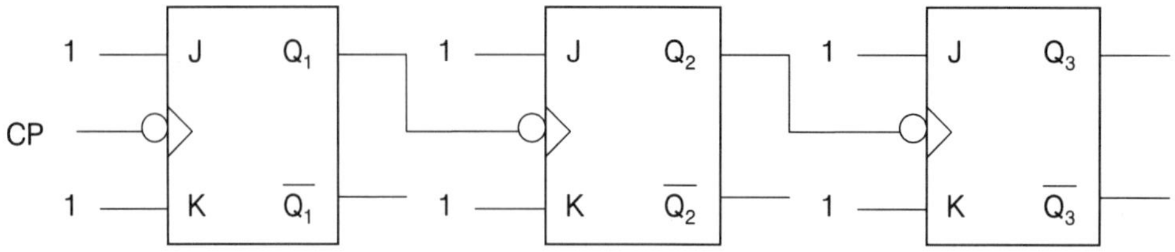

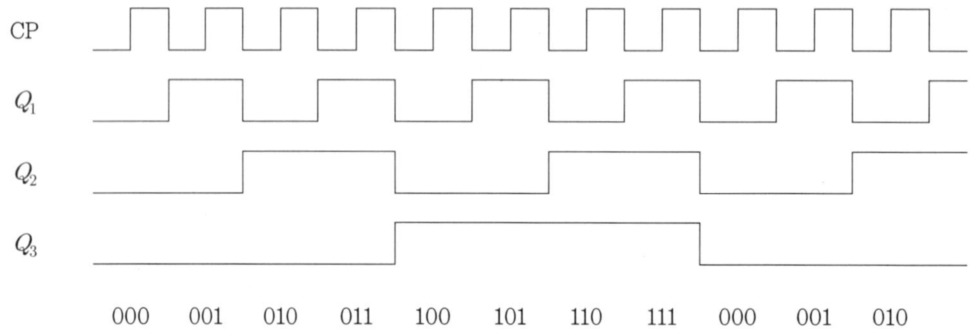

예제 5-4 MOD-3의 비동기식 카운터를 설계하시오.

➡ MOD-3 의 카운터는 MOD-4의 카운터에서 00, 01, 10의 출력만을 사용하고 11의 출력이 나타나지 않도록 비동기 입력 $\overline{CLR}$를 사용하여 설계하는데, $\overline{CLR}$는 "1"에서는 동작하지 않고 "0"에서 플립플롭에 영향을 주도록 하여야 하는 조건을 만족시키기 위해서는 NAND 게이트가 필요하게 된다.

따라서 출력 Q_1과 Q_2를 NAND 게이트에 연결하여 이 출력을 플립플롭의 $\overline{CLR}$ 단자에 연결하면 원하는 결과를 얻게 된다.

Q_2	Q_1	$\overline{CLR}$
0	0	1
0	1	1
1	0	1
1	1	0

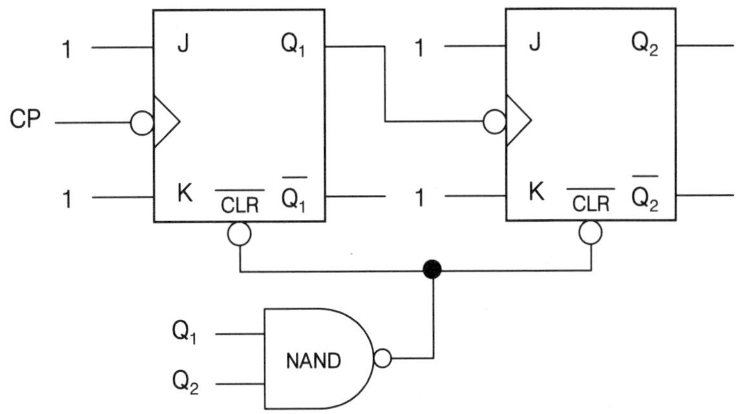

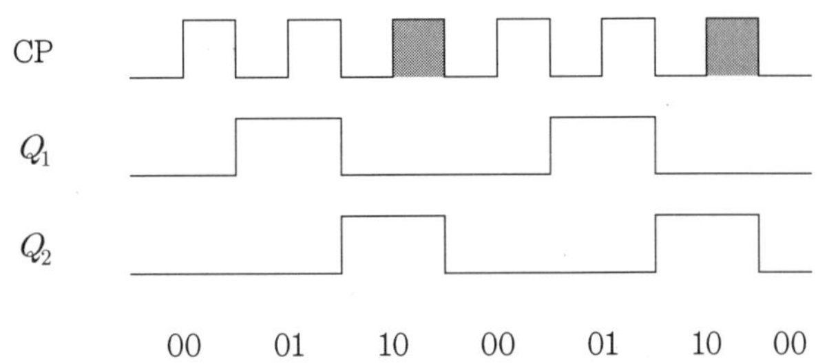

예제 5-5 MOD-5의 비동기식 카운터를 설계하시오.

MOD-5의 카운터는 MOD-8의 카운터에서 000에서 100까지의 출력만을 사용하고 101의 출력이 나타나지 않도록 비동기 입력 $\overline{CLR}$를 사용하여 설계하는데, $\overline{CLR}$는 "1"에서는 동작하지 않고 "0"에서 플립플롭에 영향을 주도록 하여야 하므로, 왼쪽의 조건을 만족시키기 위해서 출력 Q_1과 Q_3를 NAND 게이트에 연결하여 이 출력을 플립플롭의 $\overline{CLR}$ 단자에 연결하면 원하는 결과를 얻게 된다.

Q_3	Q_2	Q_1	$\overline{CLR}$
0	0	0	1
0	0	1	1
0	1	0	1
0	1	1	1
1	0	0	1
1	0	1	0

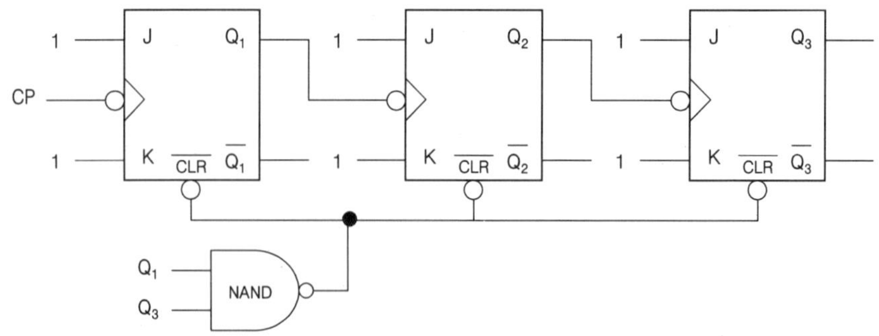

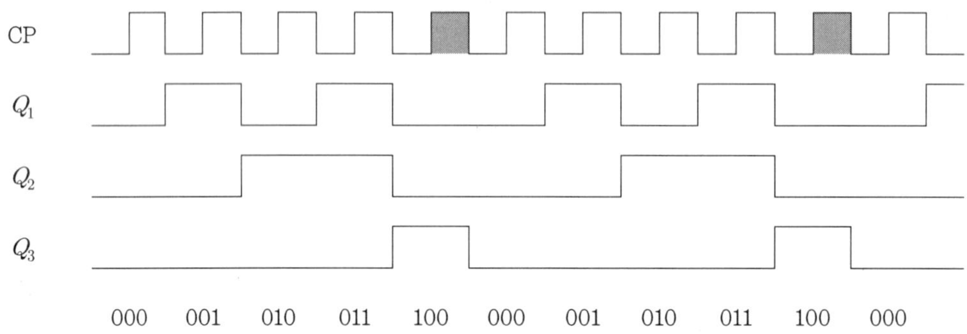

예제 5-6 MOD-6의 비동기식 카운터를 설계하시오.

MOD-6의 카운터는 MOD-8의 카운터에서 000에서 101까지의 출력만을 사용하고 110의 출력이 나타나지 않도록 비동기 입력 $\overline{CLR}$를 사용하여 설계하는데, $\overline{CLR}$는 "1"에서는 동작하지 않고 "0"에서 플립플롭에 영향을 주도록 하여야 하므로, 왼쪽의 조건을 만족시키기 위해서 출력 Q_2와 Q_3를 NAND 게이트에 연결하여 이 출력을 플립플롭의 $\overline{CLR}$ 단자에 연결하면 원하는 결과를 얻게 된다.

Q_3	Q_2	Q_1	$\overline{CLR}$
0	0	0	1
0	0	1	1
0	1	0	1
0	1	1	1
1	0	0	1
1	0	1	1
1	1	0	0

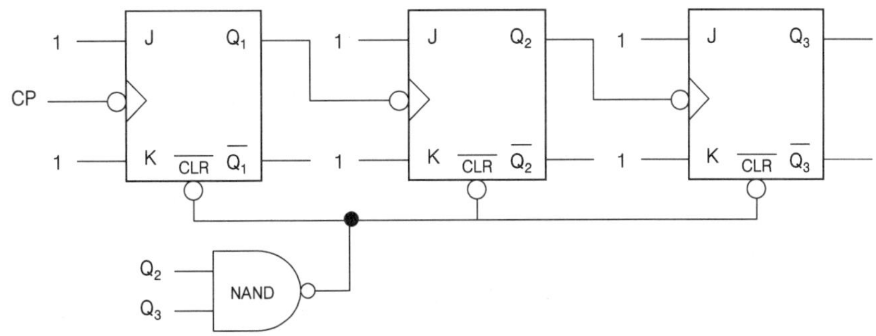

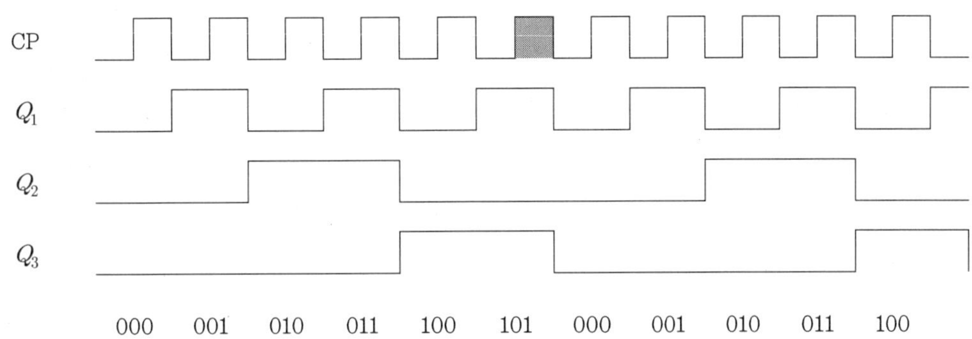

예제 5-7 MOD-7의 비동기식 카운터를 설계하시오.

MOD-7의 카운터는 MOD-8의 카운터에서 000에서 101까지의 출력만을 사용하고 111의 출력이 나타나지 않도록 비동기 입력 $\overline{CLR}$를 사용하여 설계하는데, $\overline{CLR}$는 "1"에서는 동작하지 않고 "0"에서 플립플롭에 영향을 주도록 하여야 하므로, 왼쪽의 조건을 만족시키기 위해서 출력 Q_1, Q_2, Q_3를 NAND 게이트에 연결하여 이 출력을 플립플롭의 $\overline{CLR}$ 단자에 연결하면 원하는 결과를 얻게 된다.

Q_3	Q_2	Q_1	$\overline{CLR}$
0	0	0	1
0	0	1	1
0	1	0	1
0	1	1	1
1	0	0	1
1	0	1	1
1	1	0	1
1	1	1	0

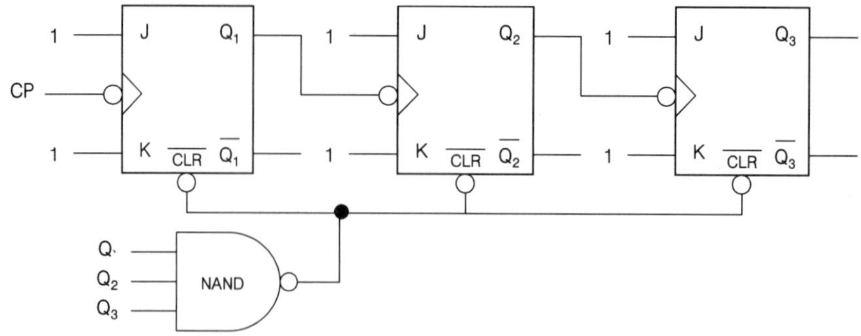

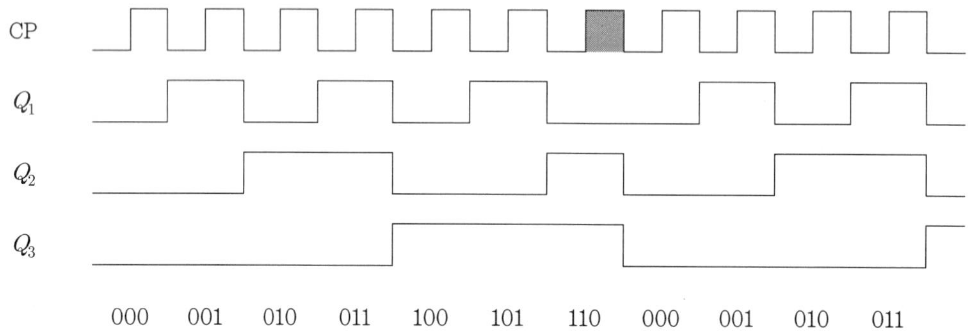

예제 5-8 MOD-9의 비동기식 카운터를 설계하시오.

MOD-9의 카운터는 MOD-16의 카운터에서 0000에서 1000까지의 출력만을 사용하고 1001의 출력이 나타나지 않도록 비동기 입력 $\overline{CLR}$를 사용하여 설계하는데, $\overline{CLR}$는 "1"에서는 동작하지 않고 "0"에서 플립플롭에 영향을 주도록 하여야 하므로, 왼쪽의 조건을 만족시키기 위해서 출력 Q_1, Q_4를 NAND 게이트에 연결하여 이 출력을 플립플롭의 $\overline{CLR}$ 단자에 연결하면 원하는 결과를 얻게 된다.

Q_4	Q_3	Q_2	Q_1	$\overline{CLR}$
0	0	0	0	1
0	0	0	1	1
0	0	1	0	1
0	0	1	1	1
0	1	0	0	1
0	1	0	1	1
0	1	1	0	1
0	1	1	1	1
1	0	0	0	1
1	0	0	1	0

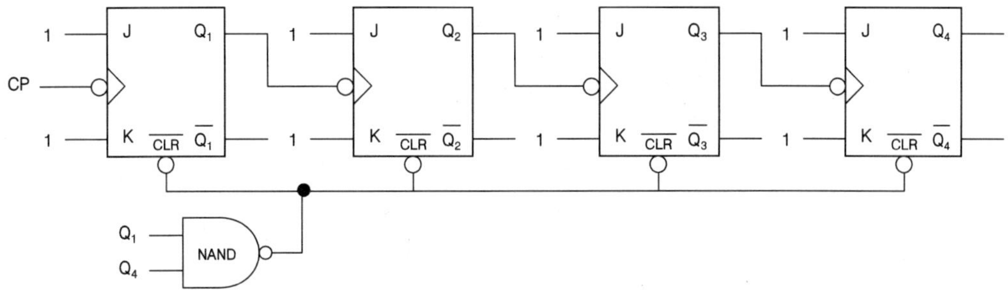

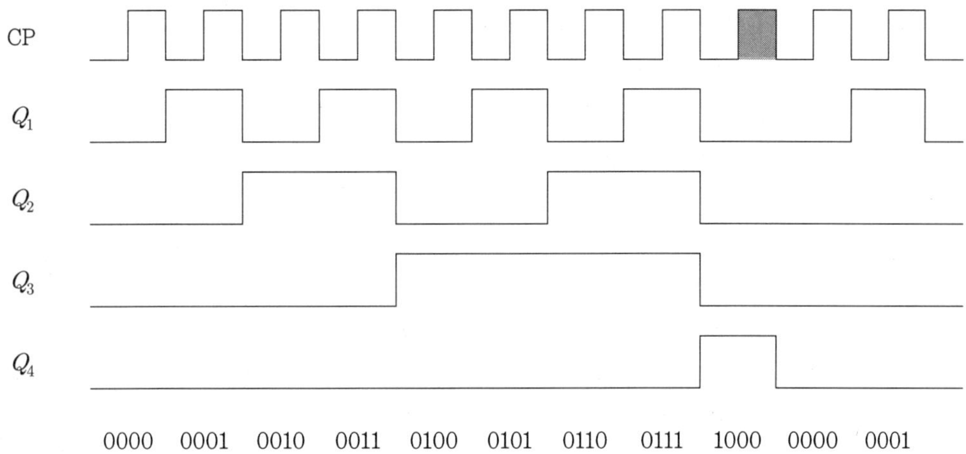

2) 동기식 카운터

동기식 카운터의 설계는 다음과 같은 절차를 따르게 된다.

① 사용할 플립플롭의 종류를 결정한다.

② 사용할 플립플롭의 수를 결정한다.

③ 카운터의 계수 순서에 따라 각 클럭펄스에서의 현재 상태와 다음 상태를 표시하는 상태표를 작성한다.

④ 상태표에 의해 각 플립플롭의 입력조건을 결정한다.

⑤ 카르노맵을 이용하여 각 플립플롭 입력의 결선조건을 간략화 한다. 이때 카운터의 상태에서 빠져있는 입력조건은 무정의항으로 처리한다.

표 5.2 플립플롭의 출력변화에 따른 플립플롭 입력 (× : 무정의항)

현재 상태	다음 상태	SR플립플롭		JK플립플롭		T플립플롭	D플립플롭
		S	R	J	K	T	D
0	0	0	×	0	×	0	0
0	1	1	0	1	×	1	1
1	0	0	1	×	1	1	0
1	1	×	0	×	0	0	1

예제 5-9 0→1→2→3→4 의 순서로 카운트되는 동기식 카운터를 S-R 플립-플롭, J-K 플립플롭, T 플립플롭을 이용하여 설계하시오.

(1) SR 플립플롭

현재 상태			다음 상태			플립플롭 입력					
A	B	C	A	B	C	S_A	R_A	S_B	R_B	S_C	R_C
0	0	0	0	0	1	0	×	0	×	1	0
0	0	1	0	1	0	0	×	1	0	0	1
0	1	0	0	1	1	0	×	×	0	1	0
0	1	1	1	0	0	1	0	0	1	0	1
1	0	0	0	0	0	0	1	0	×	0	×

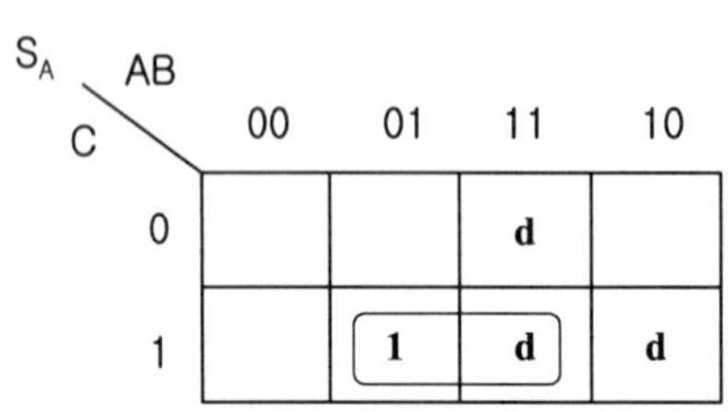

$S_A = BC$

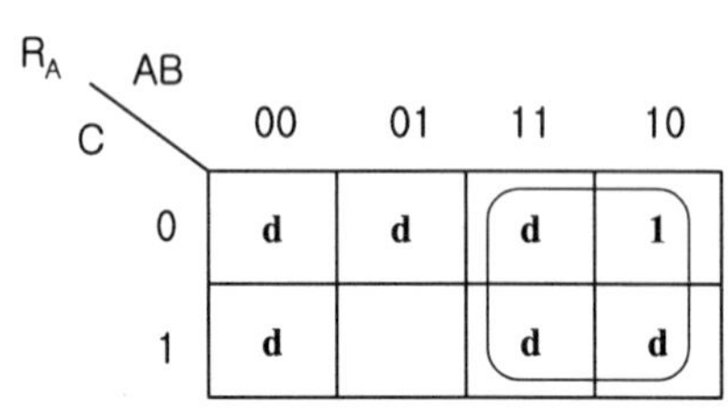

$R_A = A$

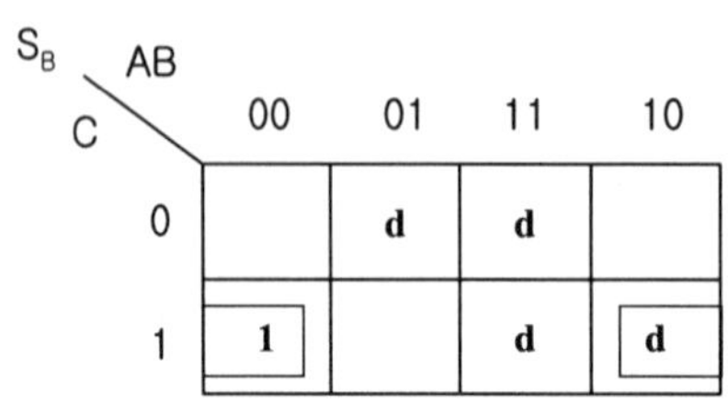

$S_B = \overline{B}C$

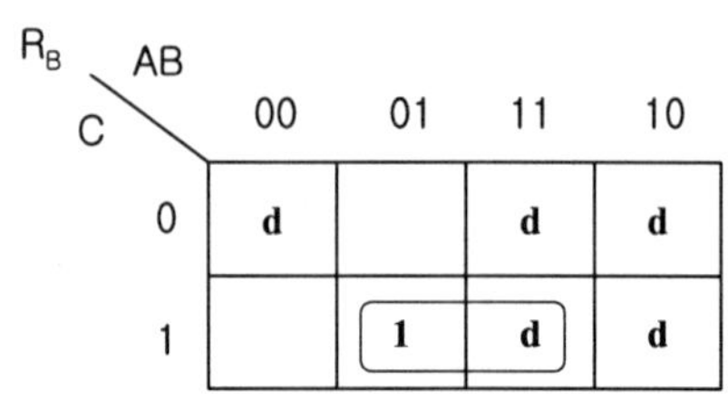

$R_B = BC$

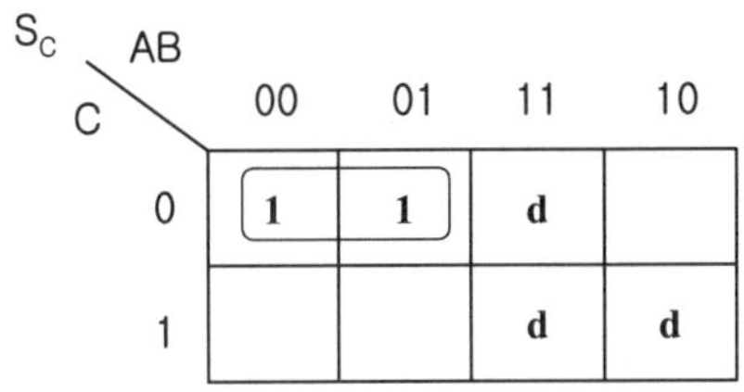

$S_C = \overline{A}\,\overline{C}$

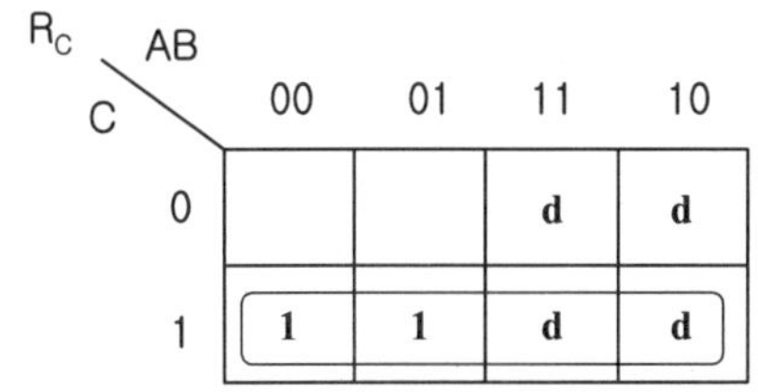

$R_C = C$

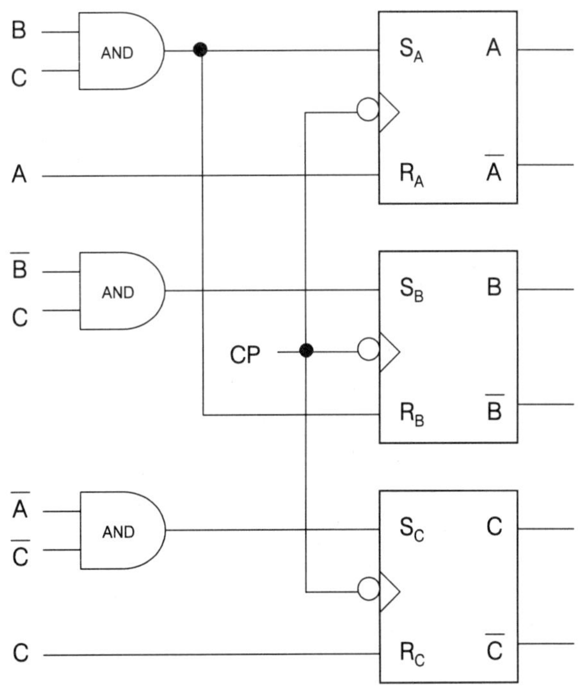

(2) JK 플립플롭

현재 상태			다음 상태			플립플롭 입력					
A	B	C	A	B	C	J_A	K_A	J_B	K_B	J_C	K_C
0	0	0	0	0	1	0	×	0	×	1	×
0	0	1	0	1	0	0	×	1	×	×	1
0	1	0	0	1	1	0	×	×	0	1	×
0	1	1	1	0	0	1	×	×	1	×	1
1	0	0	0	0	0	×	1	0	×	0	×

J_A (C \ AB)	00	01	11	10
0			d	d
1		1	d	d

$$J_A = BC$$

K_A (C \ AB)	00	01	11	10
0	d	d	d	1
1	d	d	d	d

$$K_A = 1$$

J_B (C \ AB)	00	01	11	10
0		d	d	
1	1	d	d	d

$$J_B = C$$

K_B (C \ AB)	00	01	11	10
0	d		d	d
1	d	1	d	d

$$K_B = C$$

J_C (C \ AB)	00	01	11	10
0	1	1	d	
1	d	d	d	d

$$J_C = \overline{A}$$

K_C (C \ AB)	00	01	11	10
0	d	d	d	d
1	1	1	d	d

$$K_C = 1$$

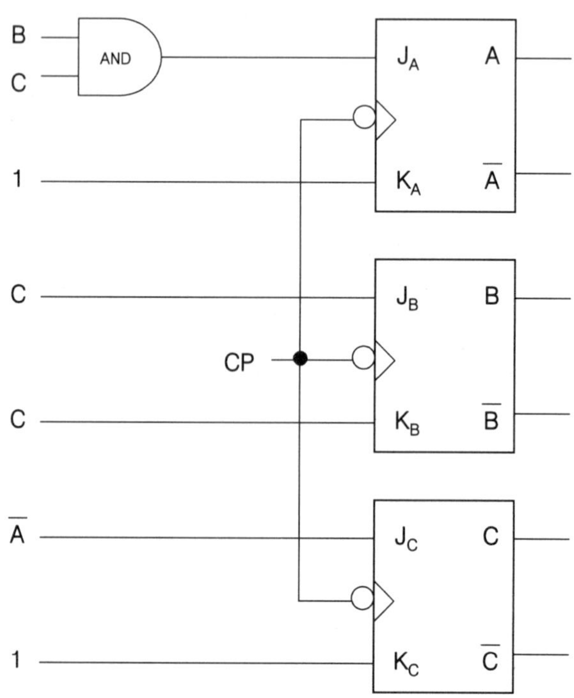

(3) T플립플롭

현재 상태			다음 상태			플립플롭 입력		
A	B	C	A	B	C	TA	TB	TC
0	0	0	0	0	1	0	0	1
0	0	1	0	1	0	0	1	1
0	1	0	0	1	1	0	0	1
0	1	1	1	0	0	1	1	1
1	0	0	0	0	0	1	0	0

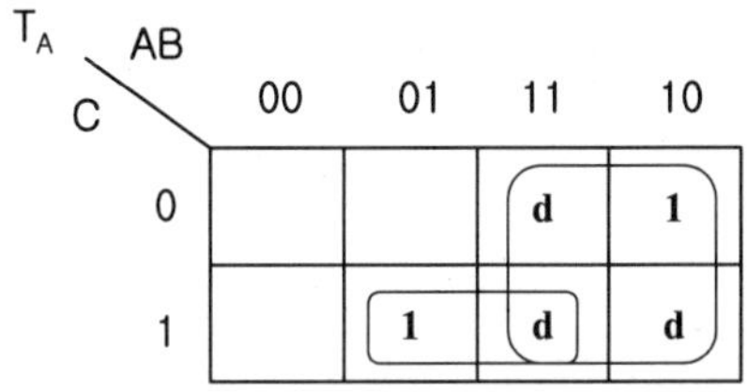

$T_A = A + BC$

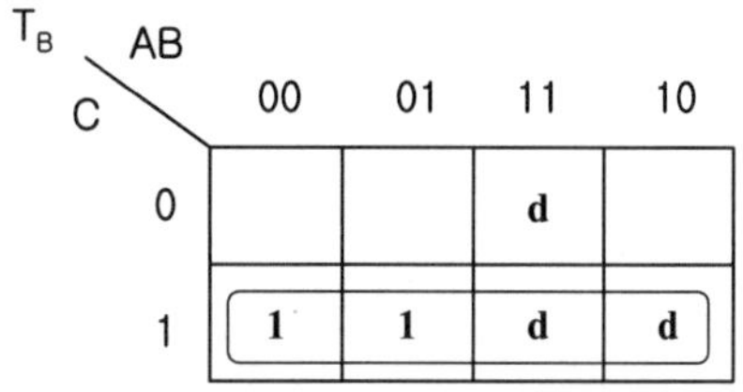

$T_B = C$

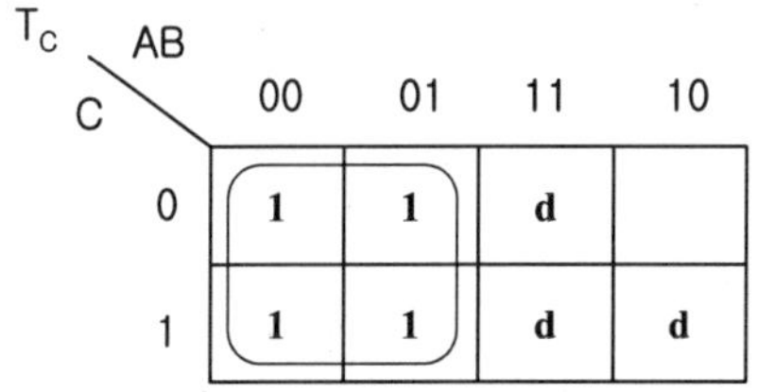

$T_C = \overline{A}$

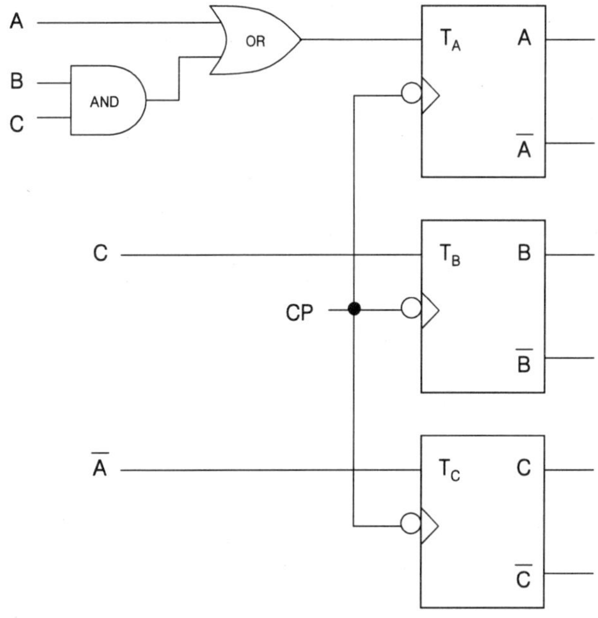

예제 5-10 0→1→2→3→4→5의 순서로 카운트되는 동기식 카운터를 S-R 플립플롭, J-K 플립플롭, T 플립플롭을 이용하여 설계하시오.

(1) SR 플립플롭

현재 상태			다음 상태			플립플롭 입력					
A	B	C	A	B	C	S_A	R_A	S_B	R_B	S_C	R_C
0	0	0	0	0	1	0	×	0	×	1	0
0	0	1	0	1	0	0	×	1	0	0	1
0	1	0	0	1	1	0	×	×	0	1	0
0	1	1	1	0	0	1	0	0	1	0	1
1	0	0	1	0	1	×	0	0	×	1	0
1	0	1	0	0	0	0	1	0	×	0	1

S_A C \ AB	00	01	11	10
0			d	d
1		1	d	

$S_A = BC$

R_A C \ AB	00	01	11	10
0	d	d	d	
1	d		d	1

$R_A = AC$

S_B C \ AB	00	01	11	10
0		d	d	
1	1		d	

$S_B = \overline{A}\,\overline{B}\,C$

R_B C \ AB	00	01	11	10
0	d		d	d
1		1	d	d

$R_B = BC$

S_C C \ AB	00	01	11	10
0	1	1	d	d
1			d	

$S_C = \overline{C}$

R_C C \ AB	00	01	11	10
0			d	
1	1	1	d	1

$R_C = C$

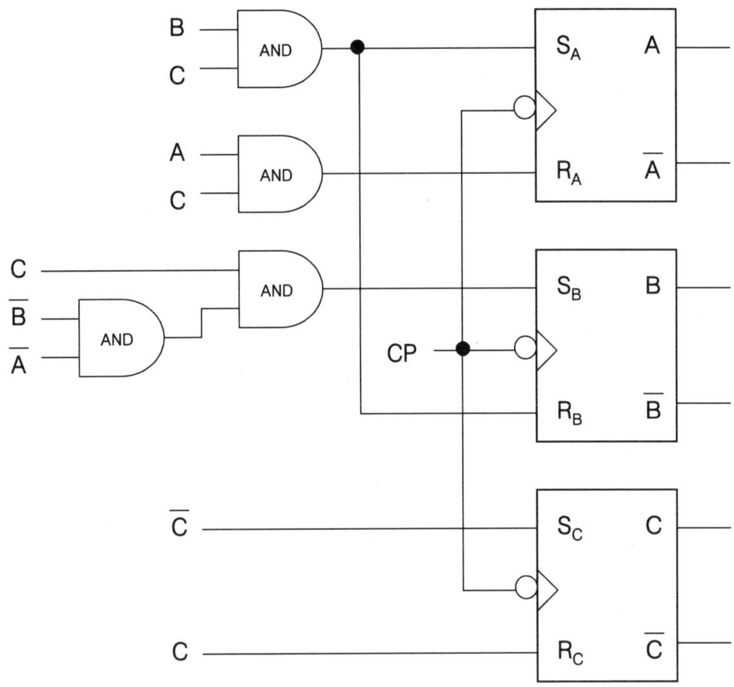

(2) JK플립플롭

현재 상태			다음 상태			플립플롭 입력					
A	B	C	A	B	C	J_A	K_A	J_B	K_B	J_C	K_C
0	0	0	0	0	1	0	×	0	×	1	×
0	0	1	0	1	0	0	×	1	×	×	1
0	1	0	0	1	1	0	×	×	0	1	×
0	1	1	1	0	0	1	×	×	1	×	1
1	0	0	1	0	1	×	0	0	×	1	×
1	0	1	0	0	0	×	1	0	×	×	1

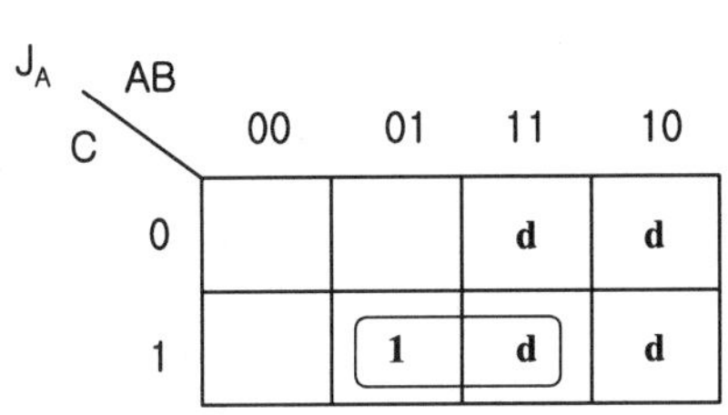

$J_A = BC$

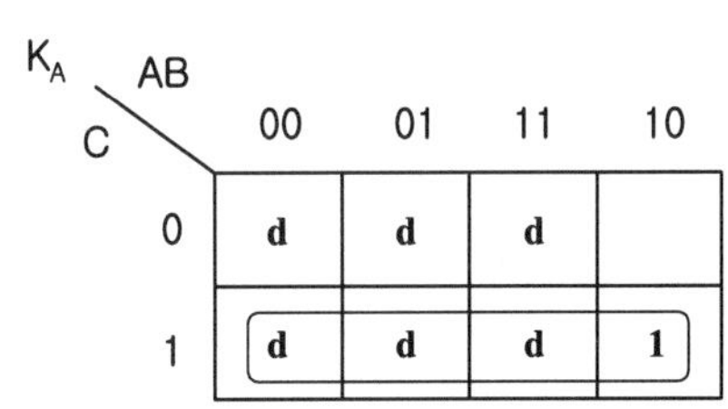

$K_A = C$

J_B (C \ AB)	00	01	11	10
0		d	d	
1	1	d	d	

$$J_B = \overline{A}C$$

K_B (C \ AB)	00	01	11	10
0	d		d	d
1	d	1	d	d

$$K_B = C$$

J_C (C \ AB)	00	01	11	10
0	1	1	d	1
1	d	d	d	d

$$J_C = 1$$

K_C (C \ AB)	00	01	11	10
0	d	d	d	d
1	1	1	d	1

$$K_C = 1$$

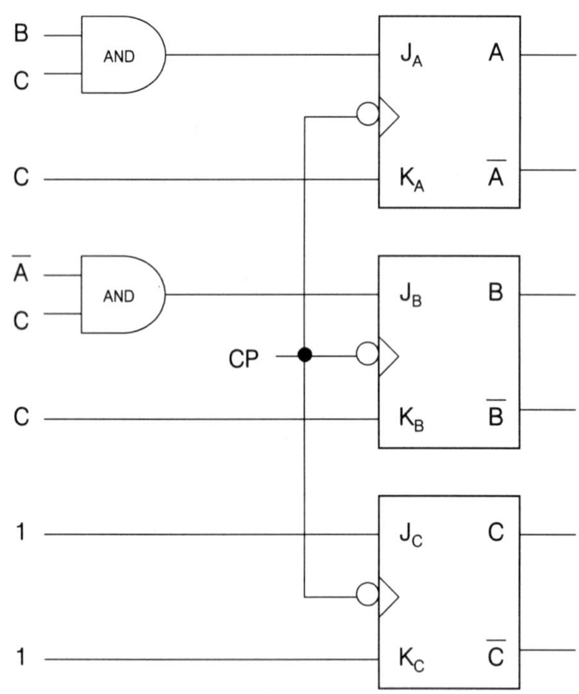

(3) T플립플롭

현재 상태			다음 상태			플립플롭 입력		
A	B	C	A	B	C	T_A	T_B	T_C
0	0	0	0	0	1	0	0	1
0	0	1	0	1	0	0	1	1
0	1	0	0	1	1	0	0	1
0	1	1	1	0	0	1	1	1
1	0	0	1	0	1	0	0	1
1	0	1	0	0	0	1	0	1

T_A (C \ AB)	00	01	11	10
0			d	
1		1	d	1

$T_A = AC + BC = C($

T_B (C \ AB)	00	01	11	10
0			d	
1	1	1	d	

$T_B = \overline{A}C$

T_C (C \ AB)	00	01	11	10
0	1	1	d	1
1	1	1	d	1

$T_C = 1$

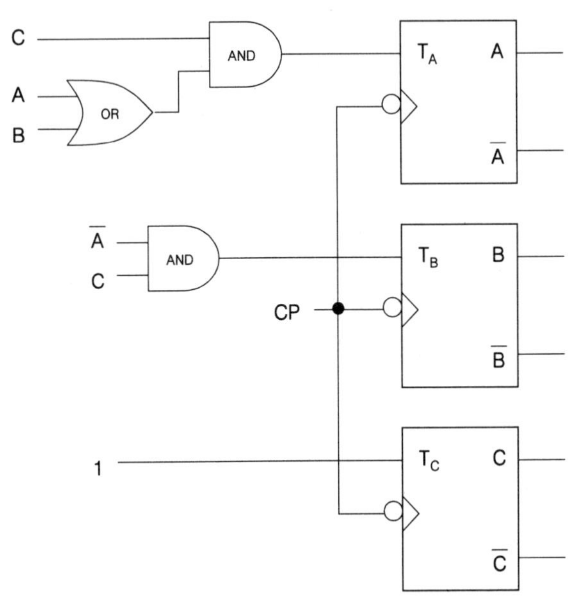

예제 5-11 0→1→2→3→4→5→6 의 순서로 카운트되는 동기식 카운터를 S-R 플립플롭, J-K 플립플롭, T 플립플롭을 이용하여 설계하시오.

(1) SR 플립플롭

현재 상태			다음 상태			플립플롭 입력					
A	B	C	A	B	C	S_A	R_A	S_B	R_B	S_C	R_C
0	0	0	0	0	1	0	×	0	×	1	0
0	0	1	0	1	0	0	×	1	0	0	1
0	1	0	0	1	1	0	×	×	0	1	0
0	1	1	1	0	0	1	0	0	1	0	1
1	0	0	1	0	1	×	0	0	×	1	0
1	0	1	1	1	0	×	0	1	0	0	1
1	1	0	0	0	0	0	1	0	1	0	×

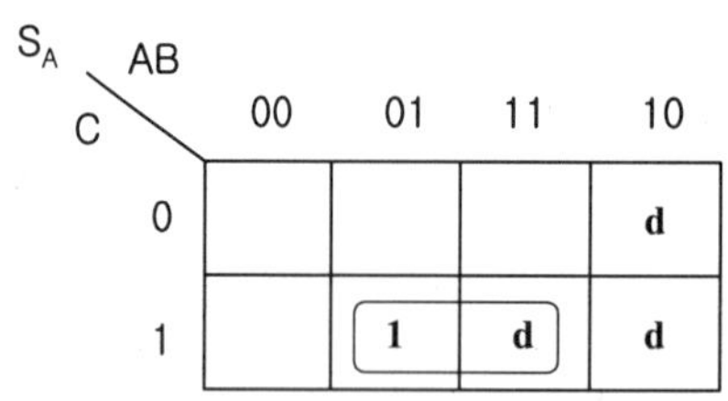

$S_A = BC$

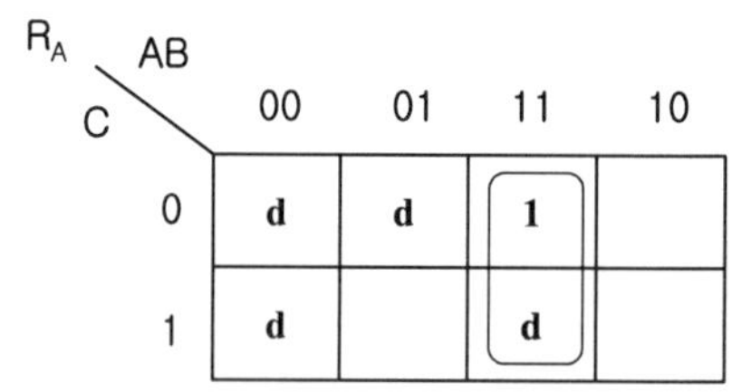

$R_A = B\overline{C}$

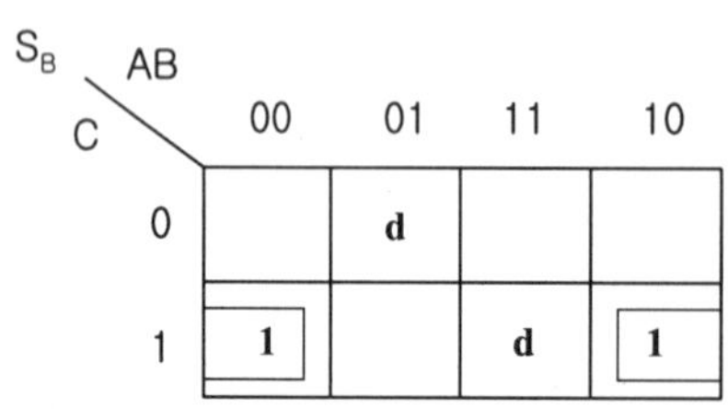

$S_B = \overline{B}C$

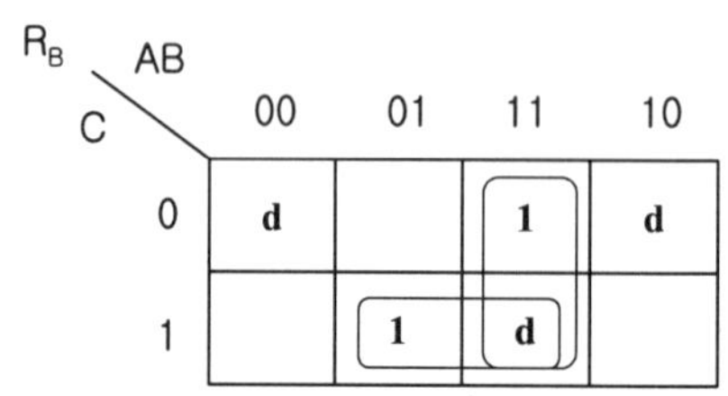

$R_B = AB + BC = B(A + C)$

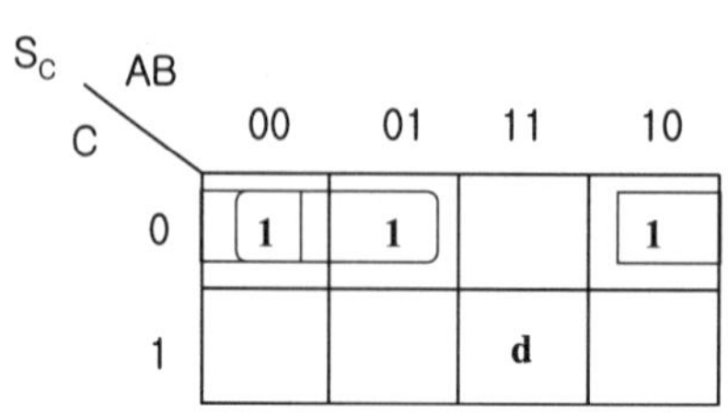

$S_C = \overline{A}\,\overline{C} + \overline{B}\,\overline{C} = \overline{C}(\overline{A} + \overline{B})$

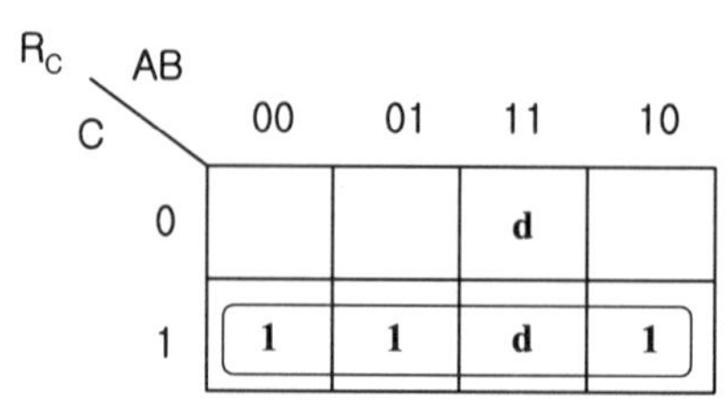

$R_C = C$

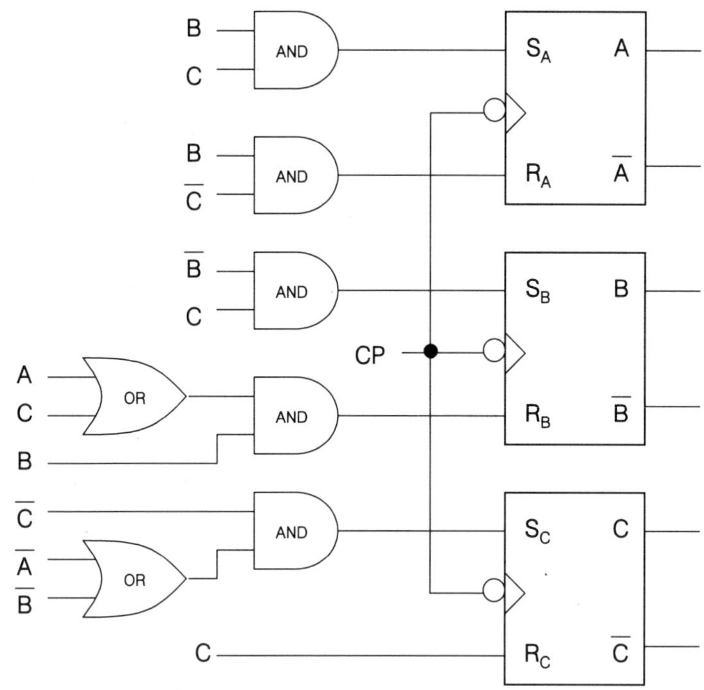

(2) JK 플립플롭

현재 상태			다음 상태			플립플롭 입력					
A	B	C	A	B	C	J_A	K_A	J_B	K_B	J_C	K_C
0	0	0	0	0	1	0	×	0	×	1	×
0	0	1	0	1	0	0	×	1	×	×	1
0	1	0	0	1	1	0	×	×	0	1	×
0	1	1	1	0	0	1	×	×	1	×	1
1	0	0	1	0	1	×	0	0	×	1	×
1	0	1	1	1	0	×	0	1	×	×	1
1	1	0	0	0	0	×	1	×	1	0	×

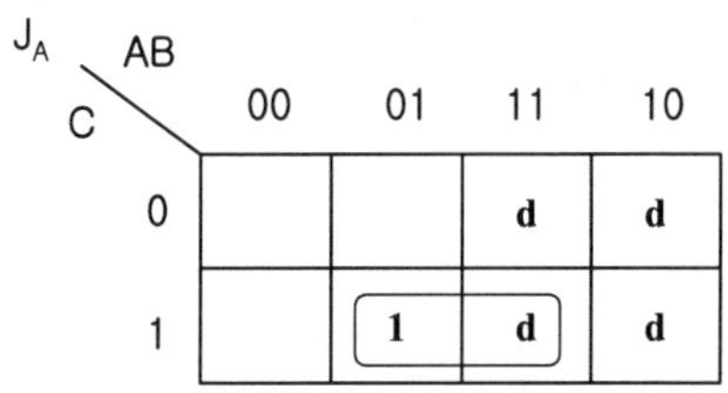

$J_A = BC$

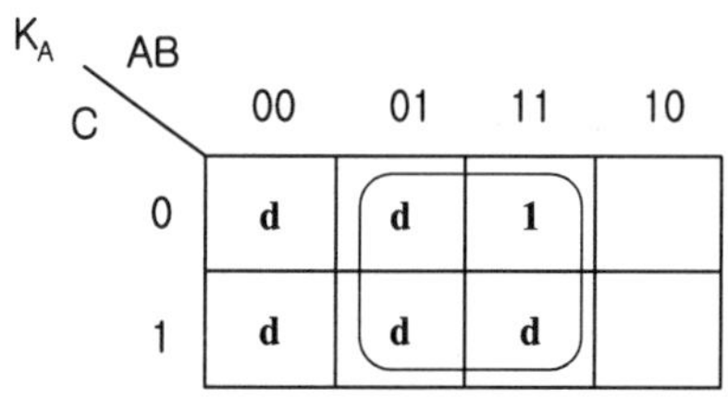

$K_A = B$

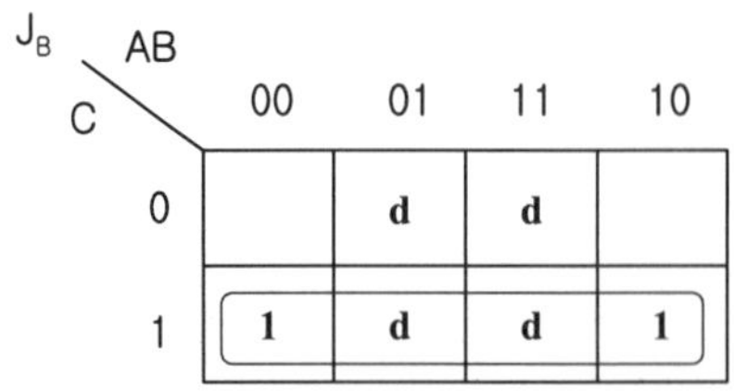

$J_B = C$

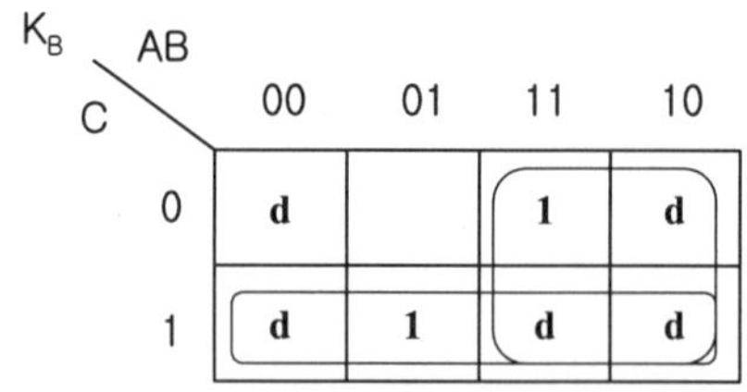

$K_B = A + C$

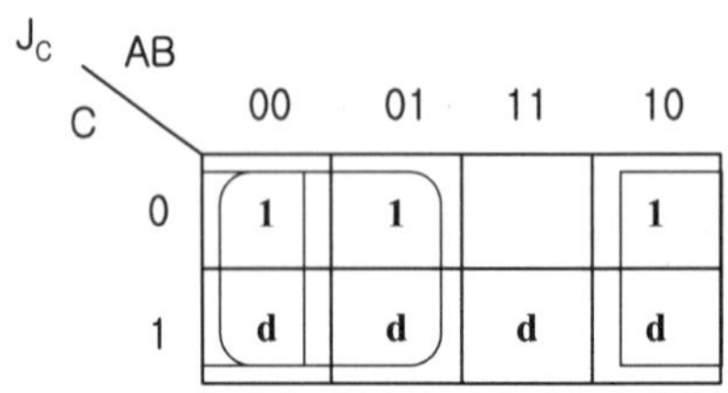

$J_C = \overline{A} + \overline{B}$

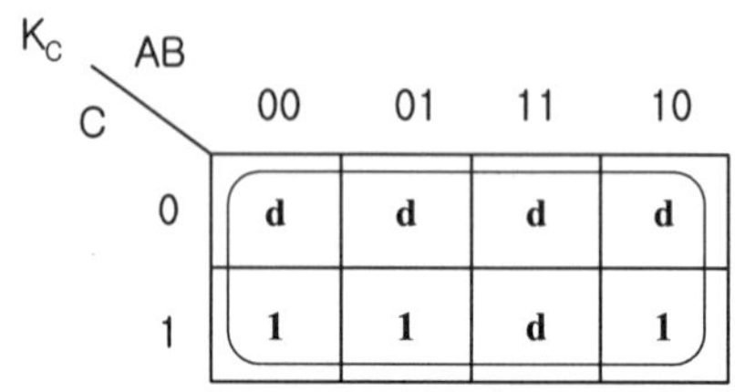

$K_C = 1$

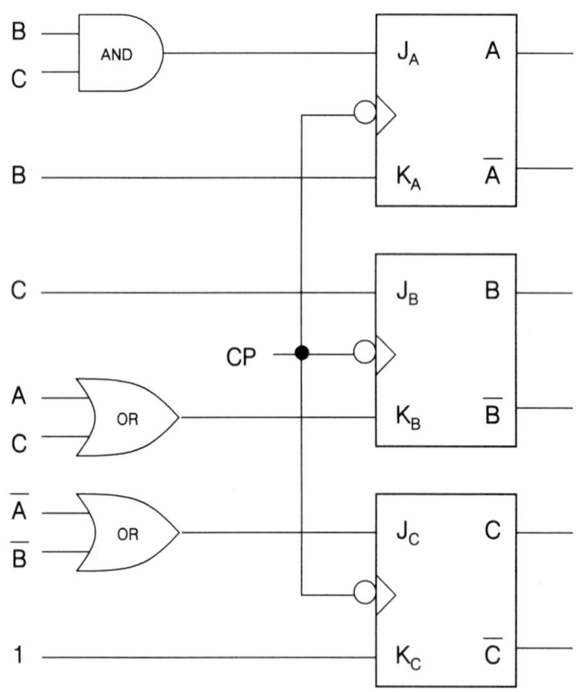

(3) T 플립플롭

현재 상태			다음 상태			플립플롭 입력		
A	B	C	A	B	C	T_A	T_B	T_C
0	0	0	0	0	1	0	0	1
0	0	1	0	1	0	0	1	1
0	1	0	0	1	1	0	0	1
0	1	1	1	0	0	1	1	1
1	0	0	1	0	1	0	0	1
1	0	1	1	1	0	0	1	1
1	1	0	0	0	0	1	1	0

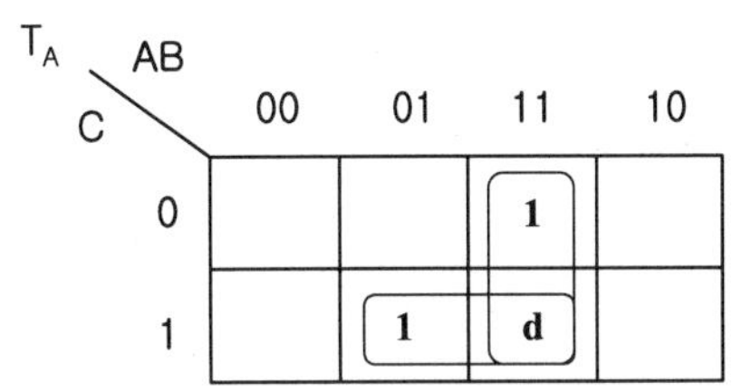

$$T_A = AB + BC = B(A + C)$$

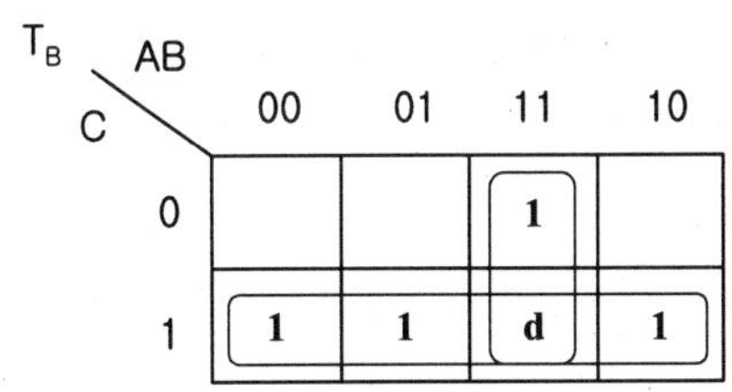

$$T_B = AB + C$$

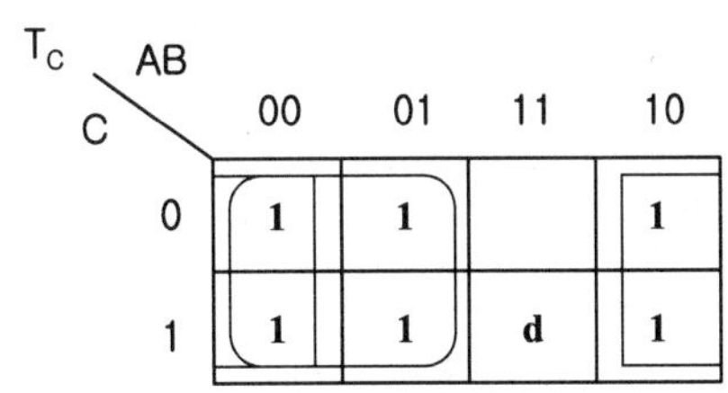

$$T_C = \overline{A} + \overline{B}$$

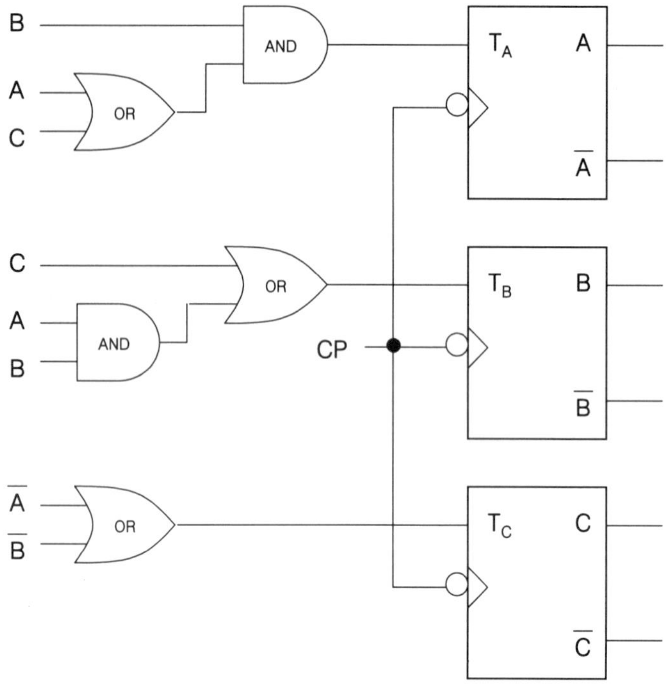

예제 5-12 0→2→4의 순서로 카운트되는 동기식 카운터를 SR 플립-플롭, JK 플립플롭, T 플립플롭을 이용하여 설계하시오.

(1) SR 플립플롭

현재 상태			다음 상태			플립플롭 입력					
A	B	C	A	B	C	S_A	R_A	S_B	R_B	S_C	R_C
0	0	0	0	1	0	0	×	1	0	0	×
0	1	0	1	0	0	1	0	0	1	0	×
1	0	0	0	0	0	0	1	0	×	0	×

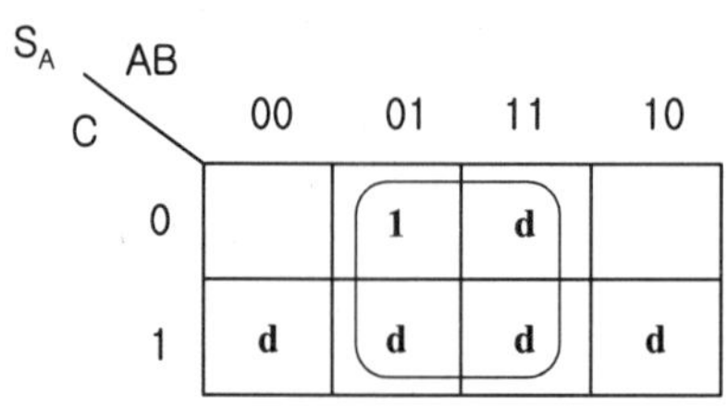

$S_A = B$

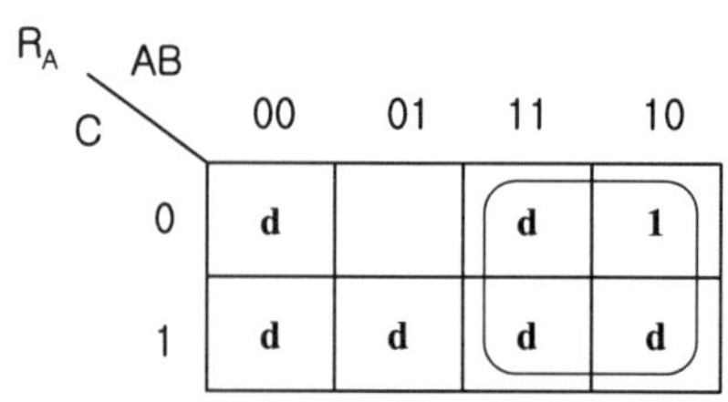

$R_A = A$

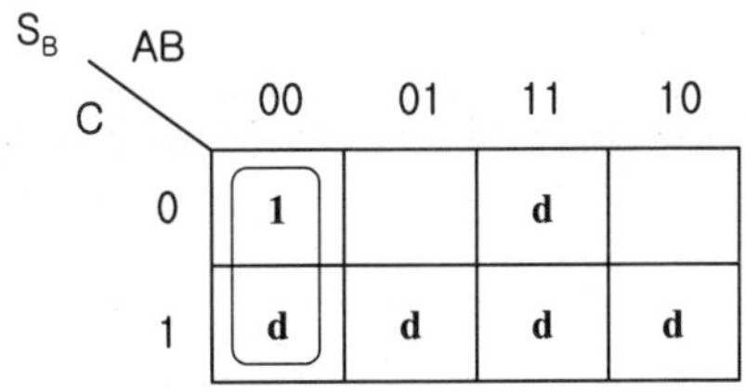

$S_B = \overline{A}\,\overline{B}$

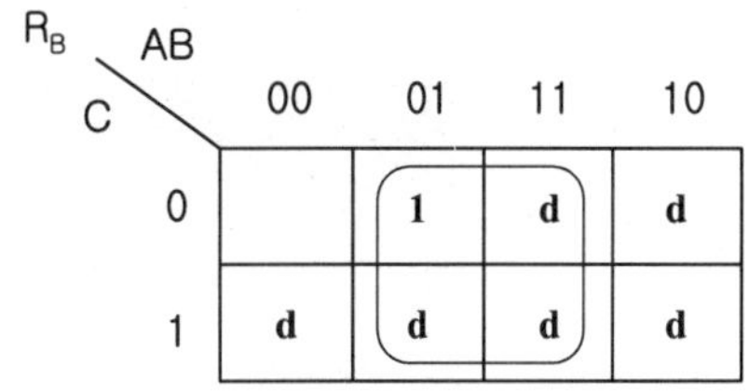

$R_B = B$

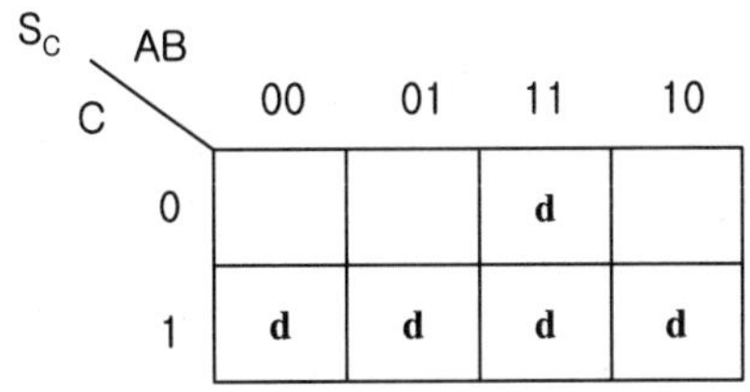

$S_C = 0$

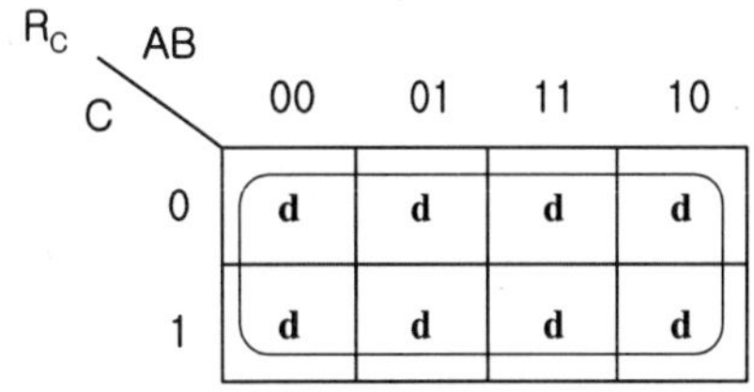

$R_C = 1$

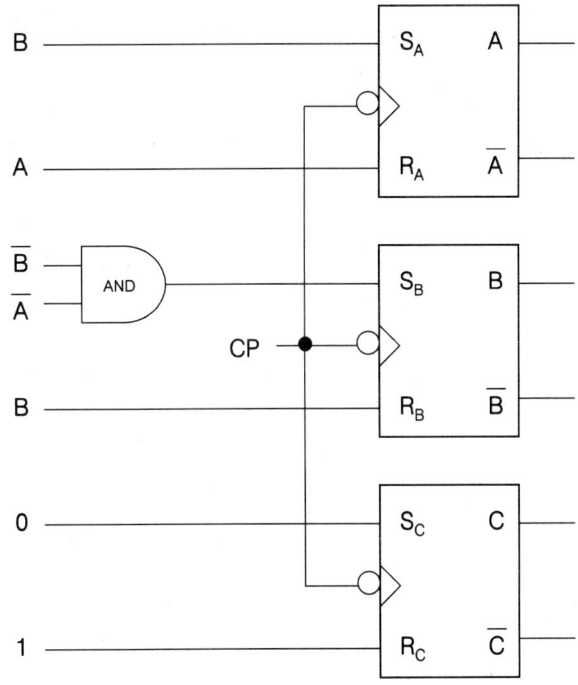

(2) JK 플립플롭

현재 상태			다음 상태			플립플롭 입력					
A	B	C	A	B	C	J_A	K_A	J_B	K_B	J_C	K_C
0	0	0	0	1	0	0	×	1	×	0	×
0	1	0	1	0	0	1	×	×	1	0	×
1	0	0	0	0	0	×	1	0	×	0	×

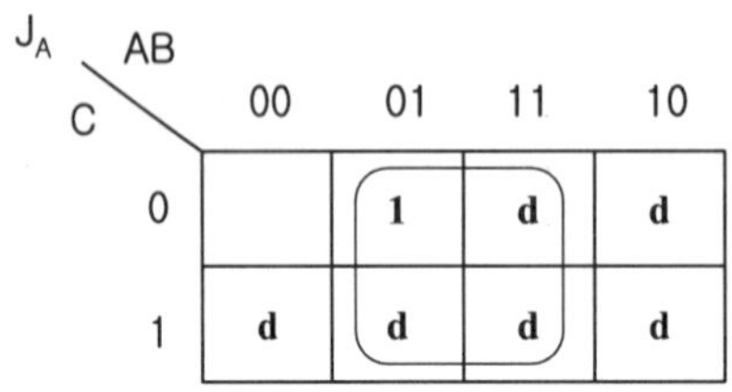

$J_A = B$

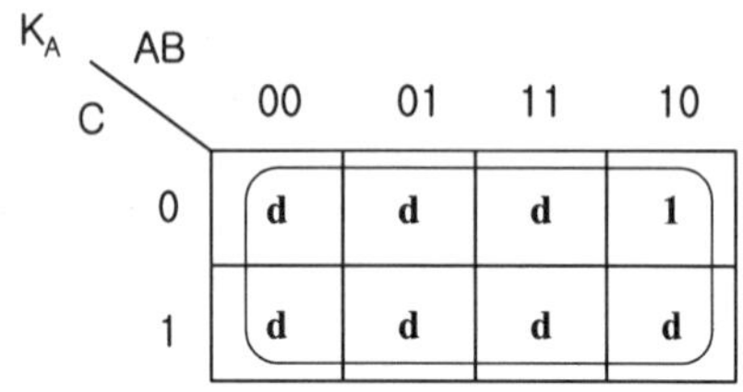

$K_A = 1$

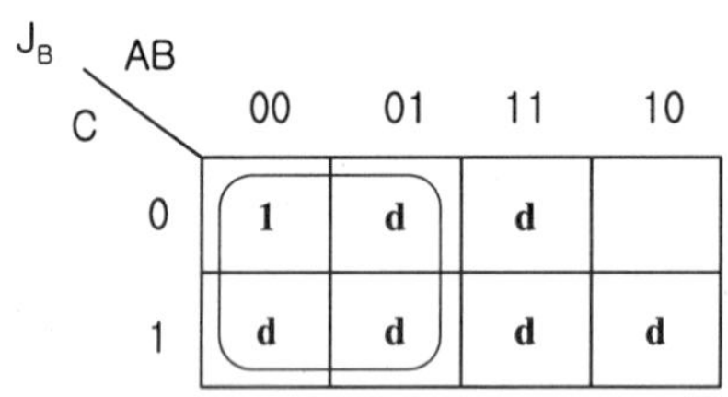

$J_B = \overline{A}$

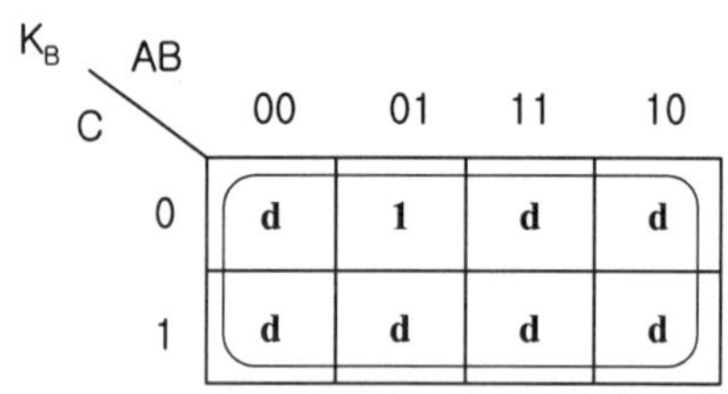

$K_B = 1$

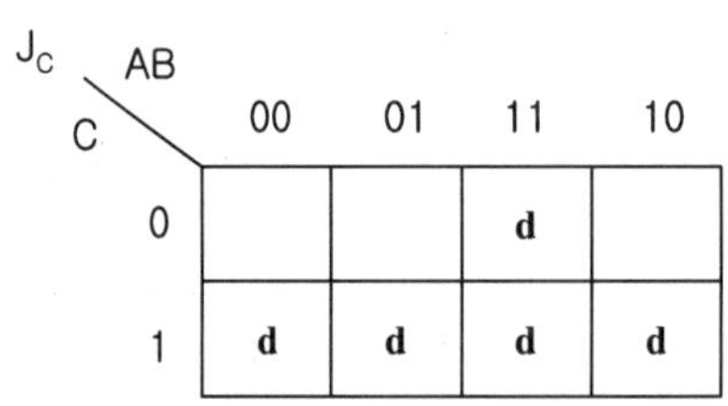

$J_C = 0$

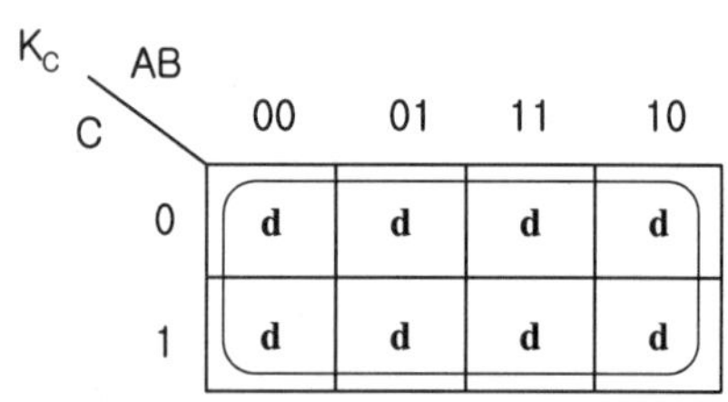

$K_C = 1$

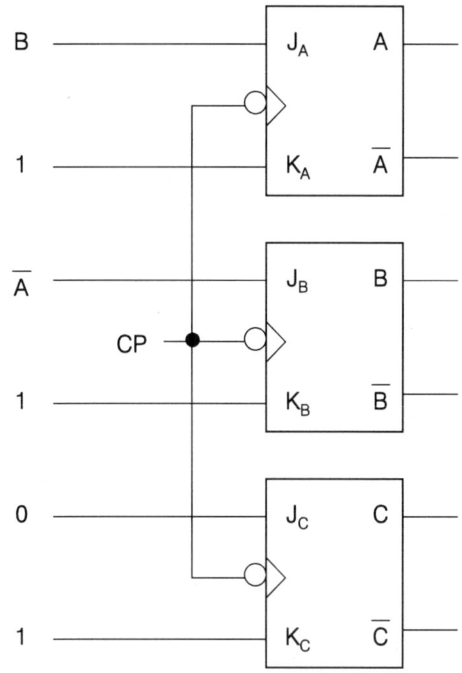

(3) T 플립플롭

현재 상태			다음 상태			플립플롭 입력		
A	B	C	A	B	C	T_A	T_B	T_C
0	0	0	0	1	0	0	1	0
0	1	0	1	0	0	1	1	0
1	0	0	0	0	0	1	0	0

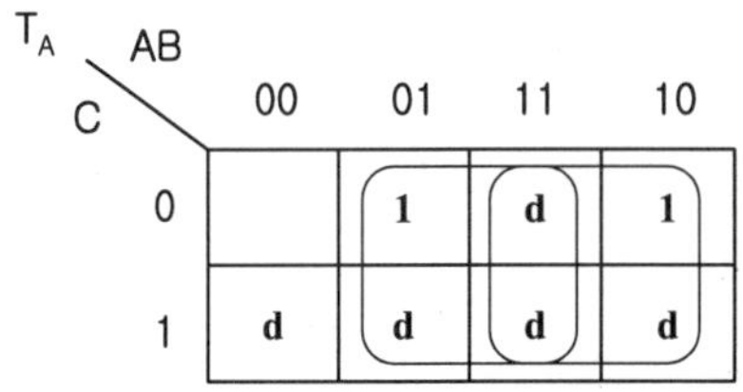

$T_A = A + B$

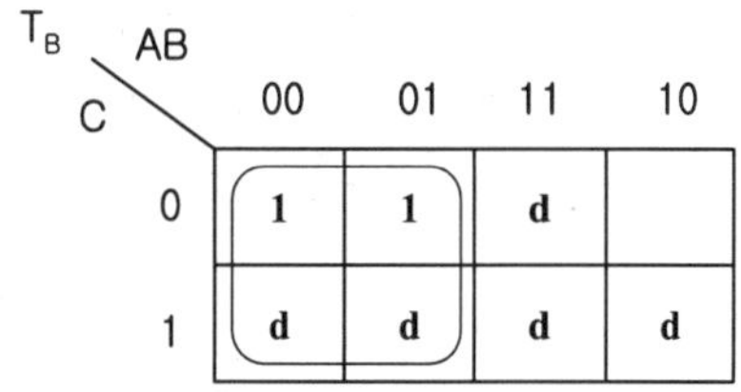

$T_B = \overline{A}$

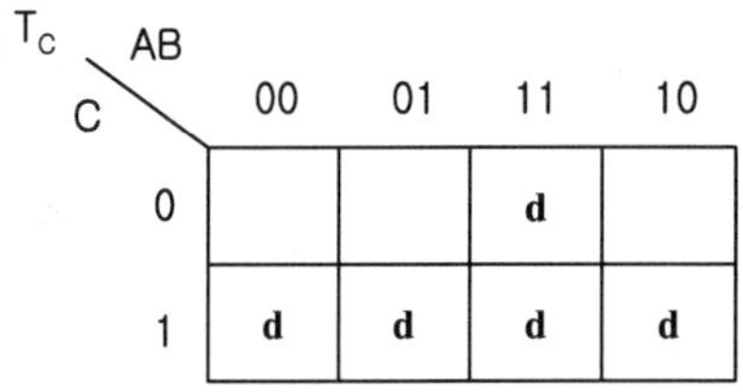

$T_C = 0$

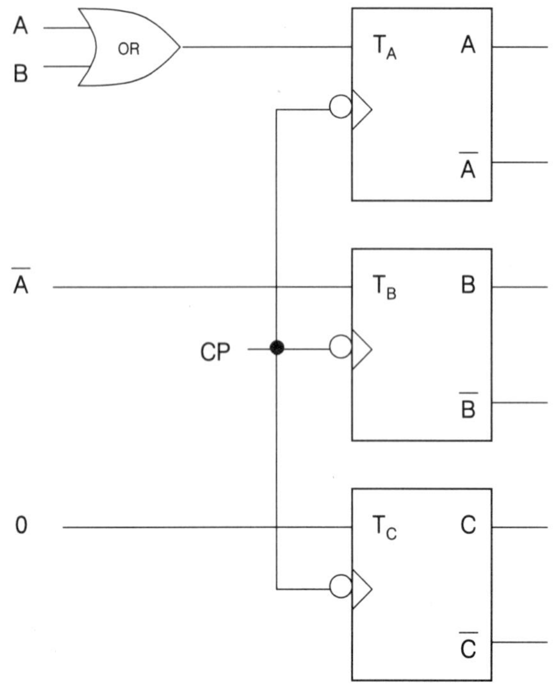

예제 5-13 0→2→4→6의 순서로 카운트되는 동기식 카운터를 SR 플립-플롭, JK 플립플롭, T 플립플롭을 이용하여 설계하시오.

(1) SR 플립플롭

현재 상태			다음 상태			플립플롭 입력					
A	B	C	A	B	C	S_A	R_A	S_B	R_B	S_C	R_C
0	0	0	0	1	0	0	×	1	0	0	×
0	1	0	1	0	0	1	0	0	1	0	×
1	0	0	1	1	0	×	0	1	0	0	×
1	1	0	0	0	0	0	1	0	1	0	×

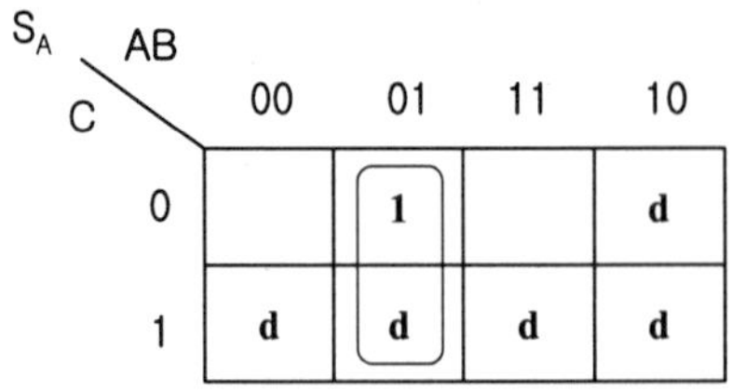

$S_A = \overline{A}B$

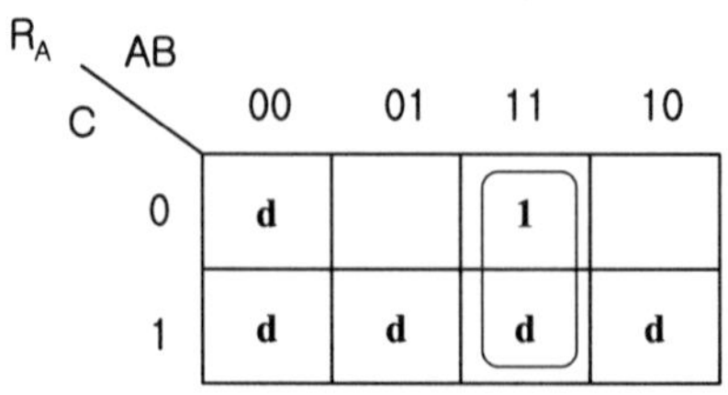

$R_A = AB$

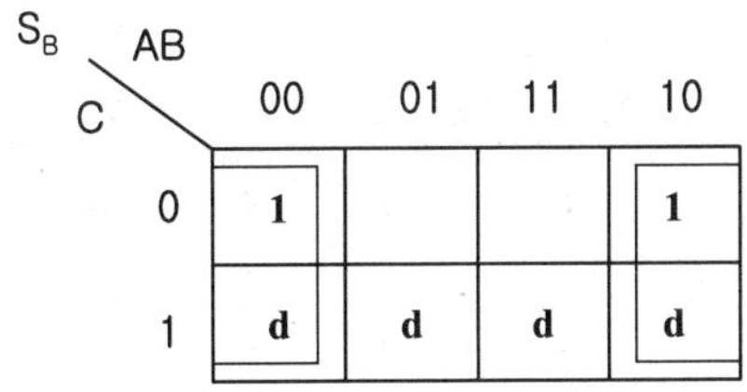

$S_B = \overline{B}$

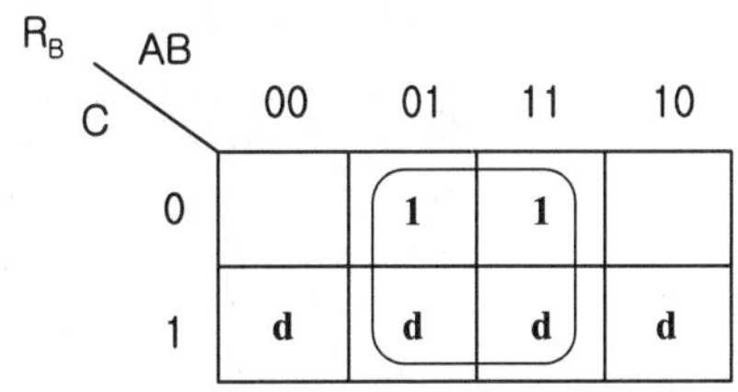

$R_B = B$

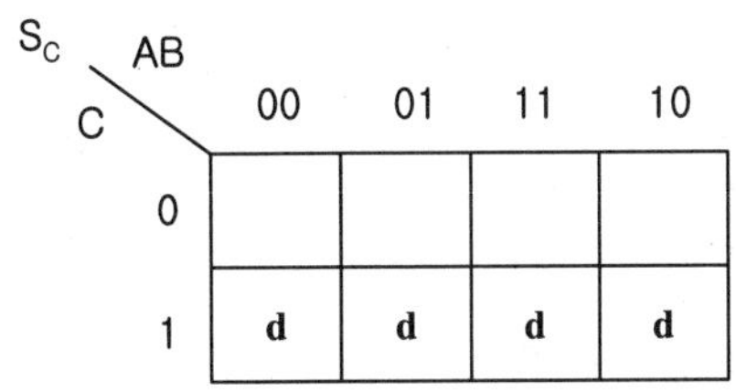

$S_C = 0$

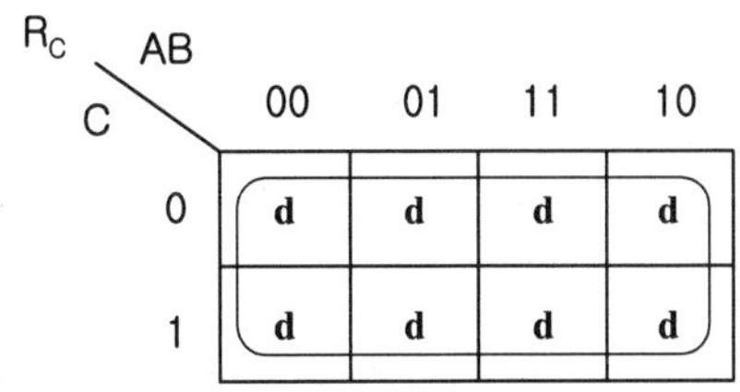

$R_C = 1$

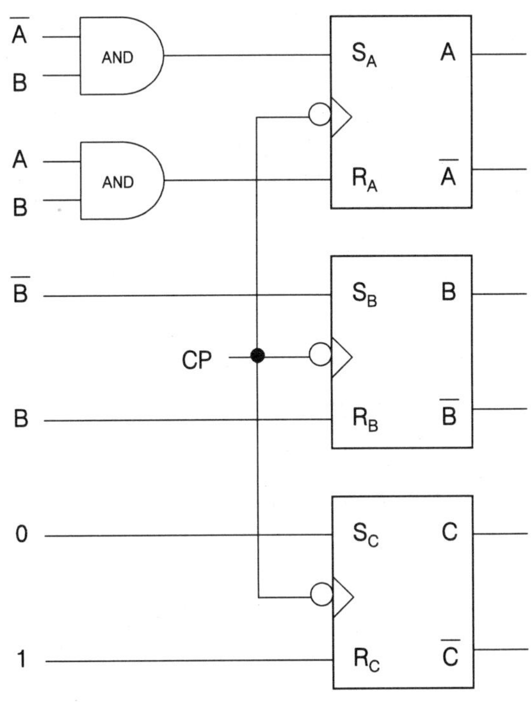

(2) JK 플립플롭

현재 상태			다음 상태			플립플롭 입력					
A	B	C	A	B	C	J_A	K_A	J_B	K_B	J_C	K_C
0	0	0	0	1	0	0	×	1	×	0	×
0	1	0	1	0	0	1	×	×	1	0	×
1	0	0	1	1	0	×	0	1	×	0	×
1	1	0	0	0	0	×	1	×	1	0	×

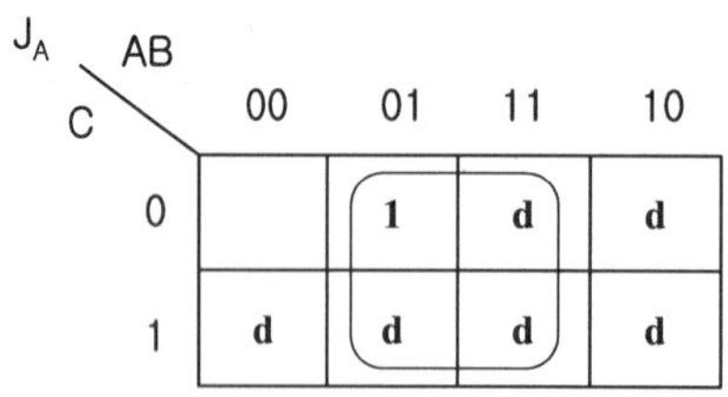

$J_A = B$

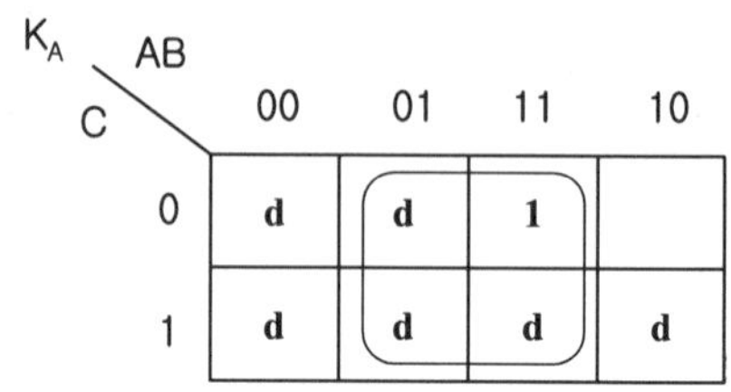

$K_A = B$

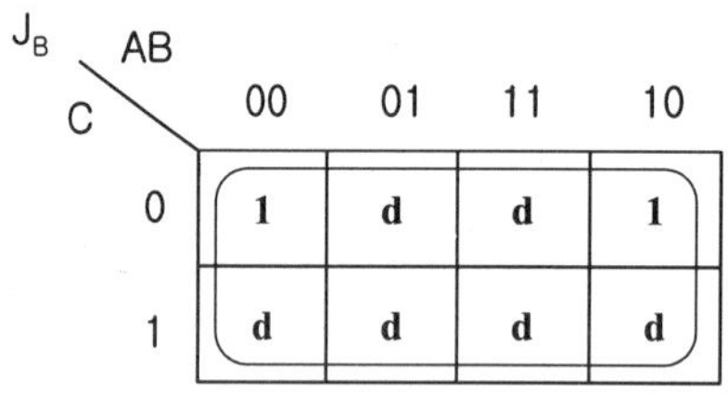

$J_B = 1$

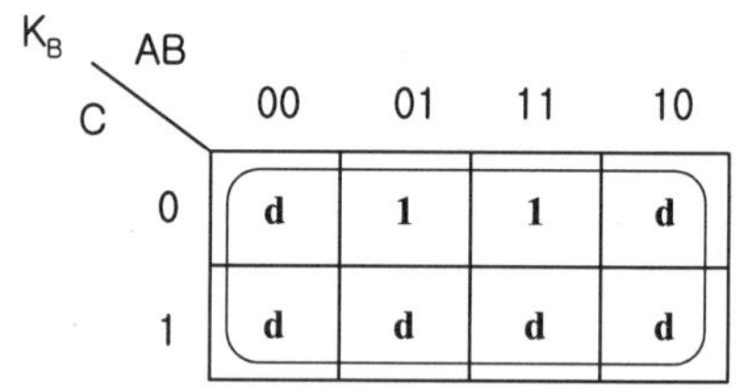

$K_B = 1$

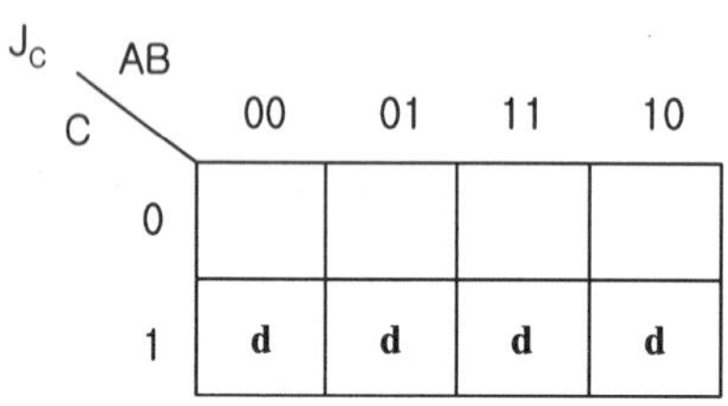

$J_C = 0$

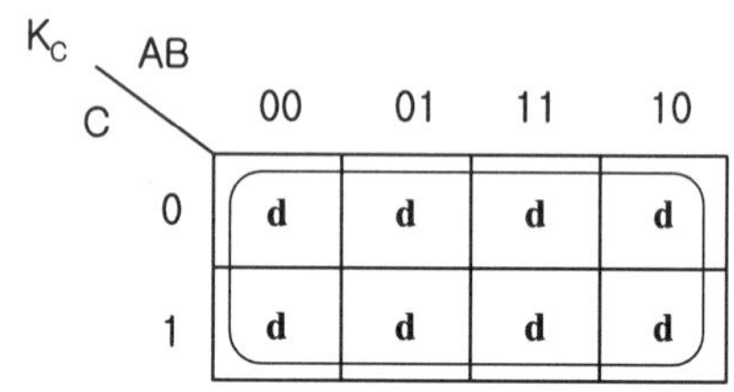

$K_C = 1$

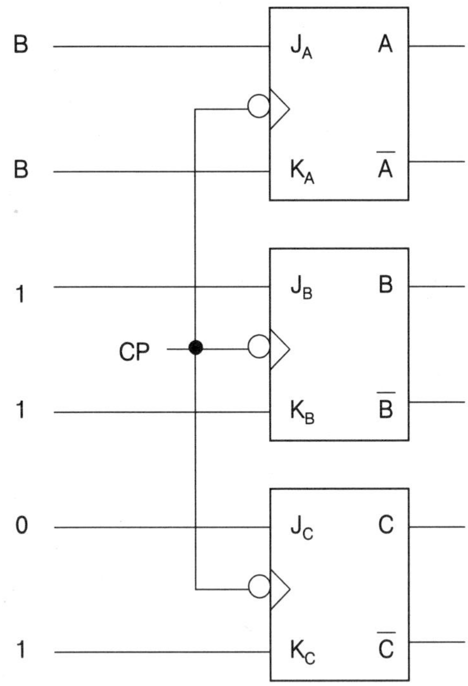

(3) T 플립플롭

현재 상태			다음 상태			플립플롭 입력		
A	B	C	A	B	C	T_A	T_B	T_C
0	0	0	0	1	0	0	1	0
0	1	0	1	0	0	1	1	0
1	0	0	1	1	0	0	1	0
1	1	0	0	0	0	1	1	0

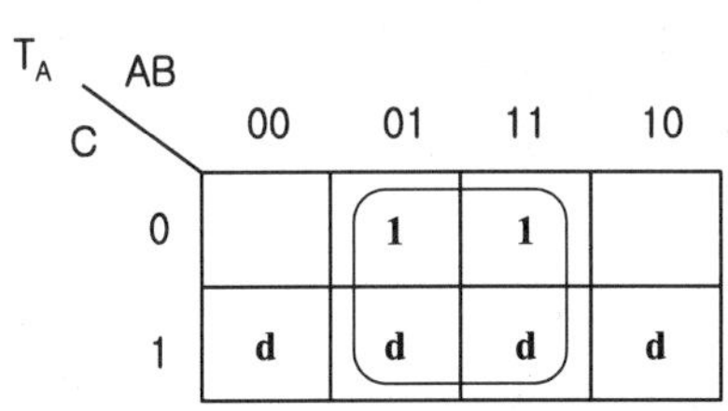

$T_A = B$

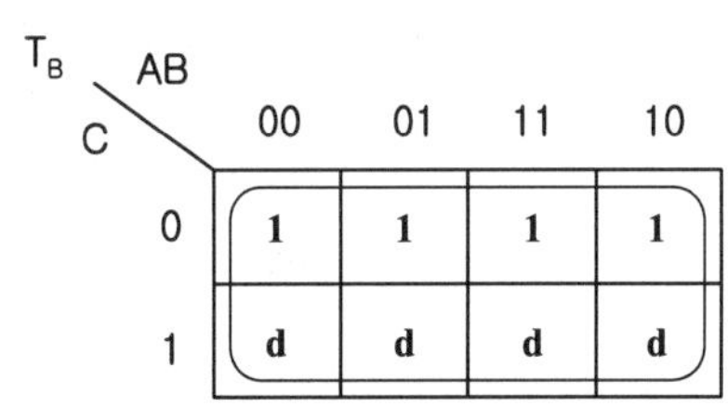

$T_B = 1$

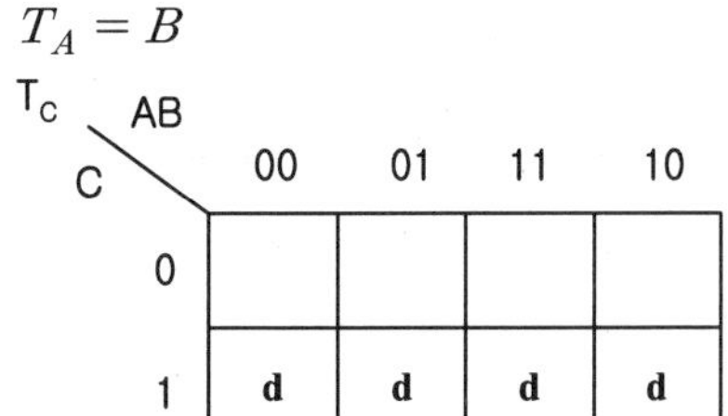

$T_C = 0$

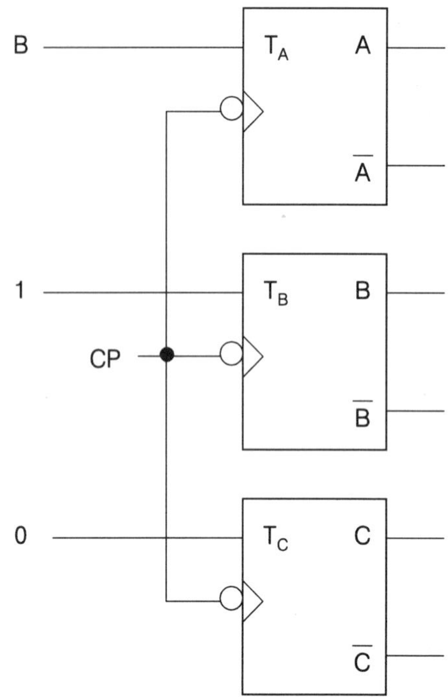

예제 5-14 1→3→5의 순서로 카운트되는 동기식 카운터를 SR 플립플롭, K 플립플롭, T 플립플롭을 이용하여 설계하시오.

(1) SR 플립플롭

현재 상태			다음 상태			플립플롭 입력					
A	B	C	A	B	C	S_A	R_A	S_B	R_B	S_C	R_C
0	0	1	0	1	1	0	×	1	0	×	0
0	1	1	1	0	1	1	0	0	1	×	0
1	0	1	0	0	1	0	1	0	×	×	0

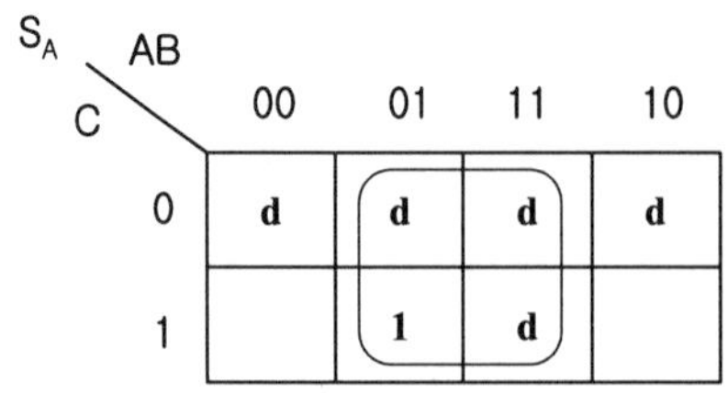

$S_A = B$

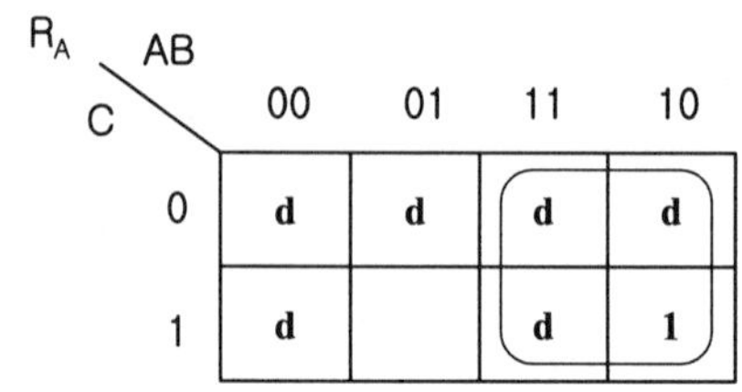

$R_A = A$

S_B (C \ AB)	00	01	11	10
0	d	d	d	d
1	1		d	

$$S_B = \overline{A}\,\overline{B}$$

R_B (C \ AB)	00	01	11	10
0	d	d	d	d
1		1	d	d

$$R_B = B$$

S_C (C \ AB)	00	01	11	10
0	d	d	d	d
1	d	d	d	d

$$S_C = 1$$

R_C (C \ AB)	00	01	11	10
0	d	d	d	d
1			d	

$$R_C = 0$$

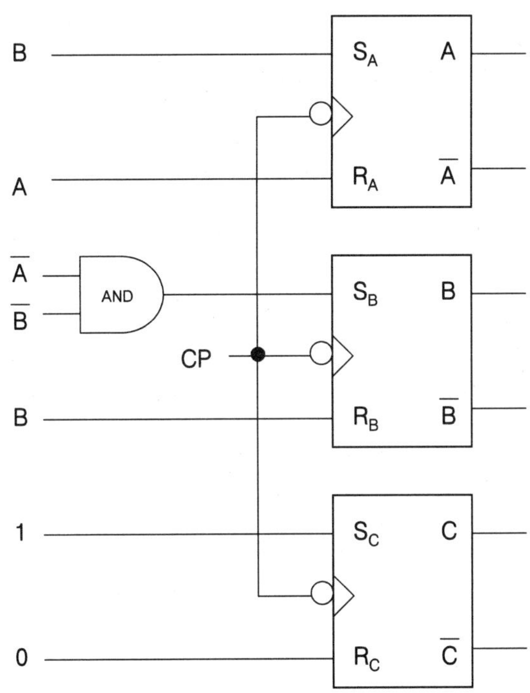

(2) JK 플립플롭

현재 상태			다음 상태			플립플롭 입력					
A	B	C	A	B	C	J_A	K_A	J_B	K_B	J_C	K_C
0	0	1	0	1	1	0	×	1	×	×	0
0	1	1	1	0	1	1	×	×	1	×	0
1	0	1	0	0	1	×	1	0	×	×	0

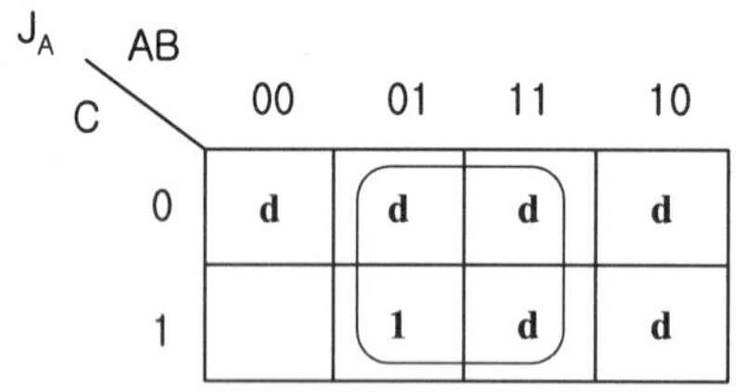

$J_A = B$

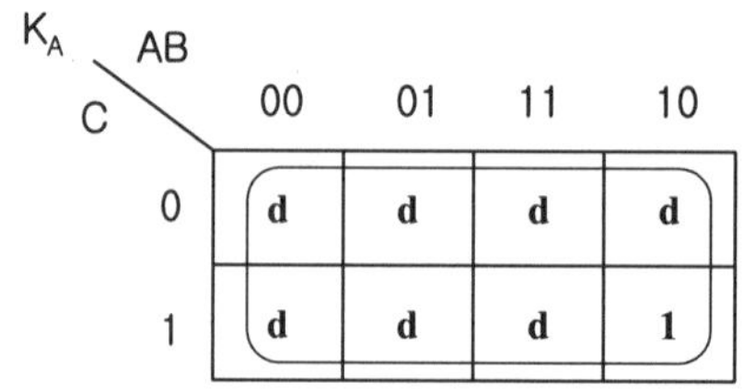

$K_A = 1$

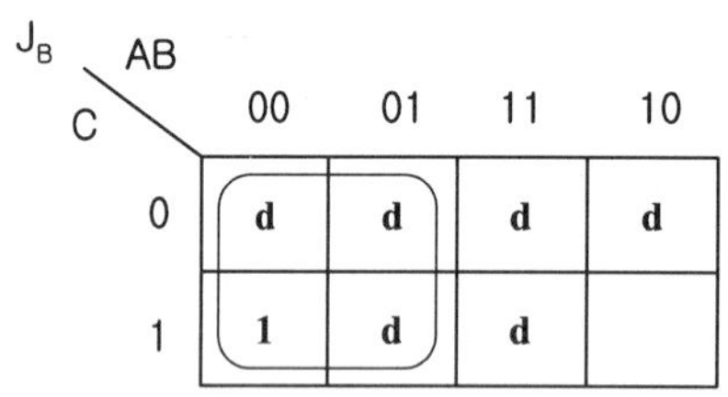

$J_B = \overline{A}$

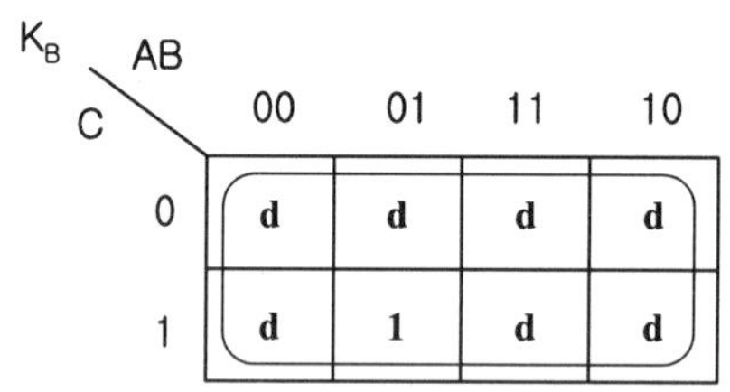

$K_B = 1$

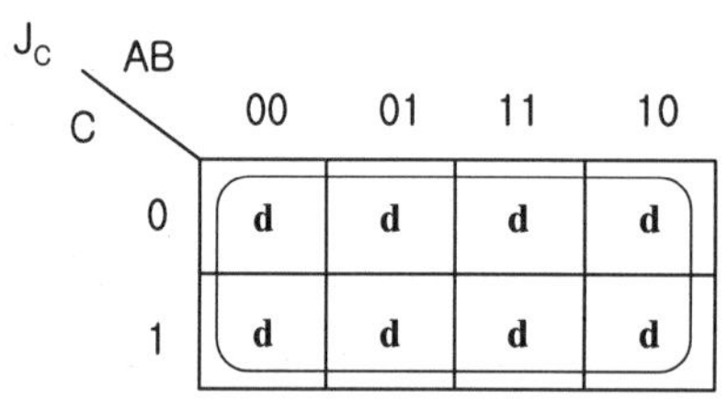

$J_C = 1$

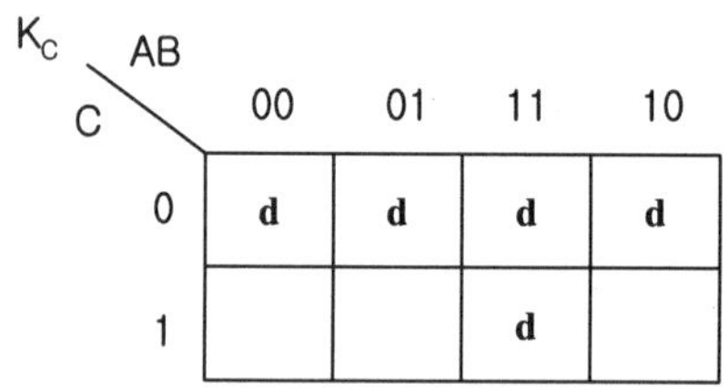

$K_C = 0$

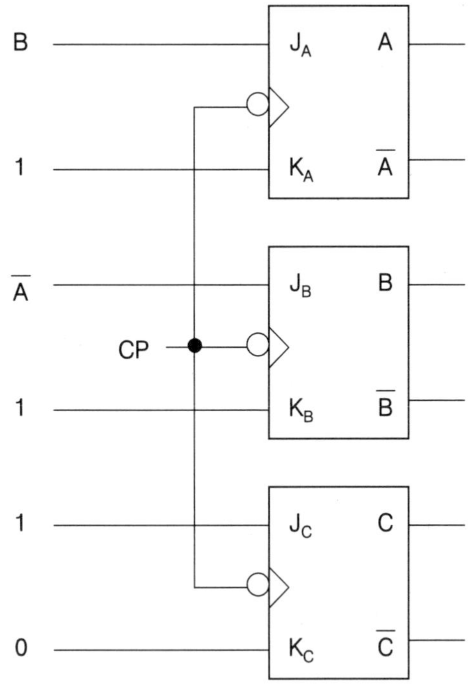

(3) T 플립플롭

현재 상태			다음 상태			플립플롭 입력		
A	B	C	A	B	C	T_A	T_B	T_C
0	0	1	0	1	1	0	1	0
0	1	1	1	0	1	1	1	0
1	0	1	0	0	1	1	0	0

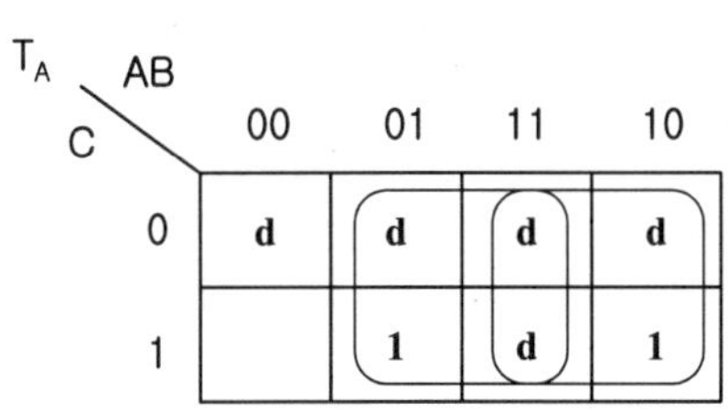

$T_A = A + B$

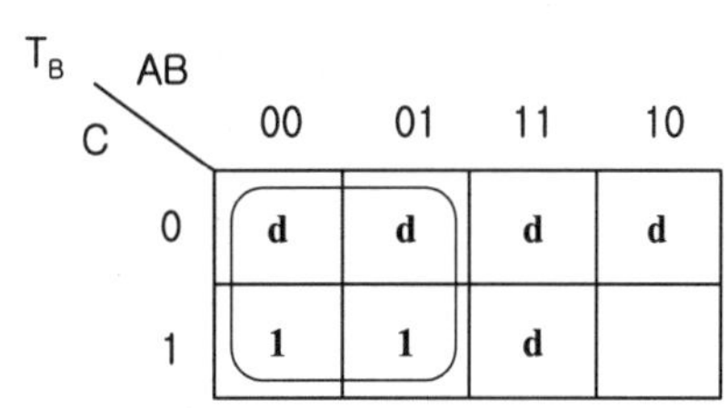

$T_B = \overline{A}$

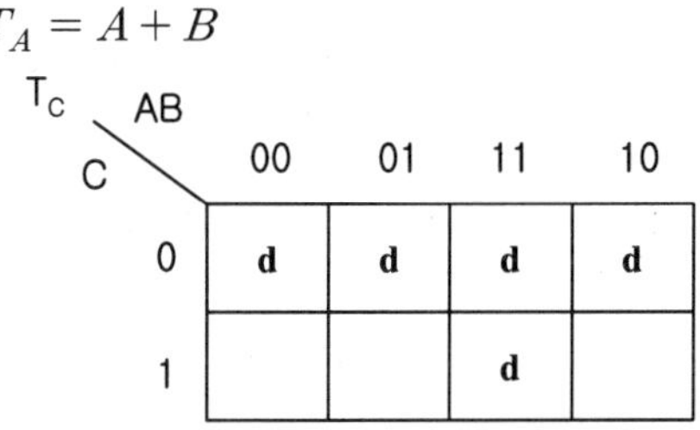

$T_C = 0$

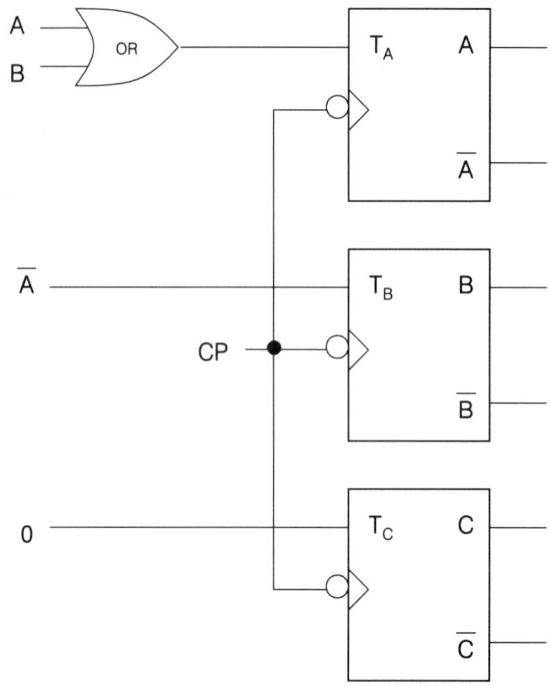

예제 5-15 1→3→5→7의 순서로 카운트되는 동기식 카운터를 SR 플립-플롭, JK 플립플롭, T 플립플롭을 이용하여 설계하시오.

➡ (1) SR 플립플롭

현재 상태			다음 상태			플립플롭 입력					
A	B	C	A	B	C	S_A	R_A	S_B	R_B	S_C	R_C
0	0	1	0	1	1	0	×	1	0	×	0
0	1	1	1	0	1	1	0	0	1	×	0
1	0	1	1	1	1	×	0	1	0	×	0
1	1	1	0	0	1	×	1	0	1	×	0

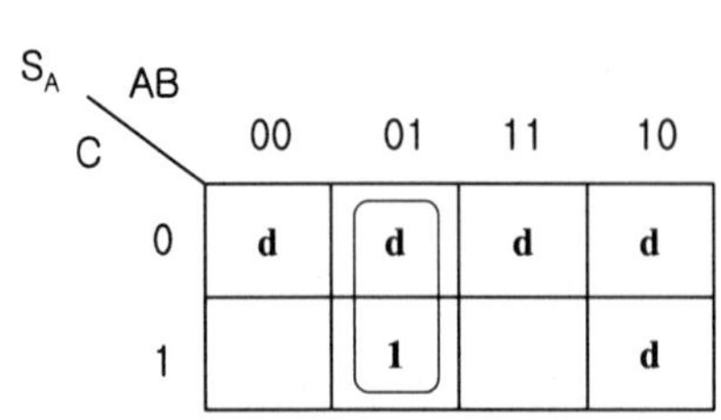

$S_A = \overline{A}B$

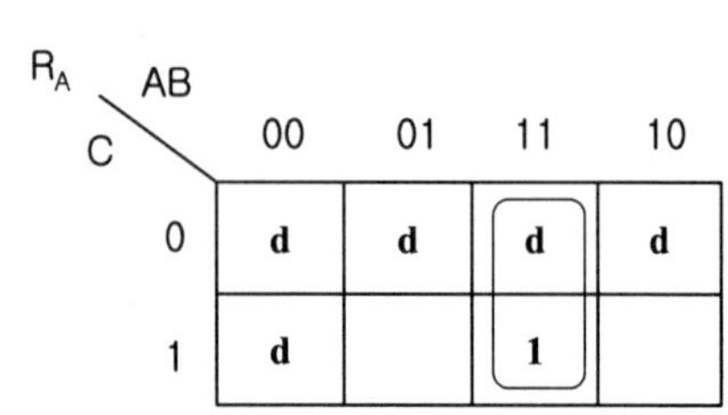

$R_A = AB$

S_B (C \ AB)	00	01	11	10
0	d	d	d	d
1	1			1

$S_B = \overline{B}$

R_B (C \ AB)	00	01	11	10
0	d	d	d	d
1		1	1	

$R_B = B$

S_C (C \ AB)	00	01	11	10
0	d	d	d	d
1	d	d	d	d

$S_C = 1$

R_C (C \ AB)	00	01	11	10
0	d	d	d	d
1				

$R_C = 0$

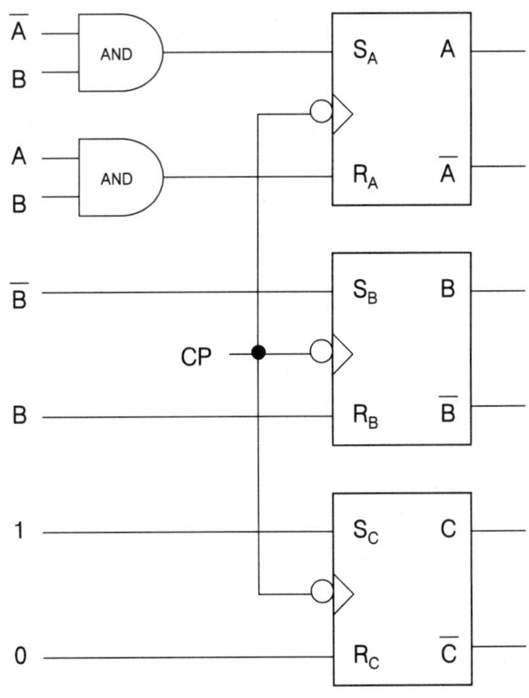

(2) JK 플립플롭

현재 상태			다음 상태			플립플롭 입력					
A	B	C	A	B	C	J_A	K_A	J_B	K_B	J_C	K_C
0	0	1	0	1	1	0	×	1	×	×	0
0	1	1	1	0	1	1	×	×	1	×	0
1	0	1	1	1	1	×	0	1	×	×	0
1	1	1	0	0	1	×	1	×	1	×	0

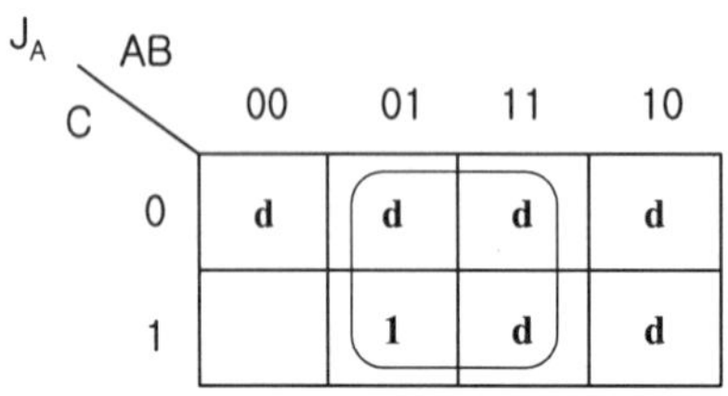

$J_A = B$

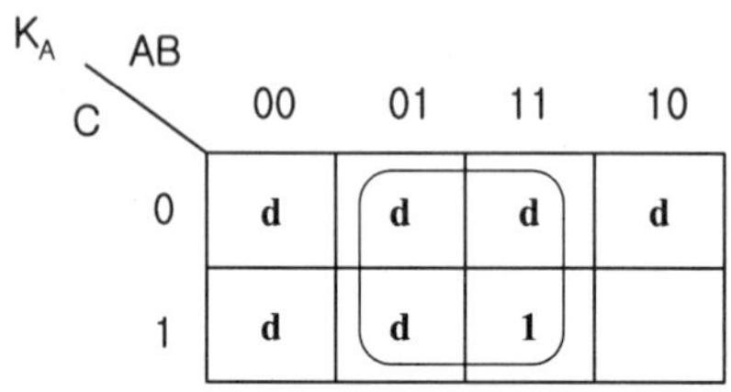

$K_A = B$

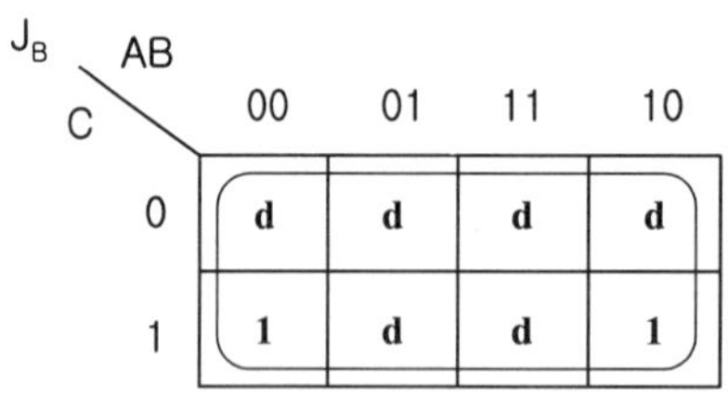

$J_B = 1$

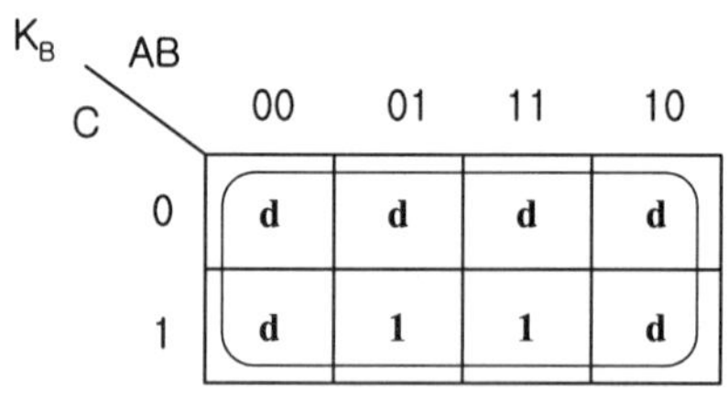

$K_B = 1$

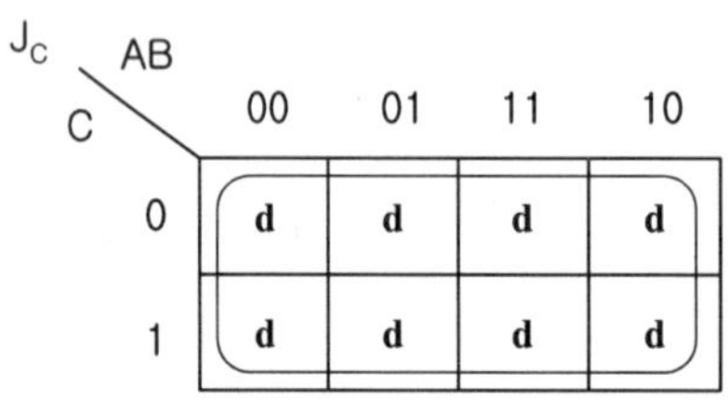

$J_C = 1$

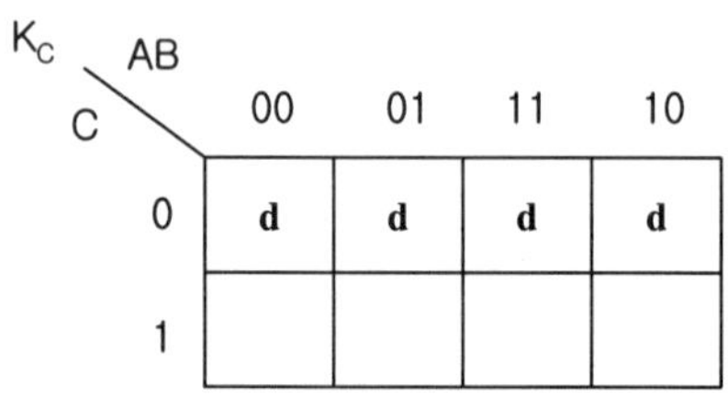

$K_C = 0$

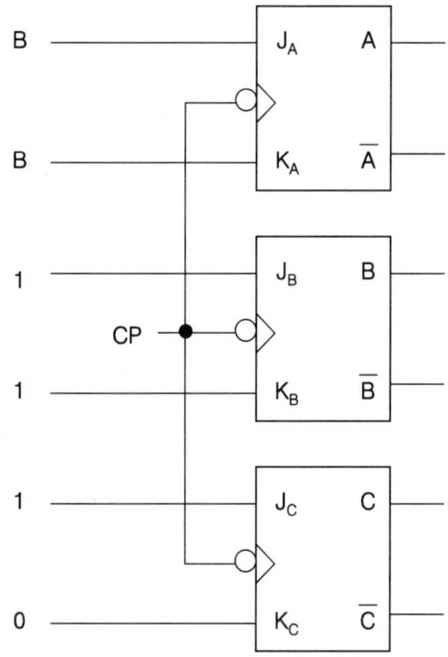

(3) T 플립플롭

현재 상태			다음 상태			플립플롭 입력		
A	B	C	A	B	C	T_A	T_B	T_C
0	0	1	0	1	1	0	1	0
0	1	1	1	0	1	1	1	0
1	0	1	1	1	1	0	1	0
1	1	1	0	0	1	1	1	0

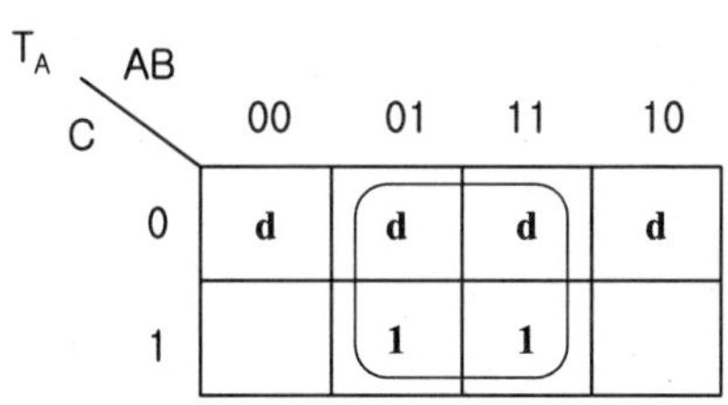

$T_A = B$

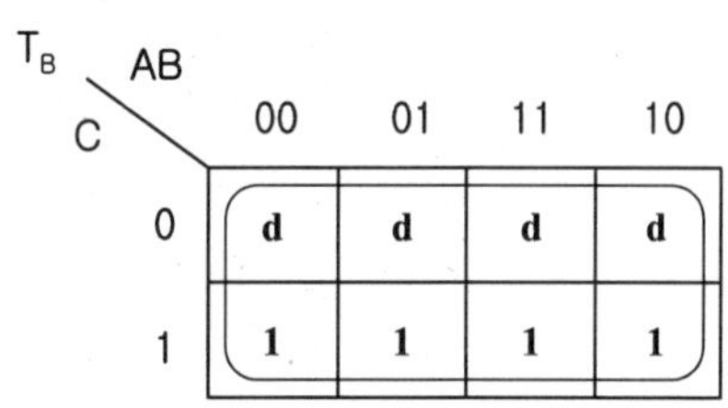

$T_B = 1$

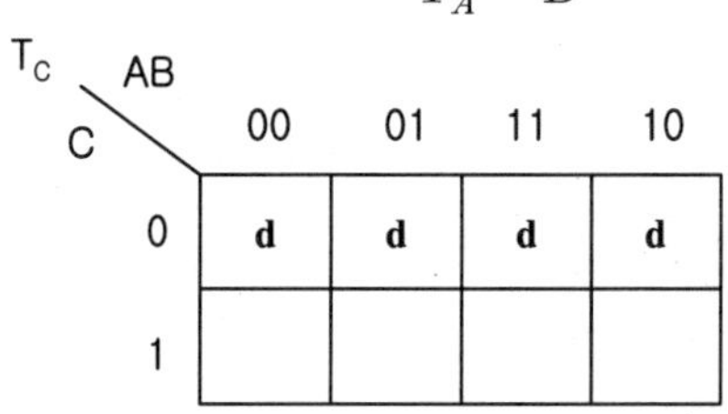

$T_C = 0$

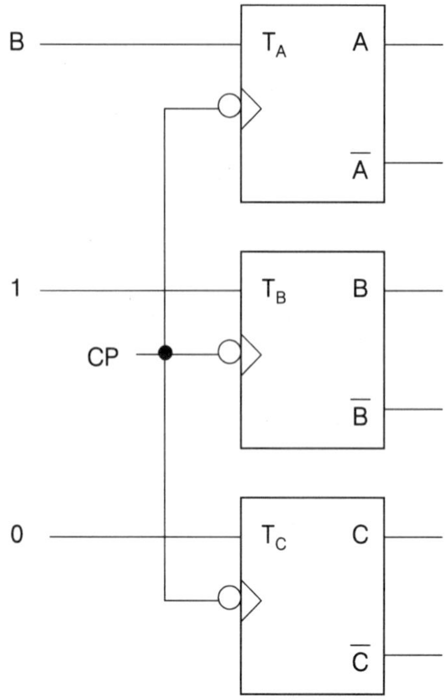

예제 5-16 6→0→1→3→5의 순서로 카운트되는 동기식 카운터를 SR 플립-플롭, JK 플립플롭, T 플립플롭을 이용하여 설계하시오.

(1) SR 플립플롭

현재 상태			다음 상태			플립플롭 입력					
A	B	C	A	B	C	S_A	R_A	S_B	R_B	S_C	R_C
1	1	0	0	0	0	0	1	0	1	0	×
0	0	0	0	0	1	0	×	0	×	1	0
0	0	1	0	1	1	0	×	1	0	×	0
0	1	1	1	0	1	1	0	0	1	×	0
1	0	1	1	1	0	×	0	1	0	0	1

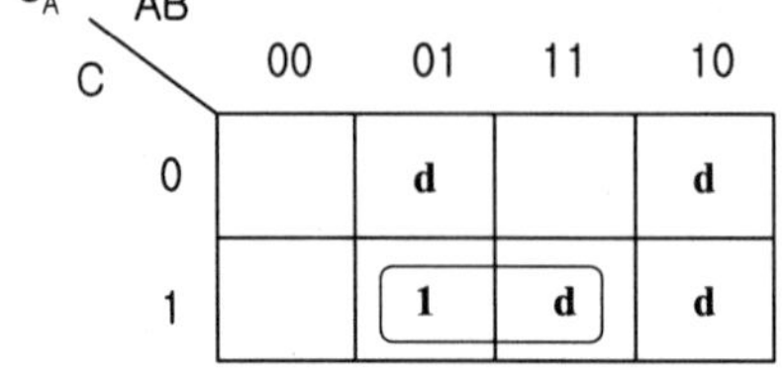

$S_A = AC$

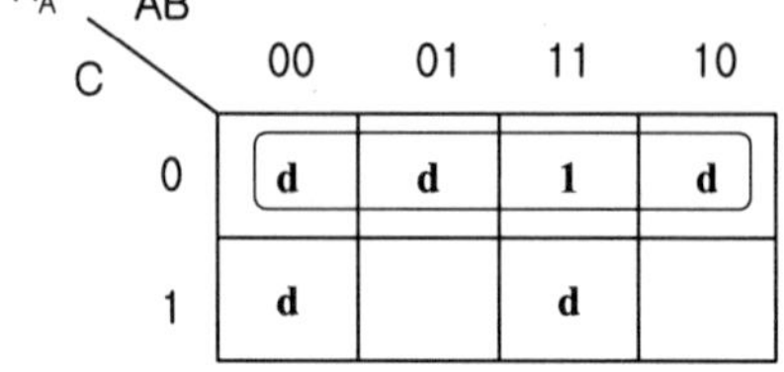

$R_A = \overline{C}$

S_B (C \ AB)	00	01	11	10
0		d		d
1	1		d	1

$$S_B = \overline{B}C$$

R_B (C \ AB)	00	01	11	10
0	d	d	1	d
1		1	d	

$$R_B = B$$

S_C (C \ AB)	00	01	11	10
0	1	d		d
1	d	d	d	

$$S_C = \overline{A}$$

R_C (C \ AB)	00	01	11	10
0		d	d	d
1			d	1

$$R_C = A$$

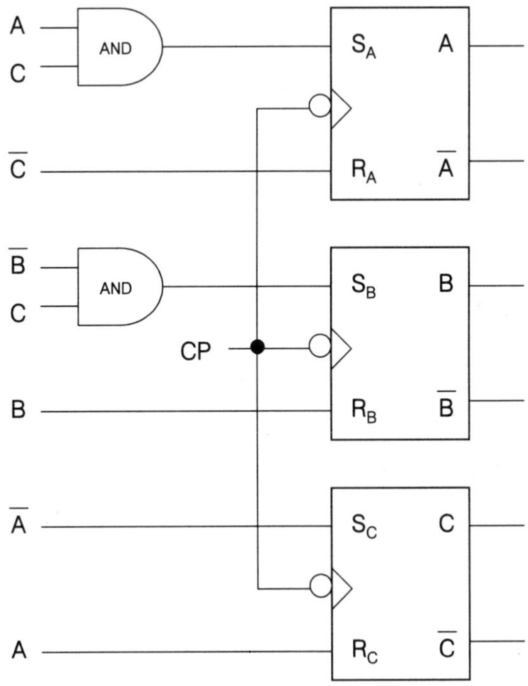

(2) JK 플립플롭

현재 상태			다음 상태			플립플롭 입력					
A	B	C	A	B	C	J_A	K_A	J_B	K_B	J_C	K_C
1	1	0	0	0	0	×	1	×	1	0	×
0	0	0	0	0	1	0	×	0	×	1	×
0	0	1	0	1	1	0	×	1	×	×	0
0	1	1	1	0	1	1	×	×	1	×	0
1	0	1	1	1	0	×	0	1	×	×	1

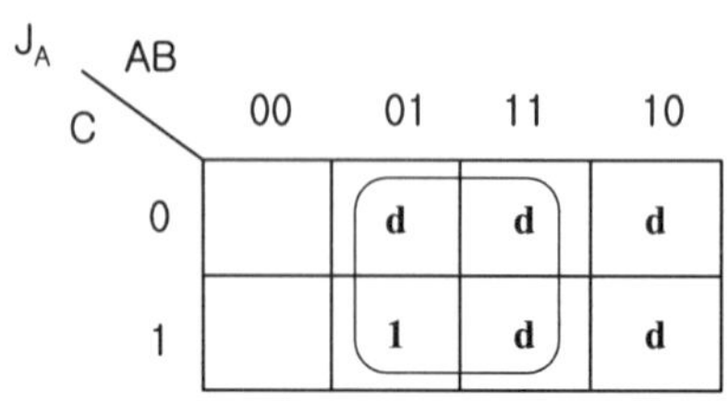

$J_A = B$

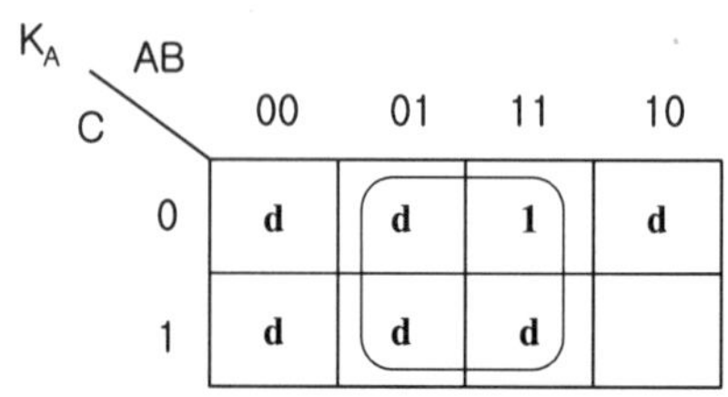

$K_A = B$

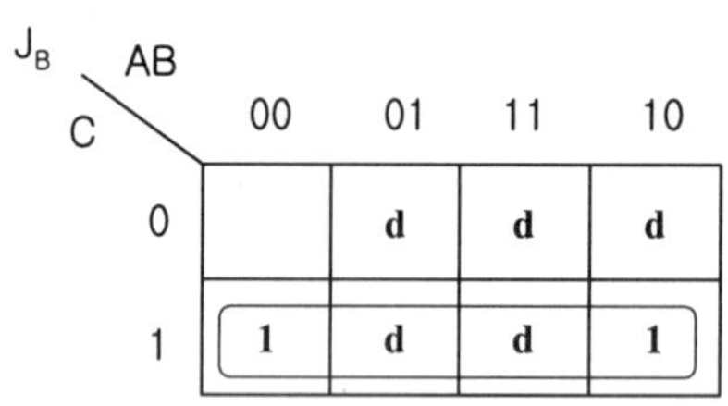

$J_B = C$

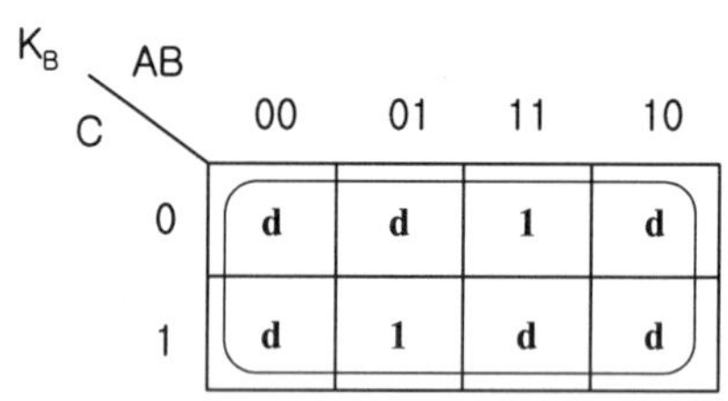

$K_B = 1$

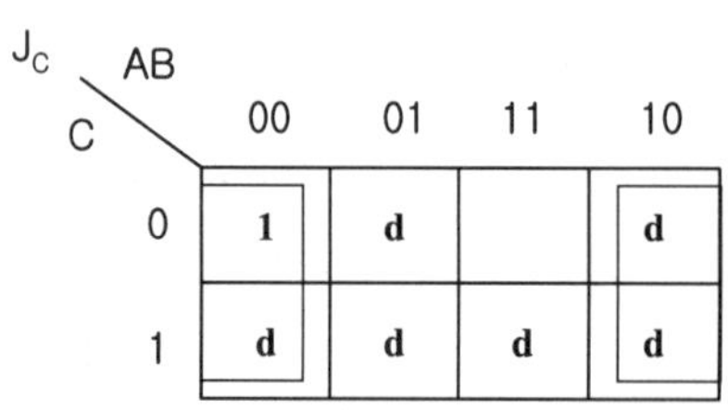

$J_C = \overline{B}$

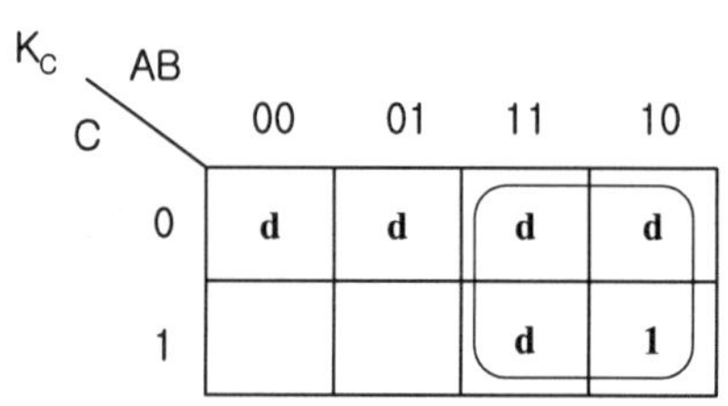

$K_C = A$

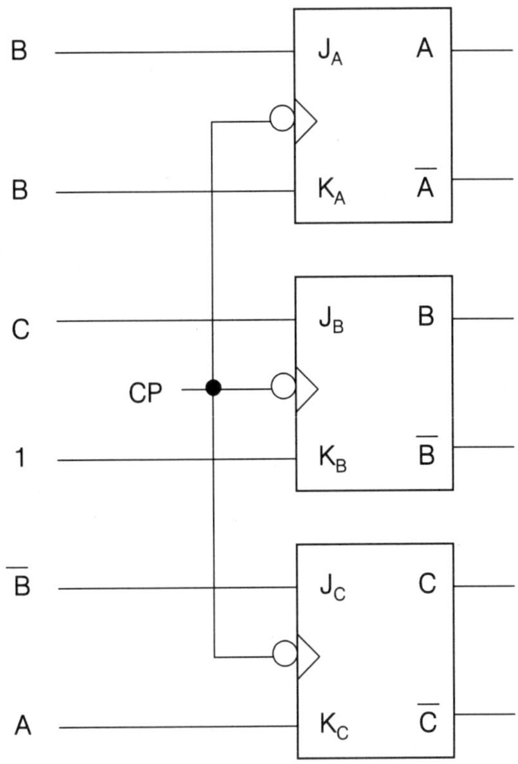

(3) T 플립플롭

현재 상태			다음 상태			플립플롭 입력		
A	B	C	A	B	C	T_A	T_B	T_C
1	1	0	0	0	0	1	1	0
0	0	0	0	0	1	0	0	1
0	0	1	0	1	1	0	1	0
0	1	1	1	0	1	1	1	0
1	0	1	1	1	0	0	1	1

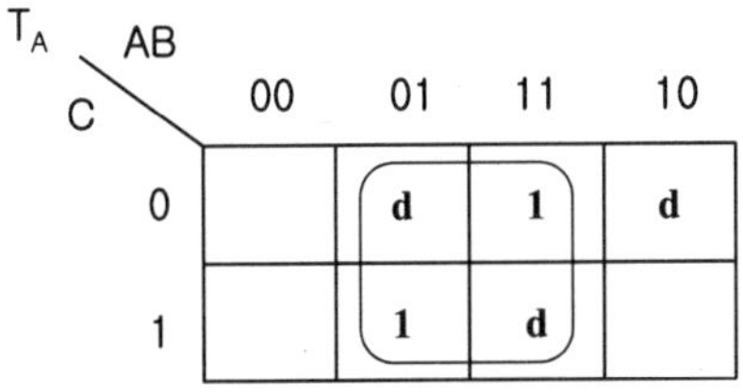

$$T_A = B$$

T_B (C \ AB)	00	01	11	10
0		d	1	d
1	1	1	d	1

$$T_B = A + C$$

T_C (C \ AB)	00	01	11	10
0	1	d		d
1			d	1

$$T_C = AC + \overline{A}\,\overline{C}$$

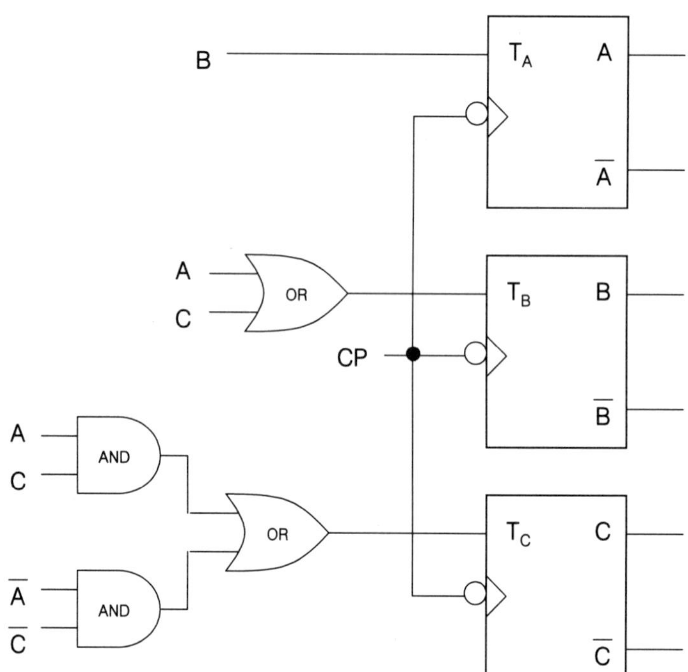

예제 5-17 0→1→3→2→6→4→5→7의 순서로 카운트되는 동기식 카운터를 SR 플립플롭, JK 플립플롭, T 플립플롭을 이용하여 설계하시오.

➡ (1) SR 플립플롭

현재 상태			다음 상태			플립플롭 입력					
A	B	C	A	B	C	S_A	R_A	S_B	R_B	S_C	R_C
0	0	0	0	0	1	0	×	0	×	1	0
0	0	1	0	1	1	0	×	1	0	×	0
0	1	1	0	1	0	0	×	×	0	0	1
0	1	0	1	1	0	1	0	×	0	0	×
1	1	0	1	0	0	×	0	0	1	0	×
1	0	0	1	0	1	×	0	0	×	1	0
1	0	1	1	1	1	×	0	1	0	×	0
1	1	1	0	0	1	0	1	0	1	0	1

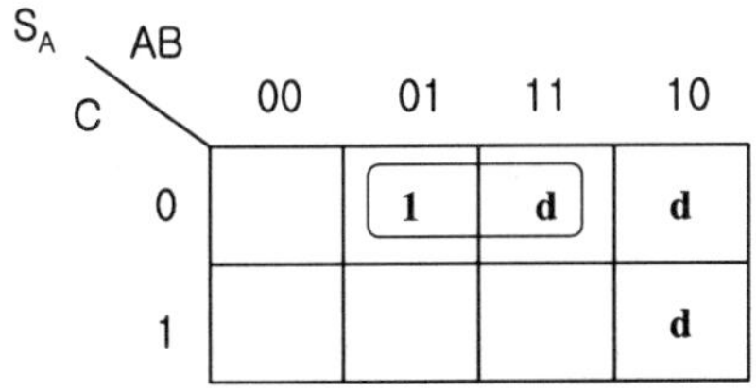

$S_A = B\overline{C}$

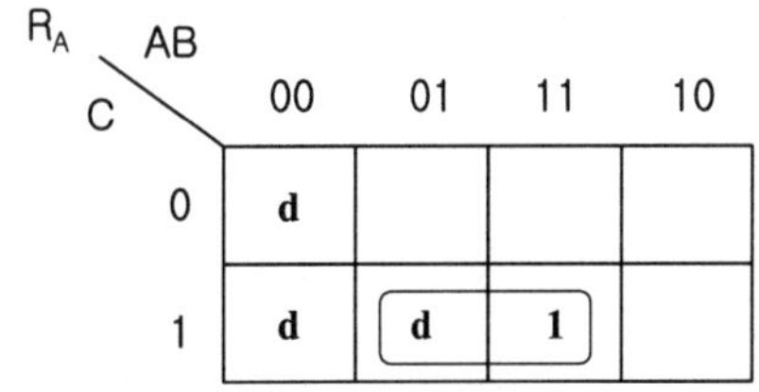

$R_A = BC$

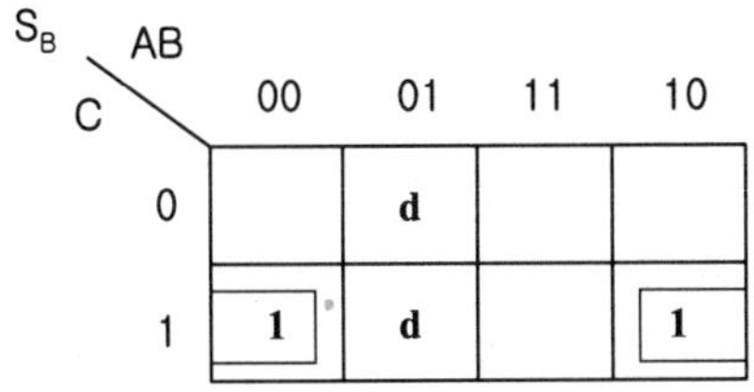

$S_B = \overline{B}C$

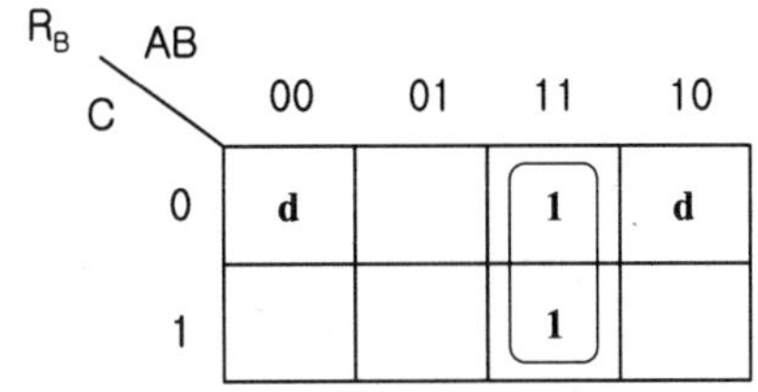

$R_B = AB$

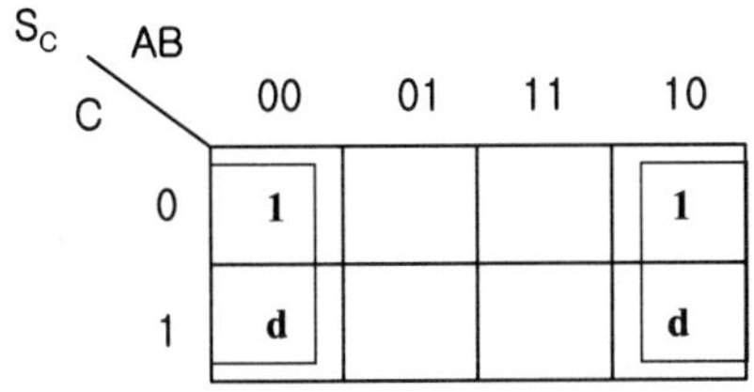

$S_C = \overline{B}$

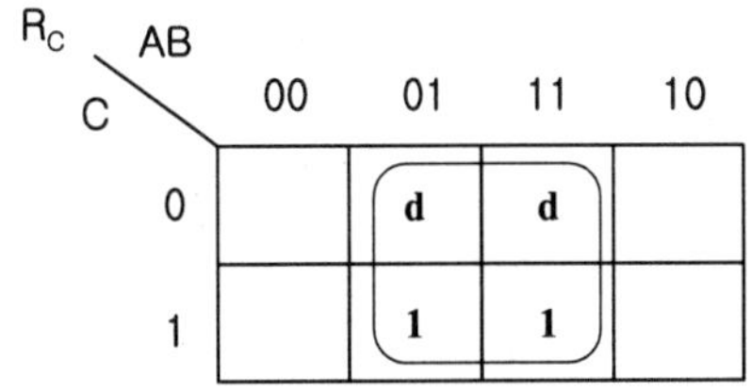

$R_C = B$

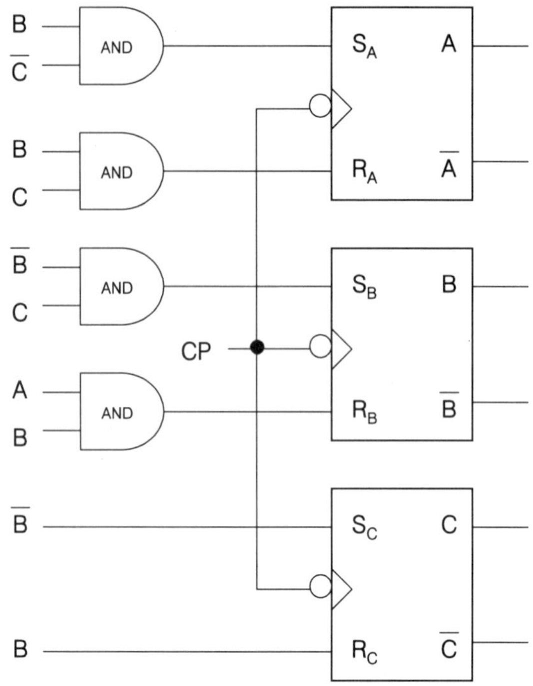

(2) JK 플립플롭

현재 상태			다음 상태			플립플롭 입력					
A	B	C	A	B	C	J_A	K_A	J_B	K_B	J_C	K_C
0	0	0	0	0	1	0	×	0	×	1	×
0	0	1	0	1	1	0	×	1	×	×	0
0	1	1	0	1	0	0	×	×	0	×	1
0	1	0	1	1	0	1	×	×	0	0	×
1	1	0	1	0	0	×	0	×	1	0	×
1	0	0	1	0	1	×	0	0	×	1	×
1	0	1	1	1	1	×	0	1	×	×	0
1	1	1	0	0	1	×	1	×	1	×	1

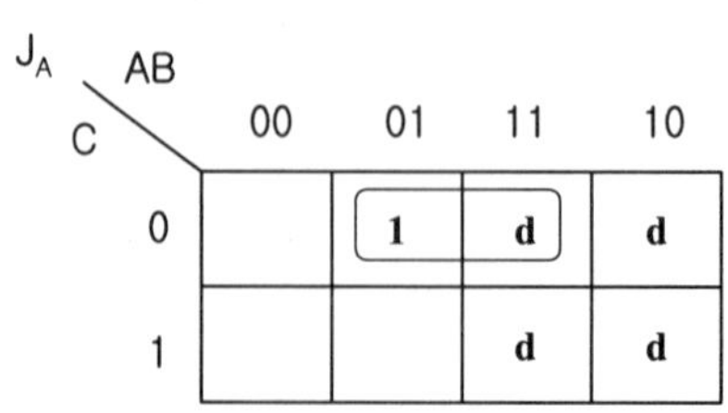

$J_A = B\overline{C}$

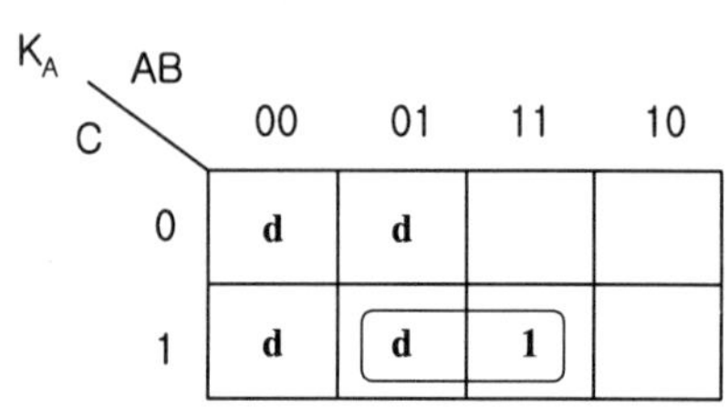

$K_A = BC$

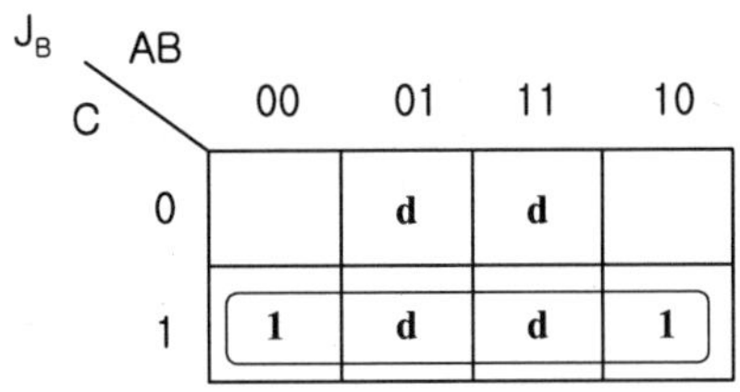

$J_B = C$

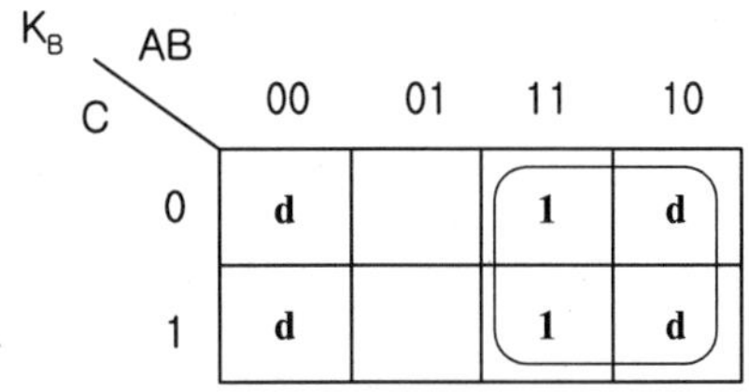

$K_B = A$

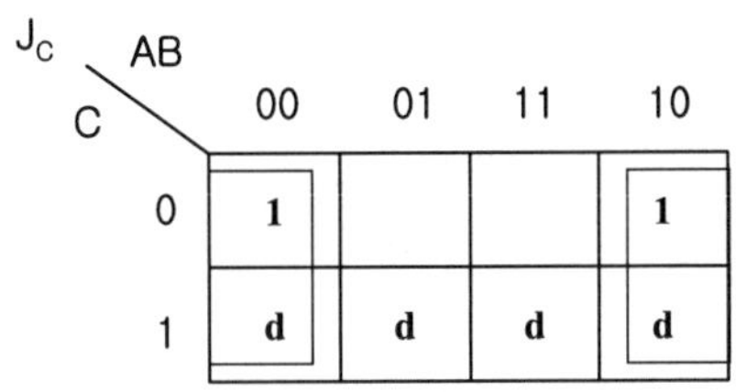

$J_C = \overline{B}$

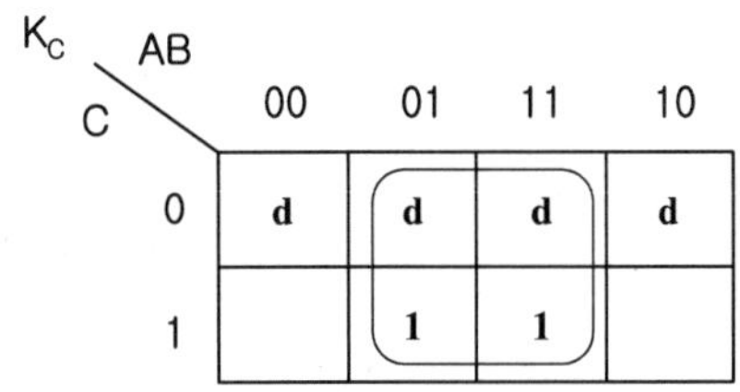

$K_C = B$

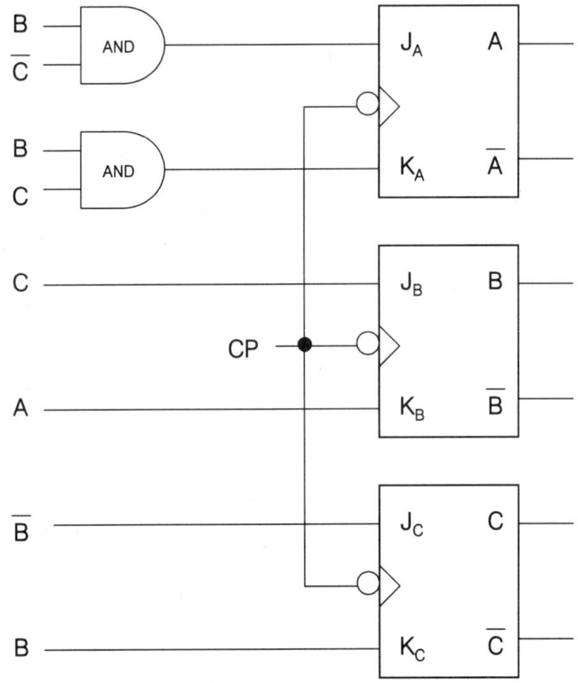

(3) T 플립플롭

현재 상태			다음 상태			플립플롭 입력		
A	B	C	A	B	C	T_A	T_B	T_C
0	0	0	0	0	1	0	0	1
0	0	1	0	1	1	0	1	0
0	1	1	0	1	0	0	0	1
0	1	0	1	1	0	1	0	0
1	1	0	1	0	0	0	1	0
1	0	0	1	0	1	0	0	1
1	0	1	1	1	1	0	1	0
1	1	1	0	0	1	1	1	1

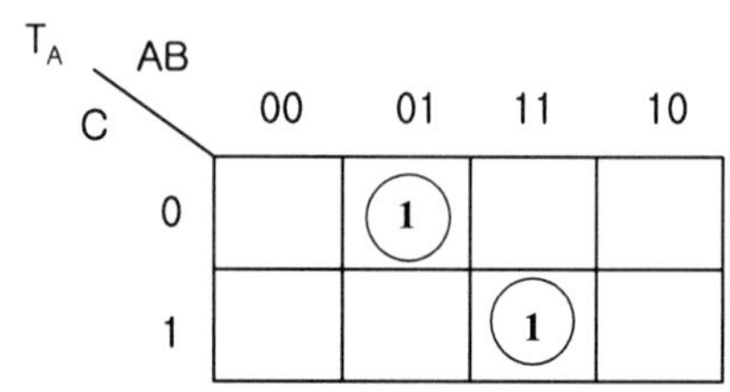

$$T_A = ABC + \overline{A}B\overline{C} = B(AC + \overline{A}\,\overline{C})$$

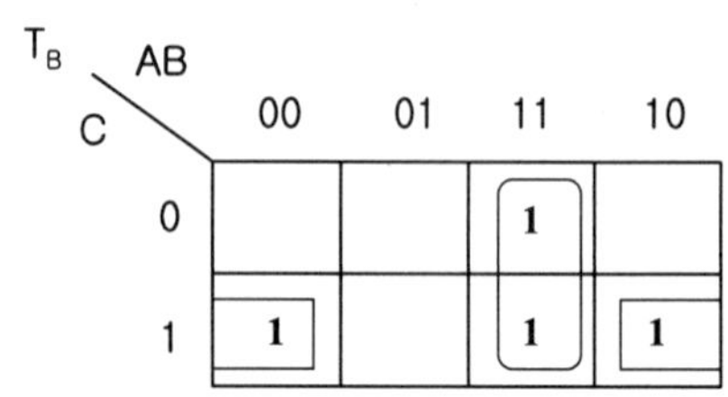

$$T_B = AB + \overline{B}C$$

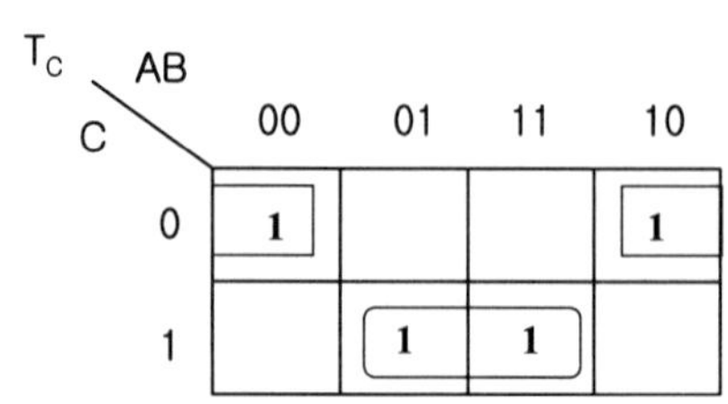

$$T_C = BC + \overline{B}\,\overline{C}$$

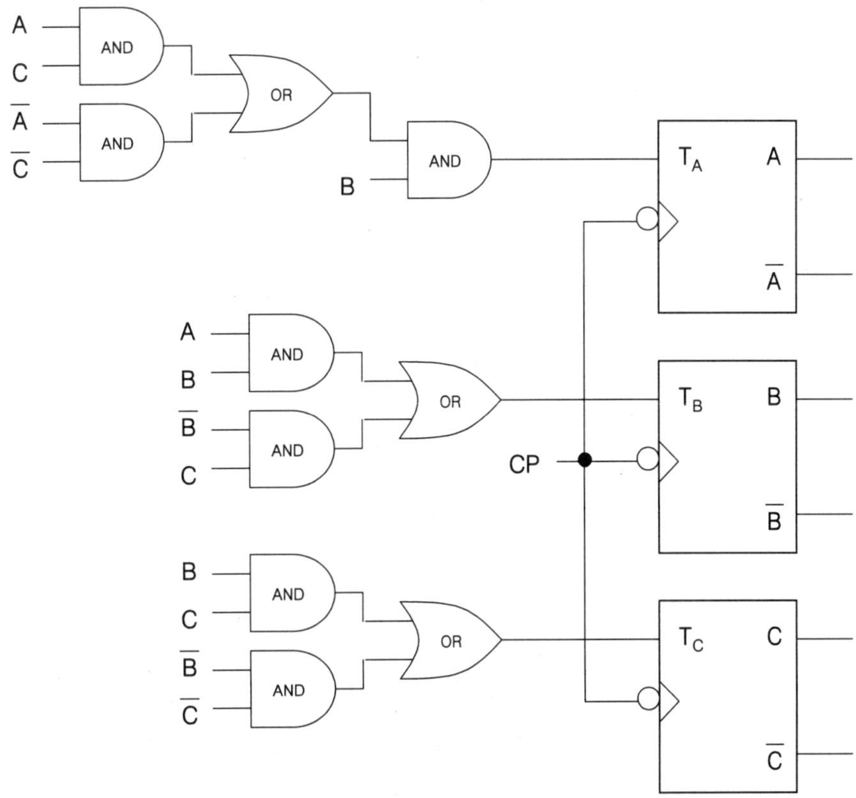

예제 5-18 6→4→2→0의 순서로 카운트되는 동기식 카운터를 SR 플립-플롭, JK 플립플롭, T 플립플롭을 이용하여 설계하시오.

(1) SR 플립플롭

현재 상태			다음 상태			플립플롭 입력					
A	B	C	A	B	C	S_A	R_A	S_B	R_B	S_C	R_C
1	1	0	1	0	0	×	0	0	1	0	×
1	0	0	0	1	0	0	1	1	0	0	×
0	1	0	0	0	0	0	×	0	1	0	×
0	0	0	1	1	0	1	0	1	0	0	×

S_A (C \ AB)	00	01	11	10
0	1		d	
1	d	d	d	d

$$S_A = \overline{A}\,\overline{B}$$

R_A (C \ AB)	00	01	11	10
0		d		1
1	d	d	d	d

$$R_A = A\overline{B}$$

S_B (C \ AB)	00	01	11	10
0		1	1	
1	d	d	d	d

$$S_B = B$$

R_B (C \ AB)	00	01	11	10
0	1			1
1	d	d	d	d

$$R_B = \overline{B}$$

S_C (C \ AB)	00	01	11	10
0				
1	d	d	d	d

$$S_C = 0$$

R_C (C \ AB)	00	01	11	10
0	d	d	d	d
1	d	d	d	d

$$R_C = 1$$

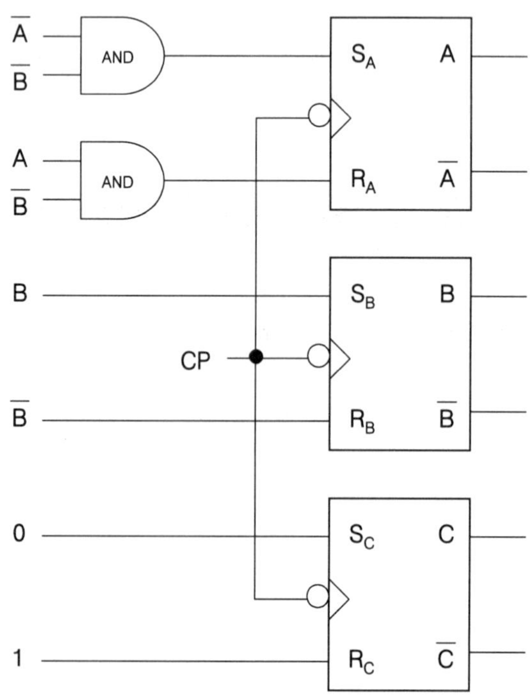

(2) JK 플립플롭

현재 상태			다음 상태			플립플롭 입력					
A	B	C	A	B	C	J_A	K_A	J_B	K_B	J_C	K_C
1	1	0	1	0	0	×	0	×	1	0	×
1	0	0	0	1	0	×	1	1	×	0	×
0	1	0	0	0	0	0	×	×	1	0	×
0	0	0	1	1	0	1	×	1	×	0	×

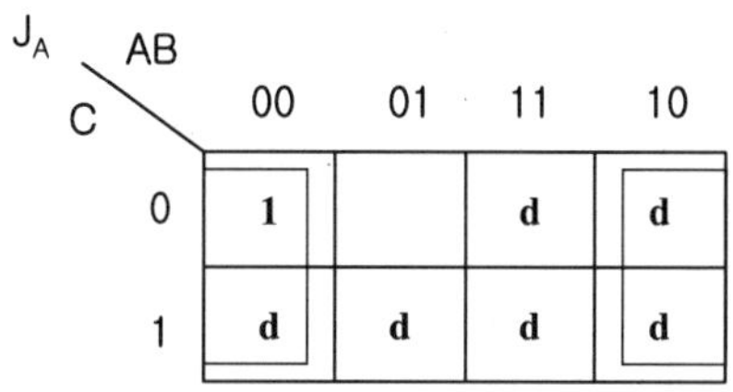

$J_A = \overline{B}$

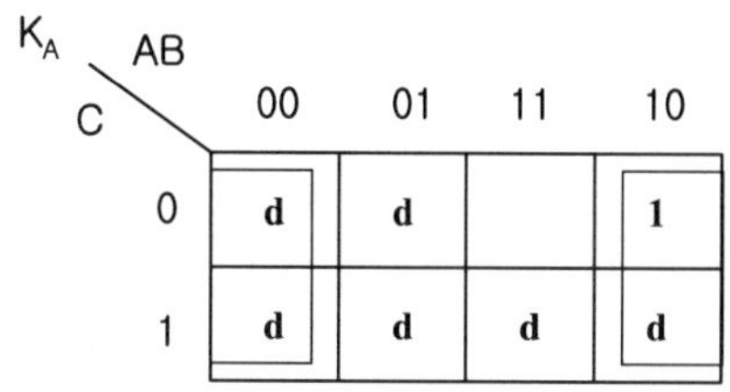

$K_A = \overline{B}$

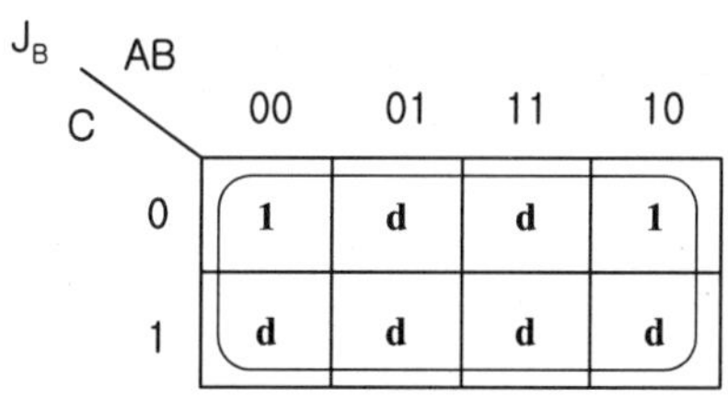

$J_B = 1$

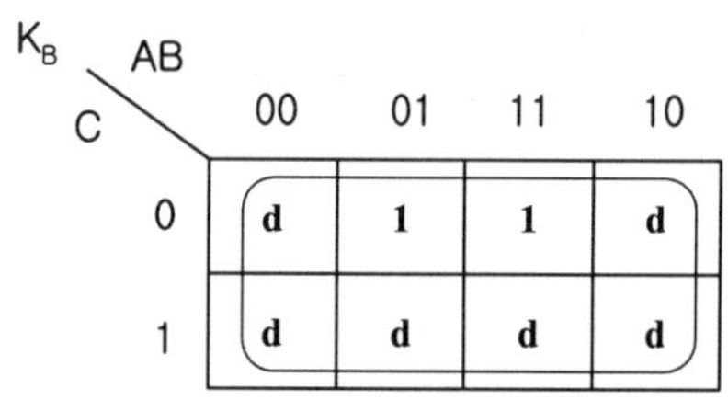

$K_B = 1$

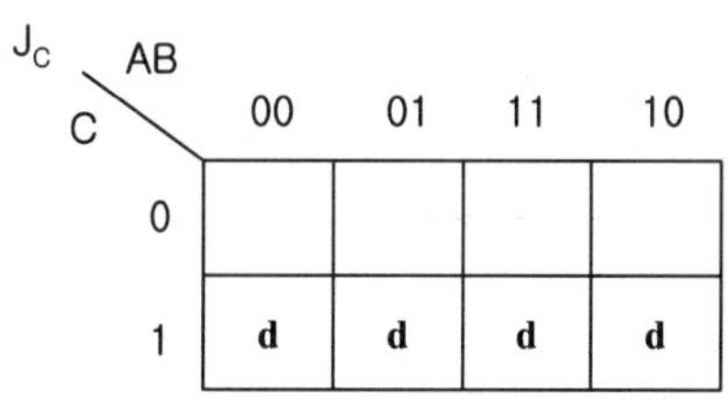

$J_C = 0$

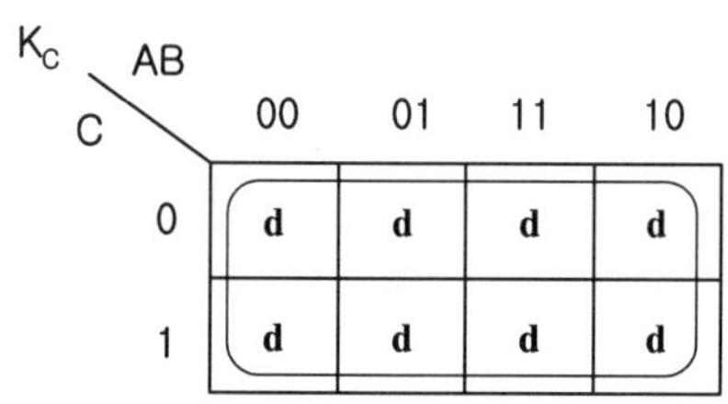

$K_C = 1$

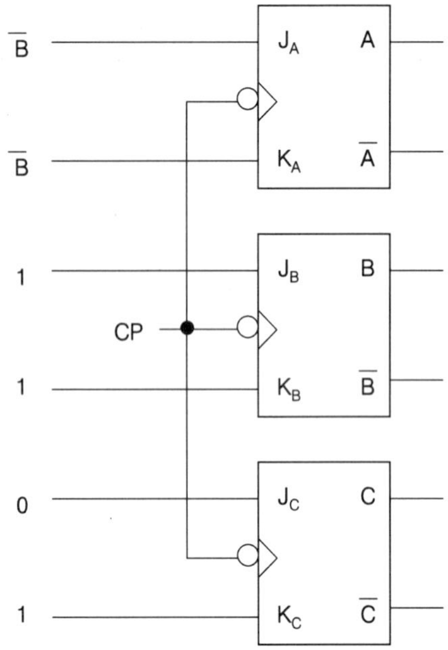

(3) T 플립플롭

현재 상태			다음 상태			플립플롭 입력		
A	B	C	A	B	C	T_A	T_B	T_C
1	1	0	1	0	0	0	1	0
1	0	0	0	1	0	1	1	0
0	1	0	0	0	0	0	1	0
0	0	0	1	1	0	1	1	0

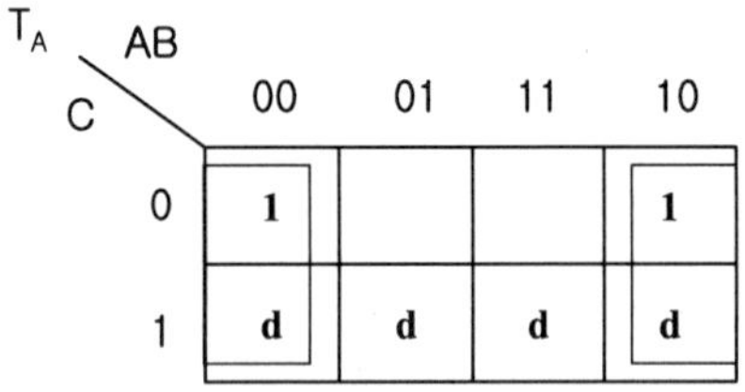

$$T_A = \overline{B}$$

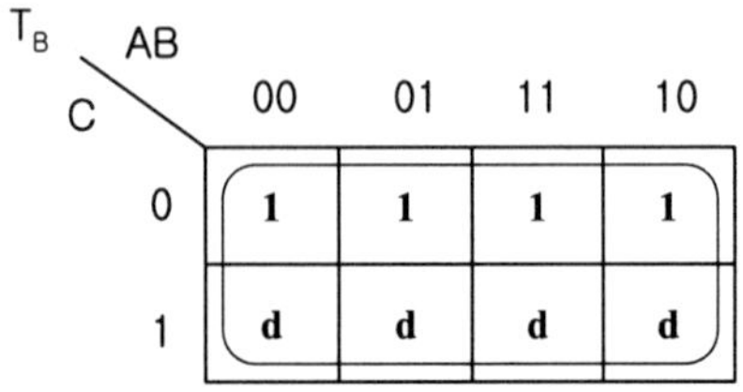

$$T_B = 1$$

T_C (C \ AB)	00	01	11	10
0				
1	d	d	d	d

$T_C = 0$

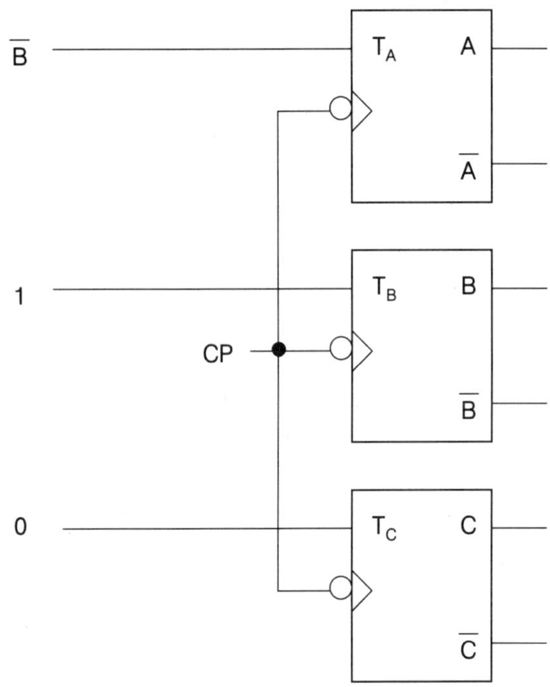

예제 5-19 7→5→3→1의 순서로 카운트되는 동기식 카운터를 SR 플립-플롭, JK 플립플롭, T 플립플롭을 이용하여 설계하시오.

➡ (1) SR 플립플롭

현재 상태			다음 상태			플립플롭 입력					
A	B	C	A	B	C	S_A	R_A	S_B	R_B	S_C	R_C
1	1	1	1	0	1	×	0	0	1	×	0
1	0	1	0	1	1	0	1	1	0	×	0
0	1	1	0	0	1	0	×	0	1	×	0
0	0	1	1	1	1	1	0	1	0	×	0

S_A C \ AB	00	01	11	10
0	d	d	d	d
1	1		d	

$$S_A = \overline{A}\,\overline{B}$$

R_A C \ AB	00	01	11	10
0	d	d	d	d
1		d		1

$$R_A = A\overline{B}$$

S_B C \ AB	00	01	11	10
0	d	d	d	d
1	1			1

$$S_B = \overline{B}$$

R_B C \ AB	00	01	11	10
0	d	d	d	d
1		1	1	

$$R_B = B$$

S_C C \ AB	00	01	11	10
0	d	d	d	d
1	d	d	d	d

$$S_C = 1$$

R_C C \ AB	00	01	11	10
0	d	d	d	d
1				

$$R_C = 0$$

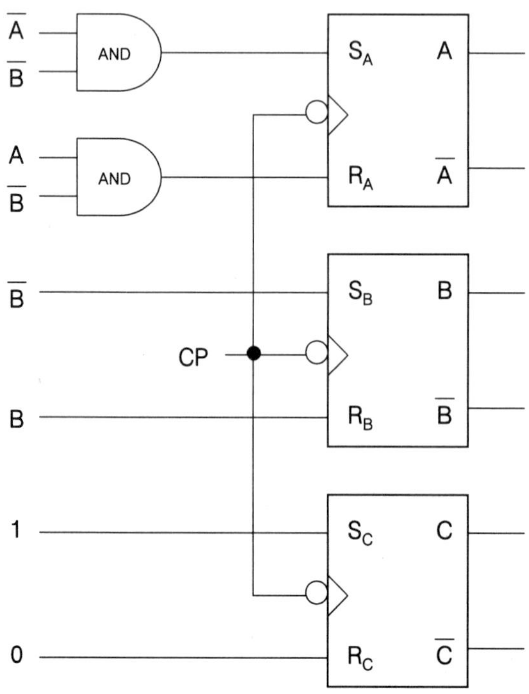

(2) JK 플립플롭

현재 상태			다음 상태			플립플롭 입력					
A	B	C	A	B	C	J_A	K_A	J_B	K_B	J_C	K_C
1	1	1	1	0	1	×	0	×	1	×	0
1	0	1	0	1	1	×	1	1	×	×	0
0	1	1	0	0	1	0	×	×	1	×	0
0	0	1	1	1	1	1	×	1	×	×	0

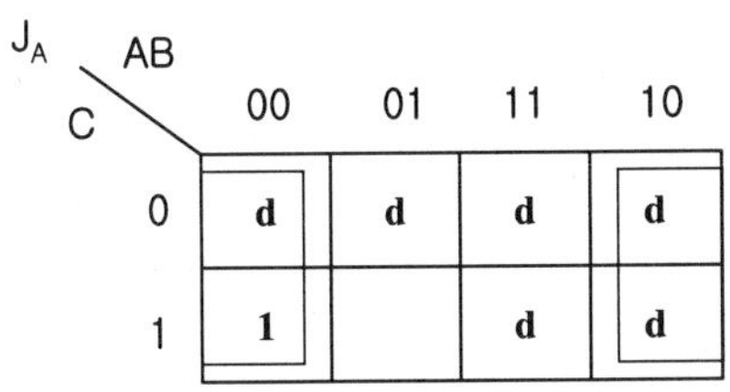

$J_A = \overline{B}$

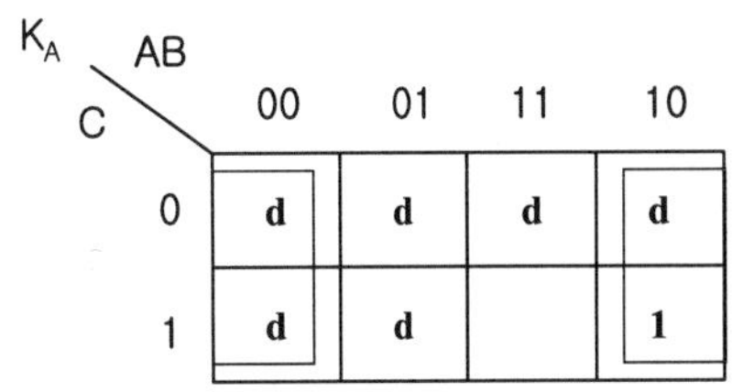

$K_A = \overline{B}$

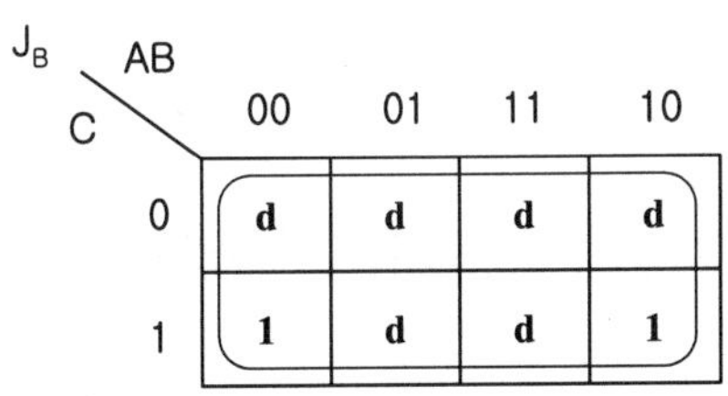

$J_B = 1$

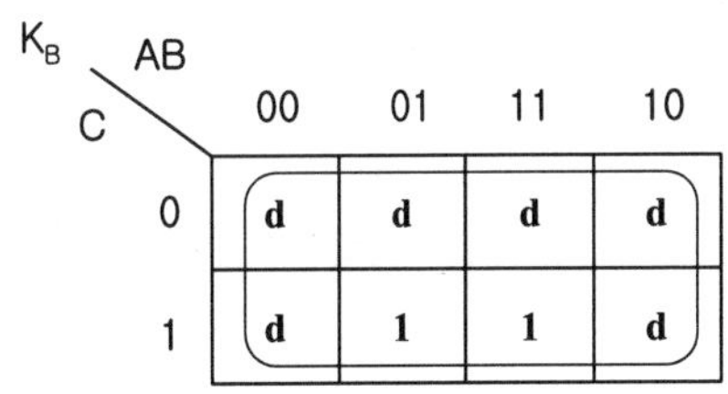

$K_B = 1$

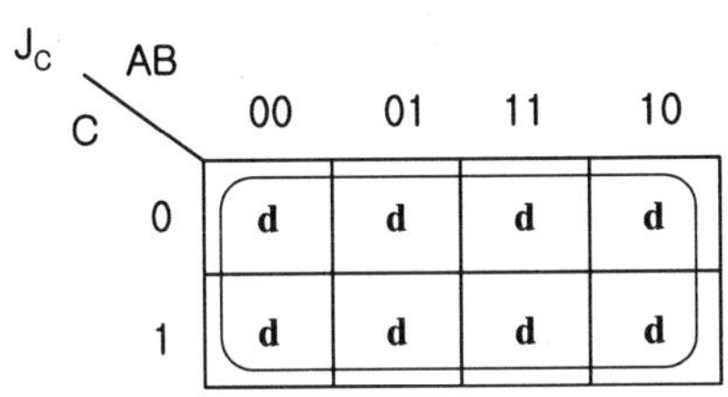

$J_C = 1$

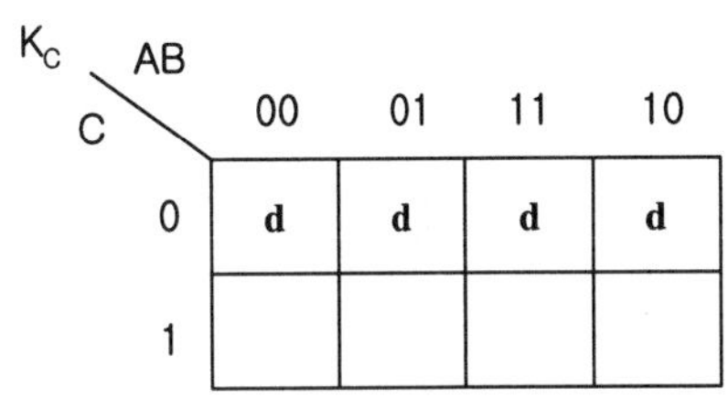

$K_C = 0$

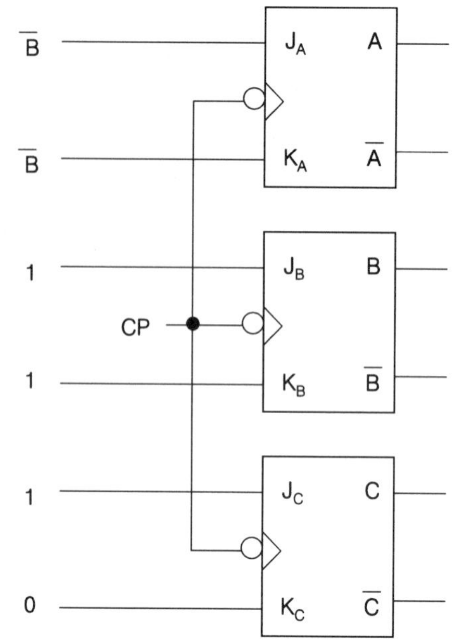

(3) T 플립플롭

현재 상태			다음 상태			플립플롭 입력		
A	B	C	A	B	C	T_A	T_B	T_C
1	1	1	1	0	1	0	1	0
1	0	1	0	1	1	1	1	0
0	1	1	0	0	1	0	1	0
0	0	1	1	1	1	1	1	0

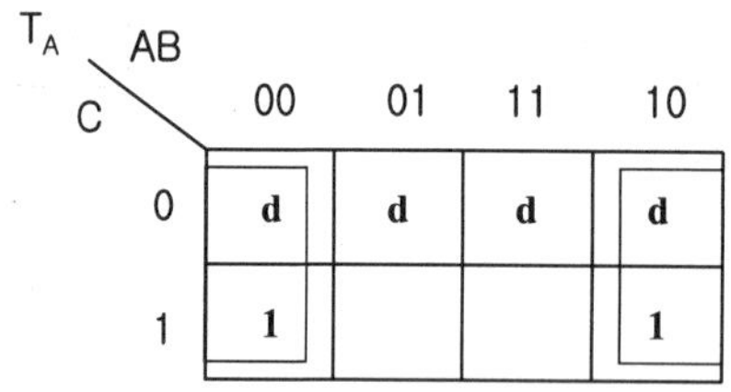

$T_A = \overline{B}$

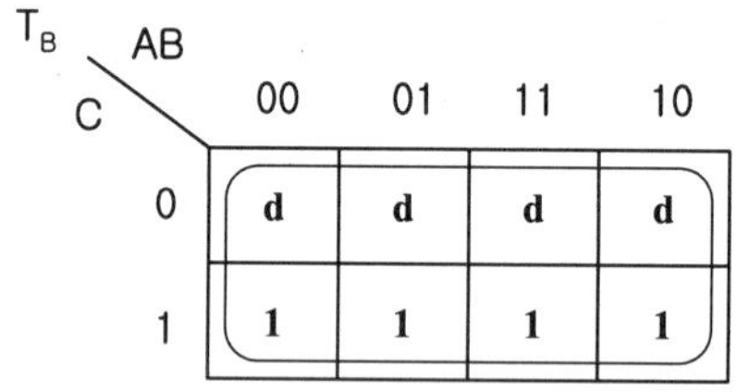

$T_B = 1$

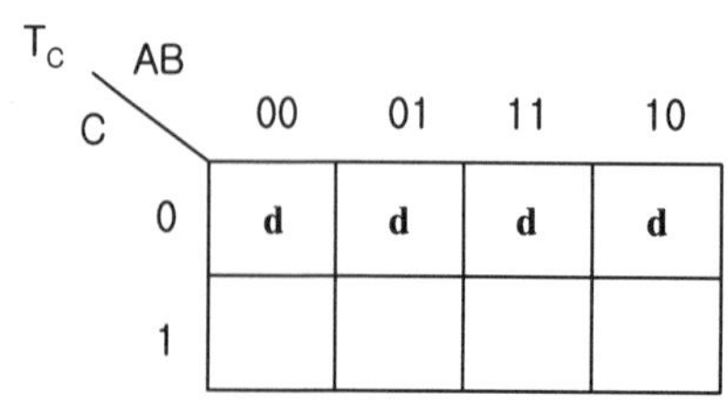

$T_C = 0$

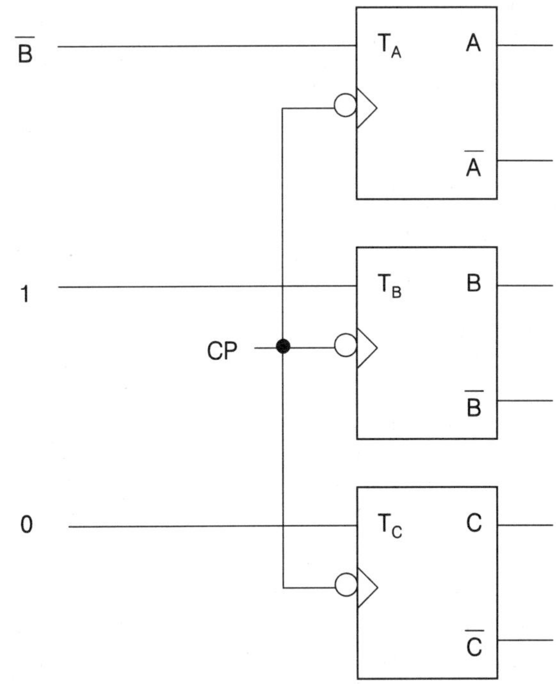

예제 5-20 0→7→1→6→2→5→3→4의 순서로 카운트되는 동기식 카운터를 R 플립플롭, JK 플립플롭, T 플립플롭을 이용하여 설계하시오.

(1) SR 플립플롭

현재 상태			다음 상태			플립플롭 입력					
A	B	C	A	B	C	S_A	R_A	S_B	R_B	S_C	R_C
0	0	0	1	1	1	1	0	1	0	1	0
1	1	1	0	0	1	0	1	0	1	×	0
0	0	1	1	1	0	1	0	1	0	0	1
1	1	0	0	1	0	0	1	×	0	0	×
0	1	0	1	0	1	1	0	0	1	1	0
1	0	1	0	1	1	0	1	1	0	×	0
0	1	1	1	0	0	1	0	0	1	0	1
1	0	0	0	0	0	0	1	0	×	0	×

S_A

C \ AB	00	01	11	10
0	1	1		
1	1	1		

$$S_A = \overline{A}$$

R_A

C \ AB	00	01	11	10
0			1	1
1			1	1

$$R_A = A$$

S_B

C \ AB	00	01	11	10
0	1		d	
1	1			1

$$S_B = \overline{B}(\overline{A} + C)$$

R_B

C \ AB	00	01	11	10
0		1		d
1		1	1	

$$R_B = B(\overline{A} + C)$$

S_C

C \ AB	00	01	11	10
0	1	1		
1			d	d

$$S_C = \overline{A}\,\overline{C}$$

R_C

C \ AB	00	01	11	10
0			d	d
1	1	1		

$$R_C = \overline{A}C$$

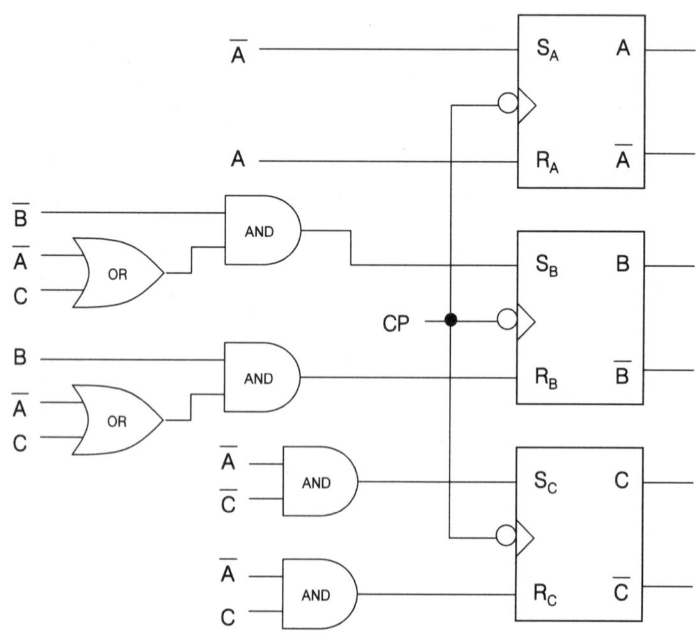

(2) JK 플립플롭

현재 상태			다음 상태			플립플롭 입력					
A	B	C	A	B	C	J_A	K_A	J_B	K_B	J_C	K_C
0	0	0	1	1	1	1	×	1	×	1	×
1	1	1	0	0	1	×	1	×	1	×	0
0	0	1	1	1	0	1	×	1	×	×	1
1	1	0	0	1	0	×	1	×	0	0	×
0	1	0	1	0	1	1	×	×	1	1	×
1	0	1	0	1	1	×	1	1	×	×	0
0	1	1	1	0	0	1	×	×	1	×	1
1	0	0	0	0	0	×	1	0	×	0	×

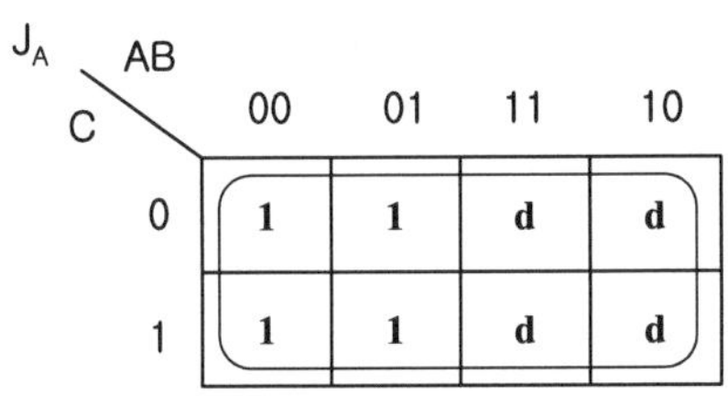

$J_A = 1$

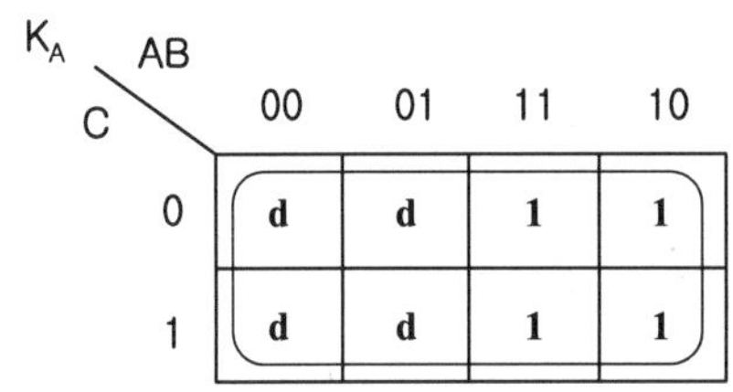

$K_A = 1$

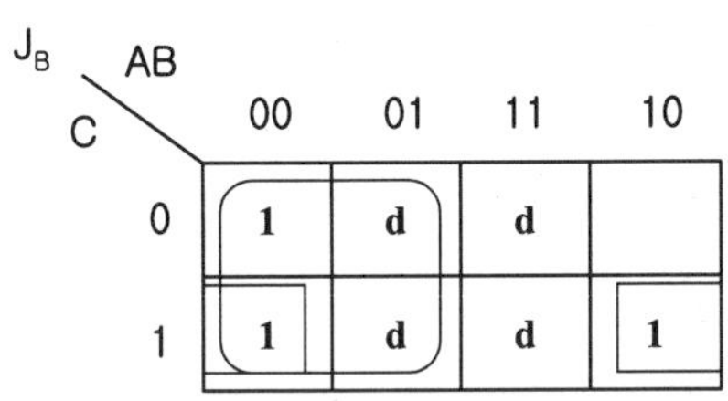

$J_B = \overline{A} + C$

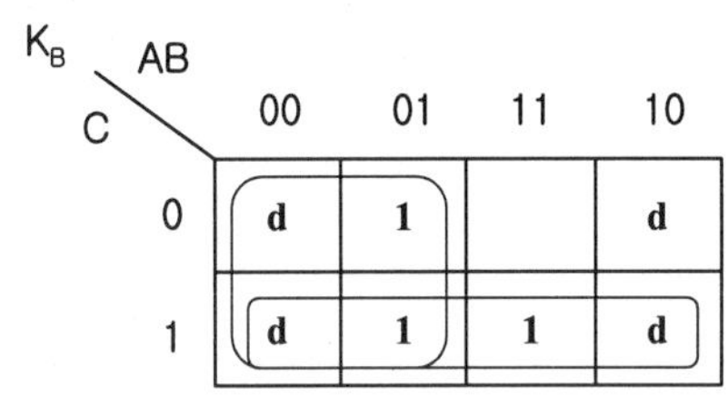

$K_B = \overline{A} + C$

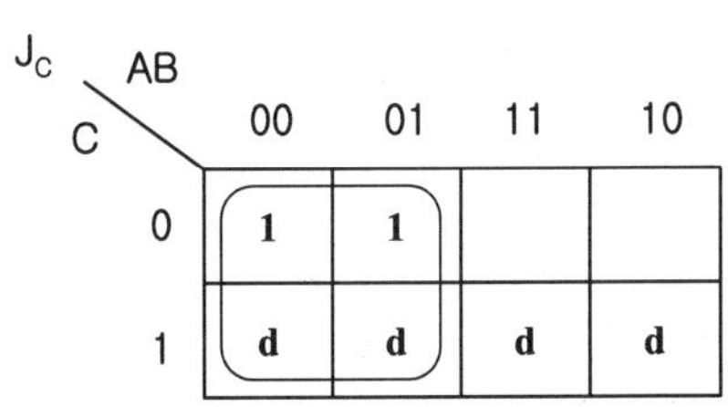

$J_C = \overline{A}$

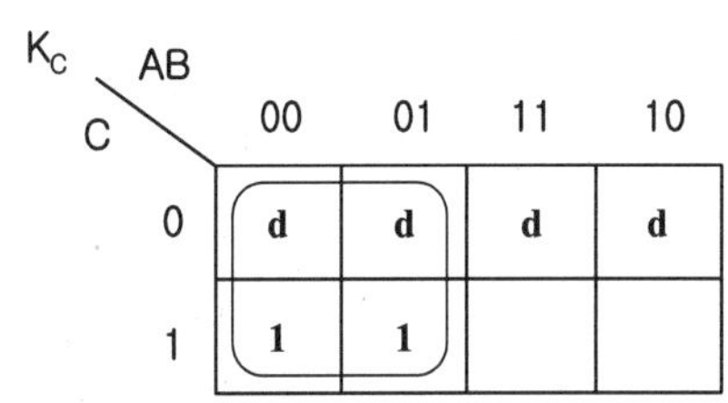

$K_C = \overline{A}$

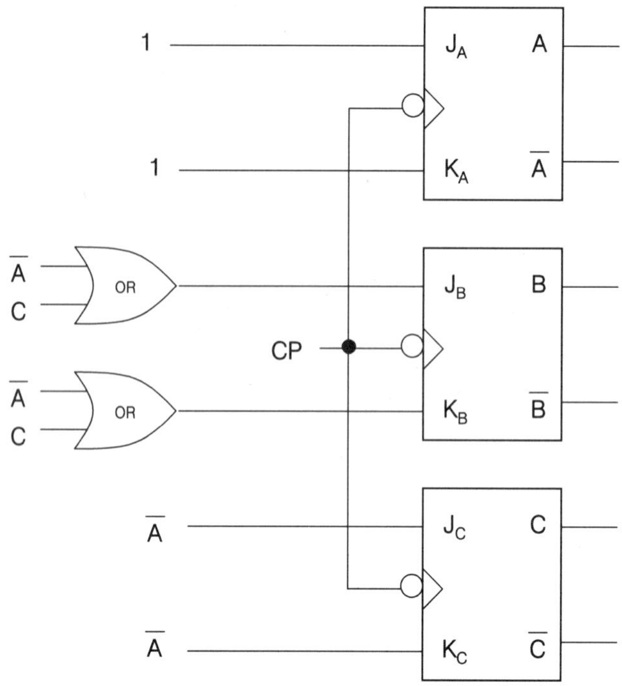

(3) T 플립플롭

현재 상태			다음 상태			플립플롭 입력		
A	B	C	A	B	C	T_A	T_B	T_C
0	0	0	1	1	1	1	1	1
1	1	1	0	0	1	1	1	0
0	0	1	1	1	0	1	1	1
1	1	0	0	1	0	1	0	0
0	1	0	1	0	1	1	1	1
1	0	1	0	1	1	1	1	0
0	1	1	1	0	0	1	1	1
1	0	0	0	0	0	1	0	0

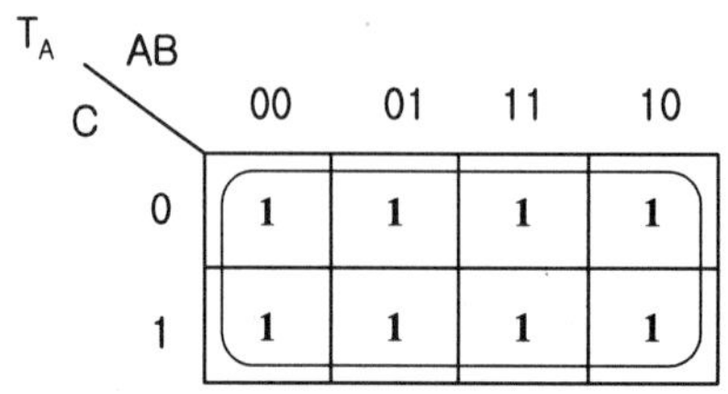

$$T_A = 1$$

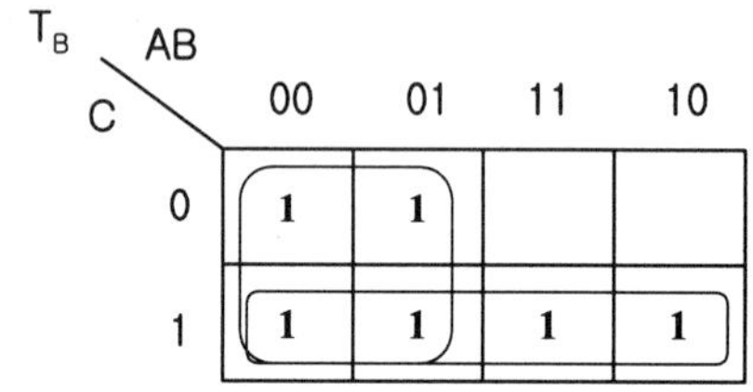

$$T_B = \overline{A} + C$$

T_C (C \ AB)	00	01	11	10
0	1	1		
1	1	1		

$$T_C = \overline{A}$$

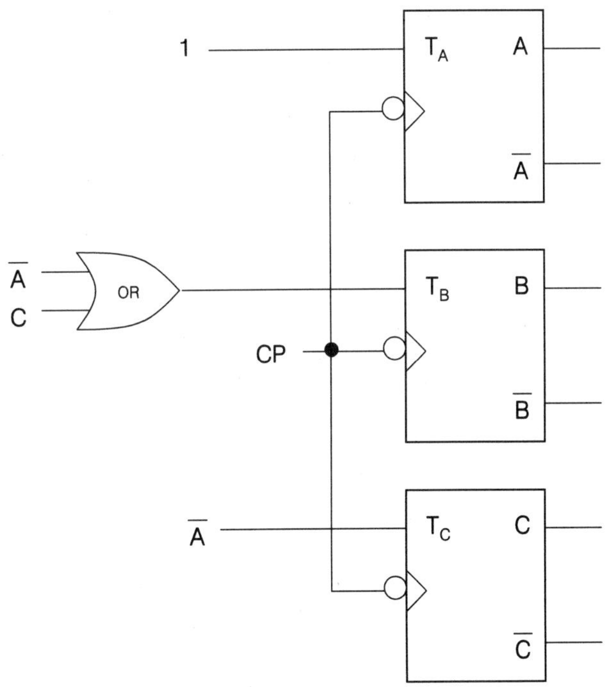

제6장

무접점제어 응용

미리보기

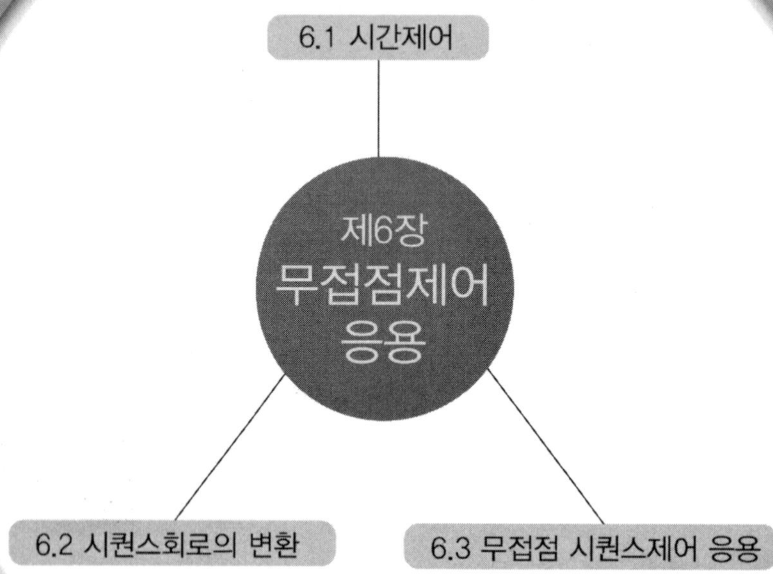

여기서는 무접점 시퀀스제어(Sequence Control)의 구현을 위하여 지금까지 학습한 논리게이트, 플립플롭뿐만 아니라 시간제어에 사용되는 논리소자(MMV 등)를 활용하는 방법을 설명하고, 유접점 시퀀스제어 회로를 무접점 논리회로로 변환하는 방식을 여러 가지 예제를 통하여 익힐 수 있습니다.

6.1 시간제어

유접점(有接點) 시퀀스제어는 릴레이, 타이머 등의 전자기기(電磁器機)를 사용하여 주어진 회로를 구현하지만, 무접점(無接點) 시퀀스제어는 논리게이트, 플립플롭 등의 전자소자(電子素子)를 사용하여 논리회로를 구현한다.

시간제어(Timing Control)는 시퀀스제어의 기본 기능 중의 하나이다. 적분회로를 응용하여 시간적인 요소를 갖도록 하는 IC를 단안정 멀티바이브레이터(MMV: Monostable Multivibrator)라고 한다. 그림 6.1과 같이 기본 동작으로 입력 A를 0에서 1로 변화시키면 이것에 대응하여 IC의 단자에 연결된 R과 C의 곱으로 정해지는 시간만큼 출력을 1로 유지한다.

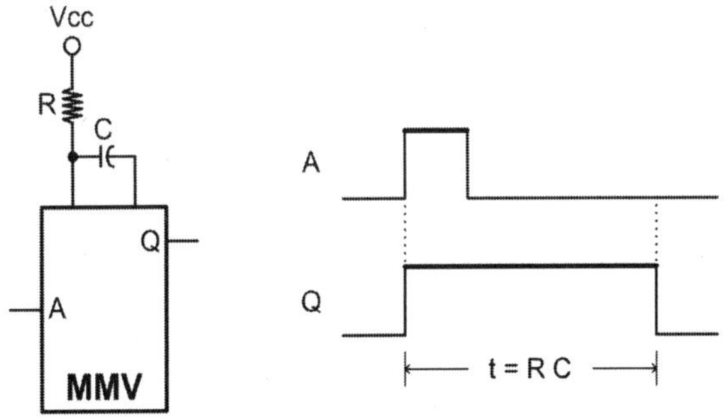

그림 6.1 MMV의 구성과 타임차트

실제로 사용되는 MMV용 IC의 구성 예(14핀)를 그림 6.2에 표현하였으며 입력단자에 AND나 OR가 접속된 것, 클리어(CLR)단자가 붙어 있는 것, 반전출력($\overline{Q}$)을 내도록 한 것 등이 있다.

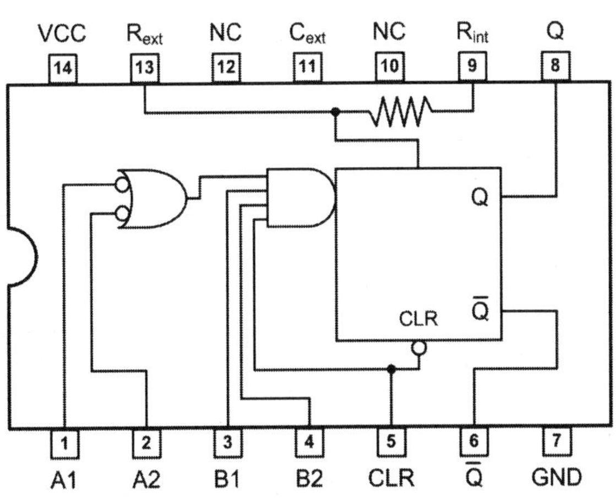

그림 6.2 MMV용 IC의 구성 예(14핀)

MMV의 활용 예를 그림 6.3에서 보여주고 있으며 입력이 인가되고 나서 일정 시간 t만큼 출력을 1로 유지한다. 이것은 제품을 검출하고 나서 일정한 시간만큼 실린더를 구동시켜서 제품을 밀어내는 경우 등에 이용된다.

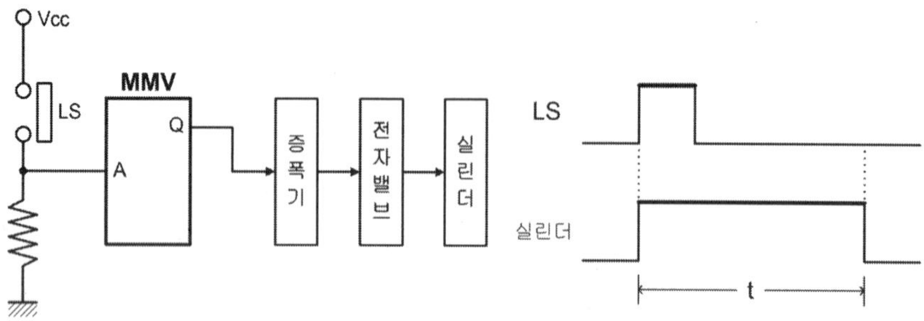

그림 6.3 MMV의 활용 예

그림 6.4와 같이 MMV에서 미분회로를 거쳐 SR-FF을 접속하면 입력을 인가하고 나서 일정시간 후에 출력에 1을 내는 지연동작을 시킬 수도 있다.

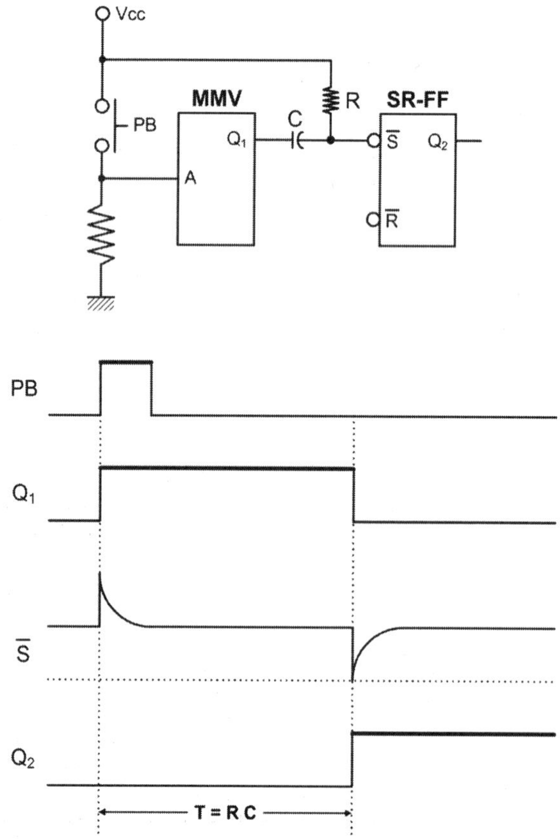

그림 6.4 미분회로에 의한 지연동작

또한, 그림 6.5와 같이 MMV를 2단으로 접속하면 입력을 인가하고 나서 일정 시간(t_1) 후에 일정시간(t_2)만큼 출력을 얻을 수 있다.

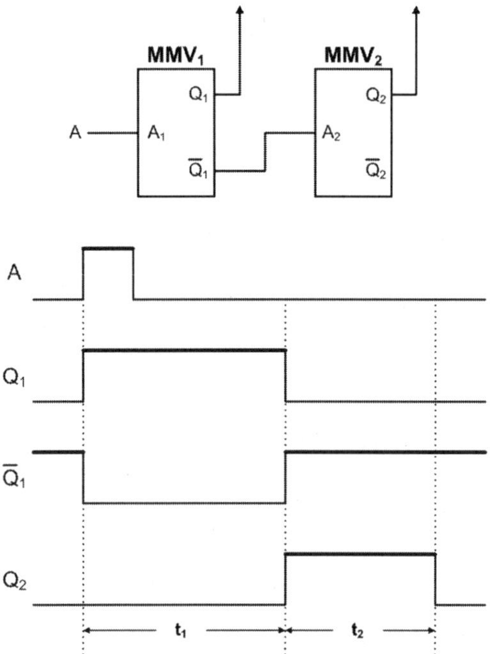

그림 6.5 MMV의 2단 접속

MMV 이외에도 시간제어용 디지털소자에는 전자타이머, IC-555 등이 있으며 그림 6.6과 그림 6.7에서는 이들의 구성 및 표현방식과 타임차트를 설명하고 있다. 전자타이머의 경우 온딜레이(on-delay)기능을 이용하고, IC-555의 경우 펄스(pulse)기능을 활용할 수 있다.

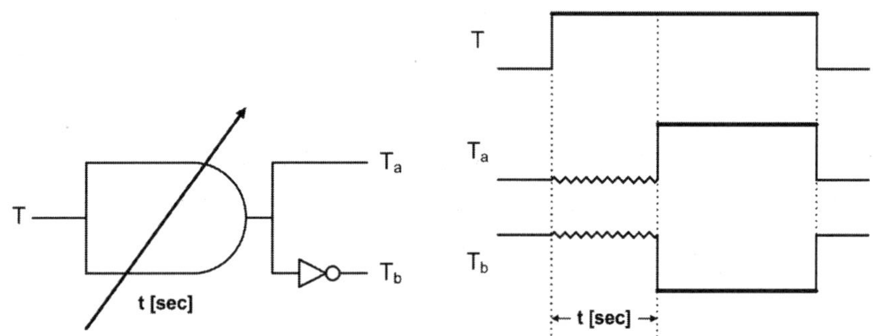

그림 6.6 전자타이머의 기호와 타임차트

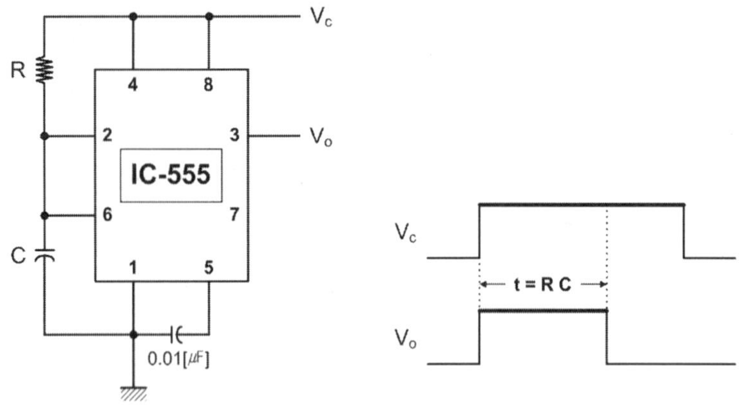

그림 6.7 IC-555의 구성과 타임차트

6.2 시퀀스회로의 변환

1) 인터록회로

기기의 보호와 조작자의 안전을 목적으로 기기의 동작 상태를 나타내는 접점, 혹은 회로를 사용하여 관련된 기기의 동작을 금지하는 회로를 인터록(inter-lock) 회로라 하며 상대동작 금지회로, 선행동작 우선회로라고도 한다.

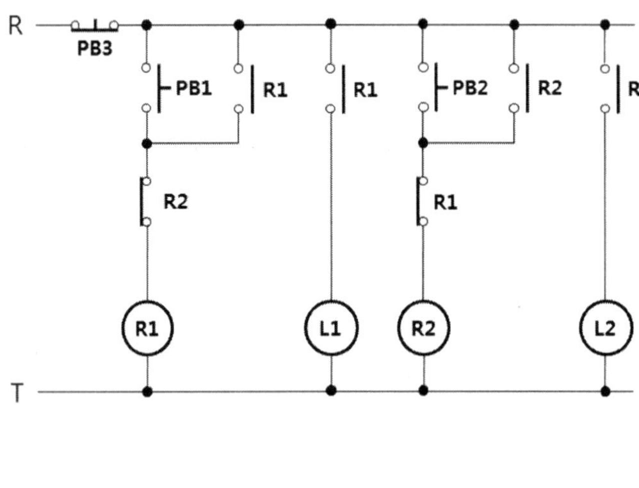

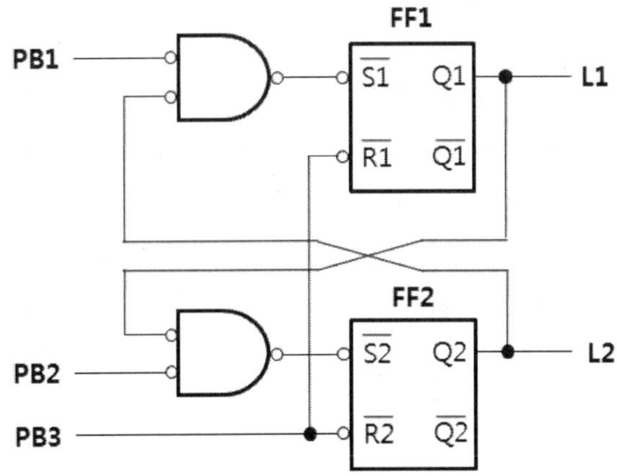

2) 시간제어회로

전동기 등의 부하를 일정시간 지연운전, 정지 및 순차운전, 교대 운전 등을 하는 것으로 여기서는 설정시간 동안만 운전하는 회로를 대상으로 한다.

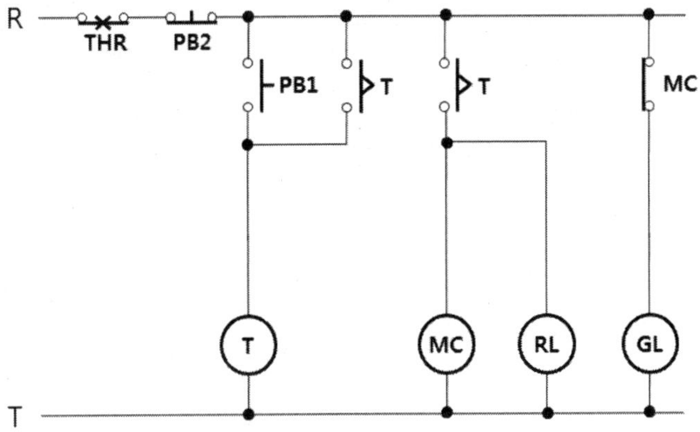

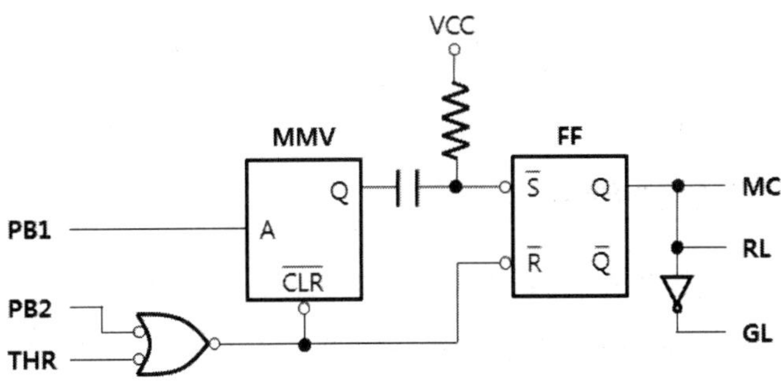

3) 순서제어회로

전동기 등의 부하를 순서적으로 기동, 운전, 정지시키는 회로를 의미하며 아래의 회로는 MC 3개와 릴레이 1개를 사용하여 3대의 부하를 순서에 따라 동작 및 복구시키는 기능을 갖는다.

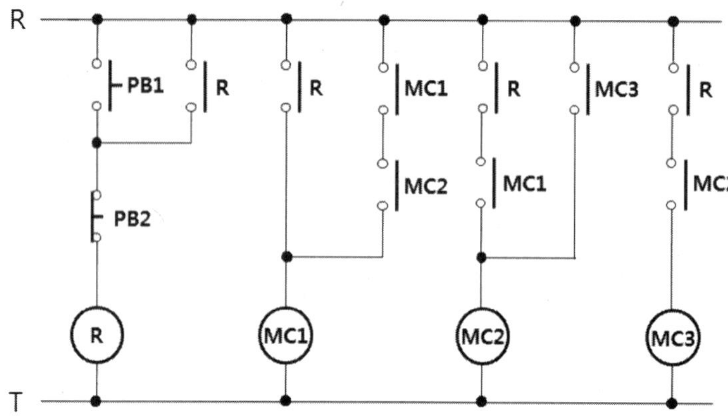

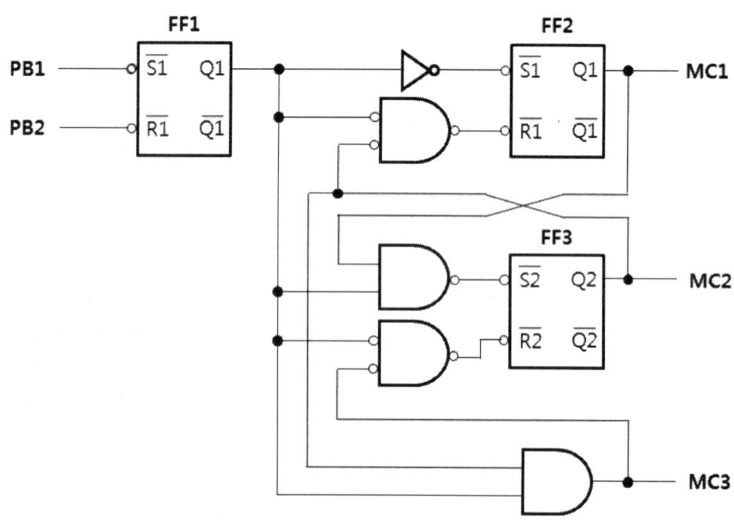

4) 순차동작회로

전동기 등의 부하를 시간차이를 두고 순차적으로 운전시키는 회로이며 아래의 회로는 MC 3개와 타이머 3개를 사용하여 3대의 부하를 순차 작동시키는 기능을 갖는다.

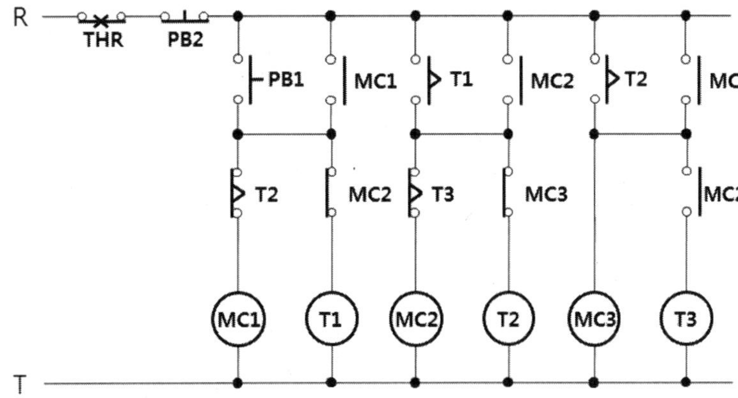

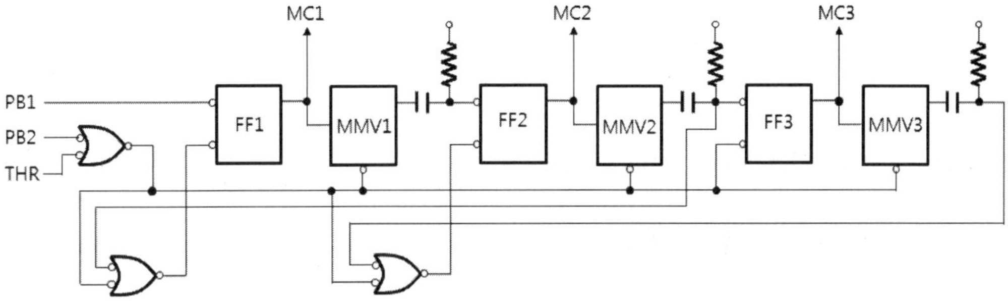

5) 반복운전회로

전동기 등의 부하가 일정한 시간 동안 작동하고 일정한 시간 동안 정지하는 것을 반복하는 회로이며 아래의 회로는 MC 1개와 릴레이 2개, 타이머 2개를 사용하여 1대의 부하를 반복 운전시키는 기능을 갖는다.

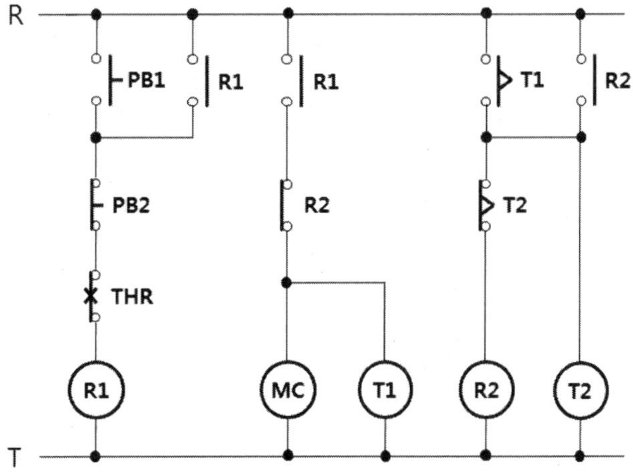

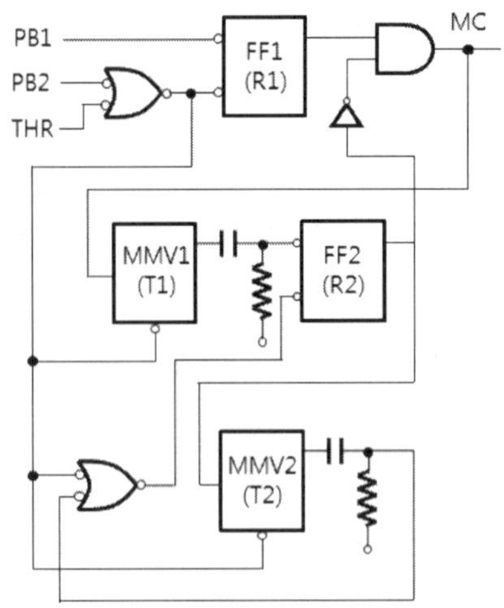

6.3 무접점 시퀀스제어 응용

(1) 전동기 시한동작회로

일정한 시간 후에 전동기를 운전하고 어느 시점에서 정지하도록 하는 과정을 자동적으로 수행하기 위해서 시한동작회로를 이용한다.

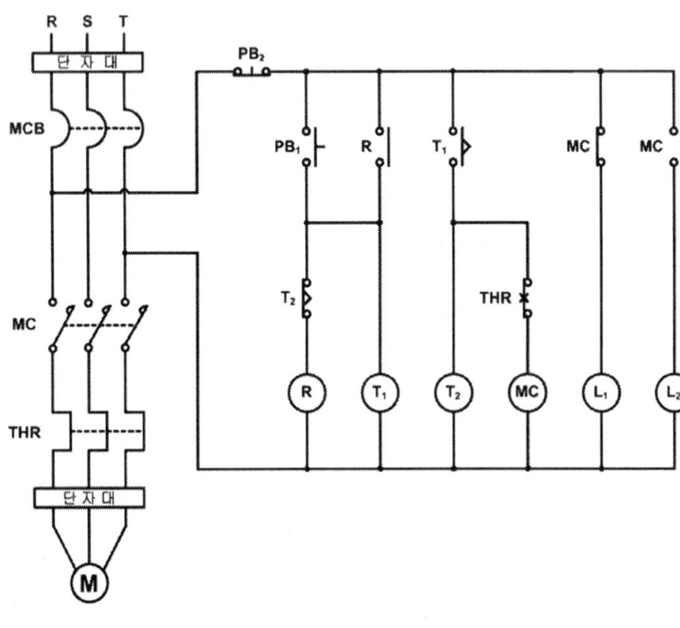

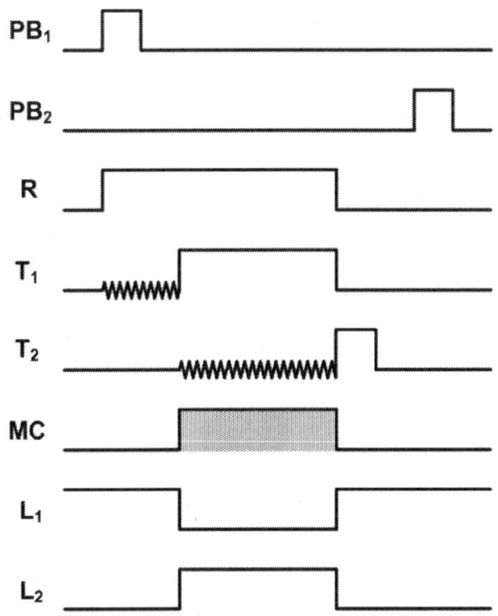

(2) 전동기 정지운전 반복회로

일정한 시간간격으로 전동기를 운전하고 정지시키는 동작을 반복하기 위해서는 정지운전 반복회로를 이용한다.

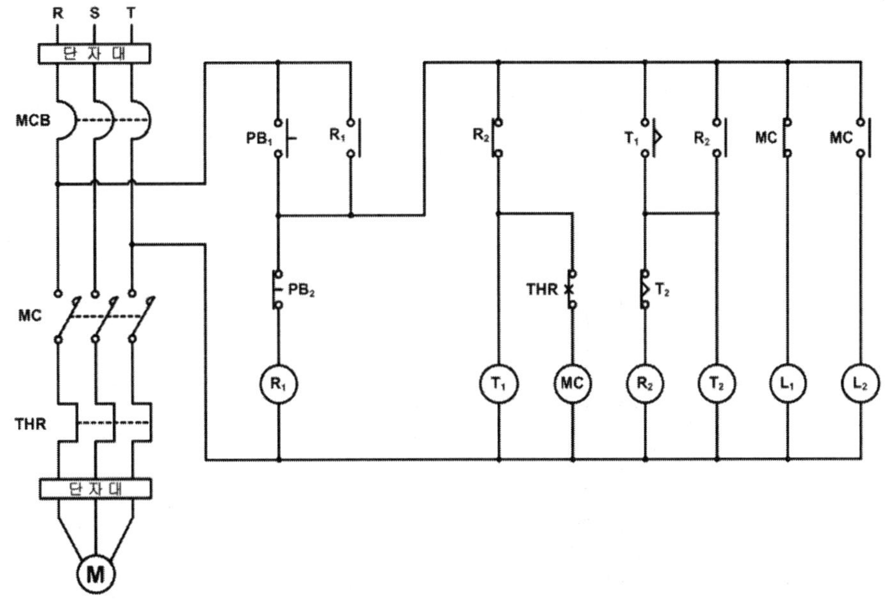

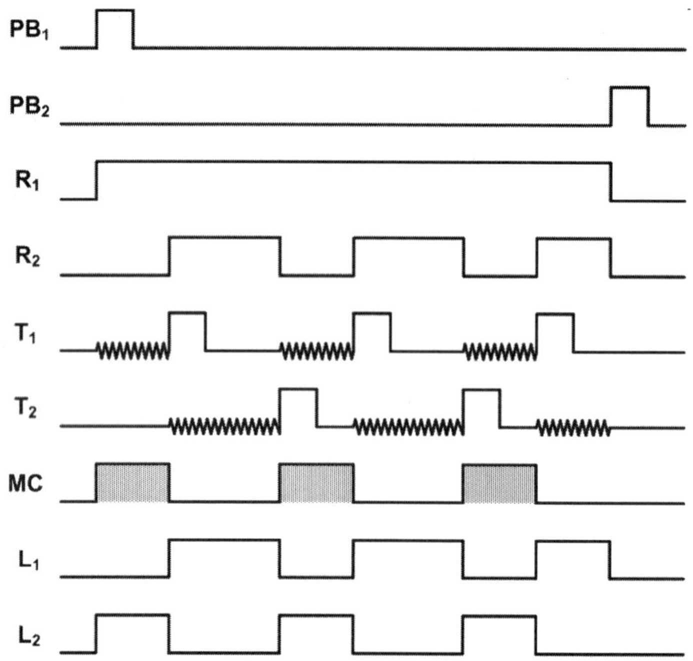

(3) 전동기 정역전 운전회로

유도전동기는 정방향 및 역방향 운전이 가능하며 전원을 넣어주는 위치에 따라 방향이 바뀐다. 3상 전원을 사용하는 전동기의 경우 3상 중 두 상의 전원을 바꾸면 회전방향이 반대가 된다.

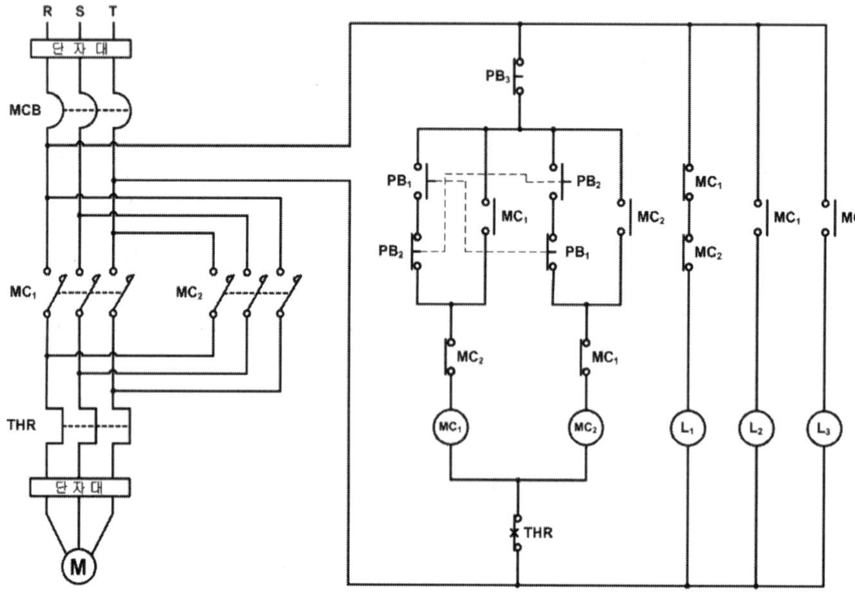

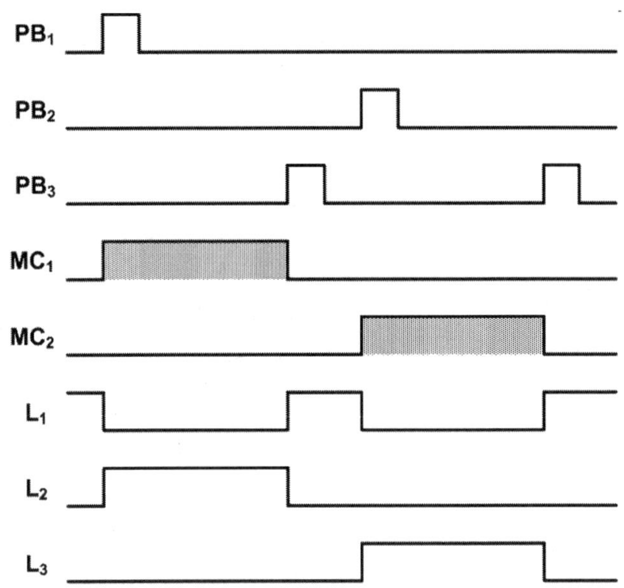

(4) 전동기 Y-△기동 운전회로

대형 전동기의 경우 기동전류가 상당히 크기 때문에 전원투입 방식을 변화시켜 운전한다. 전동기 기동 시에는 전체 전압의 $\frac{1}{\sqrt{3}}$을 가하는 Y결선으로 하고 어느 정도의 시점 후(10~20초 후)에 △결선으로 변환하여 전체 전압을 투입하도록 한다.

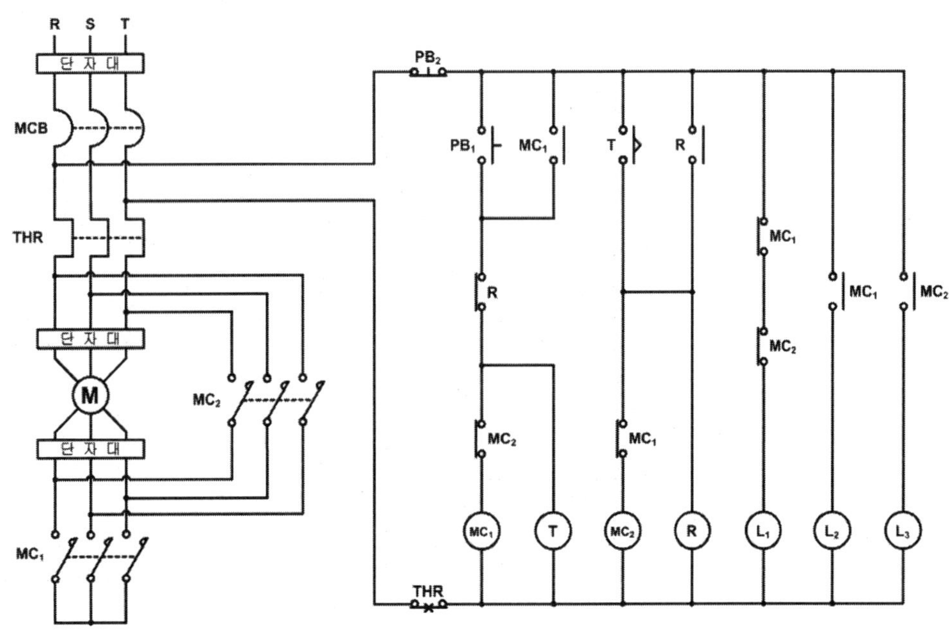

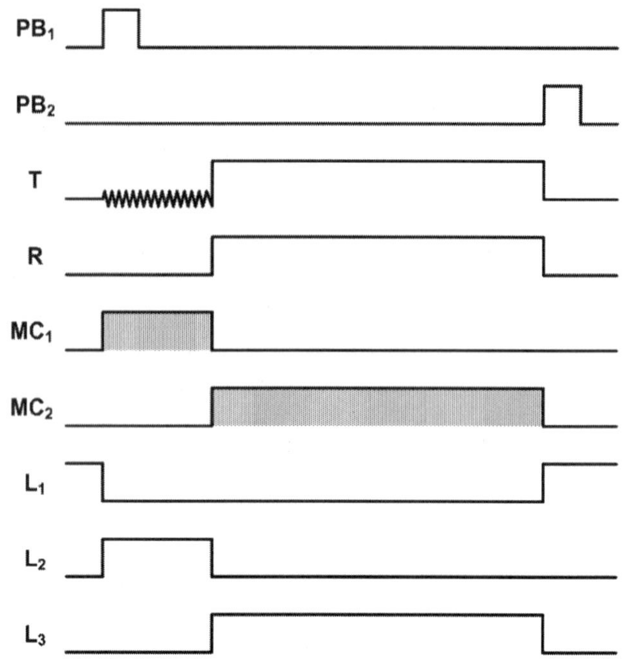

(5) 팬히터 운전회로

팬과 히터를 이용한 가전제품 및 사무설비기구는 헤어드라이어기 및 온풍기 등 여러 가지가 있으며 기본적으로 동작 시에는 팬을 먼저 작동시키고 히터를 나중에 작동시키게 되며 정지 시에는 히터를 먼저 정지시키고 팬은 나중에 정지 시켜야 한다.

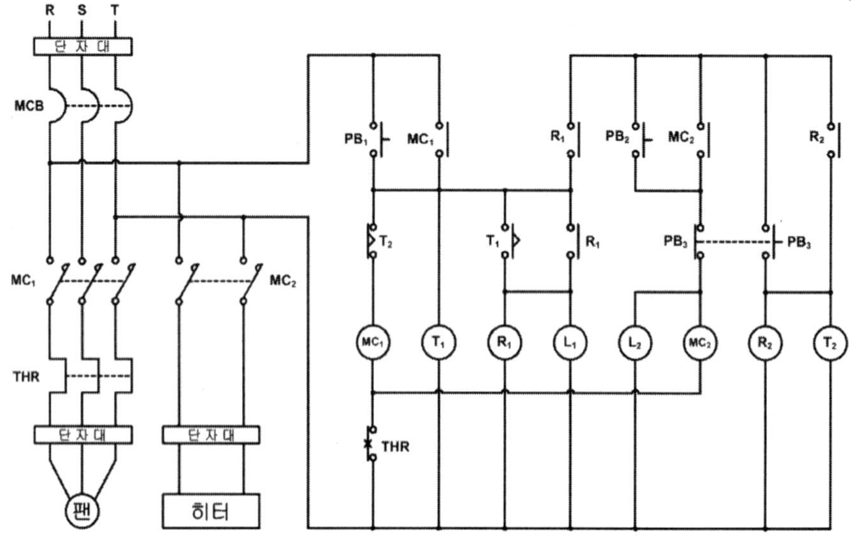

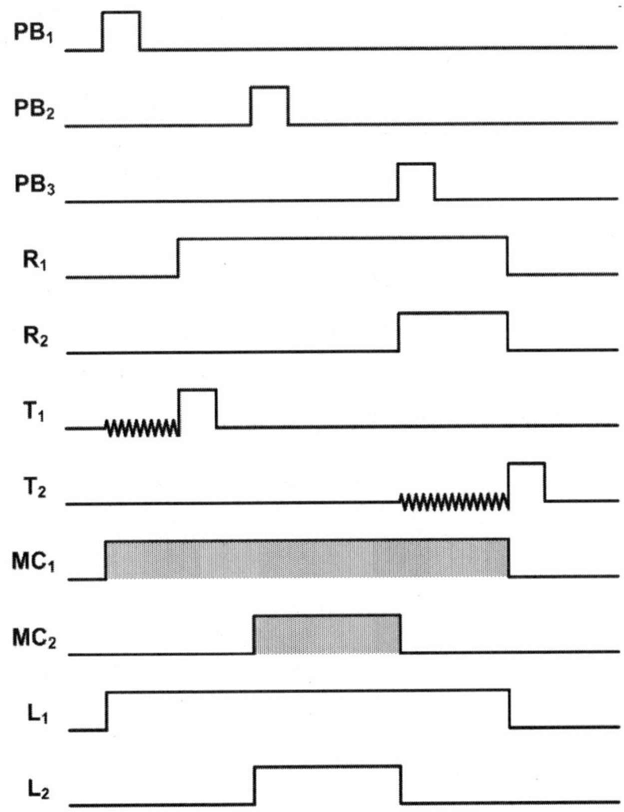

(6) 횡단보도 신호등회로

횡단보도신호등은 적색, 황색, 녹색의 3개 램프가 적절한 타이밍에 맞추어 교대로 점멸하는 회로이며 다음 그림은 그 순서를 표시한다.

L_1(적)	●	○	○	●
L_2(황)	○	●	○	○
L_3(녹)	○	○	●	○

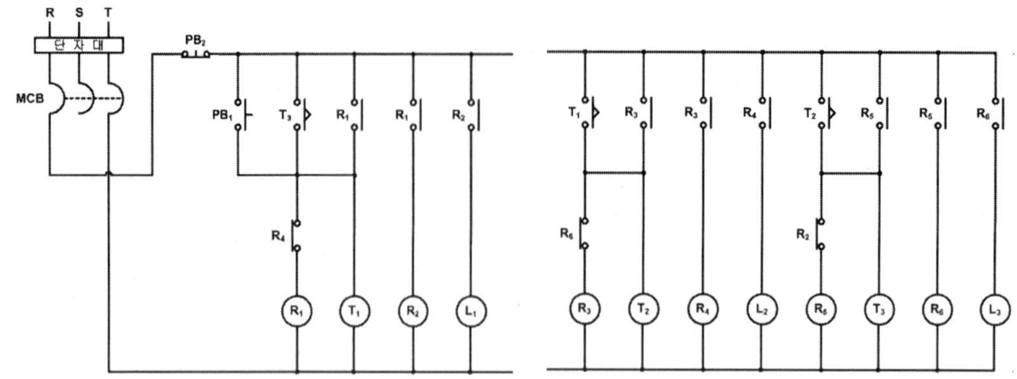

(7) 사거리 신호등회로 (직진-좌회전 동시신호)

직진과 좌회전이 동시에 허용되는 사거리 신호등은 적색, 황색, 좌회전, 녹색의 4개 램프가 적절한 타이밍에 맞추어 점멸하며 다음 그림은 그 순서를 표시한다.

L_1(적)	●	○	○	○	○	○	●
L_2(황)	○	○	○	●	○	●	○
L_3(좌)	○	●	○	○	○	○	○
L_4(녹)	○	●	●	●	●	○	○

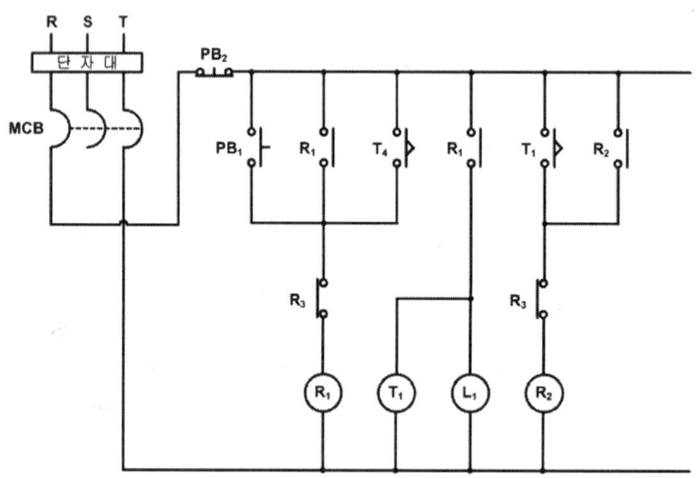

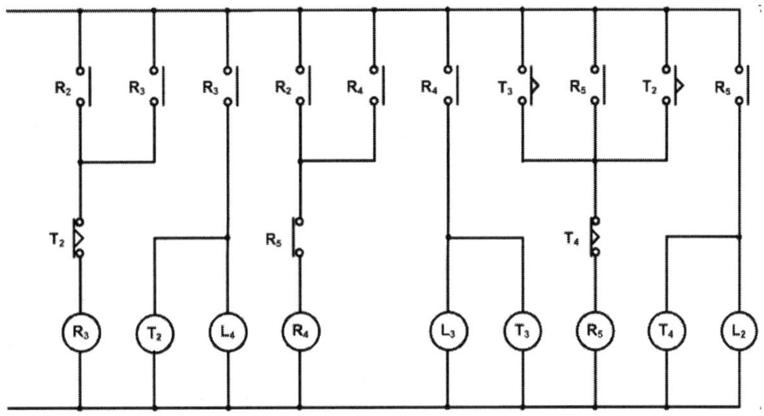

(8) 사거리 신호등회로 (좌회전후 직진신호)

사거리신호등 중에는 좌회전이 우선 허용되고 나중에 직진이 가능한 것도 있으며 램프의 개수는 동시신호와 동일하게 4개이지만 램프의 점멸 순서는 다음 그림과 같이 다르다.

L_1(적)	○	○	●	●	●	○
L_2(황)	○	●	○	○	●	○
L_3(좌)	○	○	○	●	○	○
L_4(녹)	●	○	○	○	○	●

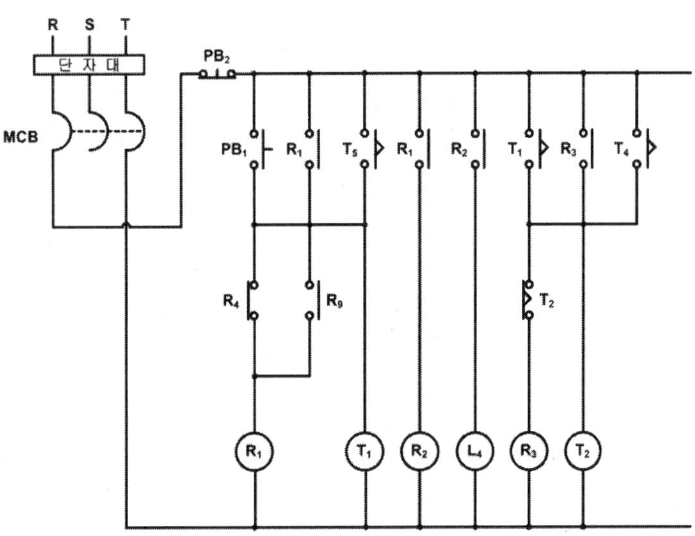

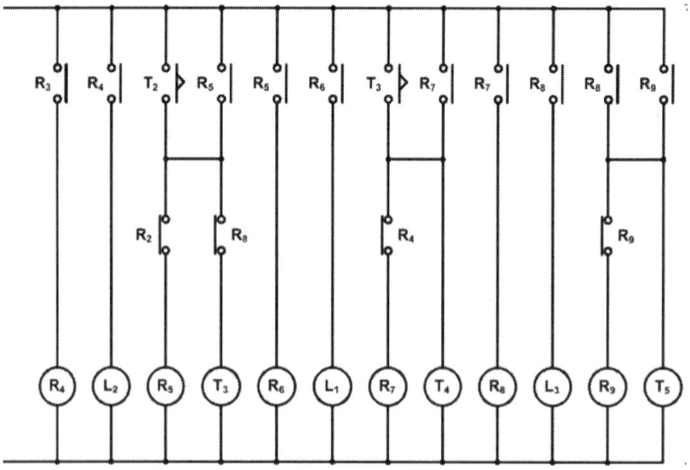

(9) 계수회로

푸시버튼을 2회 ON 조작하면 램프가 점등하는 즉, 두 번의 입력이 주어지면 출력이 나타나는 계수(計數) 기능을 갖는 회로이다. 회로도에서 PB_1의 첫 번째 ON조작에서는 램프가 점등하지 않고 두 번째 ON조작에서 점등한다. 램프를 소등하려면 PB_2를 누른다.

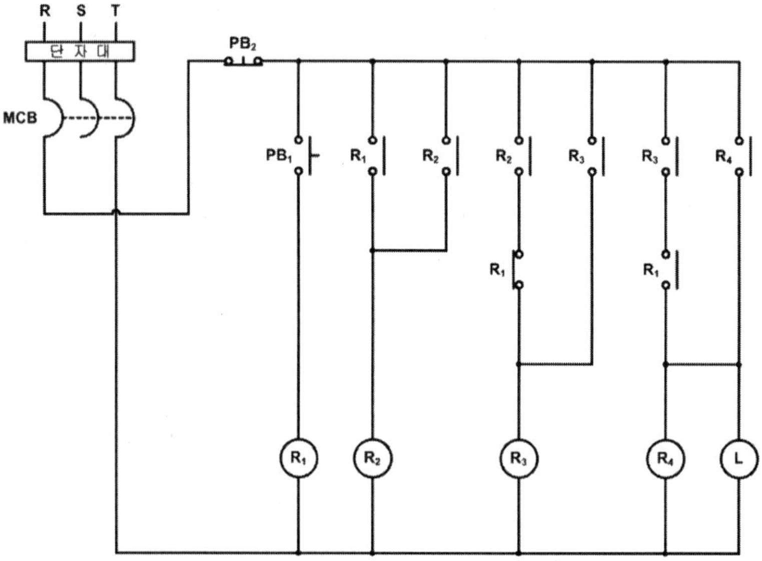

계수회로의 무접점제어회로

(10) 펌프제어회로

공장건물이 3개(F_1, F_2, F_3) 있고 급수펌프가 용량별로 3대가 있을 때 공장이 모두 휴무이거나 한공장만 가동하면 M_1펌프를 운전하고 세공장중 두 곳에 가동하면 M_2펌프, 세공장 모두 가동하면 M_3펌프를 운전시키고자 하며 다음 표와 같이 정리된다. ("0"인 경우 가동 혹은 운전이 안 되는 상태이고 "1"인 경우에는 가동 혹은 운전 상태를 나타냄)

공장의 가동상태			펌프의 운전상태		
$F_1(R_1)$	$F_2(R_2)$	$F_3(R_3)$	$M_1(L_1)$	$M_2(L_2)$	$M_3(L_3)$
0	0	0	1	0	0
0	0	1	1	0	0
0	1	0	1	0	0
0	1	1	0	1	0
1	0	0	1	0	0
1	0	1	0	1	0
1	1	0	0	1	0
1	1	1	0	0	1

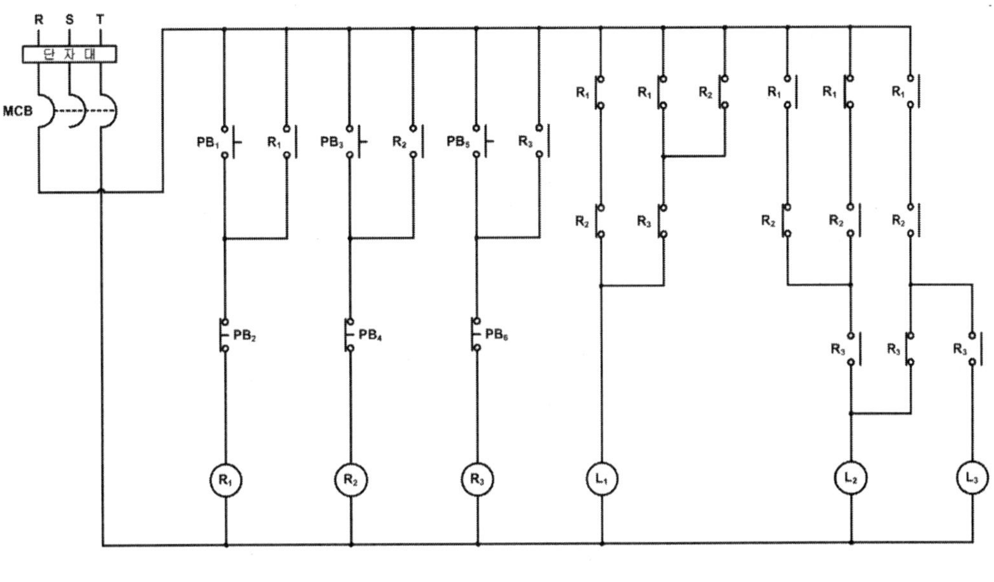

부록 A

PSpice 사용법

(MicroSim)

A.1 PSpice 일반

전기, 전자 및 디지털 회로 등을 설계 할 경우에는 회로 특성을 평가할 수 있는 정확한 방법이 필요하다. 이러한 회로를 직접 제작하여 실험할 수도 있지만, 회로 구성 및 특성 해석에 많은 시간과 계측장비 및 경비가 필요하기 때문에 실제로 회로를 제작하기 전에 컴퓨터를 이용하여 계산하고, 측정, 평가하는 과정을 거치는 것이 현재 회로설계 및 제작 시 필수적인 사항이 되었다.

이러한 관점에서 전기회로 및 전자회로의 시뮬레이션을 목적으로 개발된 SPICE(Simulation Program with Integrated Circuit Emphasis)는 트랜지스터의 동작점, 과도 특성 해석 및 주파수 응답 해석 등의 전기, 전자회로에 대한 복잡하고 다양한 해석이 가능하고, 저항, 콘덴서, 인덕터 등의 수동소자와 다이오드, 트랜지스터, FET등 능동소자에 대한 모델을 자료화함으로써 거의 모든 회로에 대한 시뮬레이션을 손쉽게 수행할 수 있게 되었다.

SPICE는 워크스테이션 이상의 중, 대형 컴퓨터에서만 사용가능 하였으나, 1984년 PSpice(Professional Simulation Program with Integrated Circuit Emphasis - MicroSim사)를 소개하면서 PC에서 회로 해석이 가능하게 되었다. 게다가 평가 버전(Evaluation Version)을 학생들의 편의를 위해 무료로 배포하여 단일 회로 안에 사용 가능한 부품 수를 25개(Tr 경우 10개, OP-amp 2~3개), 최대 사용 가능한 노드(node)수는 64개로 제한하고 있지만 비교적 복잡한 회로의 시뮬레이션도 가능하므로 학교 및 산업체에서 많이 사용하고 있다.

PSpice Evaluation 8.0 최소 하드웨어 사양

- IBM 486 호환기종 이상
- 16M 이상 메모리
- windows95 이상 OS
- 마우스
- 하드 여유공간 20M 이상

A.2 PSpice 입문

2.1 PSpice 기본 아이콘

DesignLab Eval 8 클릭

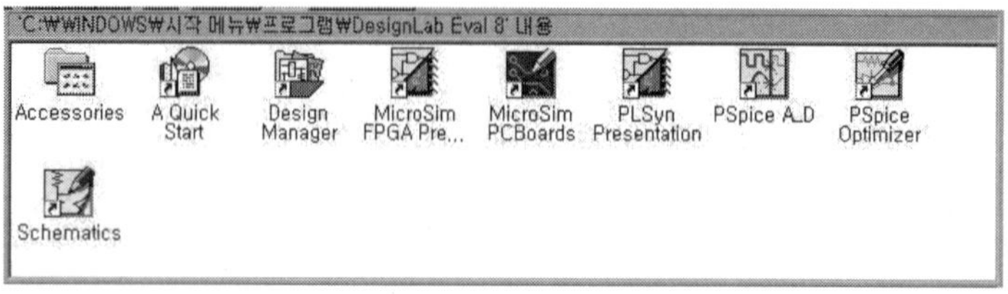

- MicroSim FPGA Presentation: FPGA의 설계 시 사용하는 프로그램
- MicroSim PCBoards: PCB layout 및 auto routing 관련 artwork 수행 프로그램
- PLSyn Presentation: 디지털 논리회로 관련 PLD, CPLD의 설계 시 사용하는 프로그램
- PSpice A_D: 시뮬레이션 동안 실제 계산을 수행하는 프로그램
- PSpice Optimizer: 회로 최적 설계 값(소자 값, 소자의 파라미터)을 구해주는 프로그램
- Schematics: 시뮬레이션 할 회로를 그리는데 사용하는 schematic capture program

Accessories 클릭

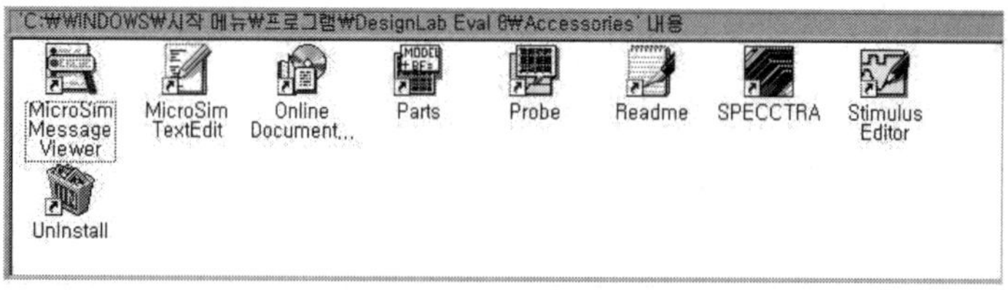

- Parts: 표준 부품이 아닌 소자(diode, Tr, FET, OP-amp 등)의 PSpice 파라미터를 설정할 수 있도록 제공하는 프로그램
- Probe: 시뮬레이션 결과를 그림으로 나타내는 프로그램
- Stimulus Editor: 사용자가 정의하는 파형을 생성하여 입력신호원(source)으로 사용할 수 있도록 하는 프로그램

2.2 PSpice 구성

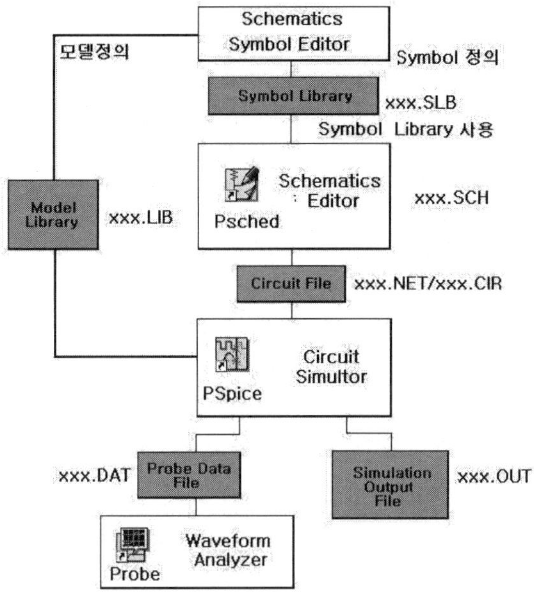

2.3 PSpice Schematics

① Design Eval v8.0에서 schematic을 클릭 한다.

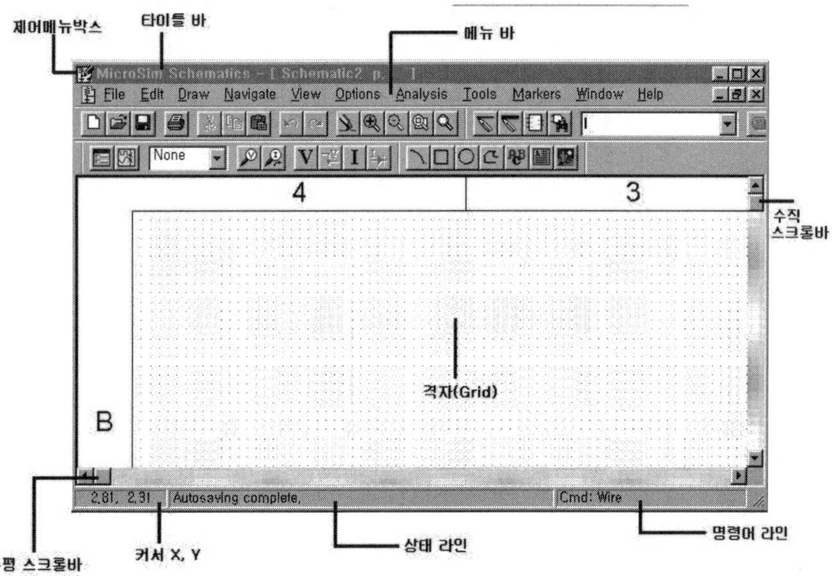

- Simulation을 위한 회로를 그리는데 사용하는 platform

- Schematic을 통하여 모든 symbol과 model library를 access함.
  - 제어메뉴박스(Control Menu Box): 윈도의 닫기, 크기변경, 응용프로그램의 교체
  - 타이틀 바(Title Bar): 실행중인 응용 프로그램명, schematic 파일명, 사용 페이지, 사용 중인 part표시
  - 메뉴 바(Menu Bar): 메뉴를 나타내며, 각 메뉴를 클릭 하면 submenu가 나타남.
  - 수직 스크롤 바(Scroll Bar): schematic 안의 화면을 상하 방향으로 이동
  - 수평 스크롤 바(Scroll Bar): schematic 안의 화면을 좌우로 이동
  - 커서 X, Y(Cursor X, Y): 화면상의 커서위치를 표시.
  - 상태 라인(Status Line): 현재의 정보를 표시
  - 명령어 라인(Cmd Line): 현재 사용중인 명령 혹은 바로 직전의 명령 표시
  - 격자(Grid): schematic안의 격자를 표시

2.4 Schematics의 각종 파라미터 설정

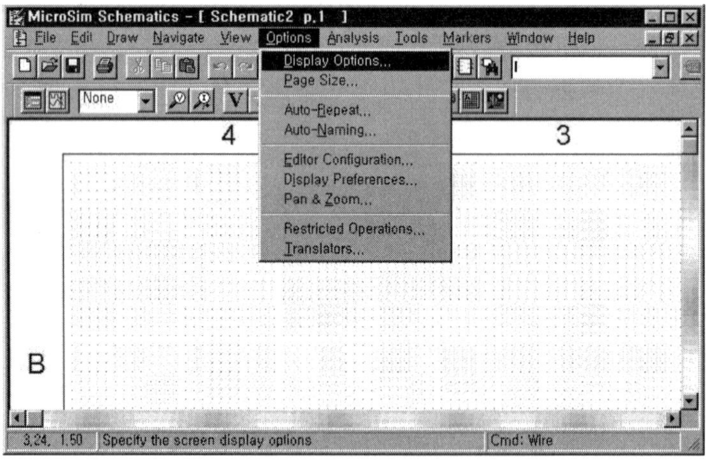

① Display Option 설정

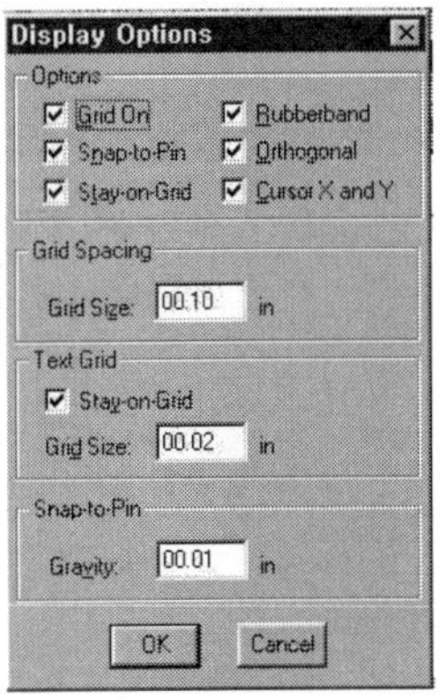

Options

- Grid on: 화면에 격자점 표시
- Snap to Grid: 모든 선/소자를 선택하여 화면에 위치시 가장 가까운 격자 선으로 스냅
- Orthogonal: 모든 선과 소자가 교차 시에 직각을 유지하도록 함.
- Stay on Grid: 모든 선과 소자의 이동시 격자선상에 위치하도록 함.
- Auto-Scroll: 커서의 움직임에 따라 자동적으로 화면을 스크롤
- Rubberband: 소자의 이동시 소자에 연결된 선의 연결상태를 그대로 유지.
- Status Line: 화면 밑에 현재의 정보를 표시
- Cursor X and Y: 화면상에서 커서의 위치 표시

Grid Spacing

- Grid Size: 격자간격을 인치(inch)로 설정

Text Grid

- Stay on Grid: 사용자가 입력한 문자를 격자선 위에 위치
- Grid Size: 문자에 대한 격자간격을 인치(inch)로 설정

② Probe 설정

- Analysis/Probe Setup을 선택하면 아래와 같은 대화상자가 나타난다.

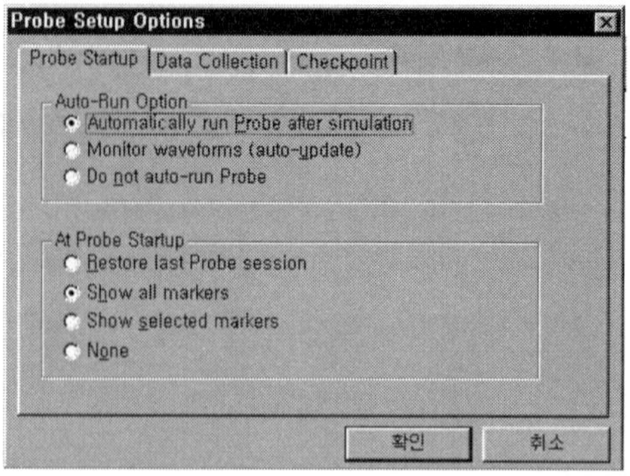

Auto-run Option

- Automatically Run Probe After Simulation: 시뮬레이션을 모두 완료한 후에 probe를 수행한다.
- Monitor Waveforms(auto-update): 시뮬레이션 수행하면서 그래프를 화면에 그린다.
- Do nct auto-run Probe: Auto-Run Probe를 수행하지 않는다.

At Probe Startup

- Restore Last Probe Session: 자동적으로 가장 최근의 probe session을 재실행한다.
- Show all markers: Schematics 화면상에 표시한 모든 marker의 전압, 전류를 자동으로 probe 화면에 표시한다.
- Show selected markers: schematics 화면상의 Marker중에서 선택한 것만을 자동적으로 probe 화면에 표시한다.
- None: Probe를 실행하고 데이터를 자동으로 로딩 하지만 자동으로 그래프를 probe화면에 표시하지 않는다.

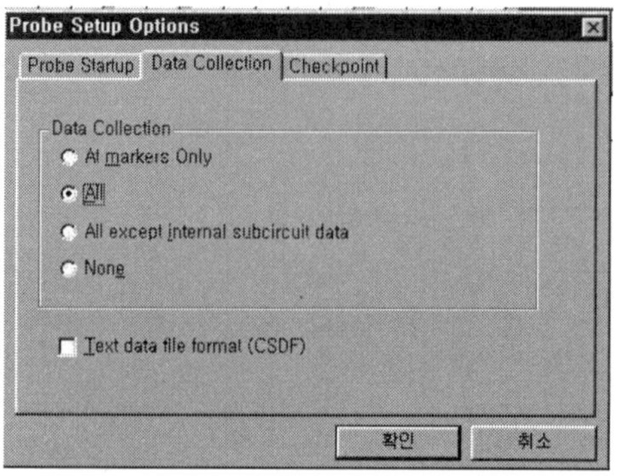

Data Collection

- At markers only: marker에 의해 schematics 화면상에 표시한 노드 데이터만 저장한다.
- All: 전체 회로에 대한 모든 데이터를 저장한다.
- All except internal subcircuit data: subcircuit 안쪽에 존재하는 노드를 제외한 모든 노드의 데이터 저장한다.
- Text Data File Format(CSDF): probe용 데이터를 binary 대신 text로 저장한다.

③ 시뮬레이션 해석의 설정

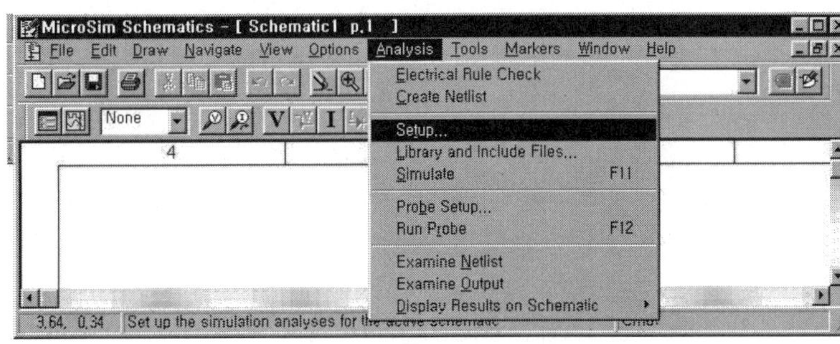

- Analysis/Setup을 선택하면 아래와 같은 대화 상자가 화면에 나타난다.

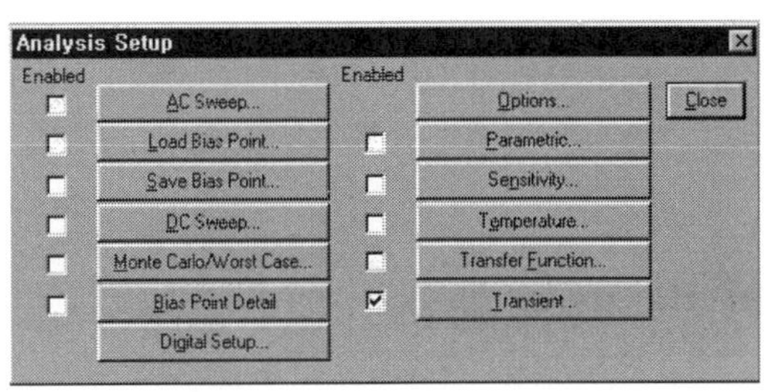

- AC Sweep: 전원의 주파수를 증가시켜 가면서 회로의 전압, 전류의 크기와 위상을 계산한 보드 선도로 출력한다.(주파수 응답)
- Load Bias Point: 이전에 계산하여 저장한 바이어스 포인트에 대한 데이터 파일을 load 한다.
- Save Bias Point: 현재 회로의 바이어스 포인트에 대한 데이터를 파일로 저장한다.
- DC Sweep: 전원, 모델의 파라미터나 온도를 변화시키면서 회로의 전압,

전류, 디지털 회로의 상태 등을 계산한다.

- Bias Point: 상세한 바이어스 포인트 데이터를 계산하고, output 파일에 출력한다.
- Transient: 시간을 증가시켜 가면서 회로의 전압, 전류, 디지털 회로의 상태 등의 과도상태를 계산한다.
- Parametric: 모델의 파라미터, 소자의 값이나 동작온도를 정해진 순서에 따라 변화시키면서 특정한 기본 해석을 반복한다.
- Temperature: 동작온도를 정해진 순서에 따라 변화시켜 가면서 특정한 기본 해석을 반복한다.
- Monte Carlo/Worst-Case: 어떤 영역 안에서 모든 소자의 모델 파라미터를 임의로 랜덤하게 변화시켜 가면서 그 변화에 따른 회로의 응답을 계산한다.
- Sensitivity: 어떤 영역 안에서 한 소자의 모델 파라미터를 변화시키면서 그 변화에 따른 회로의 응답을 계산한다.

④ 회로도 그리기

i) 필요한 소자를 라이브러리로부터 가져와 화면상에 배치

ii) Draw/Wire(Ctrl + W)명령을 사용하여 소자들을 연결

iii) 전원을 포함한 각 소자의 파라미터를 입력

iv) 시뮬레이션 타입을 설정한 후 실행

A.3 아날로그 시뮬레이션

example design : **single phase diode bridge rectifier**

- 설계 시 필요한 디바이스

인덕터	1mH	2개	L	다이오드	-	4개	Dbreak
저항	20Ω	1개	R	교류전원	-	1개	VSIN
콘덴서	1000μF	1개	C	GND	-	1개	AGND

가〉 Symbol Library에 있는 DEVICE 가져오기

- 방법1. Draw/Get New Part
- 방법2. Ctrl-G

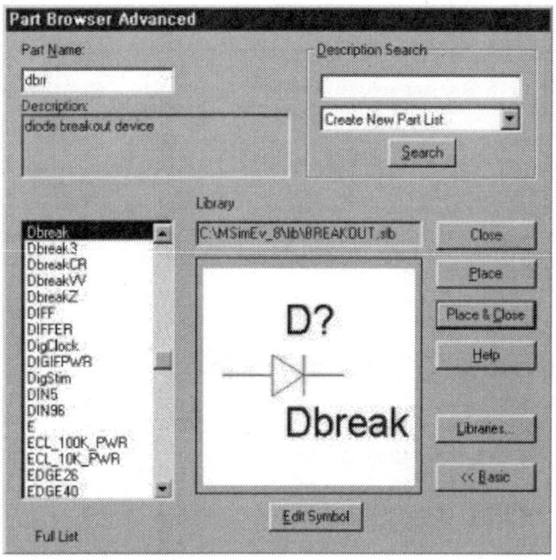

소자의 방향을 바꾸는 방법

- 방법1. Edit/Rotate
- 방법2. Ctrl_R

소자의 대칭 이동

- 방법1. Edit/Flip
- 방법2. Ctrl_F

소자를 삭제

- 방법1. 마우스를 이용하여 소자를 클릭
  → 선택되면 붉은 색으로 변함
  → "del" 키를 이용하여 삭제
- 방법2. Edit/Delete

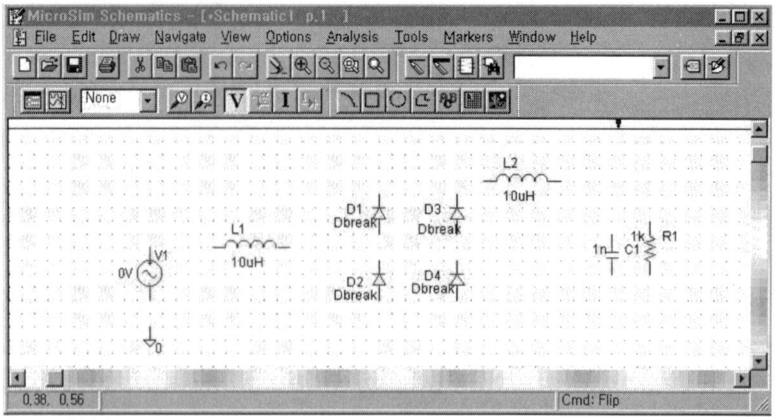

나) Device들 간의 선 연결(Wiring)

- 방법1. Draw/Wire
- 방법2. Ctrl-W

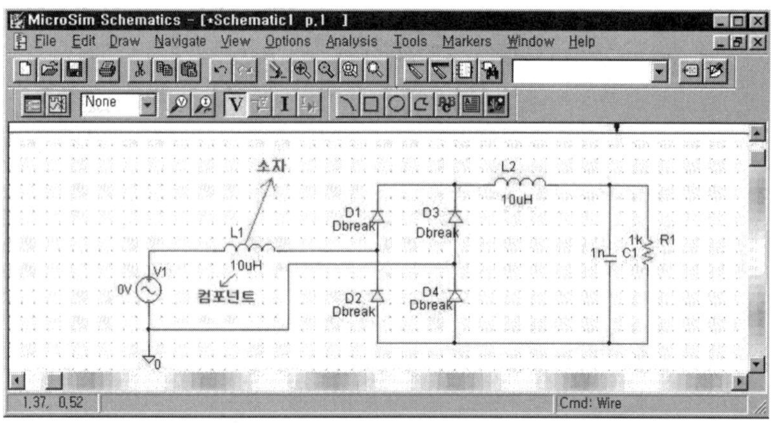

다) 파라미터 값 변경

- R, L, C의 기본 값을 시뮬레이션에 필요한 값으로 변경
- 교류전원의 파라미터를 입력함.

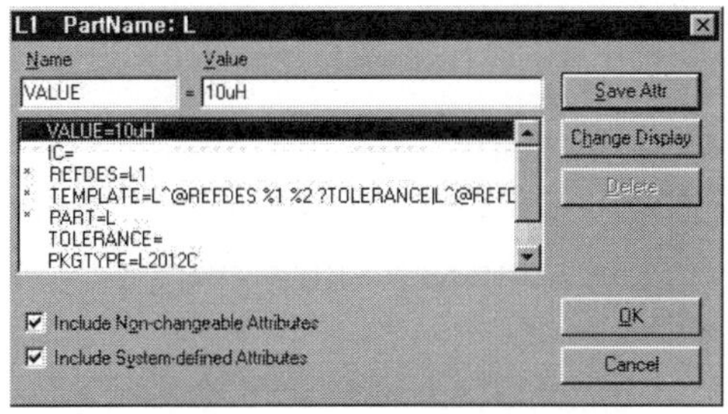

- 아날로그 디바이스의 컴포넌트 값을 변경하는 방법

  방법1. 값을 변경하고자 하는 소자를 마우스로 더블 클릭.

  방법2. 컴포넌트 값을 더블 클릭.

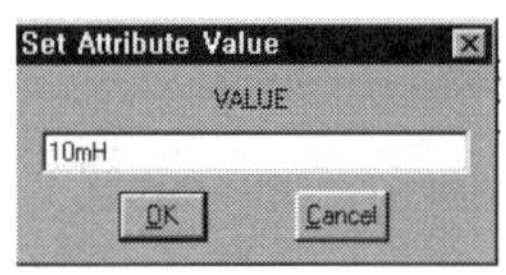

- 교류전원의 파라미터 입력하기

  단상교류 60Hz, 실효치: 120V → peak치: 170V

  교류전원 VSIN을 더블클릭

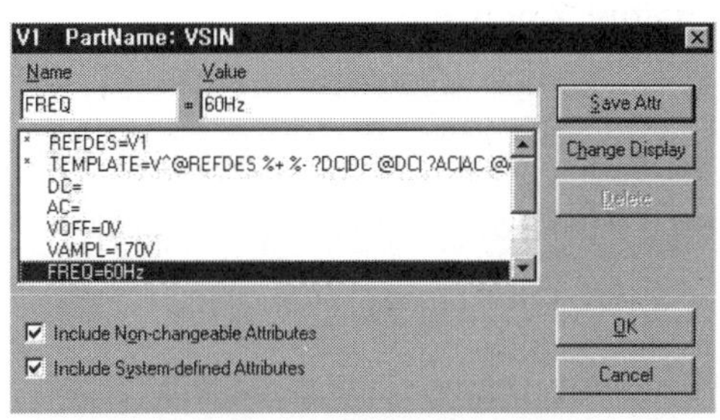

Attribute	Description
DC=	- DC 전원 - DC analysis를 수행할 경우에만 사용함. - 크기를 입력
AC=	- AC 전원 - AC analysis를 수행할 경우에만 사용함 (주파수 응답)
VOFF= : DC offset voltage VAMPL= : AC peak amplitude FREQ= : frequency TD=0 : time delay DF=0 : damping factor PHASE=0 : phase	- Transient analysis에서 사용 - 일반적인 교류 전압원으로 많이 사용. - Default로 DF = 0, TD = 0, PHASE = 0 설정

라〉 Analysis setup

Analysis/setup

1. 원하는 항목을 클릭 한다.
2. 필요한 파라미터를 입력한다.

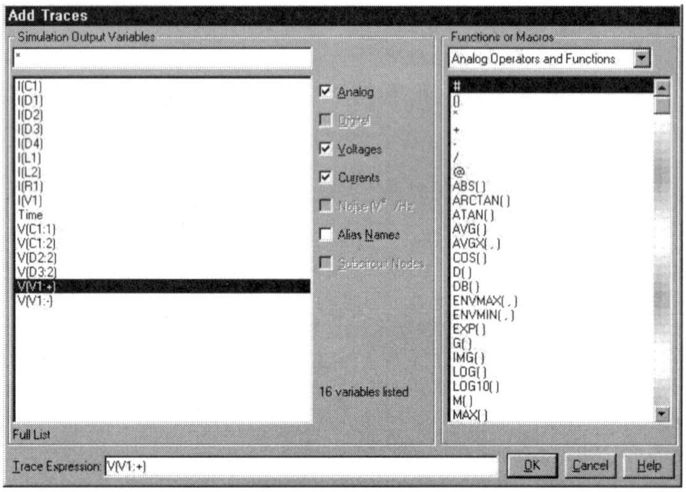

(여기서는 시뮬레이션 타입 중에서 우선 transient 부분만 다룬다.)

Transient Analysis

- Print setup: transient analysis의 결과를 print하거나 plot하기 위한 time interval 결정, probe용 file에는 영향을 주지 않음. 작게 했을 경우에는 시뮬레이션 시간이 다소 증가함.
- Final time: 시뮬레이션이 끝나는 시간. (기본단위 : sec)
- No-Print Delay: data를 저장하지 않는 동안의 시간 설정.
  정상상태만 관심이 있고, probe용 data file의 크기를 줄일 때 사용.
- Step-Ceiling: 회로방정식을 수치해석 적으로 해석할 때 PSpice가 취하는 최대 stepsize → 일반적으로 비워둠.
- Detailed Bias Pt.: enable되었을 때, out file에 상세 bias point information을 보냄.

Fourier Analysis

Fourier Analysis data를 out file에 프린트하는데 필요한 정보 입력

- Enable Fourier: Fourier Analysis data를 out file에 프린트하도록 함.
- Center Frequency: 기본 주파수 입력

- Number of Harmonics: 원하는 harmonics의 order수 입력
- Output Vars: output node name이나 node number 기입

마〉 회로 시뮬레이션

1. 일반적인 시뮬레이션 방법
   1) 먼저 작성한 회로를 저장한다. (file/save)
   2) net list 생성. (Analysis/Create Netlist)
      - .out file 생성. 만일 에러가 발생하면 F10을 눌러 에러 리스트를 확인
   3) PSpice A/D 실행

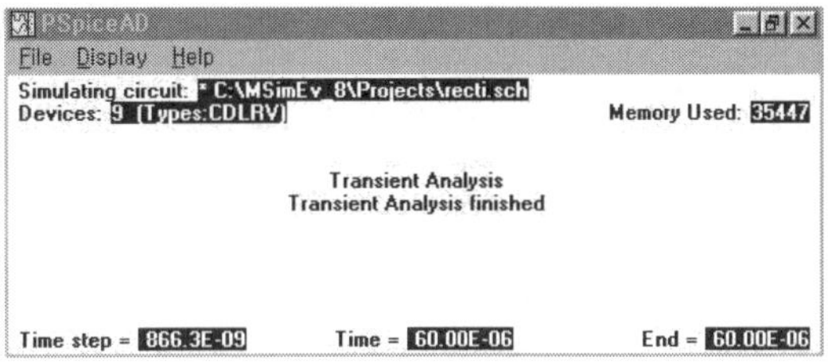

- 방법1. Analysis/Simulate 클릭
- 방법2. 키보드의 F11 누름
- 방법3. PSpice A/D 아이콘 클릭

4) Probe mode동작

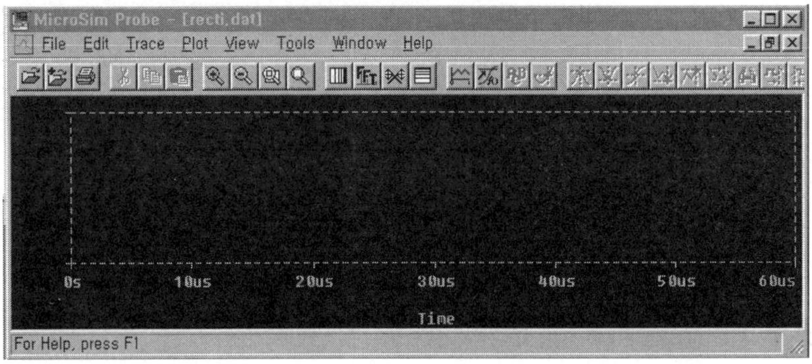

5) 전압과 전류 파형을 그리기 위해서 Trace/Add 선택

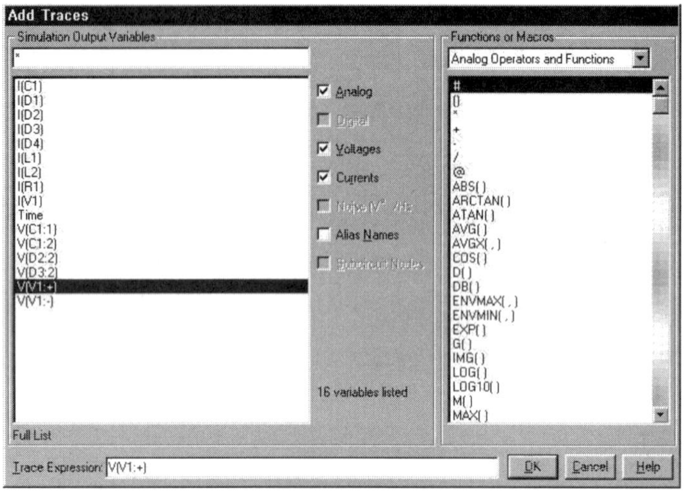

- Add Traces를 이용하여 파형을 그리기 위해서는 각 소자에 대한 part name을 알고 있어야 한다. 그러므로 node가 많은 회로에서 그 번호를 하나하나 기억하고 있는 것은 불가능하므로 복잡한 회로를 probe할 경우에는 시뮬레이션 수행이전에 schematics상에서 지정하는 것이 더 편리하다.

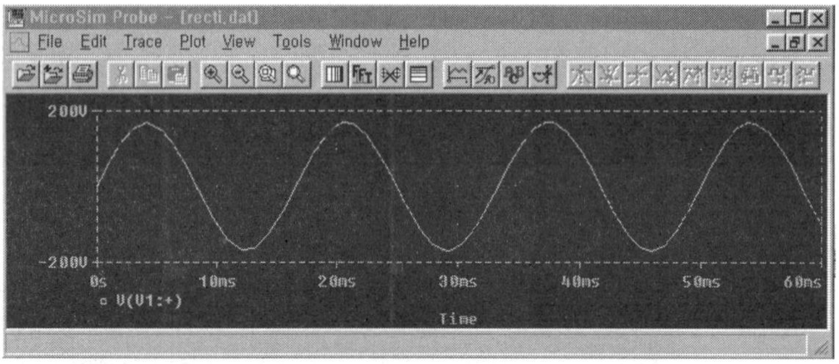

A.4 Waveform markers를 이용하는 방법

1) 보고자 하는 파형: 입력 교류 전원 전압, 입력 교류 전원 전류, 출력 DC 전압

2) 입력 교류 전원 전압의 mark

   - 방법 1. markers/mark voltage/Level 선택
   - 방법 2. Ctrl-M

- 방법 3. 아이콘 클릭

3) 출력직류 전압의 mark

- 출력 직류 전압을 AGND에 대한 전위가 아니라 capacitor양단의 전압을 표시해야 하므로 markers/Mark Voltage Differential을 사용해야 한다. +, - 부호에 주의

4) 입력 교류 전원 전류의 mark

- 방법 1. markers/Mark Current into Pin 선택
- 방법 2. 아이콘 클릭
- 전류 선택 시 전류 방향에 대하여 주의

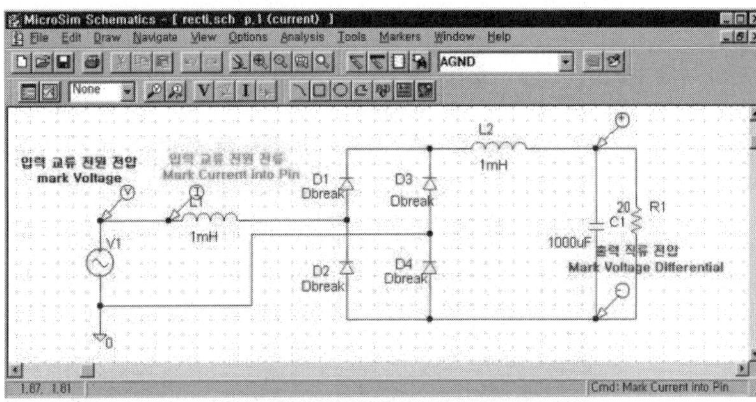

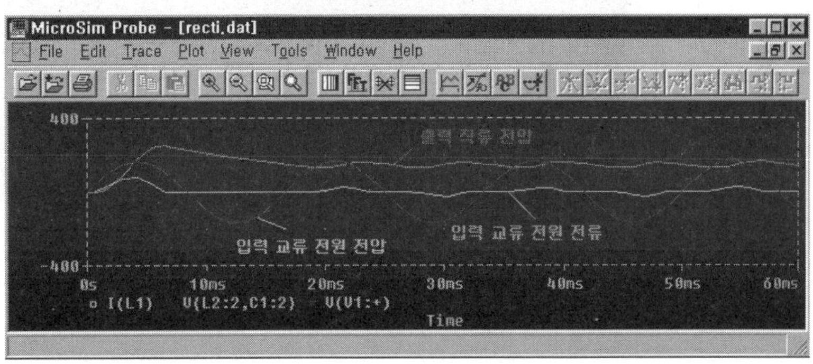

plot 추가: Plot/Add plot 하면 아래 그림과 같이 된다.

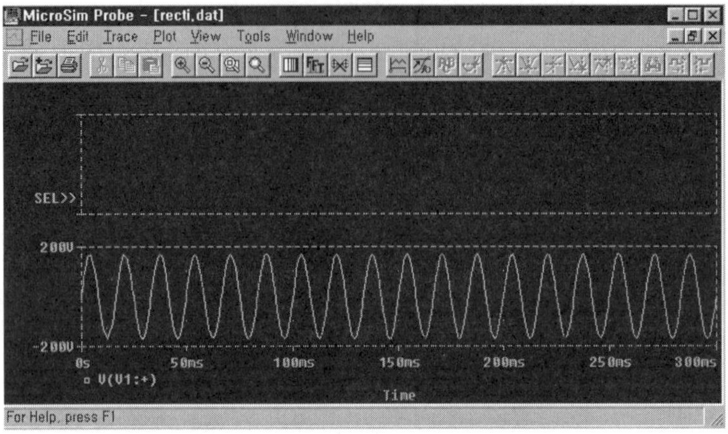

Trace/Add.. 하여 원하는 신호를 선택

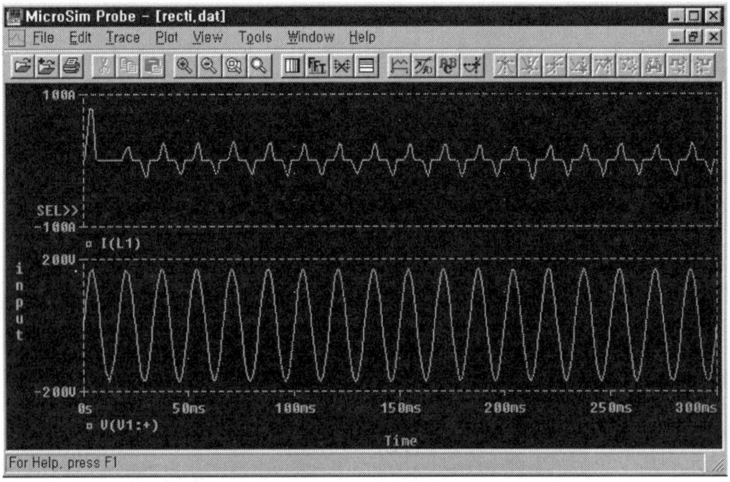

X, Y setting 변경: 여기서 data의 range와 축의 수, 스케일, 타이틀을 입력한다.

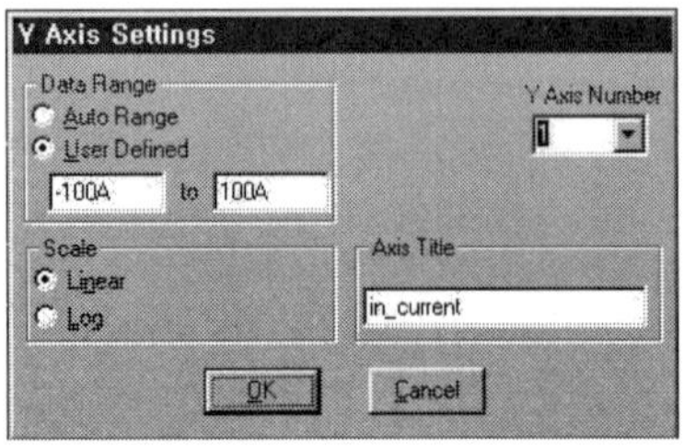

VPULSE 입력 파형 넣기

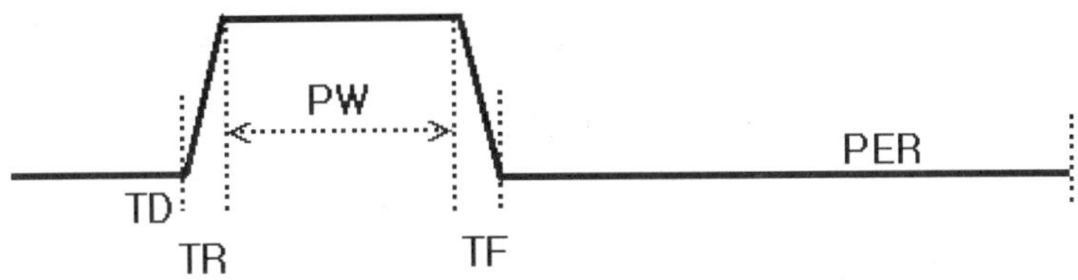

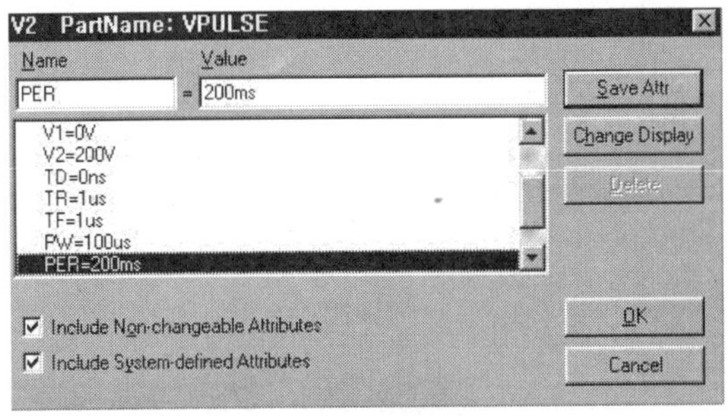

V1	낮은 level의 전압
V2	높은 level의 전압
TD	delay time
TR	rising time
TF	falling time
PW	pulse width
PER	off time

A.5 디지털 시뮬레이션

example design : Half adder

설계 시 필요한 디바이스

Exor	7486	1개	input	stim	2개
AND	7408	1개	output	global	1개

가〉 아날로그와 동일한 방법으로 회로를 설계한다.

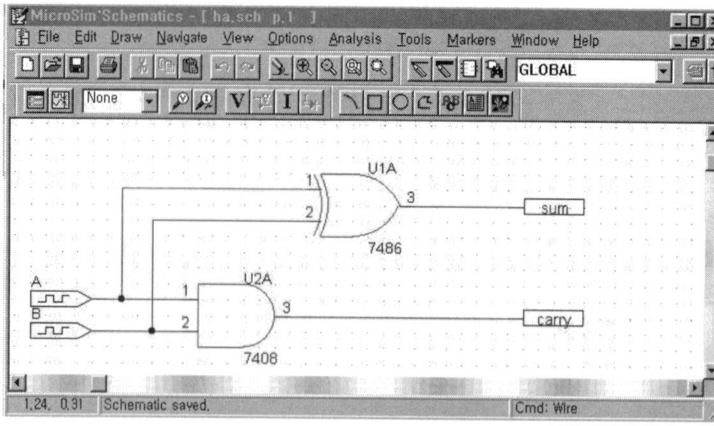

나〉 stim 입력 넣기

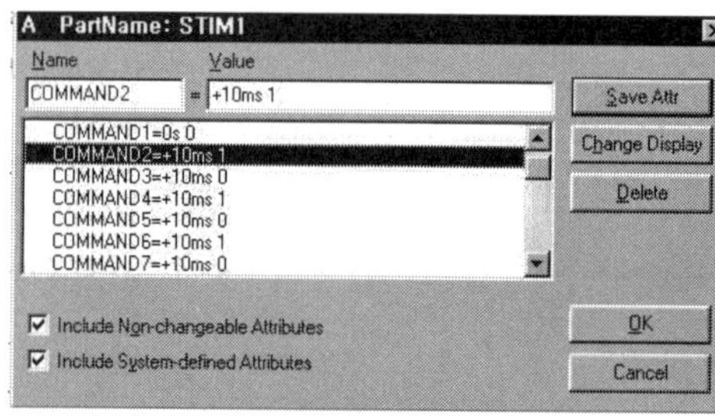

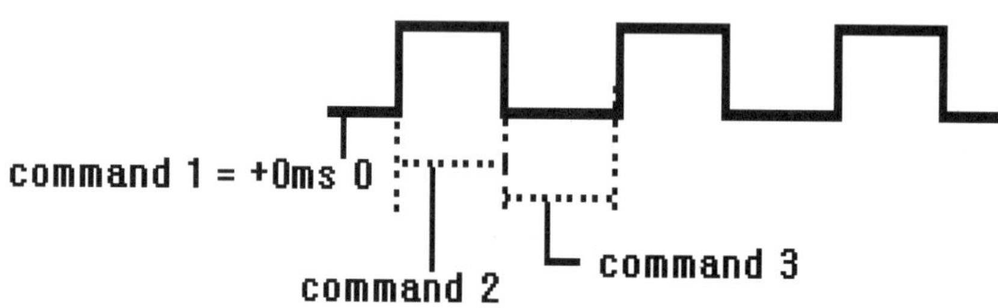

다〉 PSpice A/D 실행

라〉 Probe mode동작

마〉 파형을 출력하기 위해서 Trace/Add 선택

- 아날로그 시뮬레이션과 동일

바〉 시뮬레이션 파형

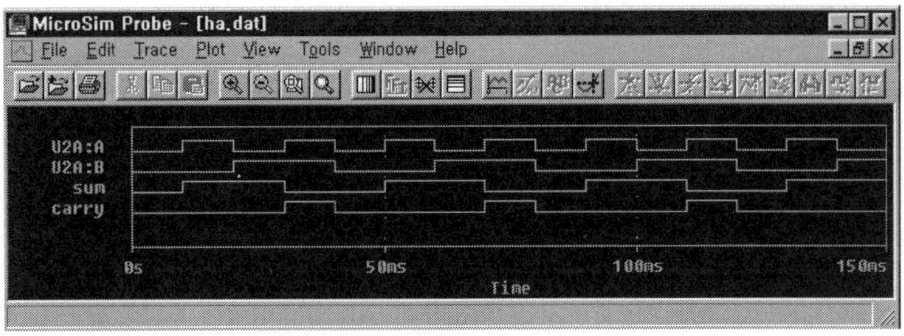

A.6 자주 사용하는 단축 키

Ctrl + S : Save

Ctrl + Z : Undo

Ctrl + Y : Redo

Ctrl + X : Cut

Ctrl + C : Copy

Ctrl + V : Paste

Delete : Delete

Ctrl + R : Rotate

Ctrl + P : Place Part

Ctrl + W : Wire

Ctrl + B : Bus

Ctrl + G : Get New Part → 메뉴를 통해 소자를 가져옴.

F11 : Simulate

F12 : Run Probe

Ctrl + M : Mark Voltage/Level

논리회로 시뮬레이션 연습 예제

■ 라이브러리에서 7400 추가

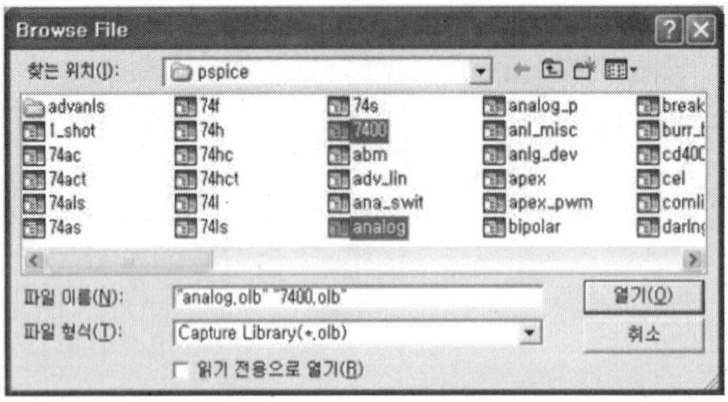

■ NAND 게이트 사용

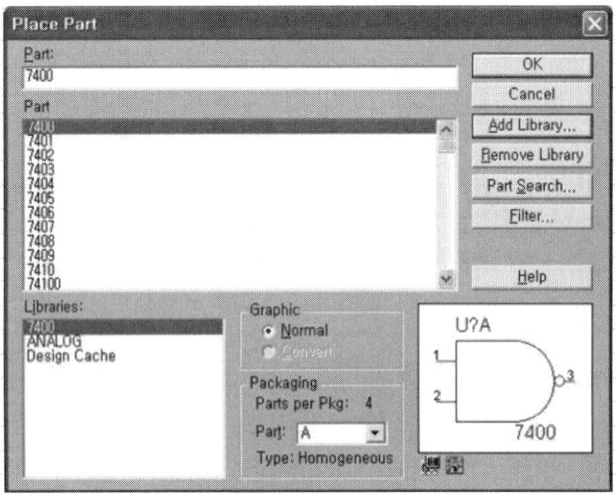

■ 소스는 라이브러리에서 sourcstm 선택

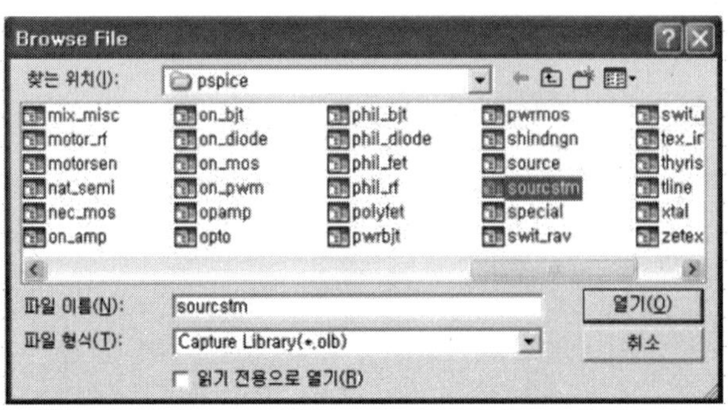

■ DigStim1 선택

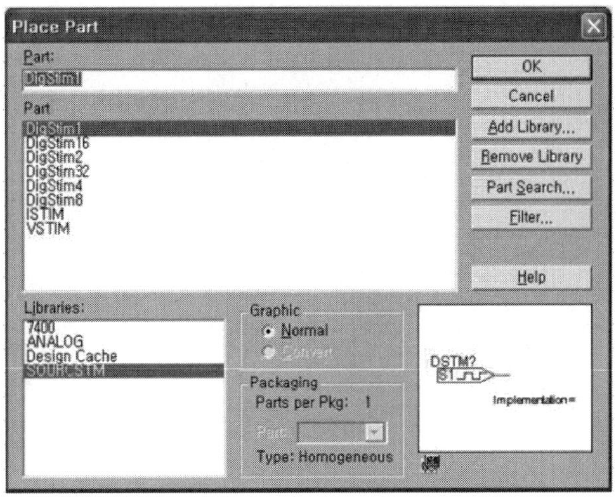

■ 게이트 입출력 배치

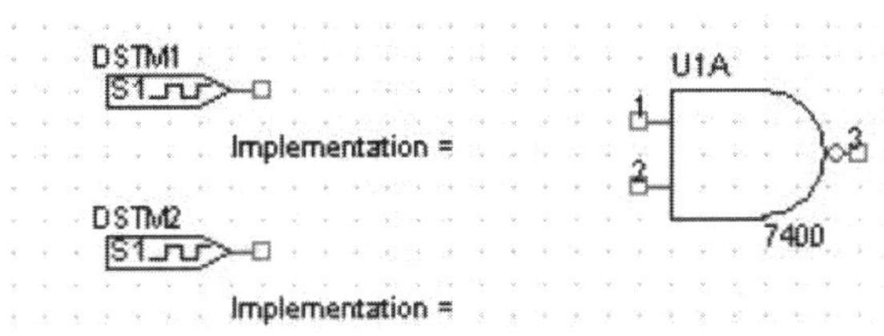

■ Off-Page Connector 선택

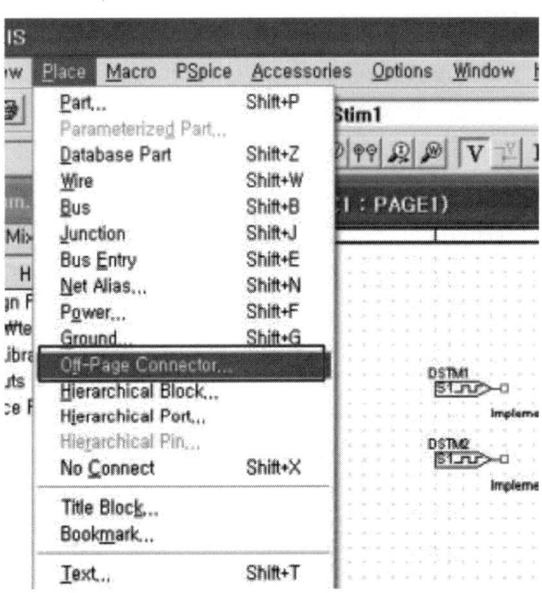

■ OFFPAGELEFT-L 선택

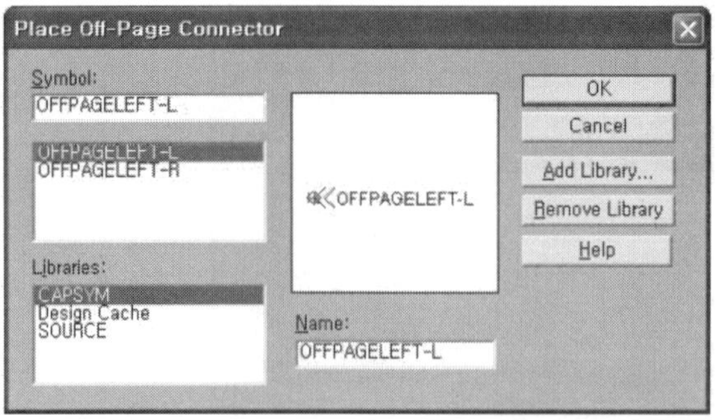

■ 게이트 입출력 연결

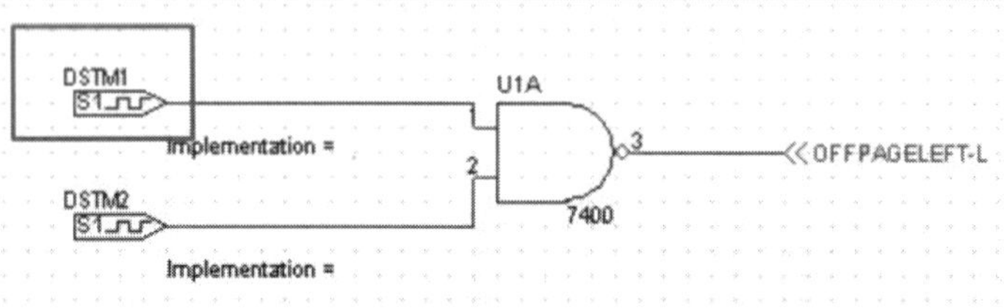

■ Edit PSpice Stimulus 선택

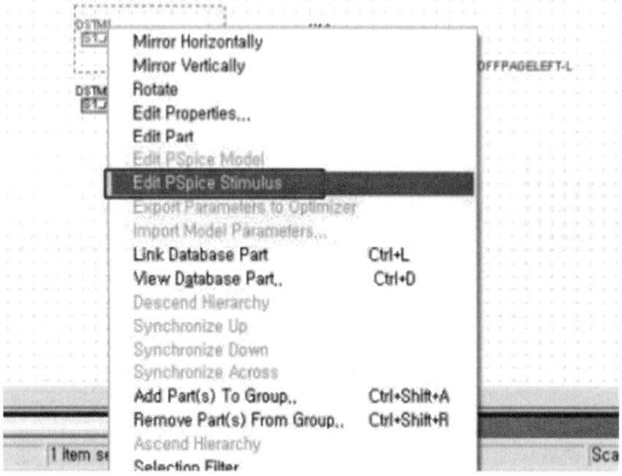

■ 임의의 파형 만들기 기능

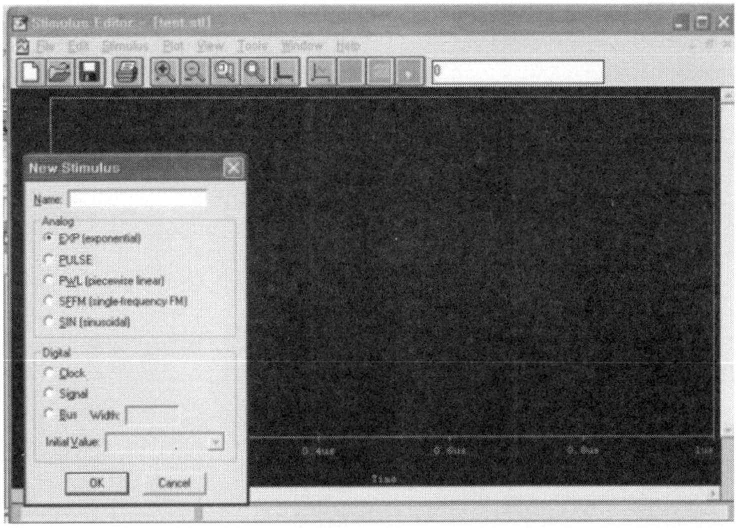

■ 이름 명명(In1) 명명 및 Clock 선택

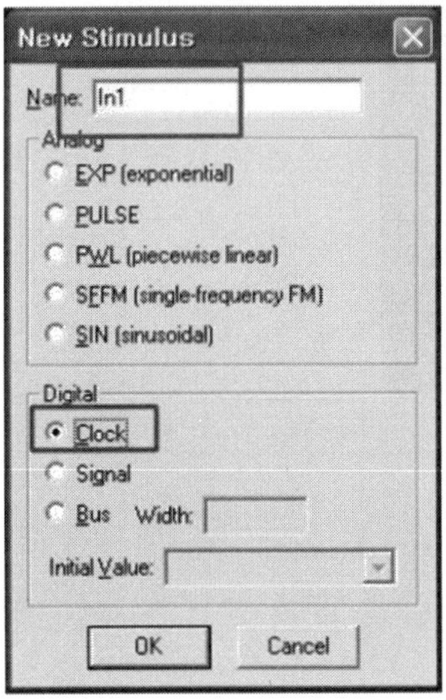

■ 주기 및 작동시간 설정

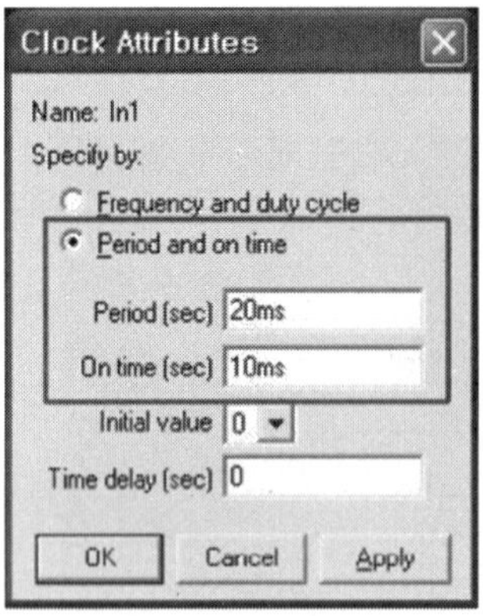

■ Stimulus–New 선택

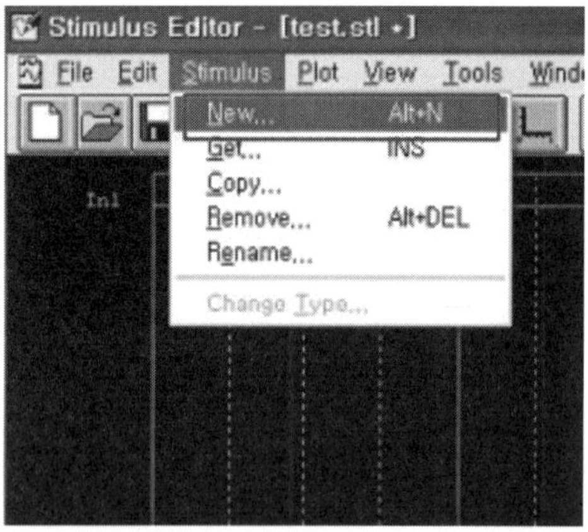

■ 이름 명명(In2) 명명 및 Clock 선택

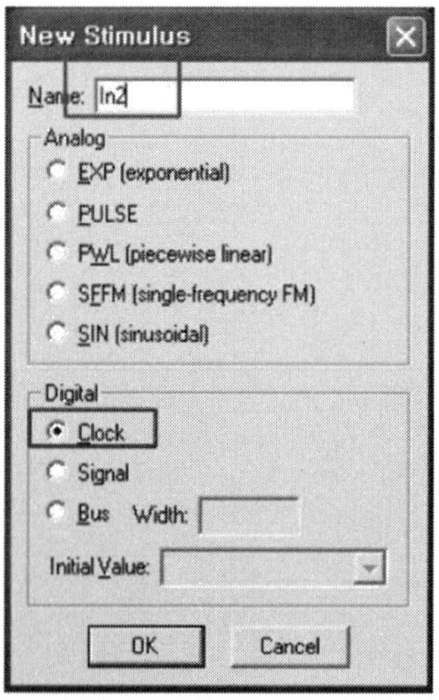

■ 주기 및 작동시간 설정

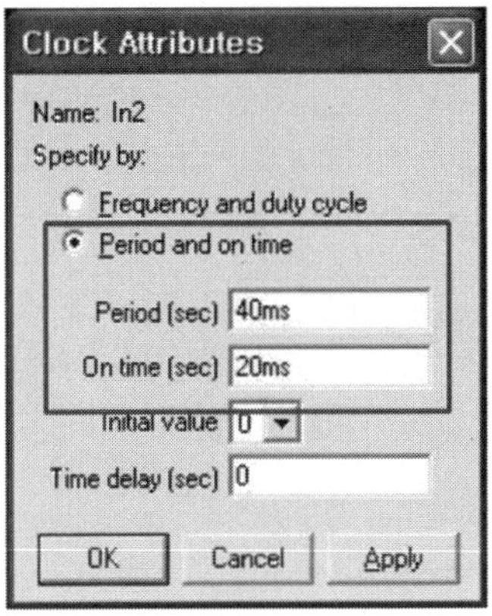

■ Stimulus Editor 화면 확인 및 저장

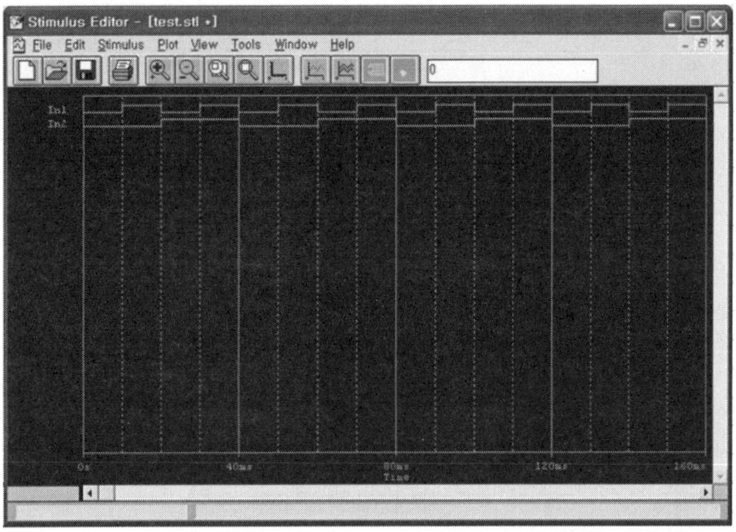

■ 회로도 화면 확인

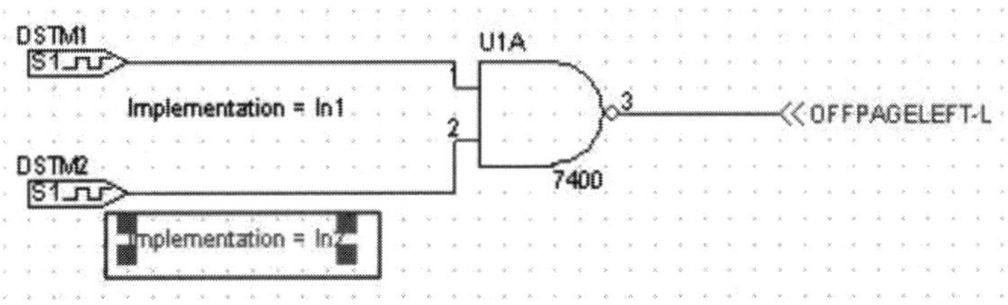

■ Implementation 선택

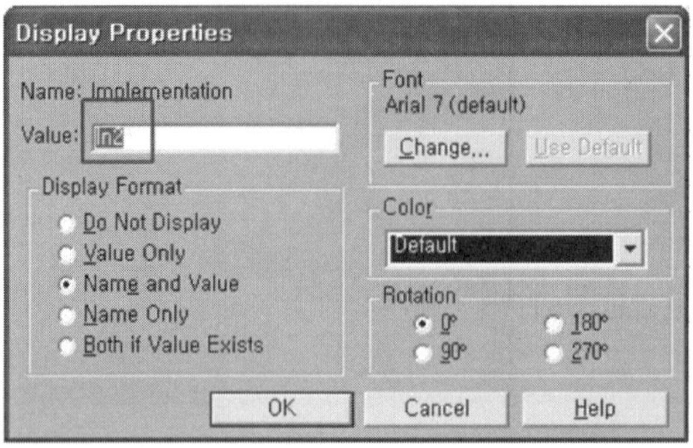

■ Edit Properties 선택

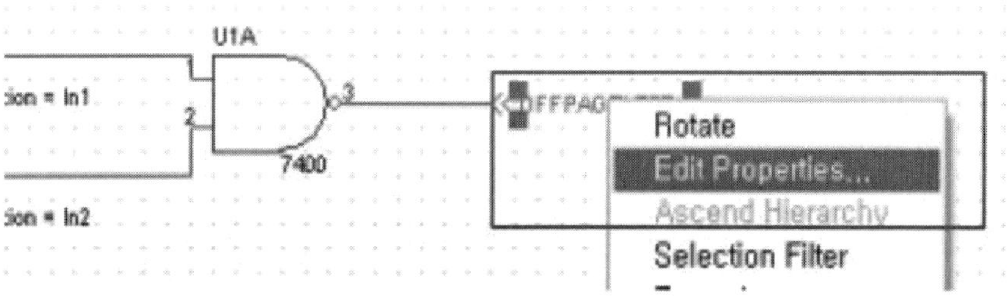

■ 이름 변경 (Out)

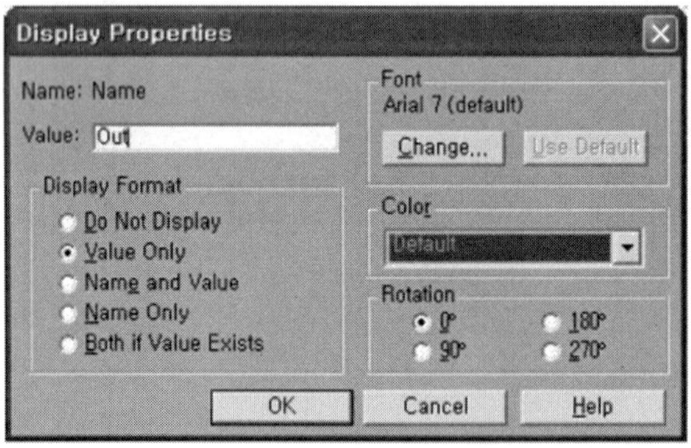

■ Place – Net Alias 선택

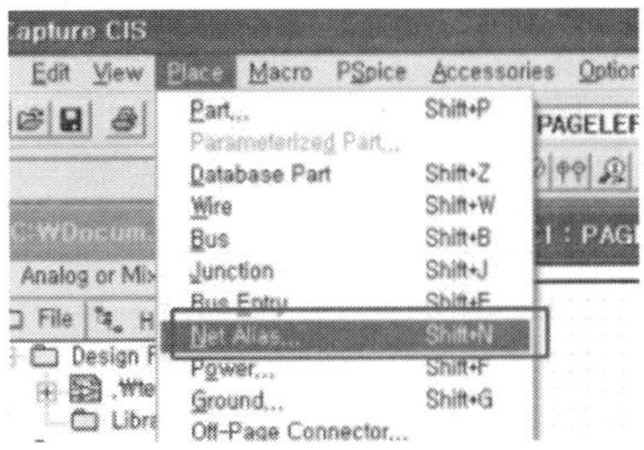

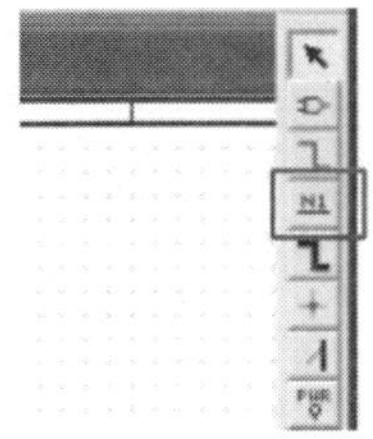

■ Net Alias 이름 설정 (In1)

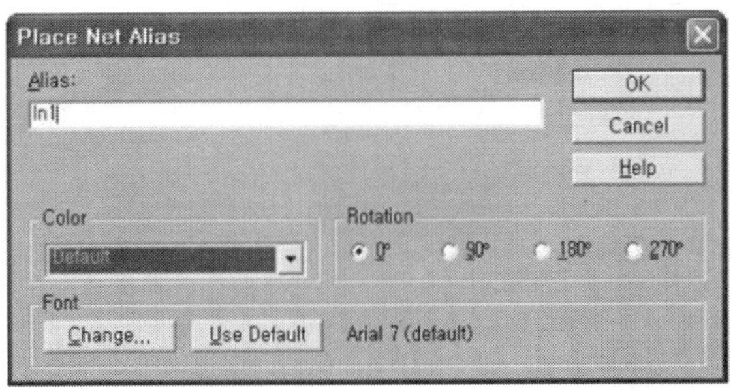

■ 입력 후 회로도 클릭

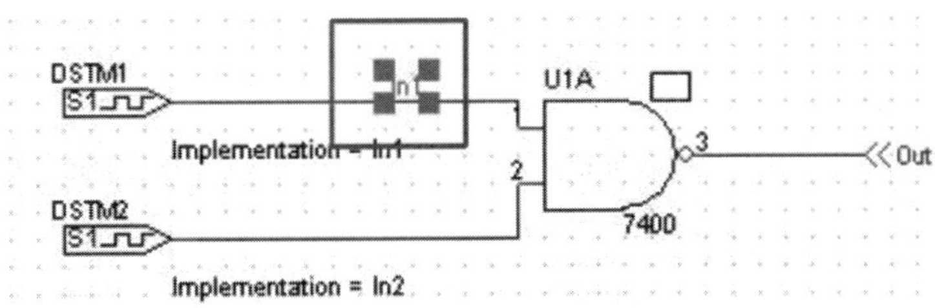

■ Net Alias 이름 설정 (In2)

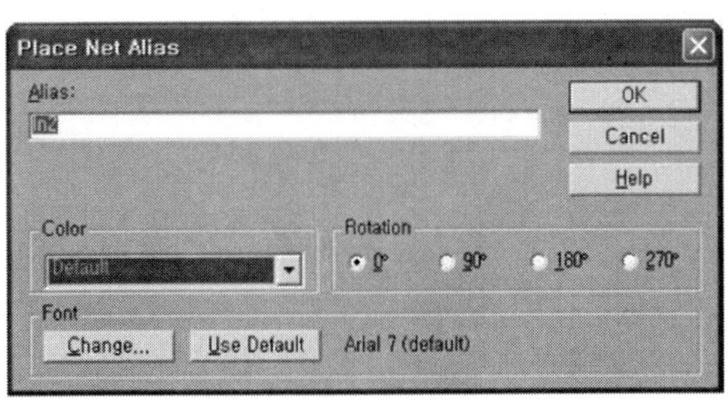

■ 입력 후 회로도 클릭

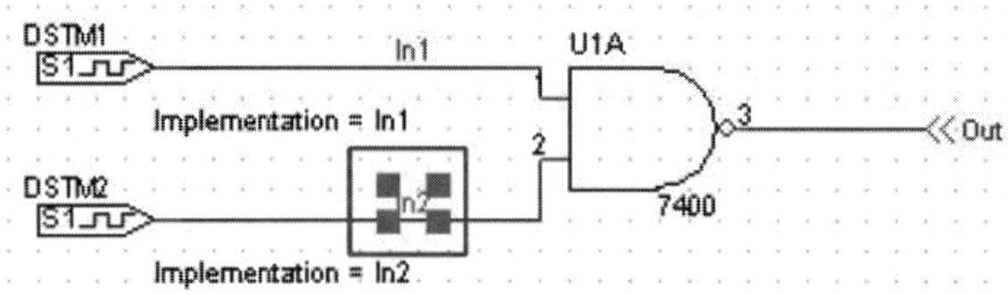

■ New Simulation Profile 실행

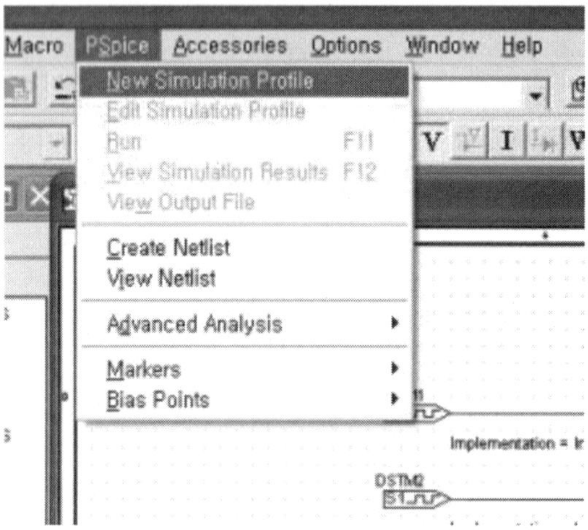

■ New Simulation Profile 실행

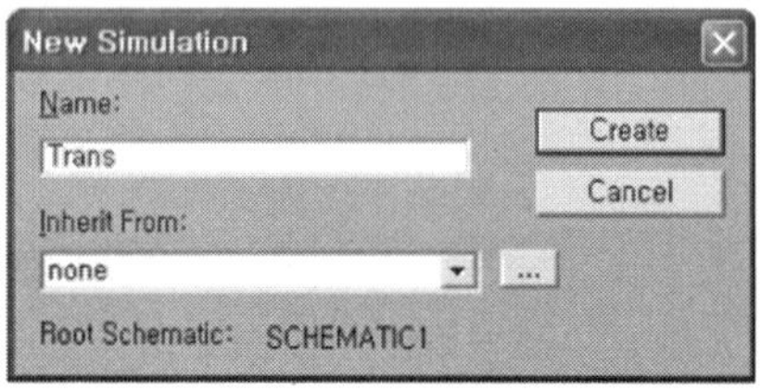

■ 시간영역 설정

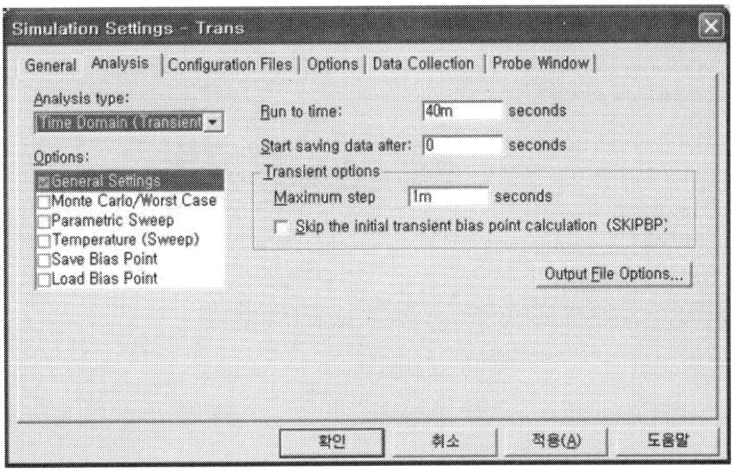

■ 디스플레이 Probe 설정

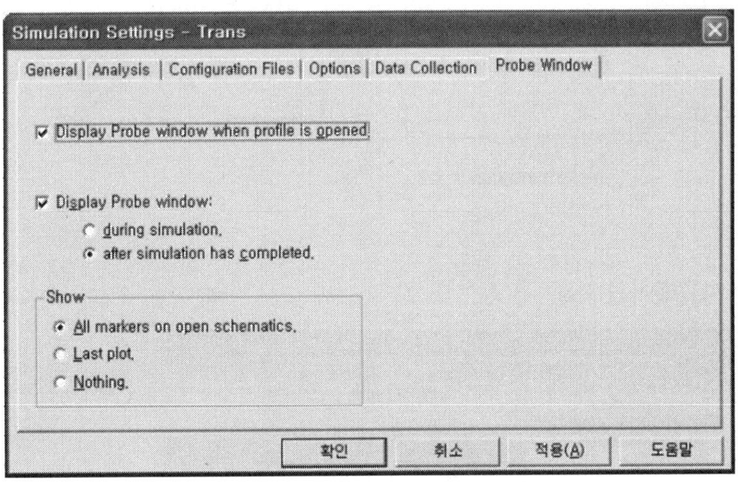

■ Marker 설정

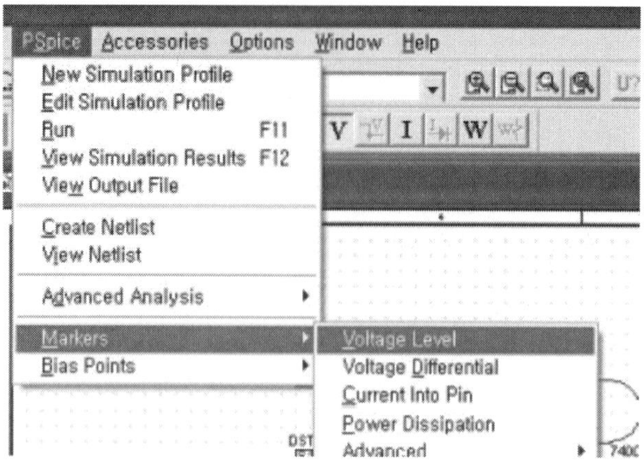

■ 회로도 상에서 Marker 선택

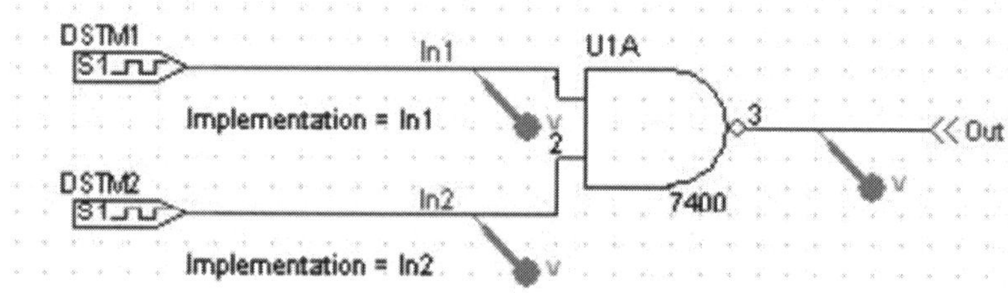

■ 시뮬레이션 Run 선택

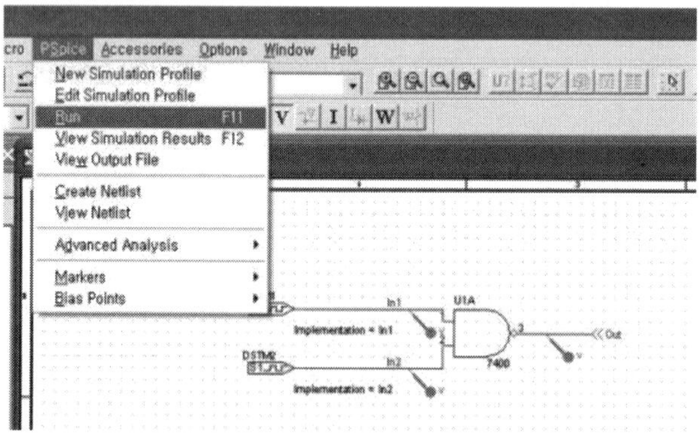

■ 실행결과 확인

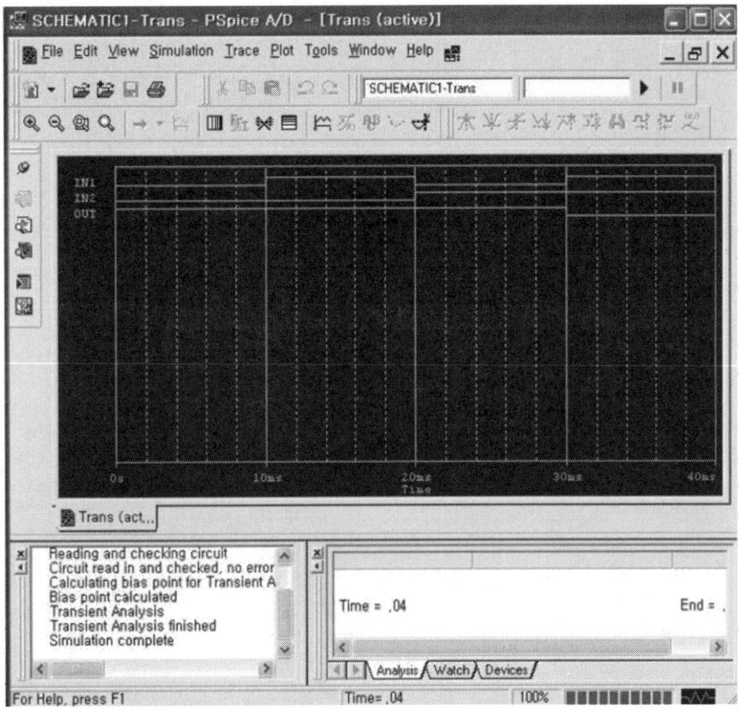
SCHEMATIC1-Trans - PSpice A/D - [Trans (active)]
File Edit View Simulation Trace Plot Tools Window Help
SCHEMATIC1-Trans
IN1
IN2
OUT
0s
10ms
20ms
Time
30ms
40ms
Trans (act...
Reading and checking circuit
Circuit read in and checked, no error
Calculating bias point for Transient A
Bias point calculated
Transient Analysis
Transient Analysis finished
Simulation complete
Time = ,04
End = .
Analysis
Watch
Devices
For Help, press F1
Time= ,04
100%

부록 B

논리게이트 일람표

(핀 접속도)

7400
Quad 2-Input NAND

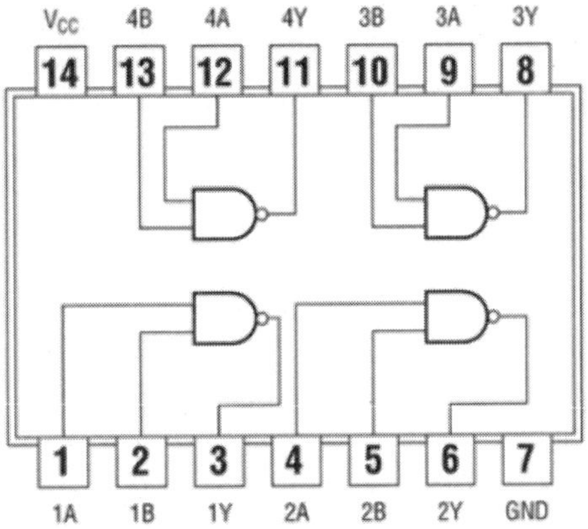

7401
Quad 2-Input NAND O.C.

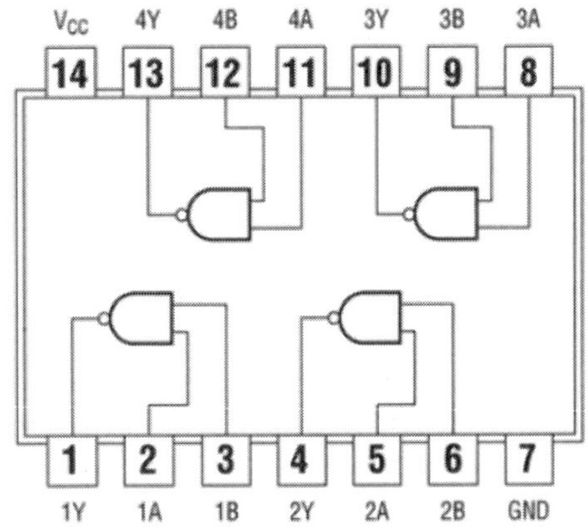

7402
Quad 2-Input NOR

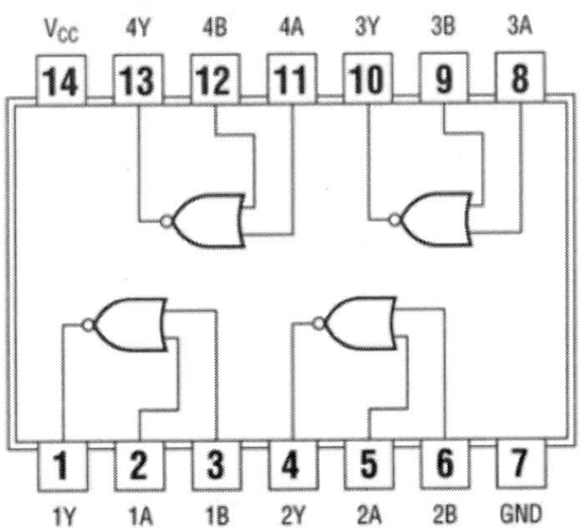

7403
Quad 2-Input NAND O.C.

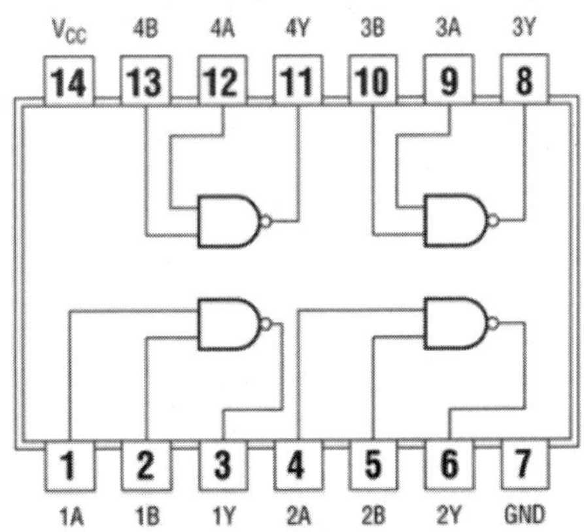

7404
Hex Inverters

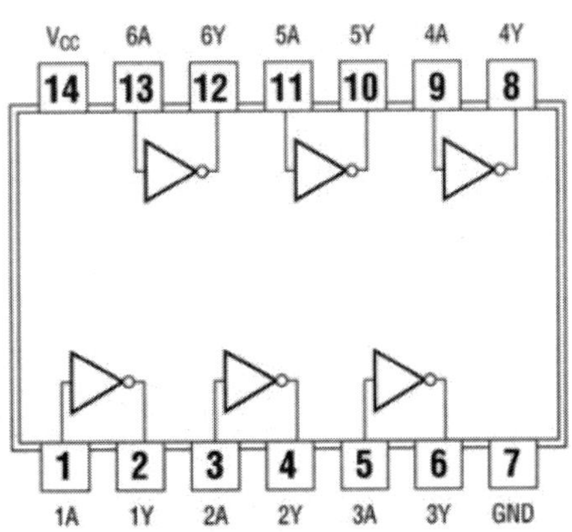

7405
Hex Inverters O.C.

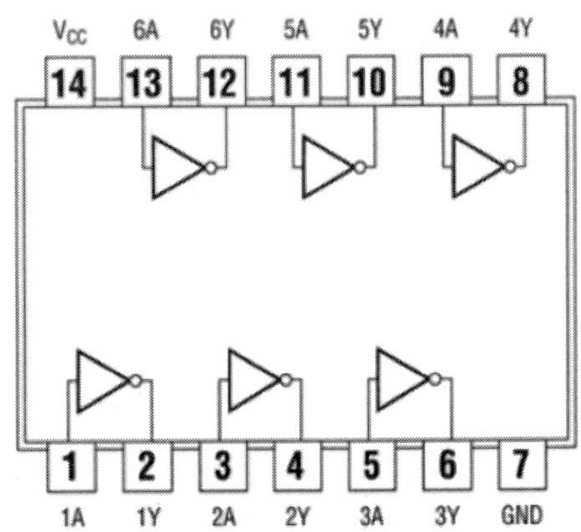

7406
Hex Inverter Buffers/Drivers O.C.

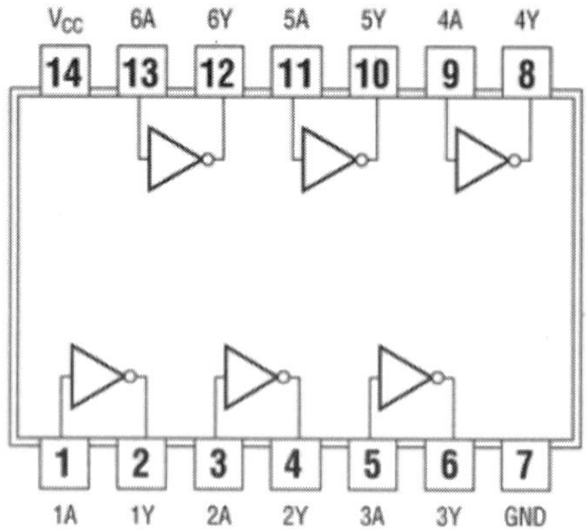

7407
Hex Buffers/Drivers O.C

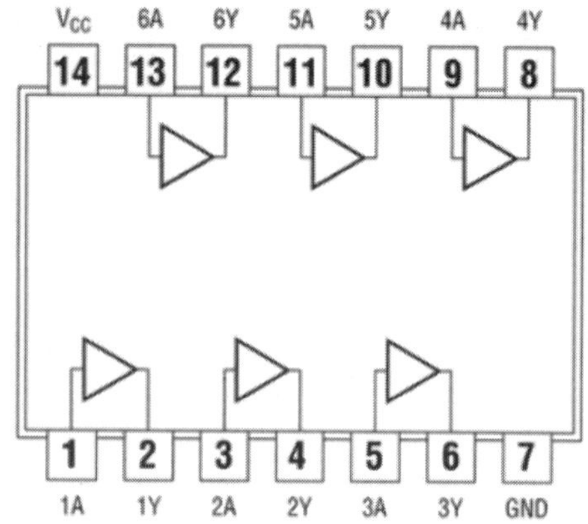

7408
Quad 2-Input AND

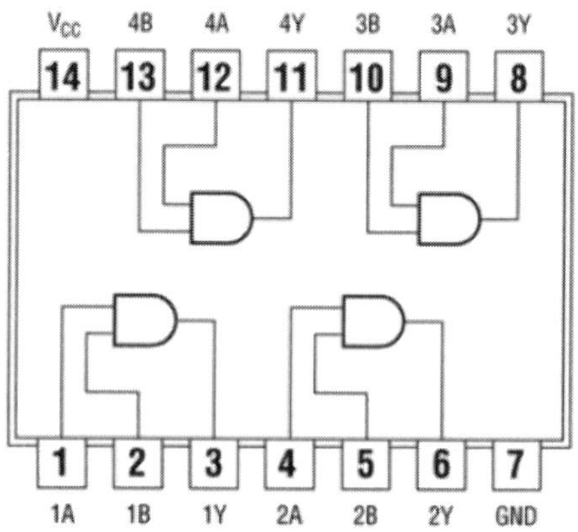

7409
Quad 2-Input AND O.C.

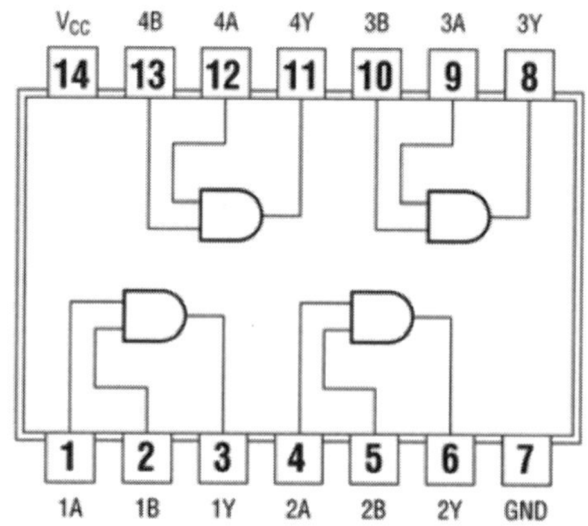

7410
Triple 3-Input NAND

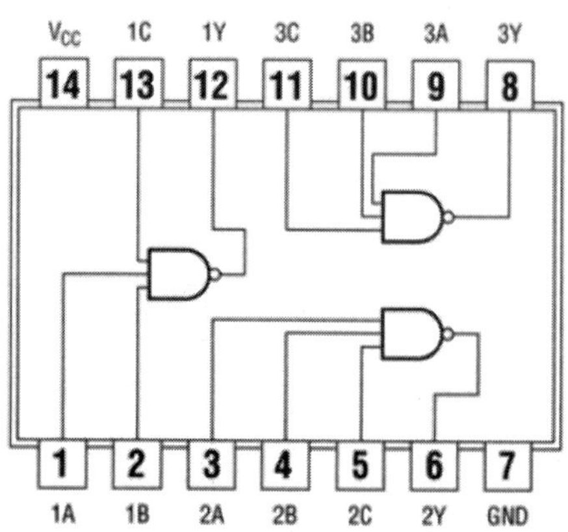

7411
Triple 3-Input AND

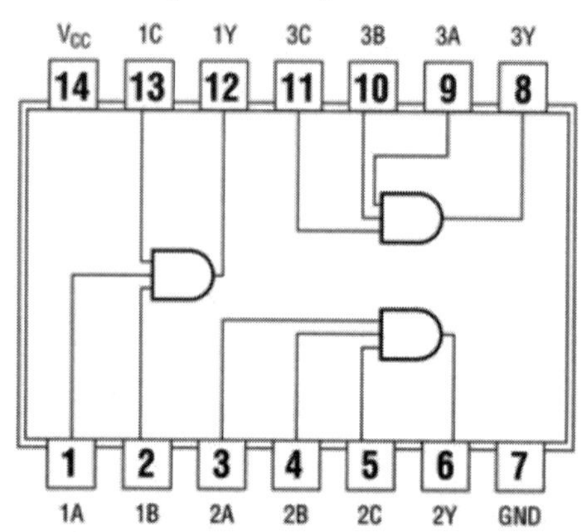

7412
Triple 3 Input NAND O.C.

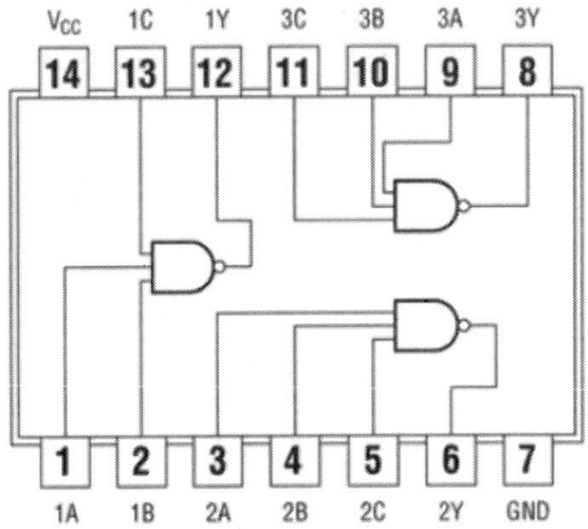

7413
Dual 4 Input NAND Schmitt Trigger

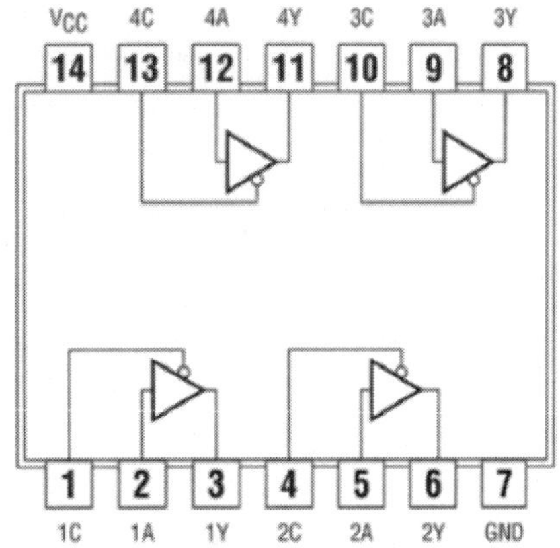

7414
Hex Schmitt Trigger Inverters

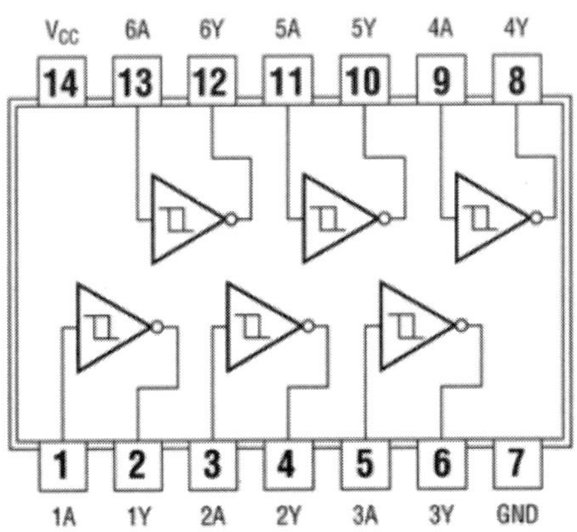

7415
Triple 3-Input AND with O.C.

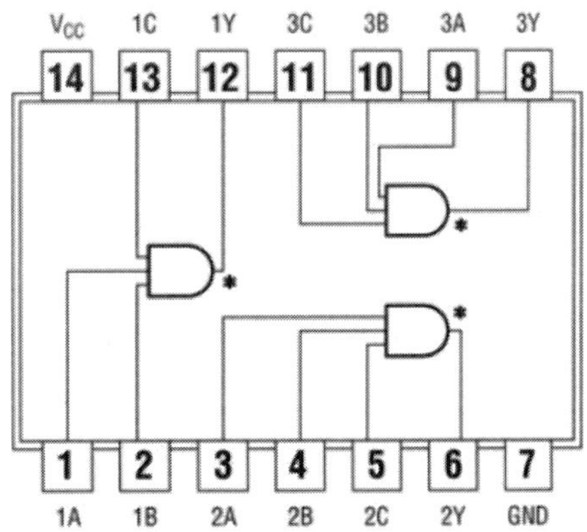

7416
Hex Inverter Buffers/Drivers O.C

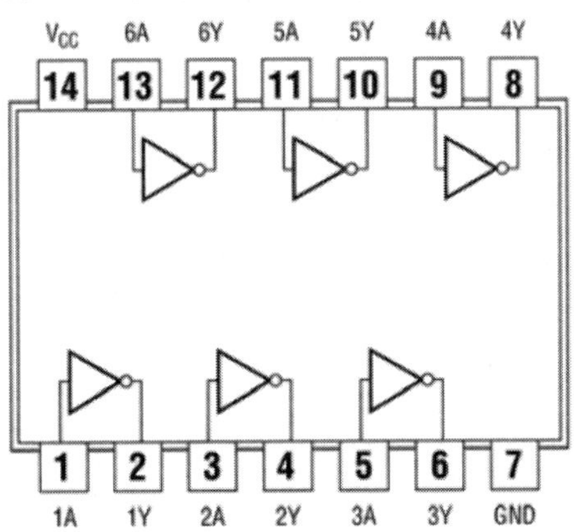

7417
Hex Buffers/Drivers O.C

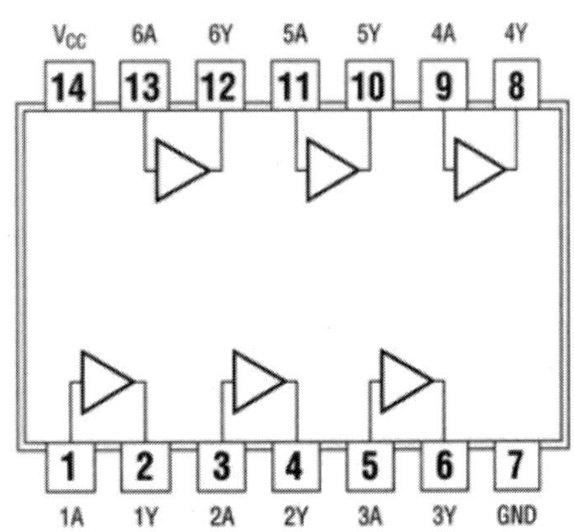

7418
Dual 4-Input NAND Schmitt Triggers

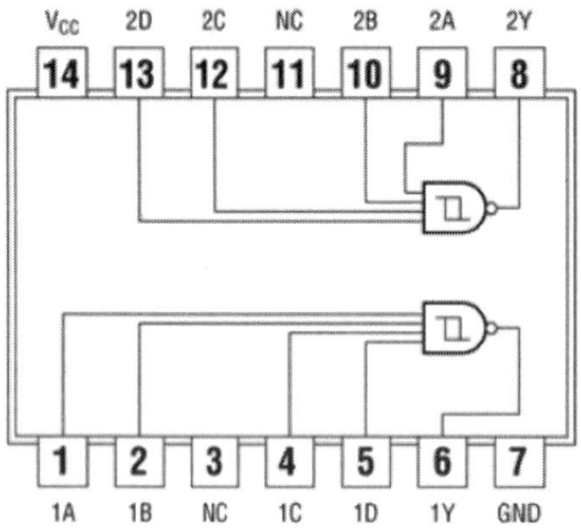

7419
Hex Schmitt Trigger Inverters

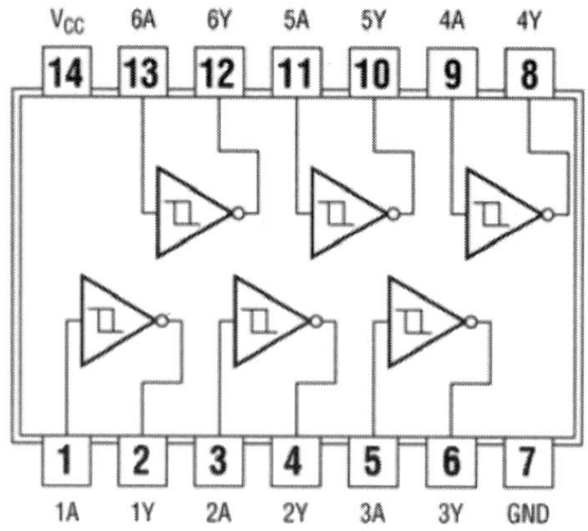

7420
Dual 4-Input NAND

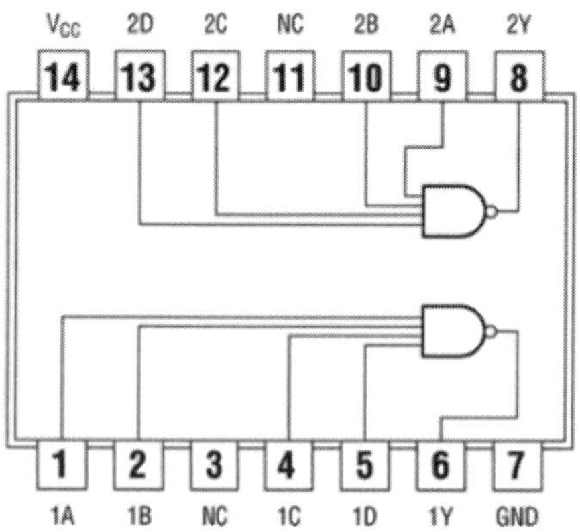

7421
Dual 4-Input AND

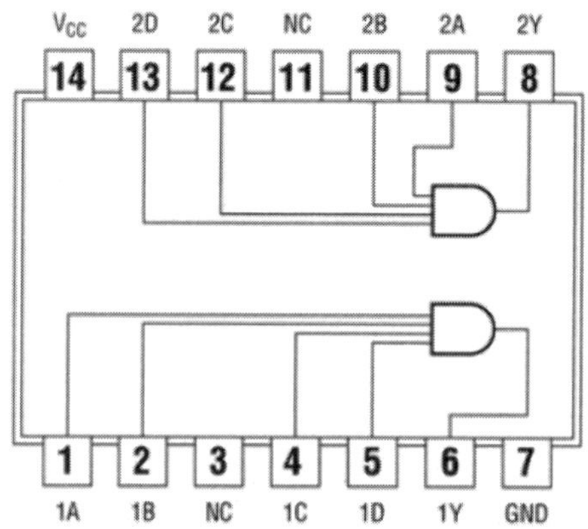

7422
Dual 4-Input NAND O.C.

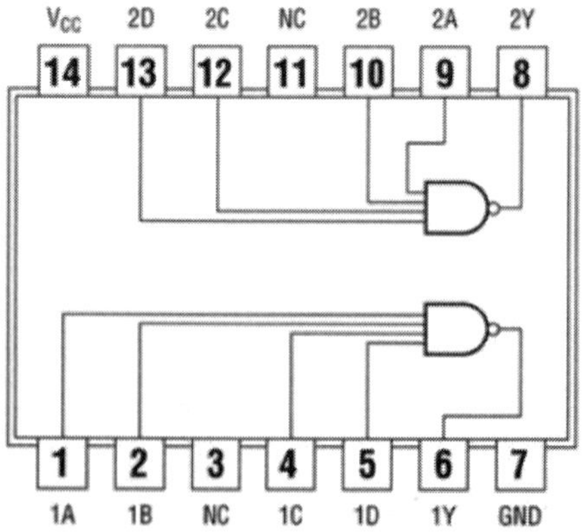

7423
Expandable Dual 4-Input NOR with strobe

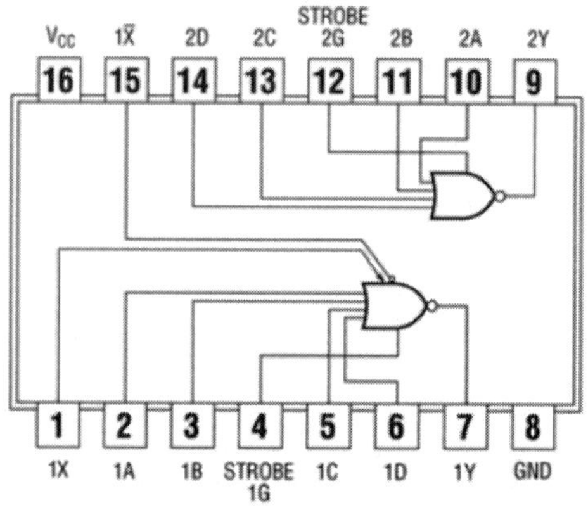

7424
Quad 2-Input NAND Schmitt Triggers

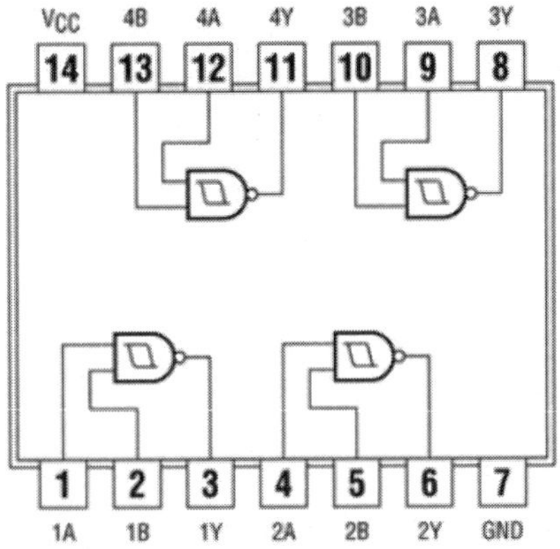

7425
Dual 4-Input NOR with Strobe

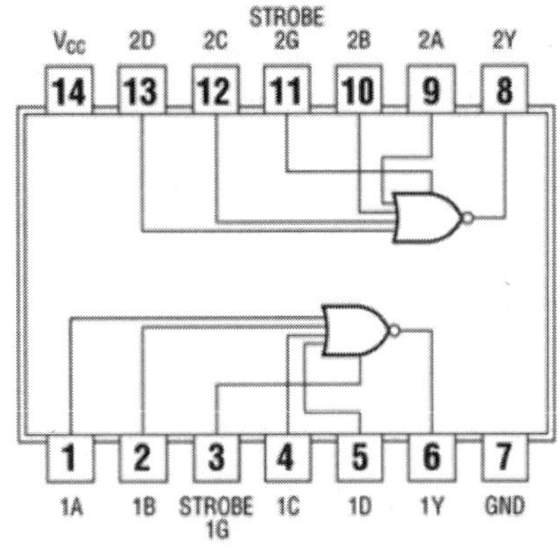

7426
Quad 2-Input High Voltage Interface NAND

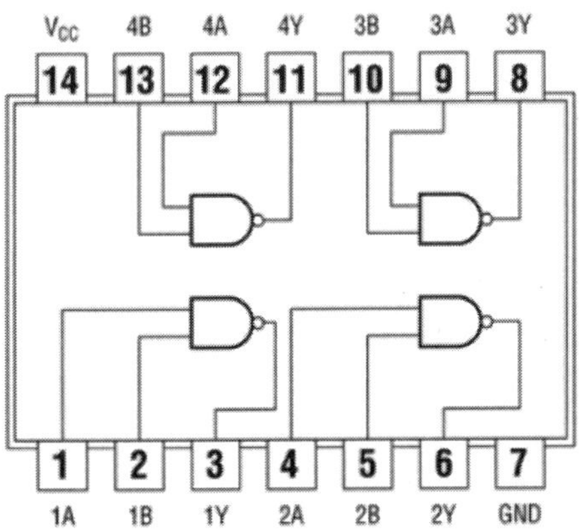

7427
Triple 3-Input NOR

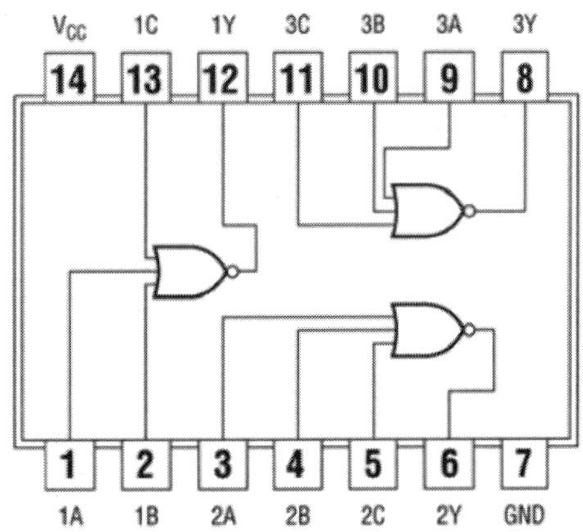

7428
Quad 2-Input NOR Buffer

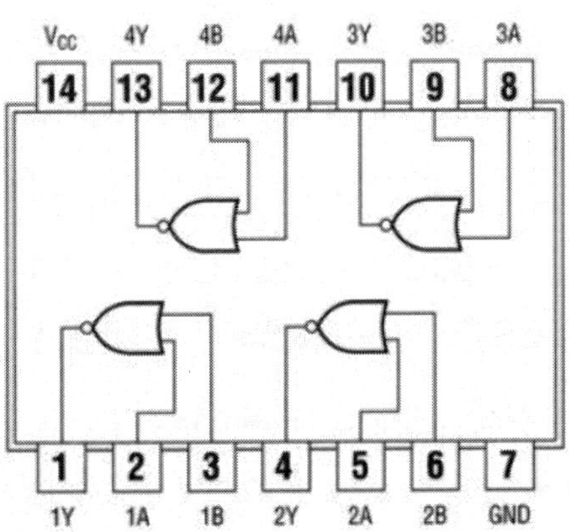

7430
8-Input NAND

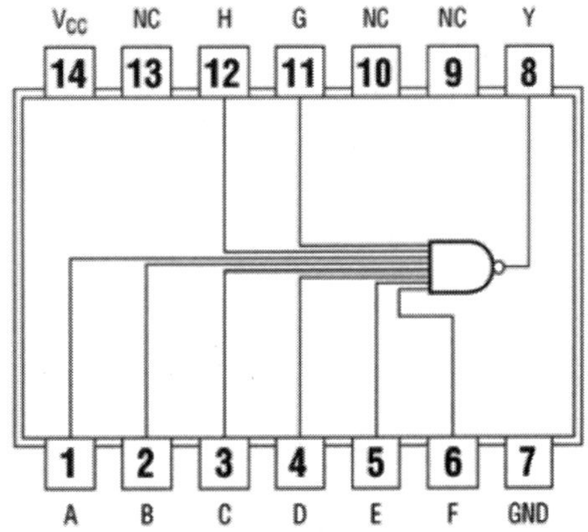

7431
Delay Elements

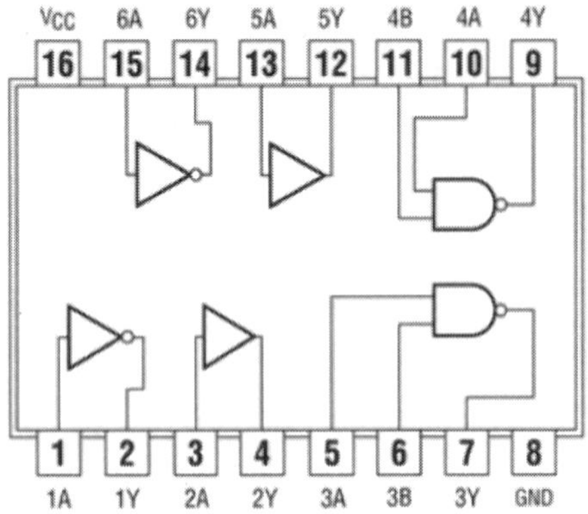

7432
Quad 2-Input OR

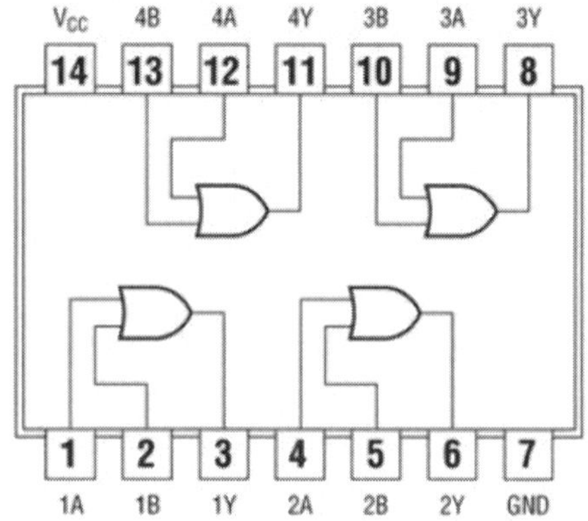

7433
Quad 2-Input NOR Buffers O.C.

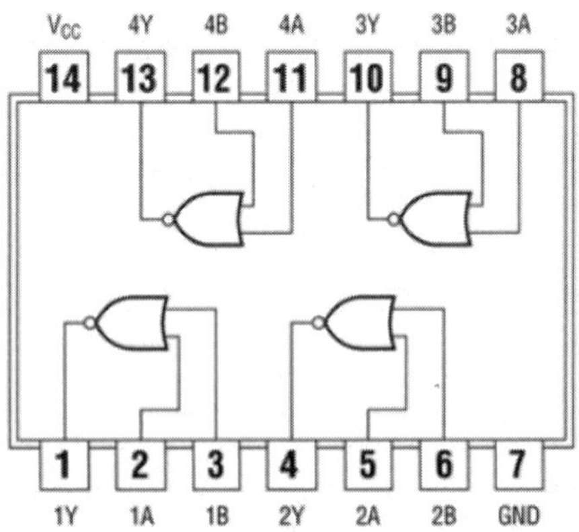

7437
Quad 2-Input NAND Buffers

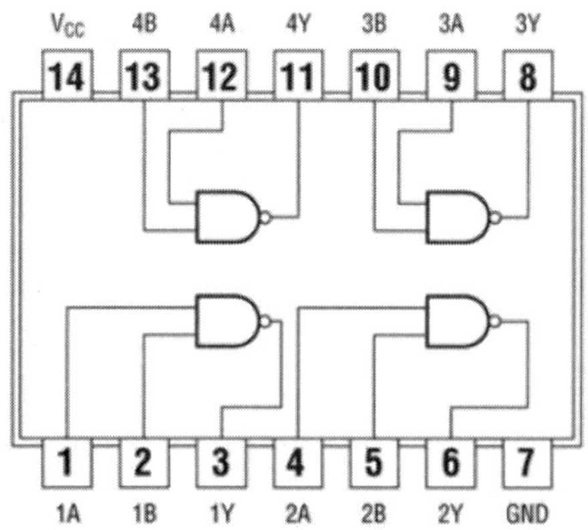

7438
Quad 2-Input NAND Buffers O.C.

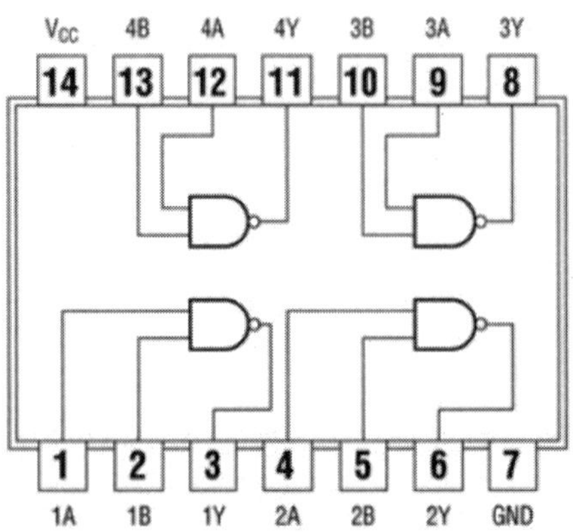

7440
Dual 4-Input NAND Buffers

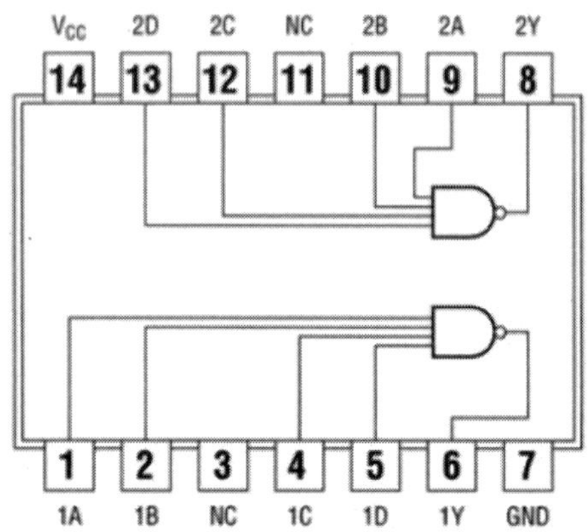

7442, 7443, 7444

4-Line to 10-Line Decoder, Excess-3 to Decimal Decoder, Excess-3 Gray to Decimal Decoder

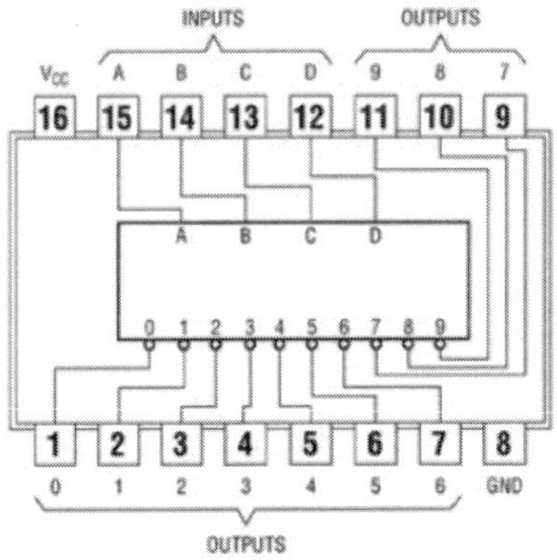

7445

BCD-to-Decimal Decoder/Driver 30V O.C.

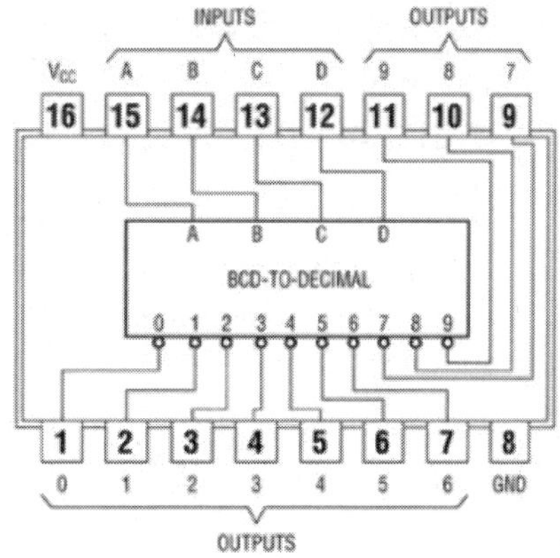

7446, 7447

BCD-to-Seven Segment Decoders/Drivers

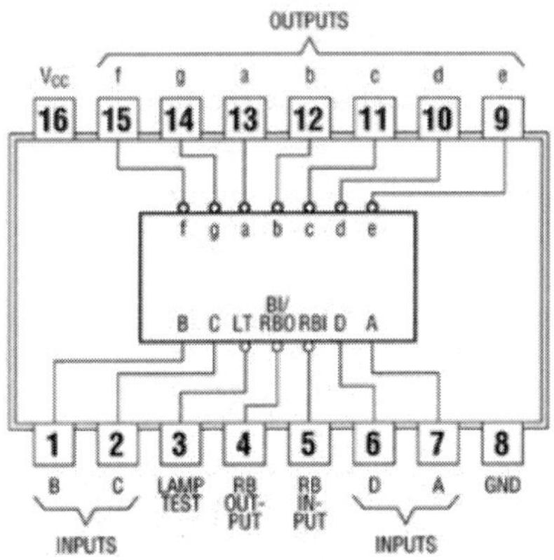

7448

BCD-to-Seven Segment Decoders/Drivers

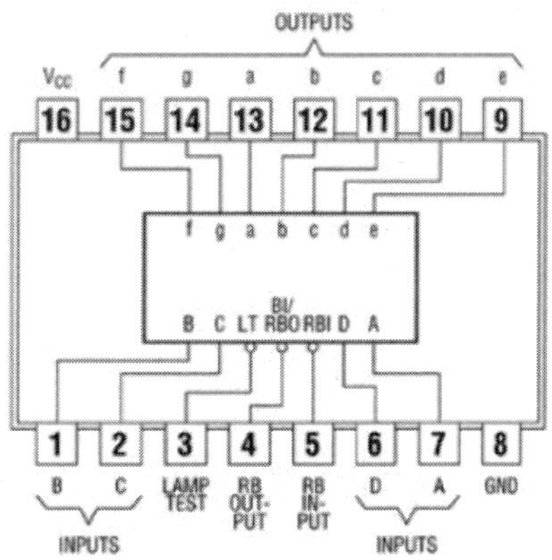

7449

BCD-to-Seven Segment Decoders/Drivers

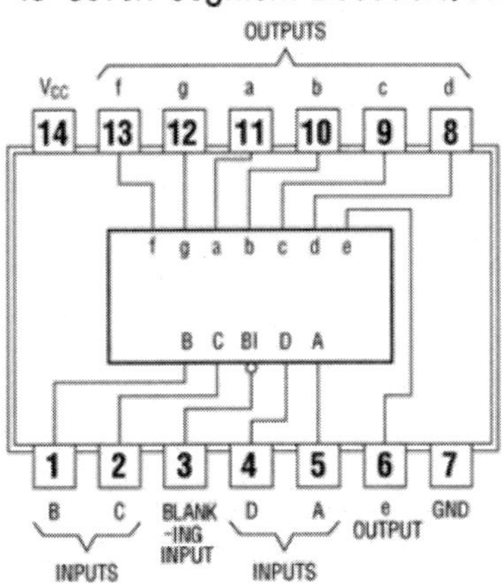

7450

Dual 2 wide 2-Input AND-OR-INVERT

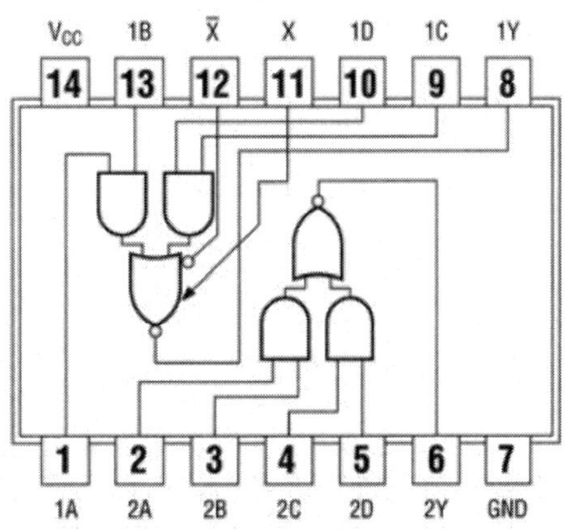

7451(7451, 74S51)
Dual 2 wide 2-Input AND-OR-INVERT

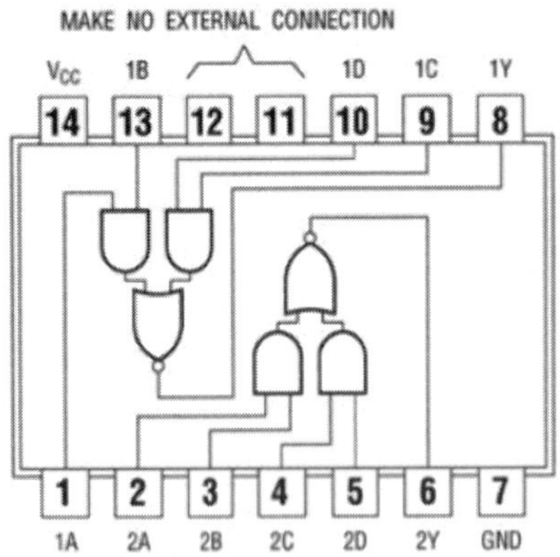

7451(74LS51, 74HC51)
Dual 2 wide 2-Input AND-OR-INVERT

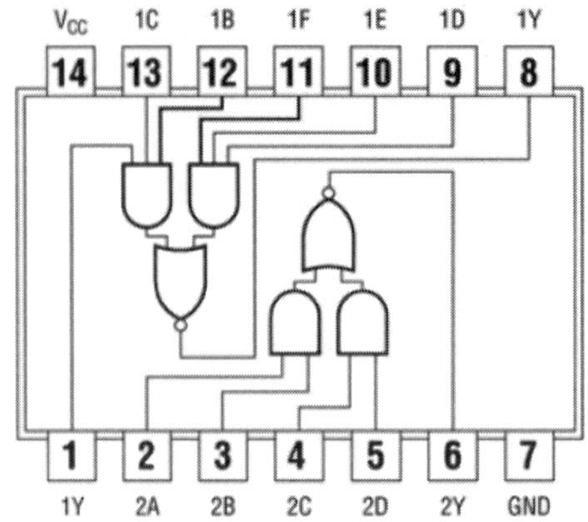

7453
4 wide 2-Input AND-OR-INVERT

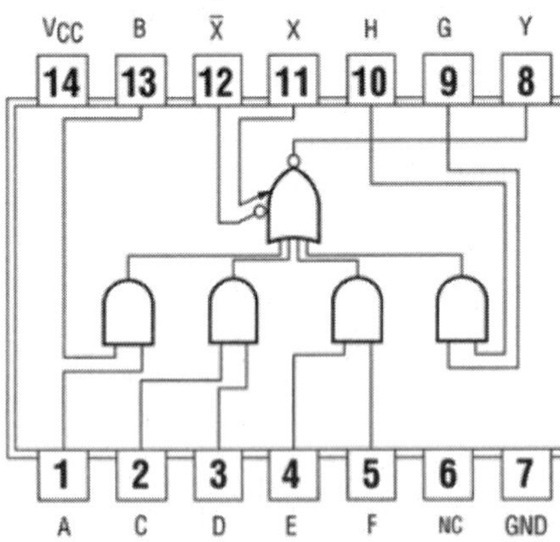

7454
4 wide 2-Input AND-OR-INVERT

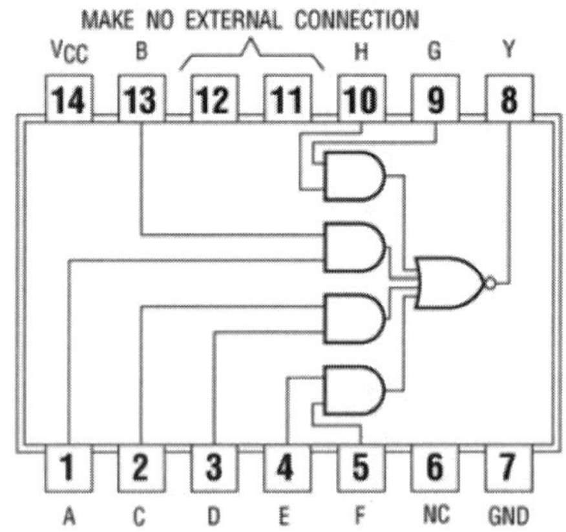

7454(74LS54)
4 wide 2-Input AND-OR-INVERT

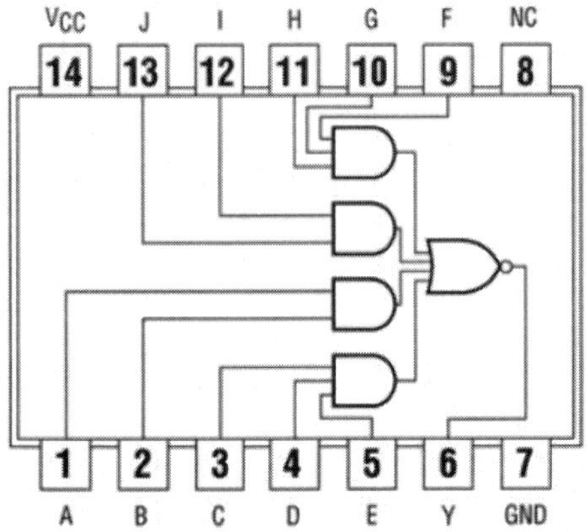

7455
Expandable 2 wide 4-Input AND-OR-INVERT

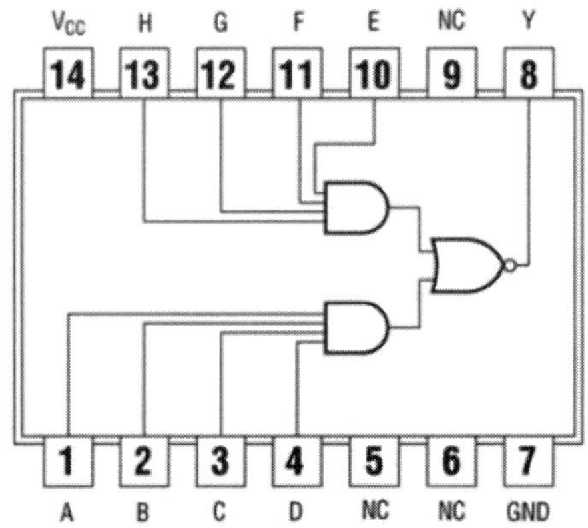

7456, 7457

50 to 1 Frequency Division
60 to 1 Frequency Division

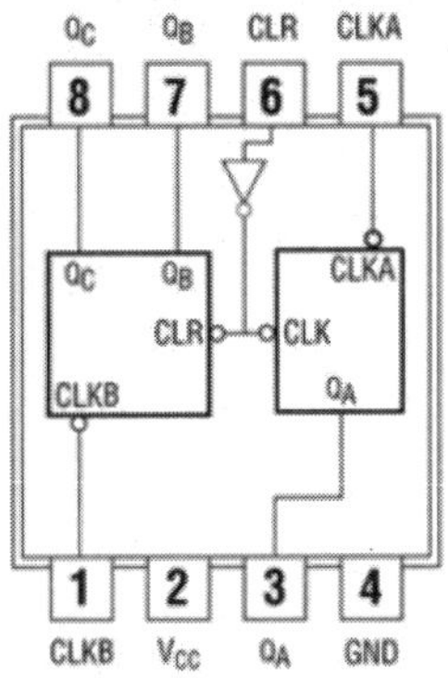

7460

Dual 4-Input Expanders

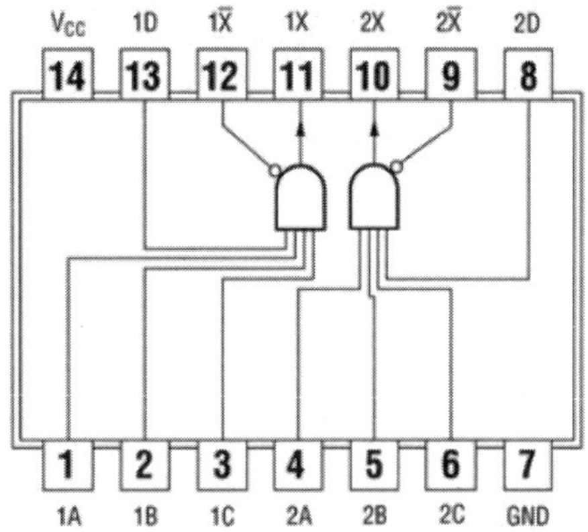

7463

Hex Current Sensing Interface Gates

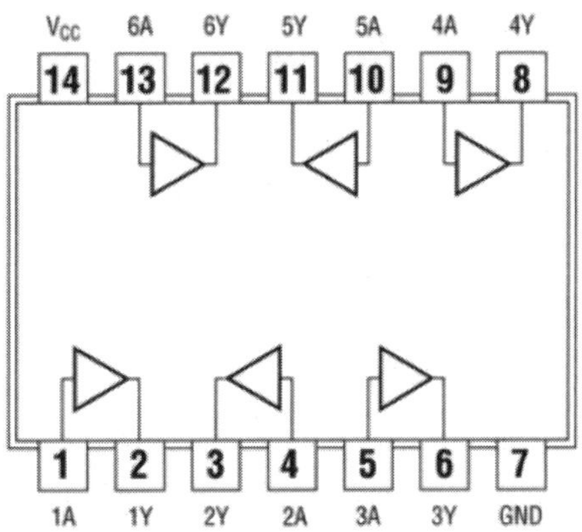

7464

4-2-3-2 Input AND-OR-INVERT

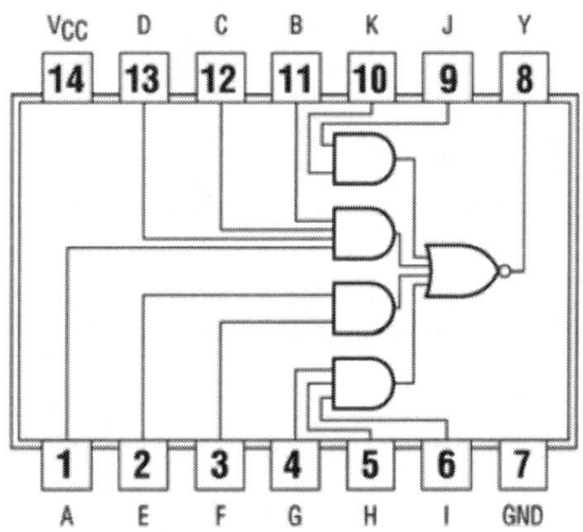

7465

4-2-3-2 Input AND-OR-INVERT O.C.

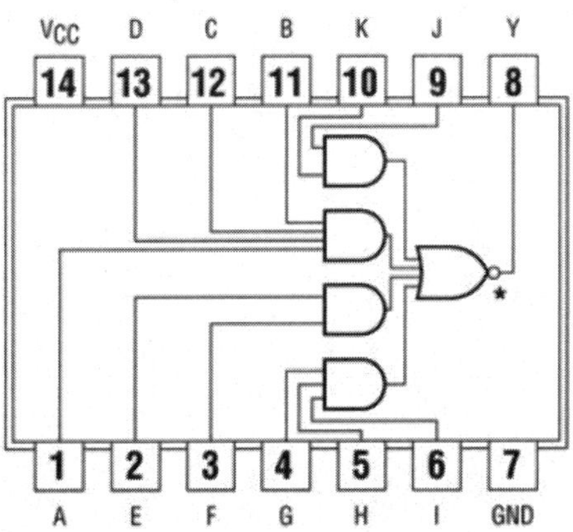

7468, 7469

Dual 4-Bit Decade Counters
Dual 4-Bit Binary Counters

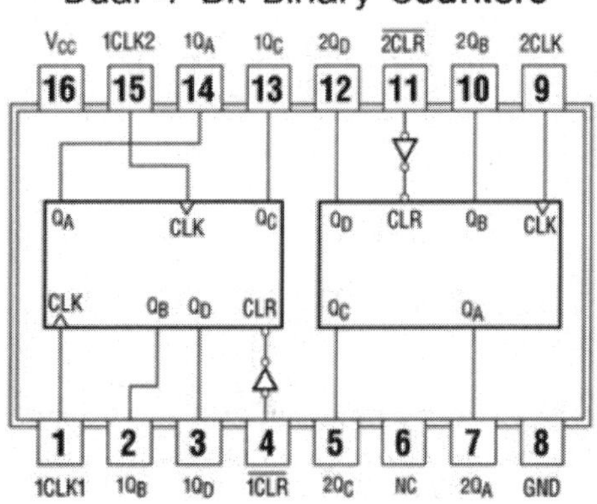

7470
AND-gated J-K Flip Flop with Preset and Clear

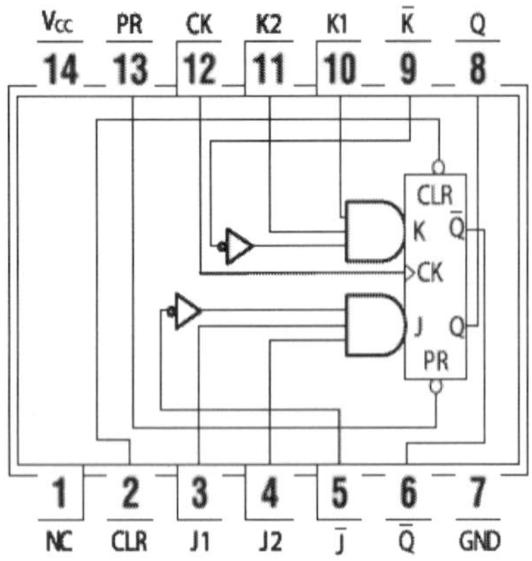

7472
AND-gated J-K Flip Flop with Preset and Clear

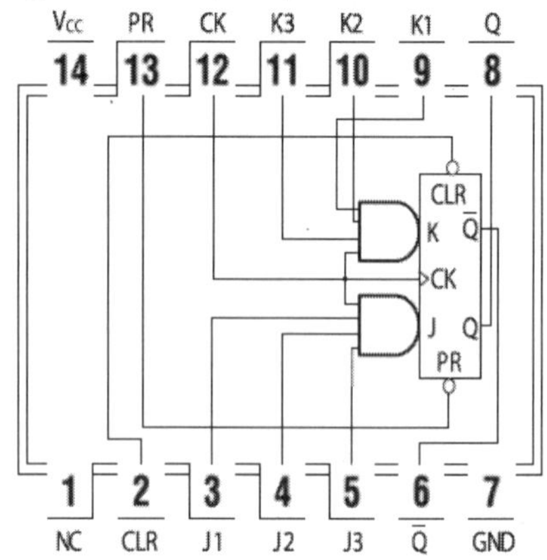

7473
Dual J-K Flip Flops with Clear

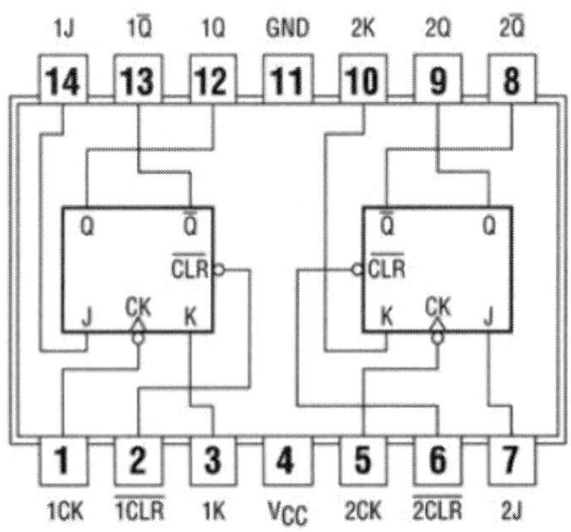

7474
Dual D-Type Flip Flops with Preset and Clear

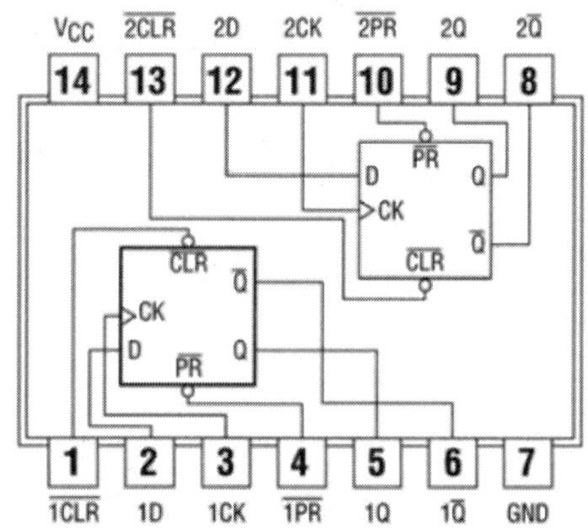

7475
4-Bit Bistable Latches

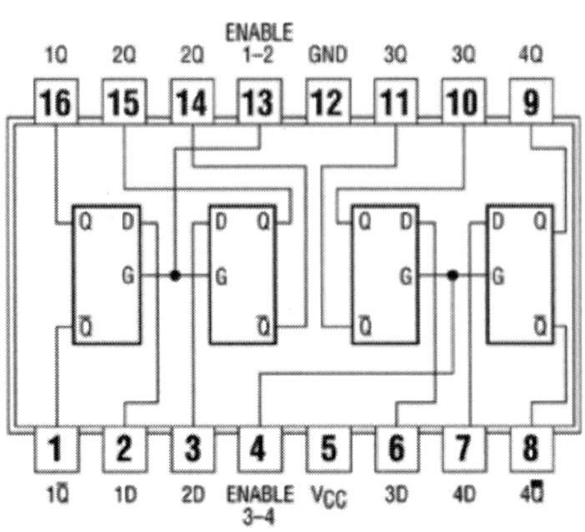

7476
Dual J-K Flip Flops with Preset and Clear

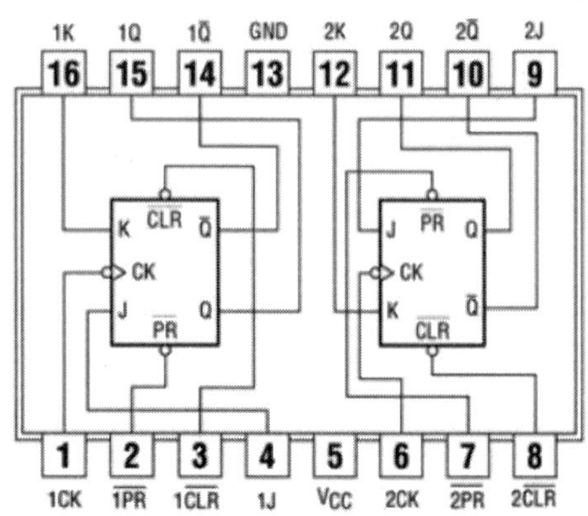

7477
4-Bit Latches

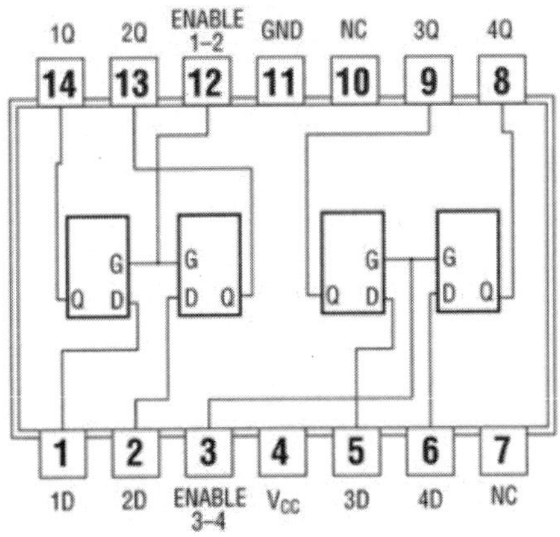

7478
Dual J-K Flip Flops with Preset and Clear

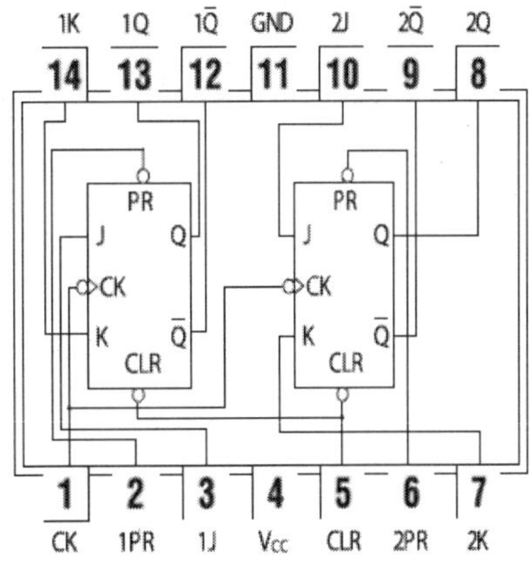

7480
Gated Full Adder

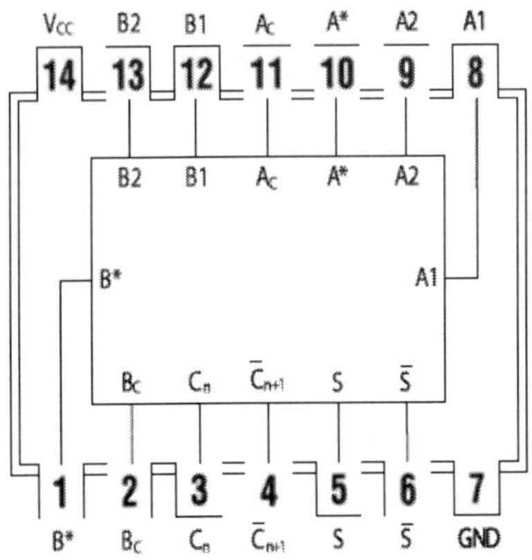

7481
16-Bit RAM(Open Collector)

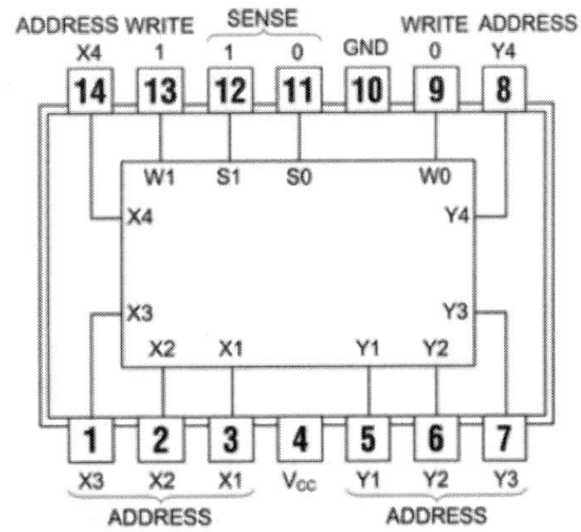

7482
2-Bit Full Adder

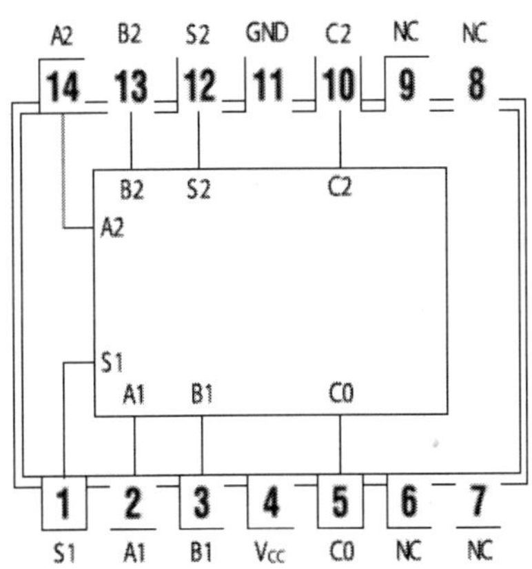

7483
4-Bit Binary Full Adder with Fast Carry

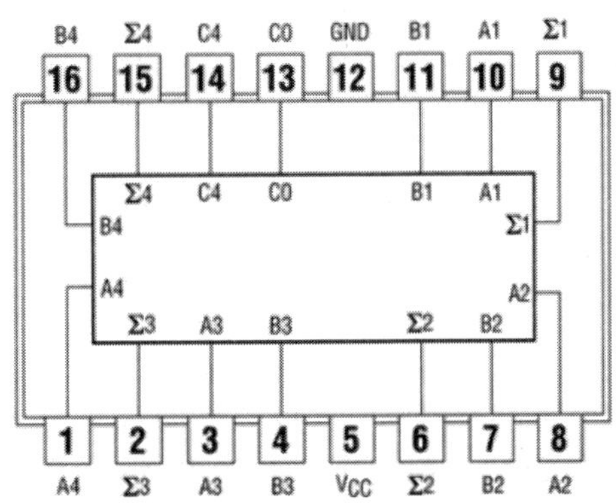

7484
16-Bit RAM(Open Collector)

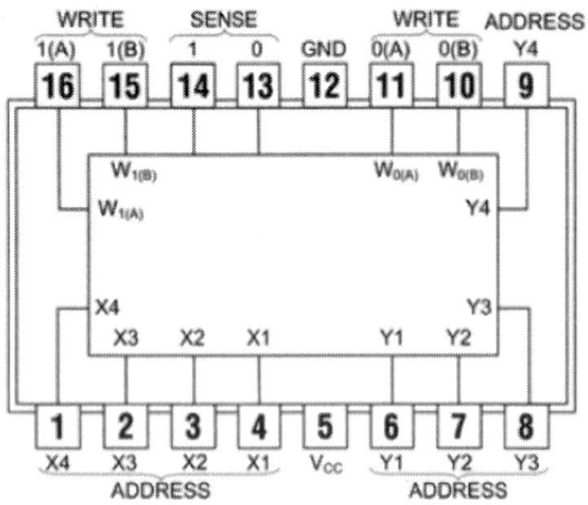

7485
4-Bit Comparator

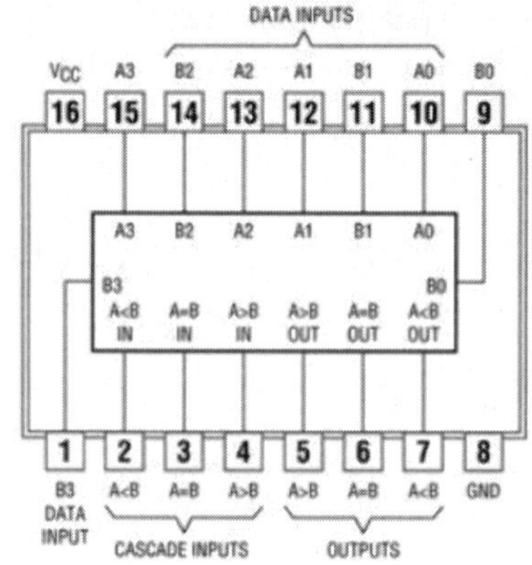

7486
Quad 2-Input Exclusive-OR

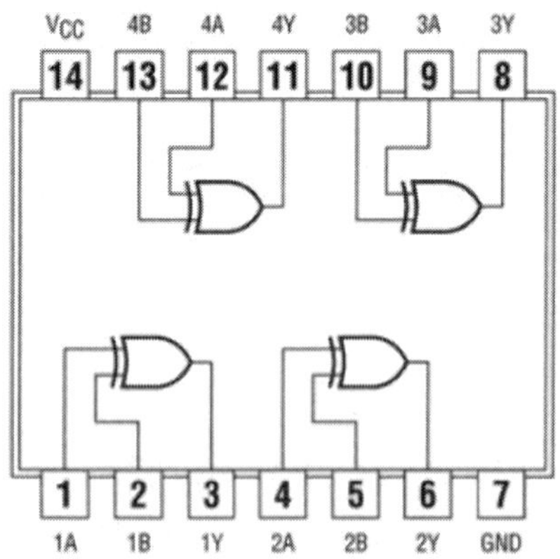

7489
64-Bit RAM(Open Collector)

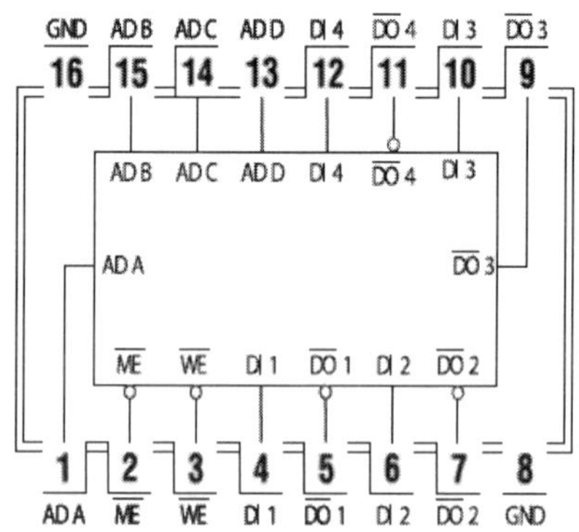

7490
Decade Counter

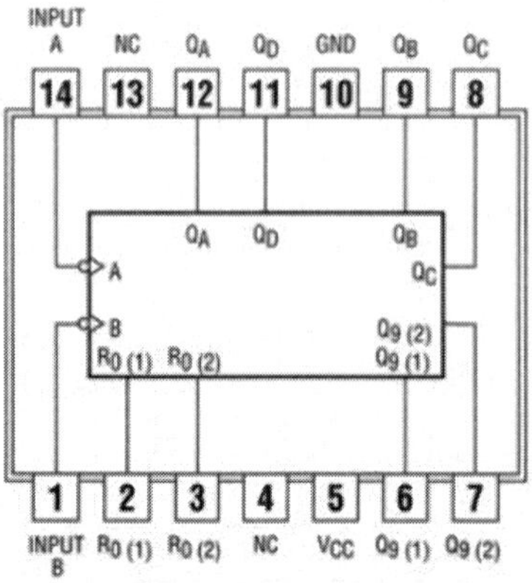

7491
8-Bit Shift Register

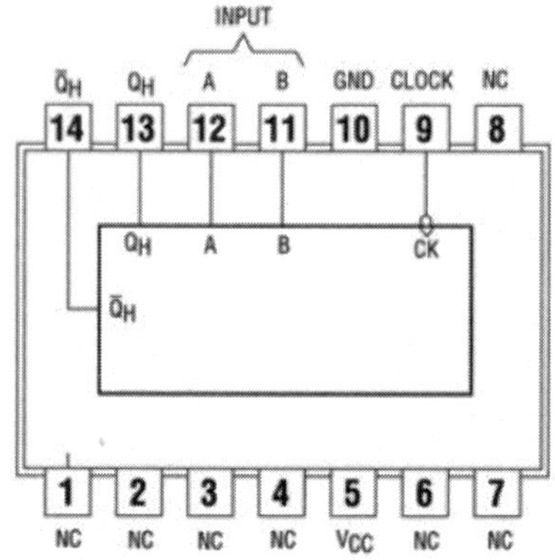

7492
Divide-by-12 Counters

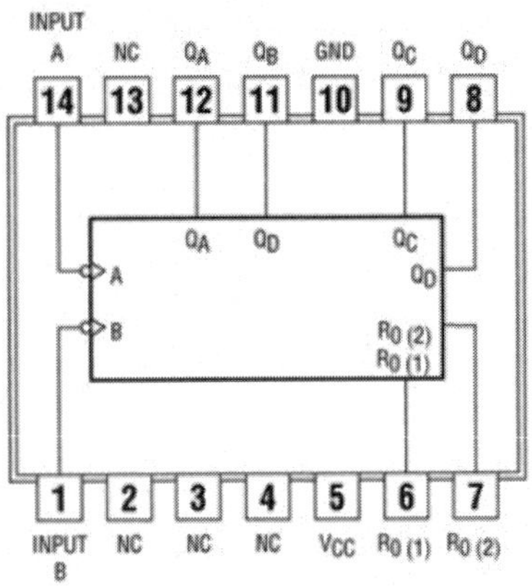

7493
4-Bit Binary Counters

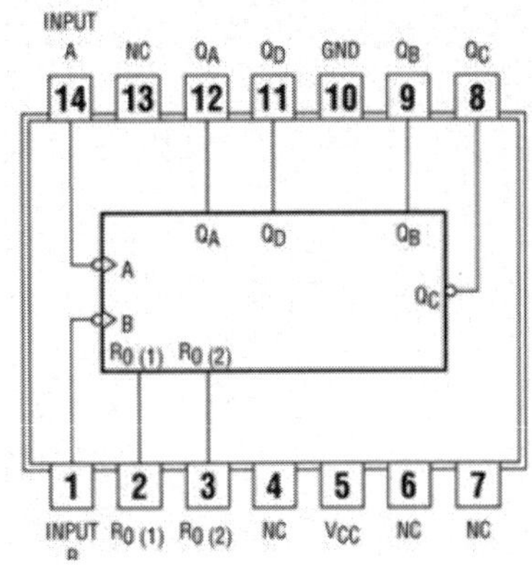

7494
4-Bit Shift Register

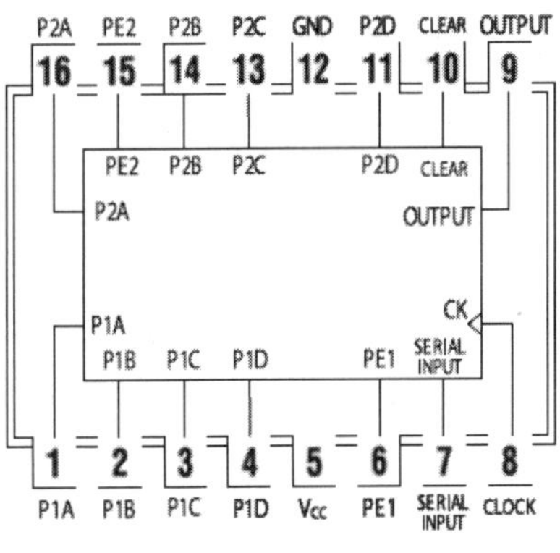

7495
4-Bit Shift Register PIPO

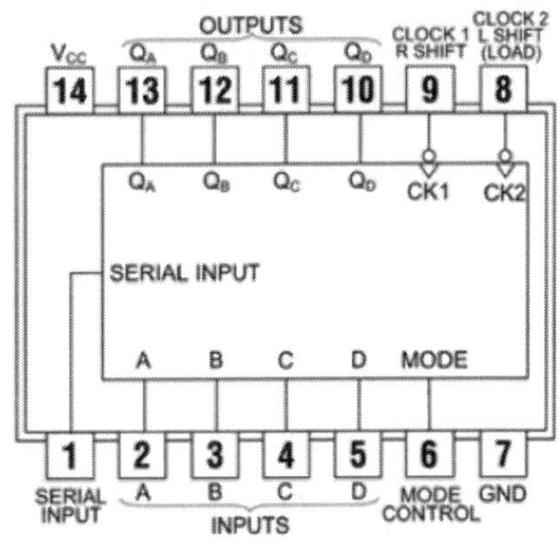

7496
5-Bit Shift Register PIPO

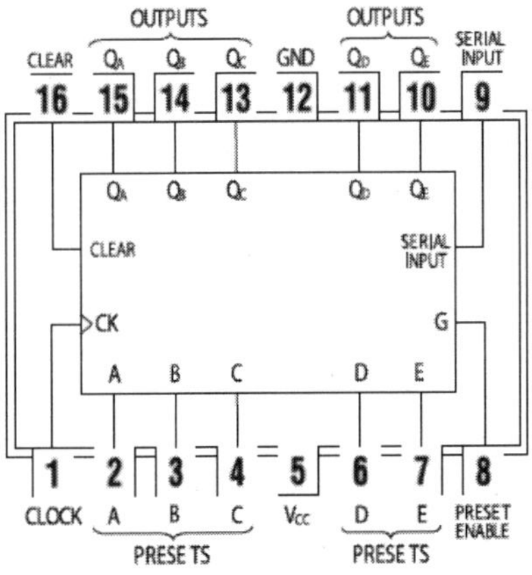

7497
6-Bit Synchronous Binary Rate Multipliers

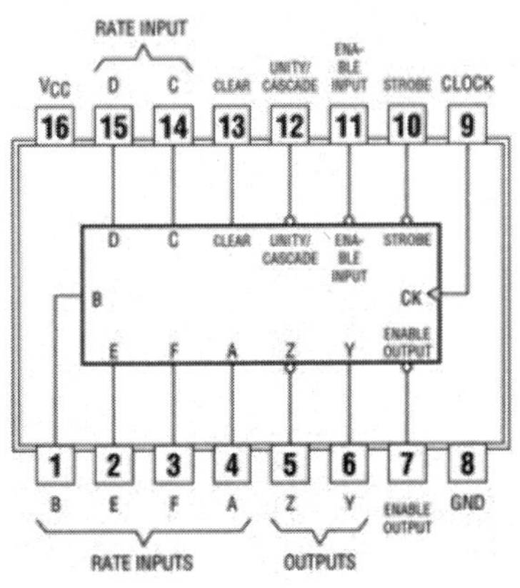

74100
8-Bit Latches

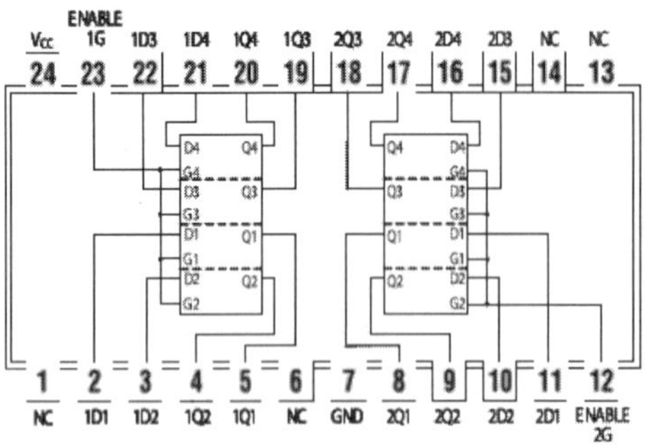

74107
Dual J-K Flip Flops with Clear

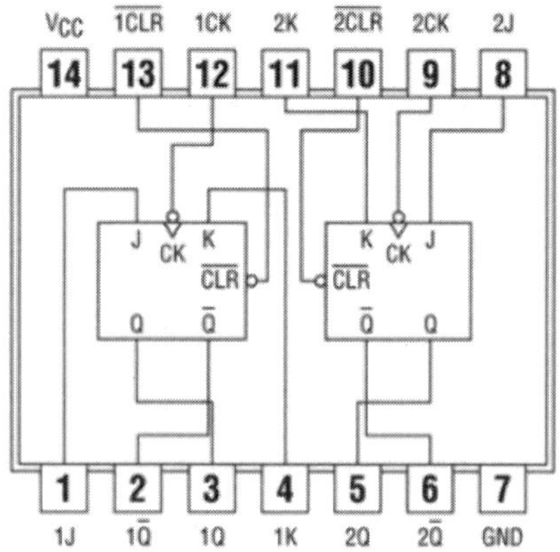

74109
Dual J-K Flip Flops with Preset and Clear

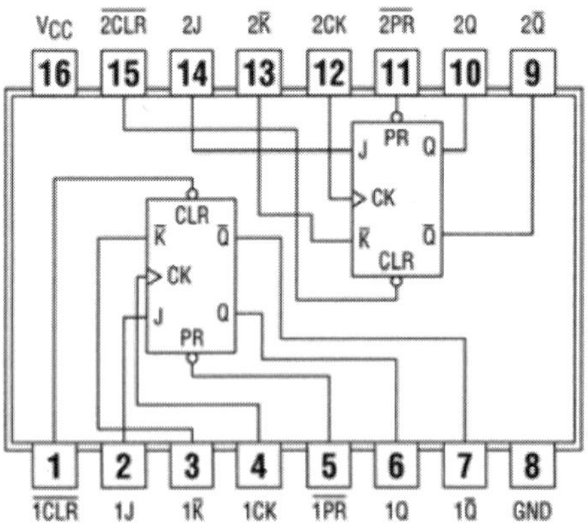

74112
Dual J-K Flip Flops with Preset and Clear

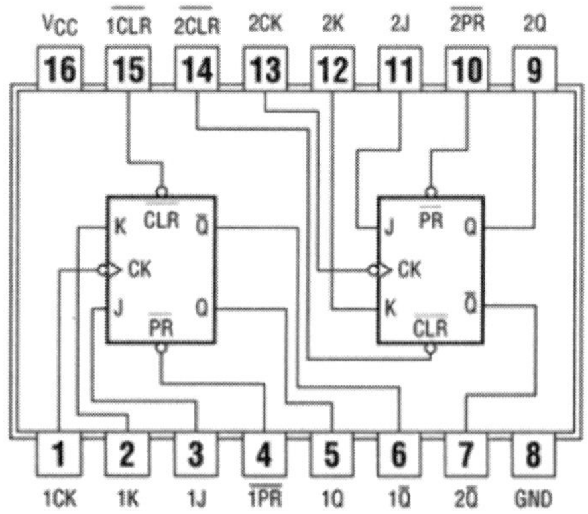

74113
Dual J-K Flip Flops with Preset

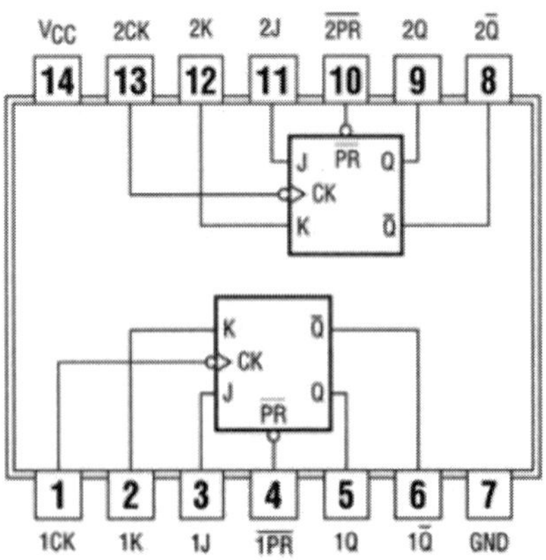

74114
Dual J-K Flip Flops with Preset and Clear

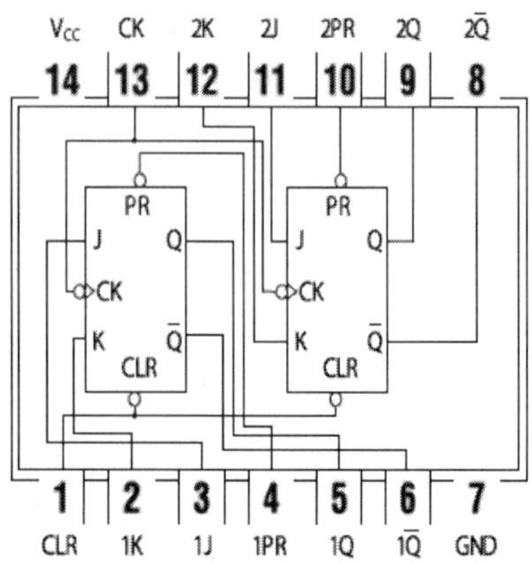

74121
Monostable Multivibrators

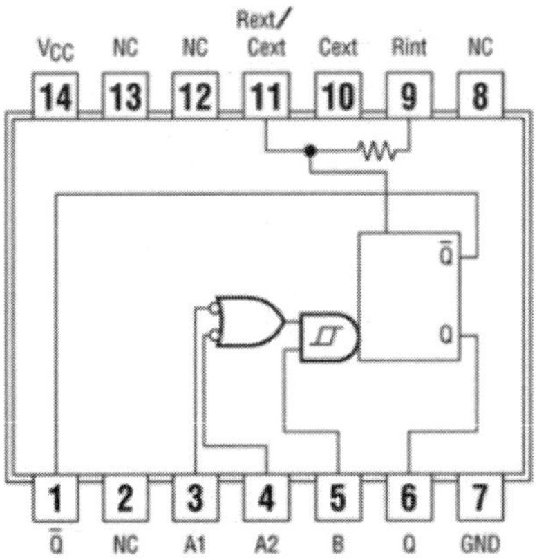

74122
Monostable Multivibrators with Clear

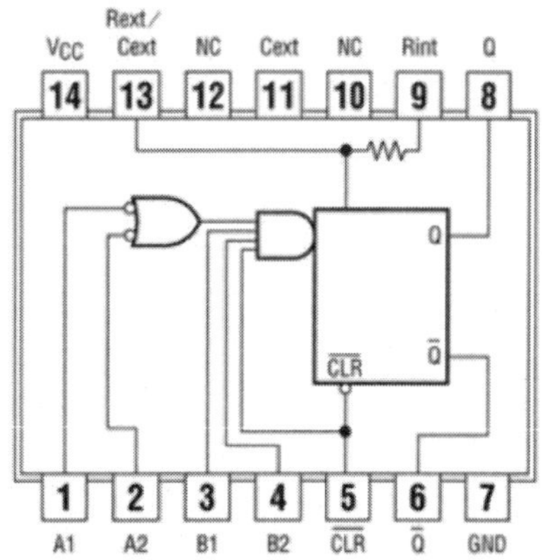

74123
Dual Monostable Multivibarators with Clear

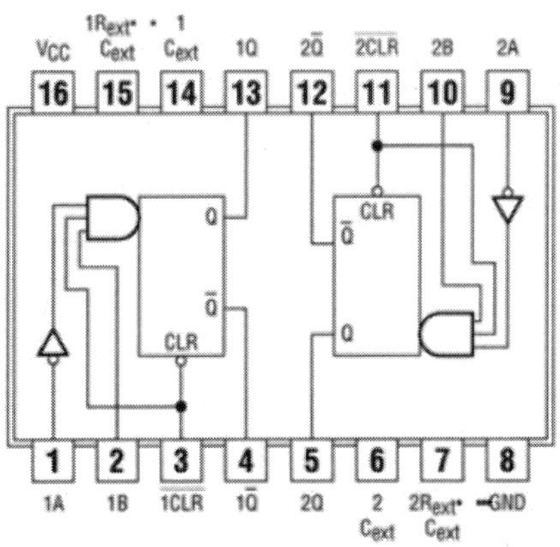

74125
Quad Bus Buffer Gates 3-State

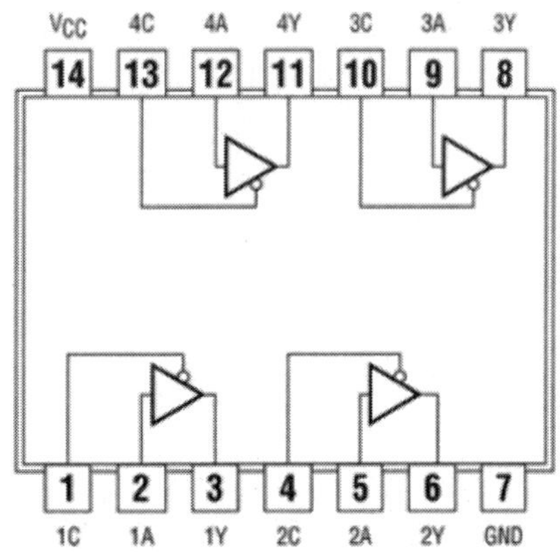

74126
Quad Bus Buffer Gates 3-State

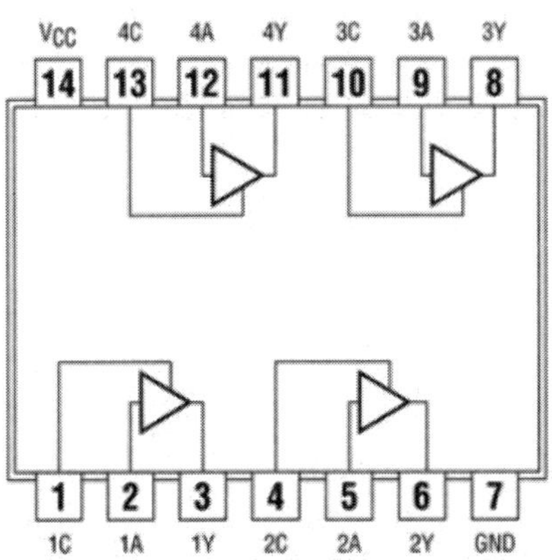

74132
Quad 2-Input NAND Schmitt Triggers

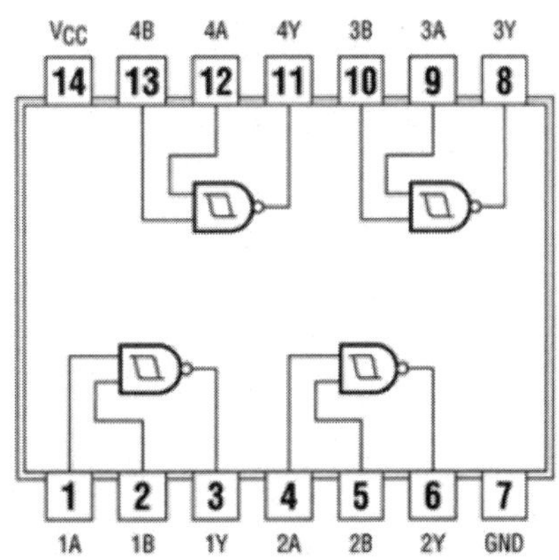

74133
13-Input NAND

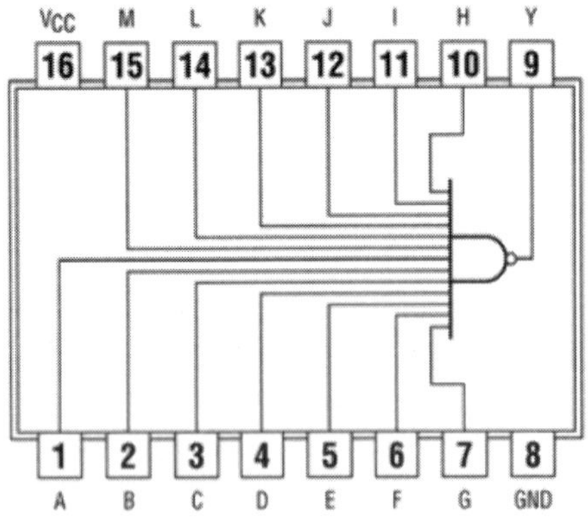

74134
12-Input 3 States NAND

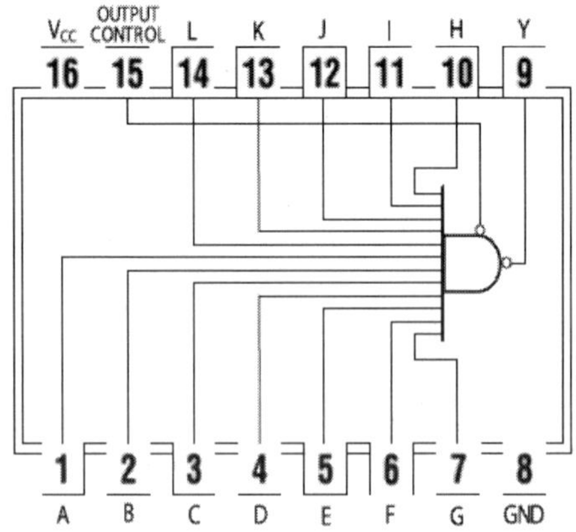

74135
Quad 2-Input XOR/XNOR

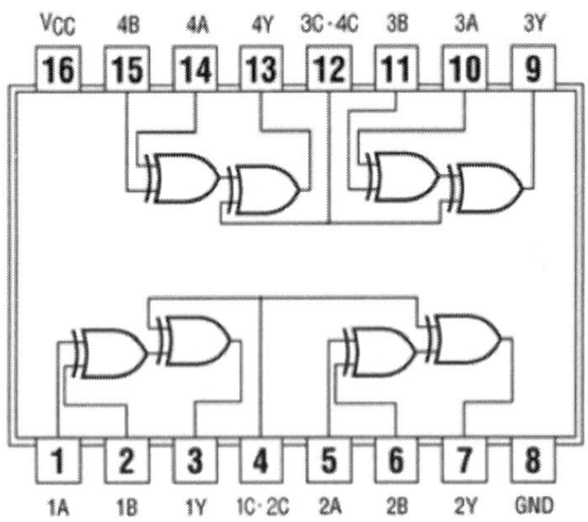

74136
Quad 2-Input XOR O.C.

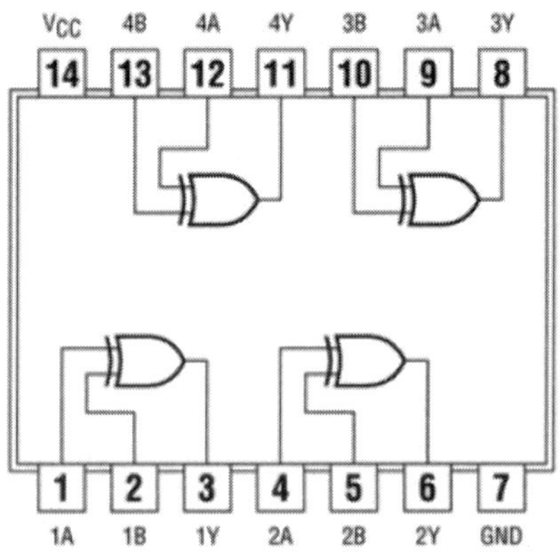

74137
3-to-8 Line Decoders/Demultiplexers Latch

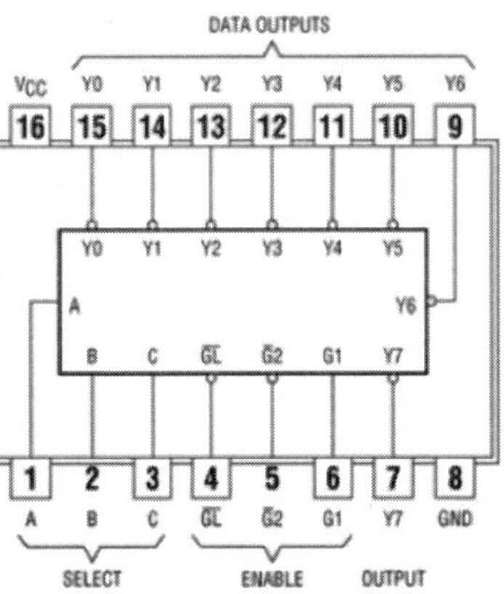

74138
3-to-8 Line Decoders/Demultiplexers

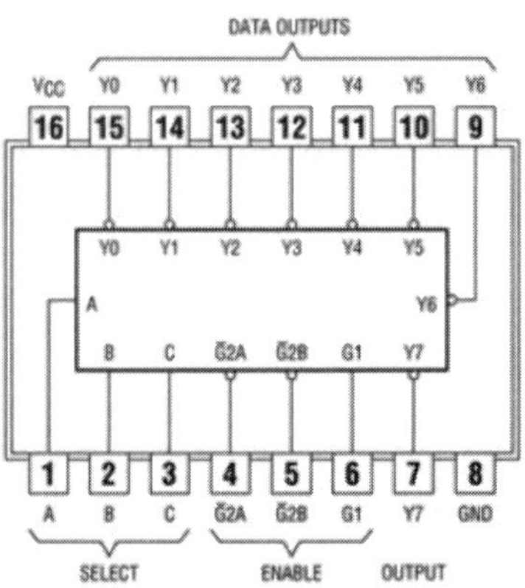

74139
Dual 2-to-4 Line Decoders/Demultiplexers

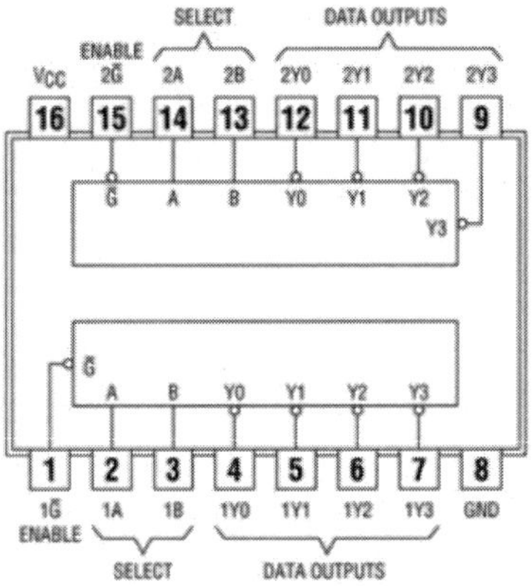

74140
Quad 4-input NAND Line Driver(50Ω)

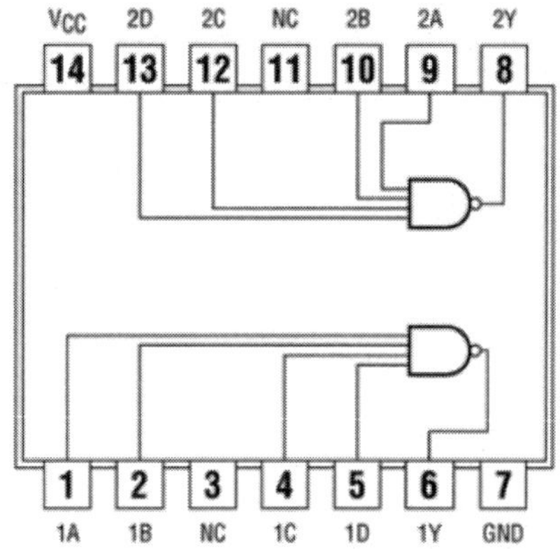

74145
BCD-to-Decimal Decoders/Drivers O.C.

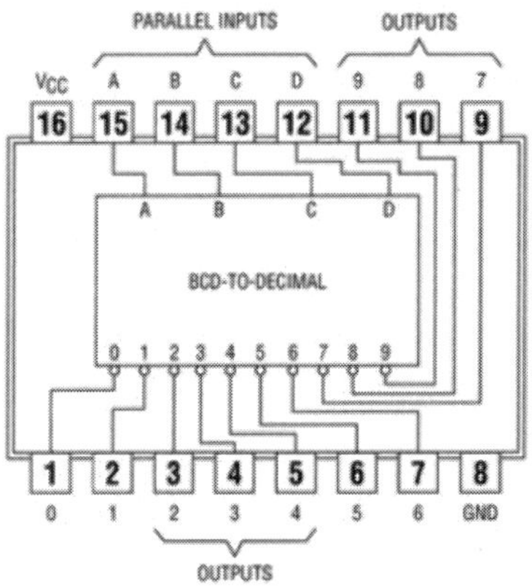

74147
10-to-4 Line Priority Encoder

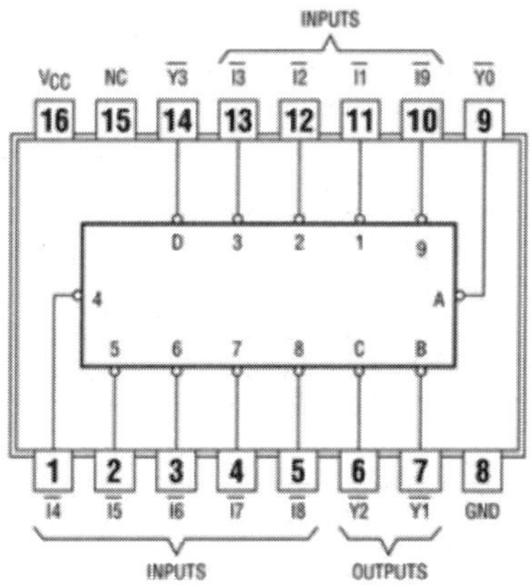

74148
8-to-3 Line Priority Encoders

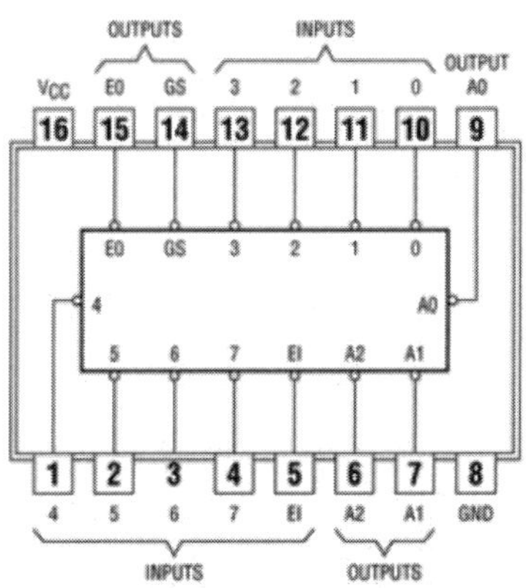

74150
16-to-1 Line Data Selector

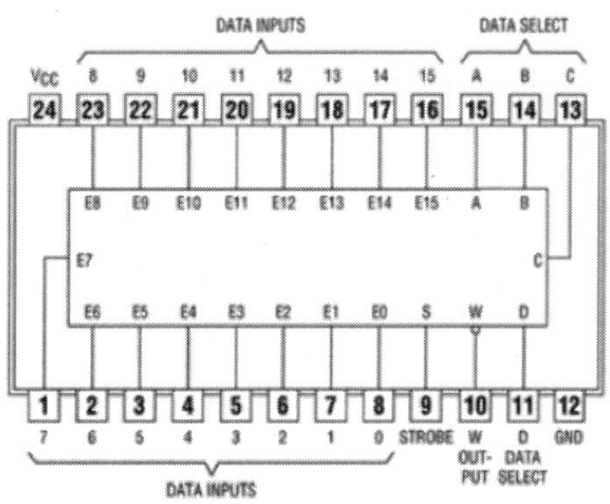

74151 8-to-1 Line Data Selectors/Multiplexers	74152 8-to-1 Line Data Selector
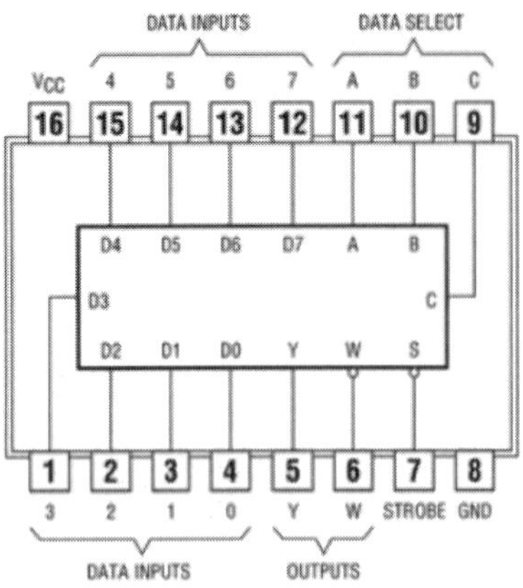	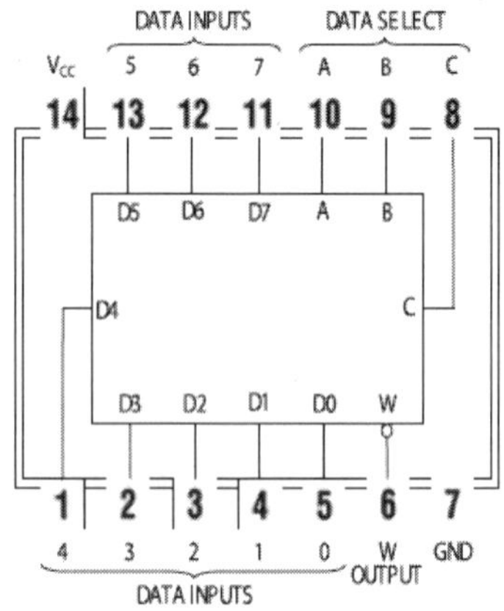
74153 Dual 4-to-1 Line Data Selectors/Multiplexers	74154 4-to-16 Line Decoders/Demultiplexer
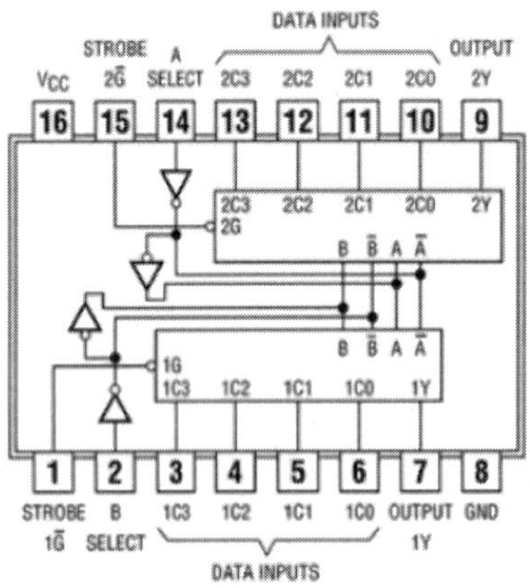	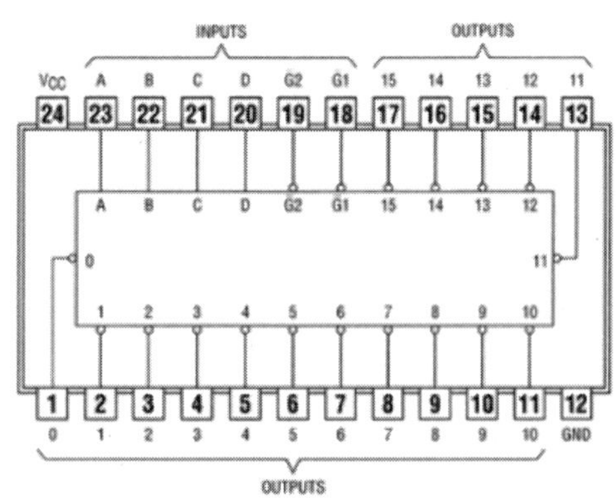
74155, 74156 Dual 2-to-4 Line Decoders/Demultiplexers	74157, 74158 Quad 2-to-1 Line Data Selectors/Multiplexers
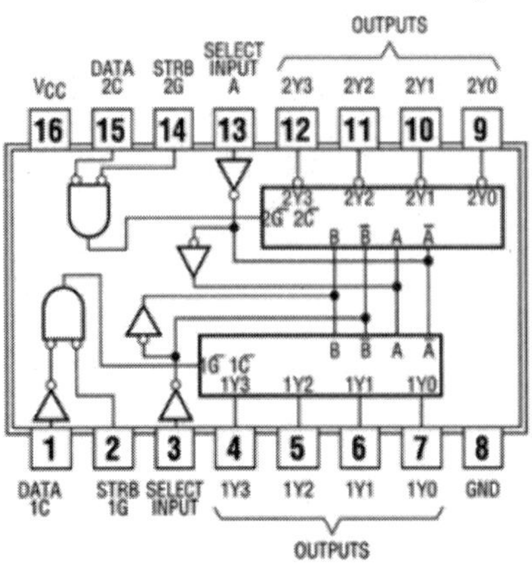	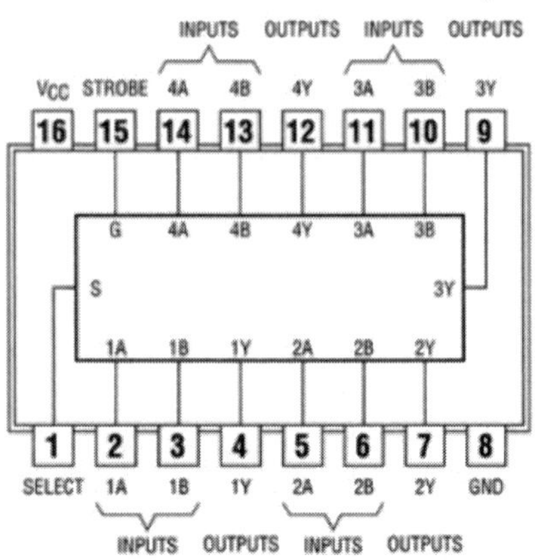

74160, 74162
Synchronous Presettable BCD Counter with Clear

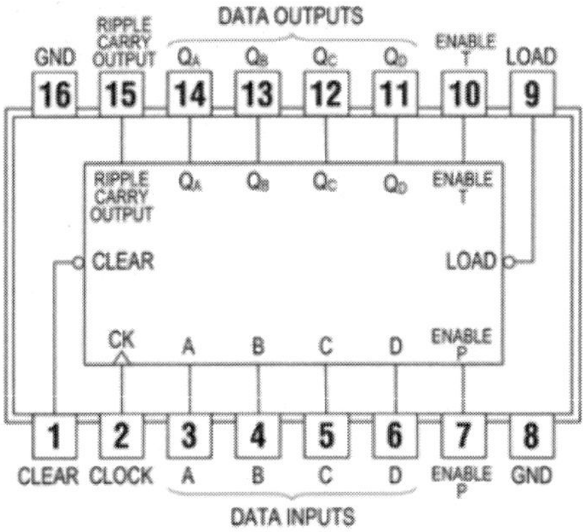

74161, 74163
Synchronous 4-bit Binary Counters

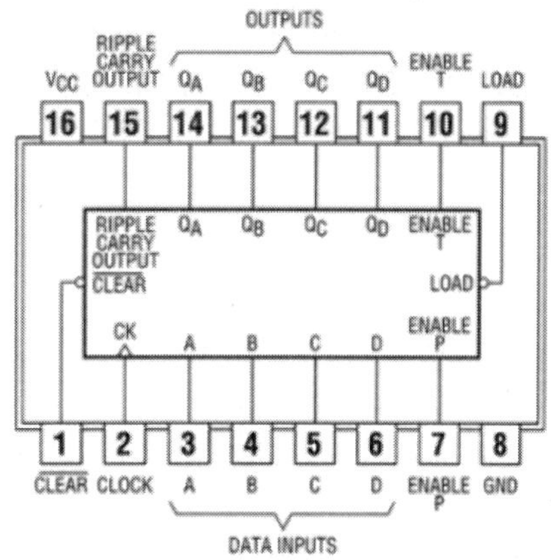

74164
8-Bit Shift Registers (P-Out Serial)

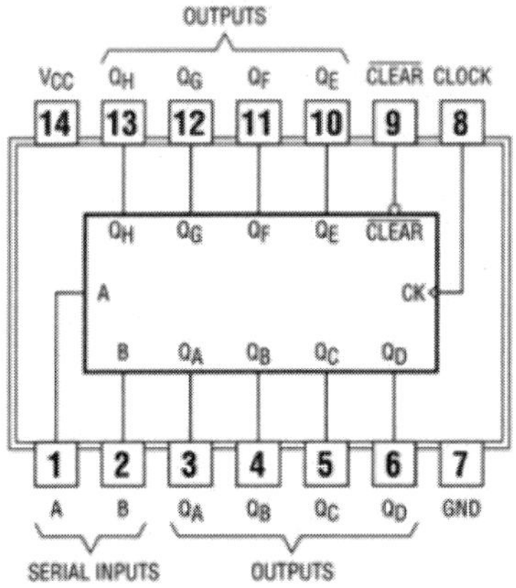

74165
8-Bit Shift Registers(P-Load)

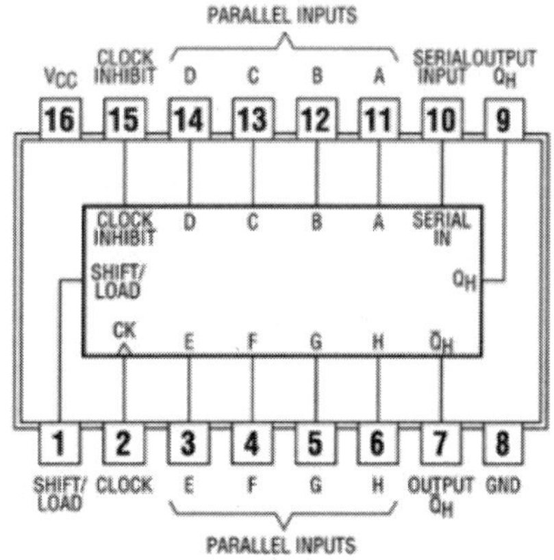

74166
8-Bit Shift Registers(P-Load)

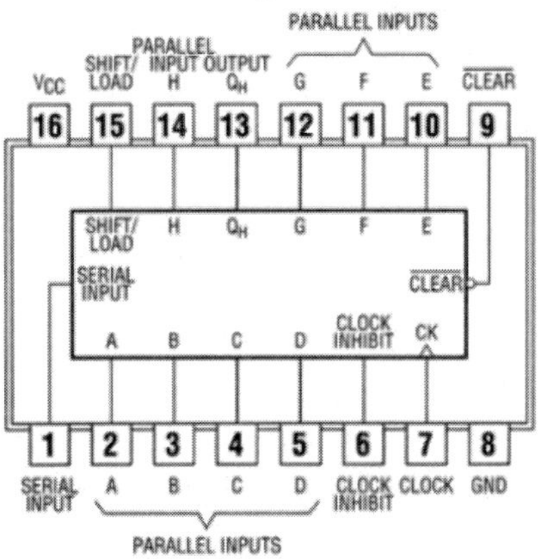

74168, 74169
BCD/Decade Synchronous Up-Down Counters

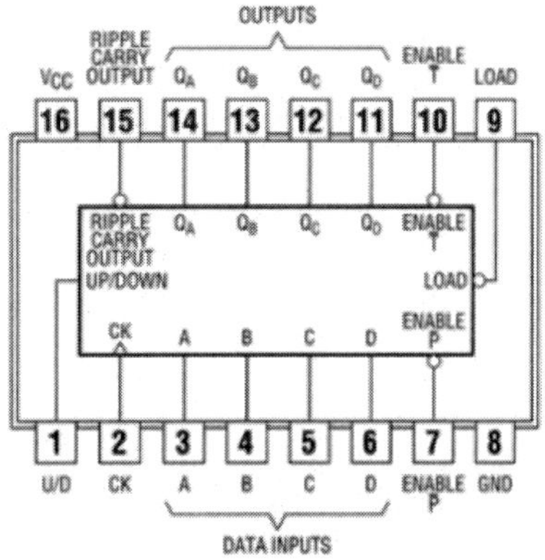

74170
4-by-4 Register Files

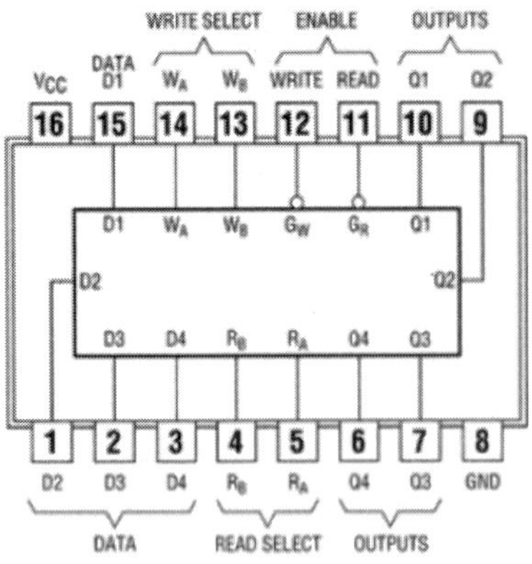

NC–ND internal connection

74173
4-Bit D-Type Registers

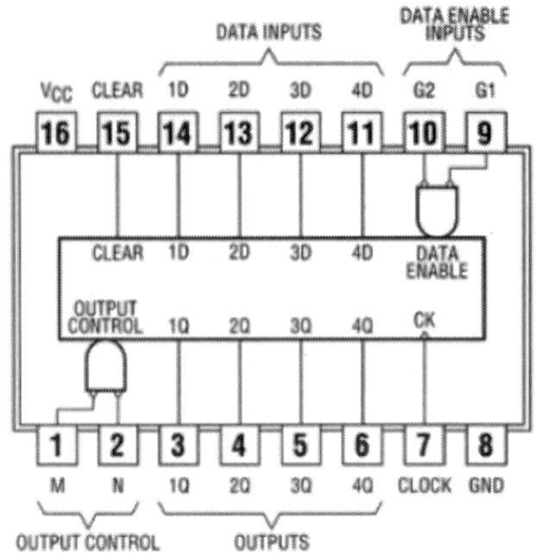

74174
Hex D-Type Flip Flops

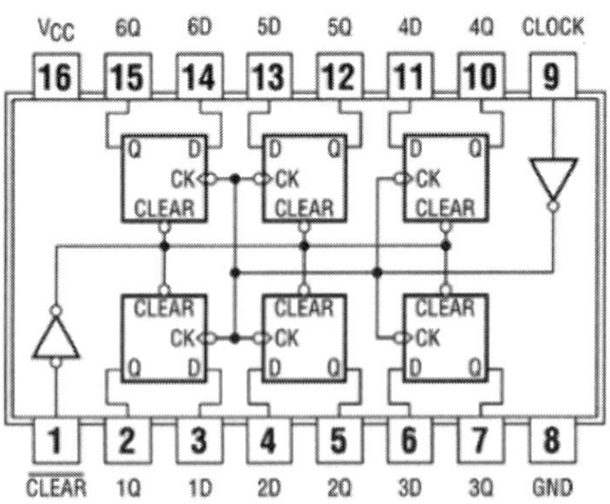

74175
Quad D-Type Flip Flops

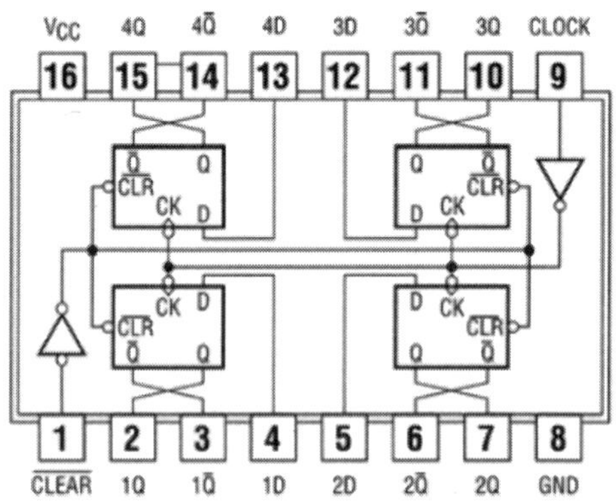

74176, 74177
Presettable Decade Counter
Presettable Binary Counter

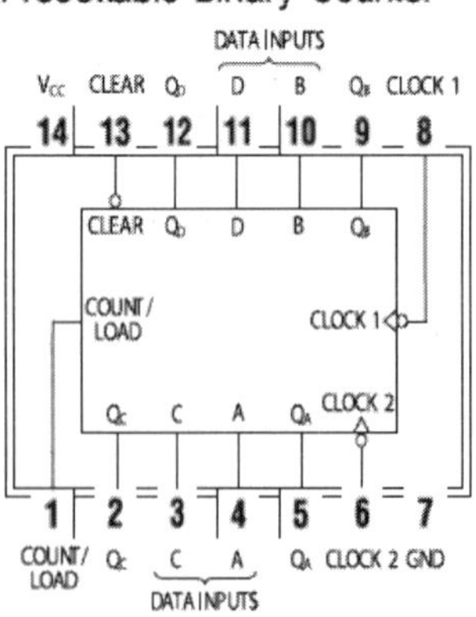

74178
4-Bit Register PIPO

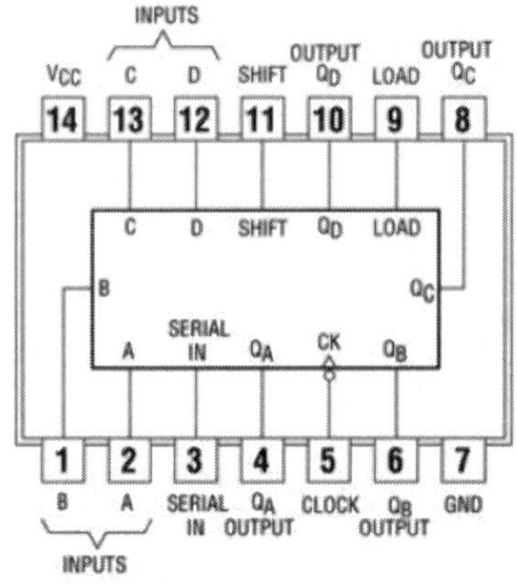

74179
4-Bit Shift Register PIPO

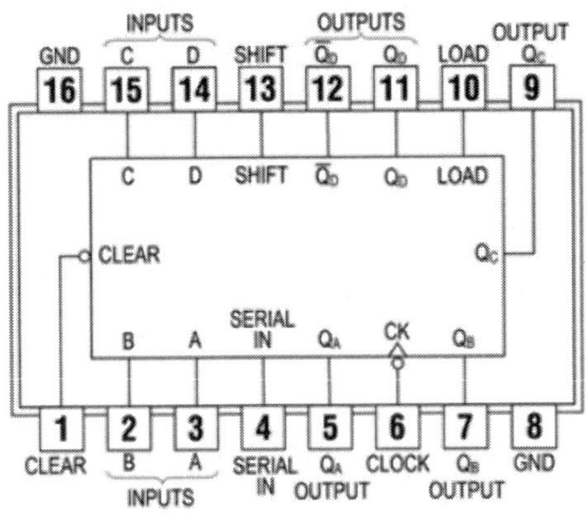

74180
8-Bit Parity Generator

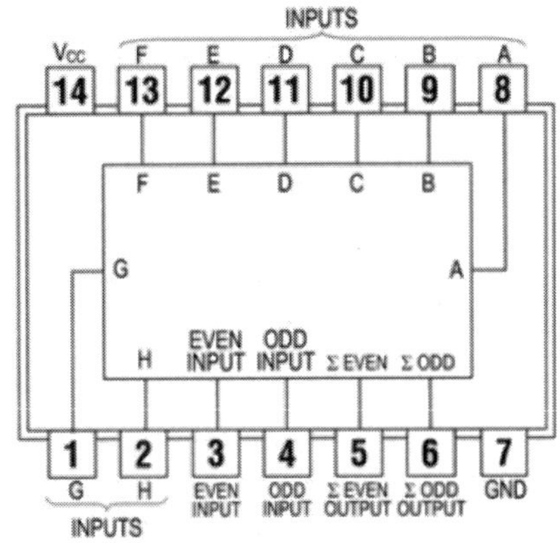

74181
4-Bit ALU/Function Generators

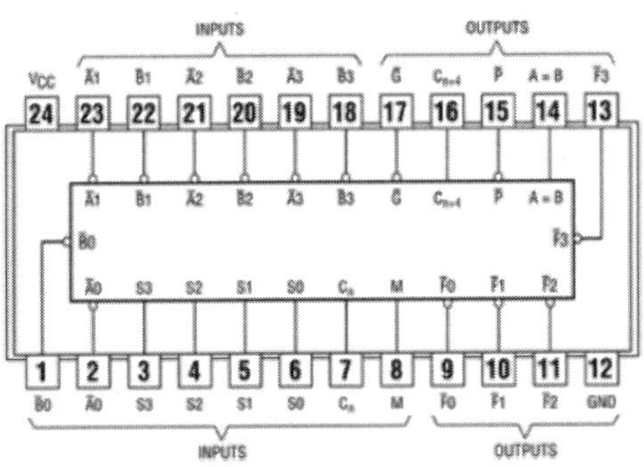

74182
Look-Ahead Carry Generators

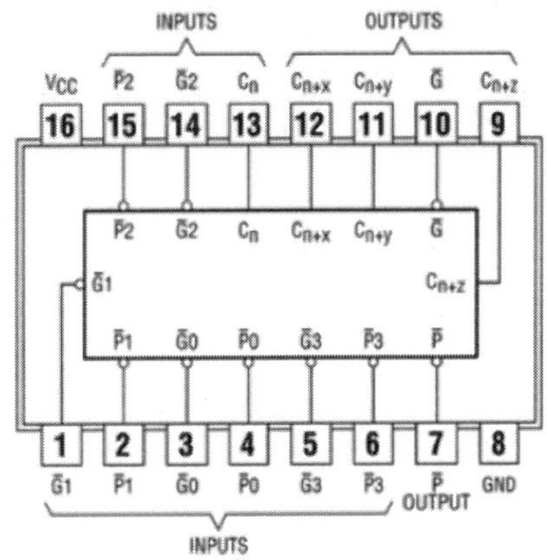

74183
Dual Carry Save Full Adders

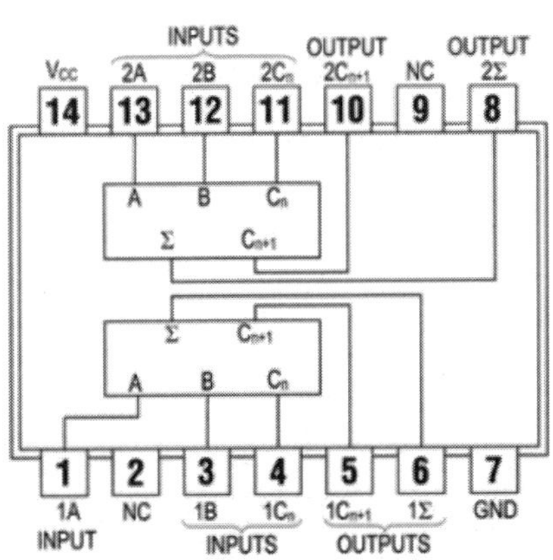

74190, 74191
Presettable Synchronous Up/Down Decade Counter

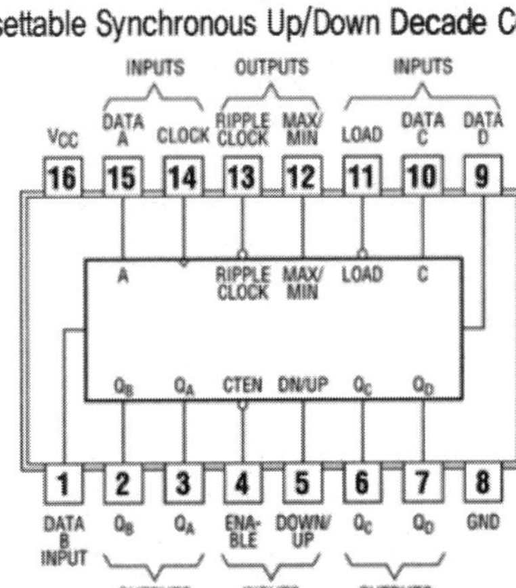

74192

Presettable Synchronous 4-Bit Up/Down Counters

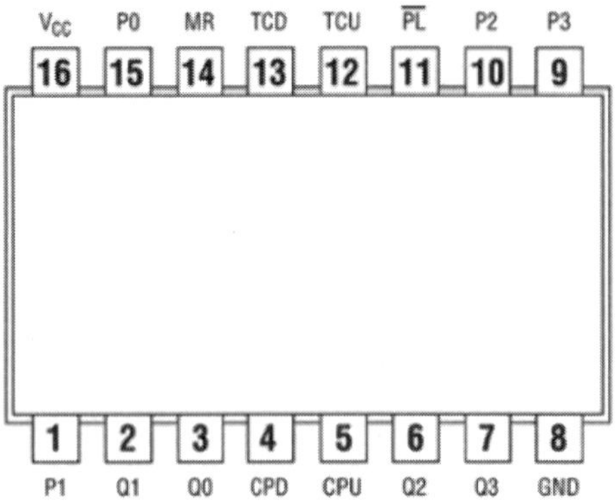

74193

Presettable Synchronous Up/Down Dual Clock Counters

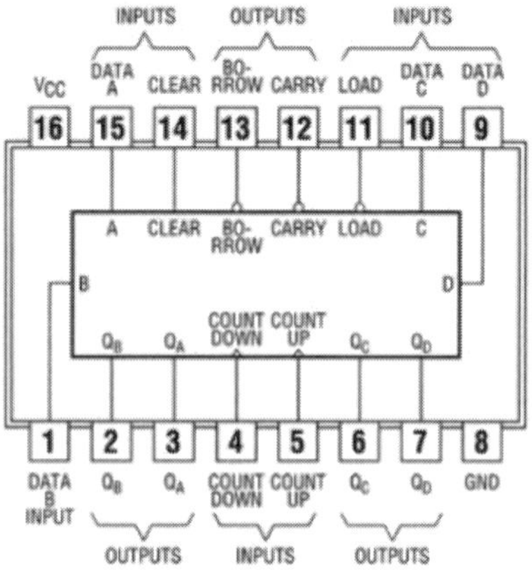

74194

4-Bit Bidirectional Universal Shift Registers

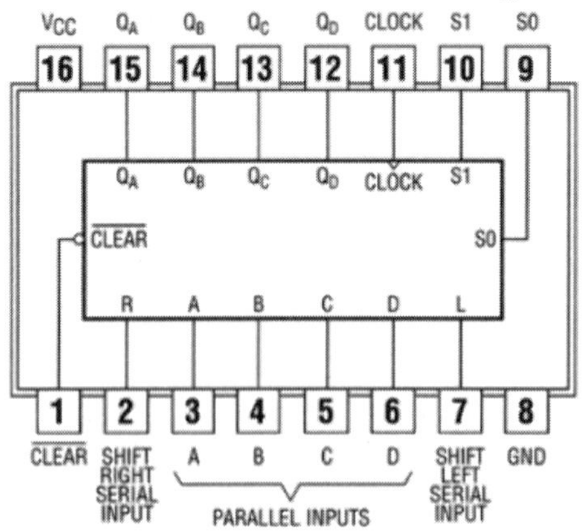

74195

4-Bit Parallel Access Shift Registers

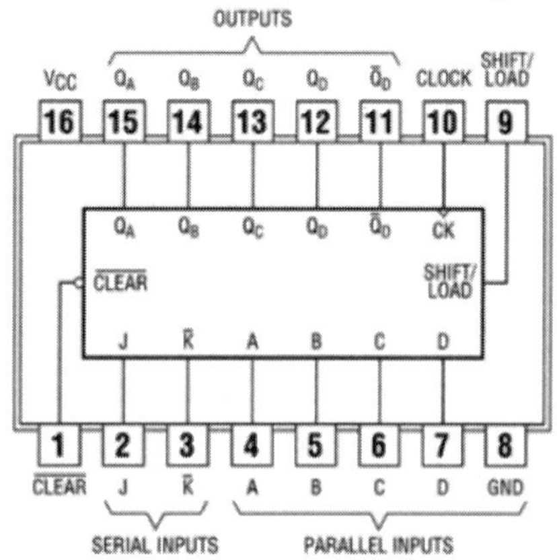

74196, 74197

Presettable Decade Counter
Presettable Binary Counter

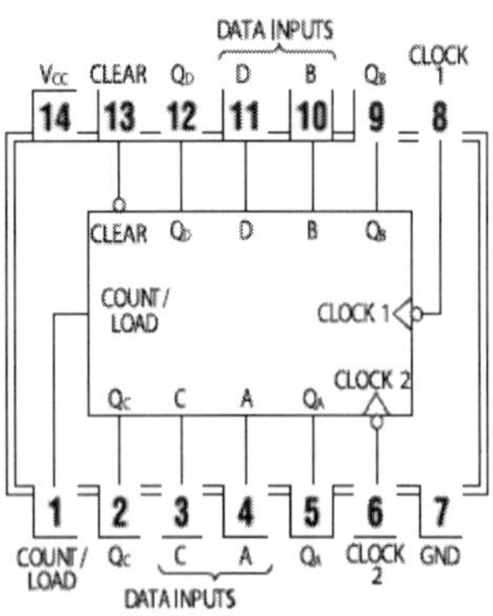

74198

8-Bit Bidirectional Shift Register PIPO

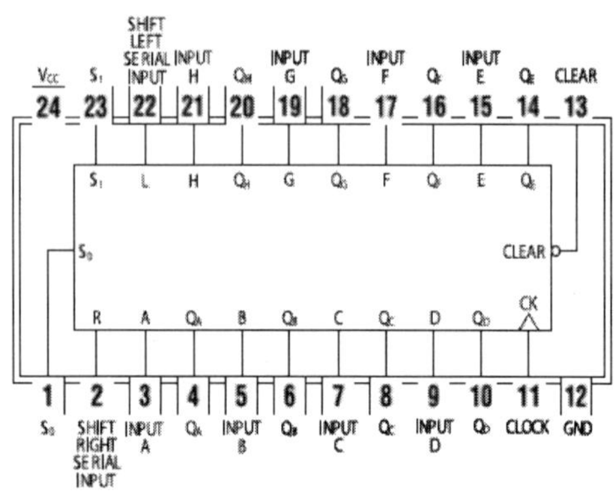

74199
8-Bit Shift Register PIPO

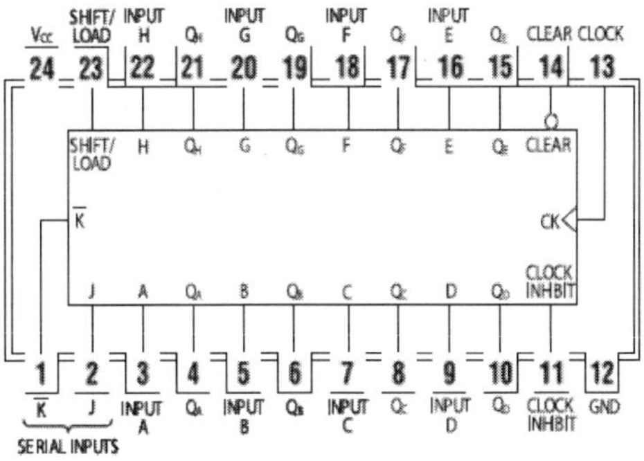

74221
Dual Monostable Multivibrators

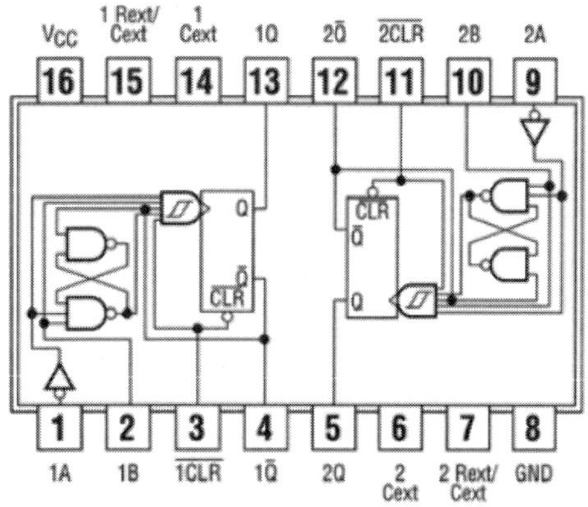

74224
16×4 Synchronous FIFO Memory with 3-State Outputs

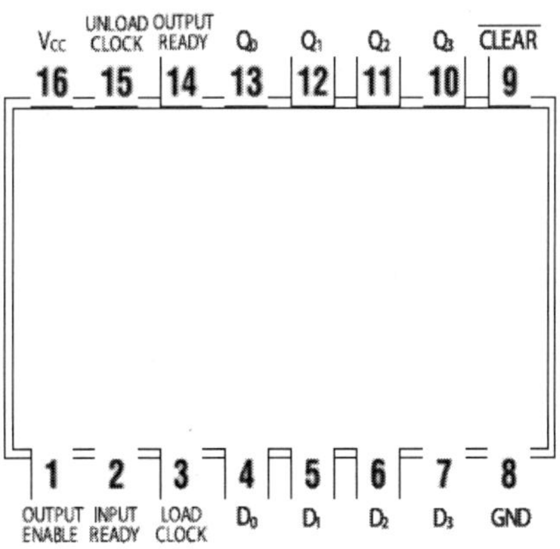

74238
3-to-8-Line Decoders/Demultiplexers

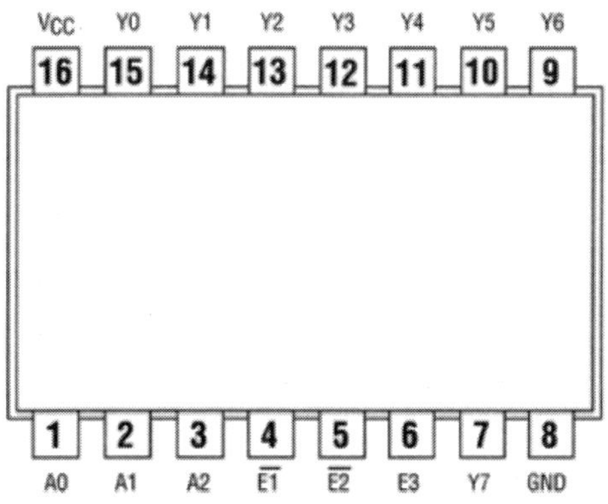

74240
Octal Bus Drivers 3-State

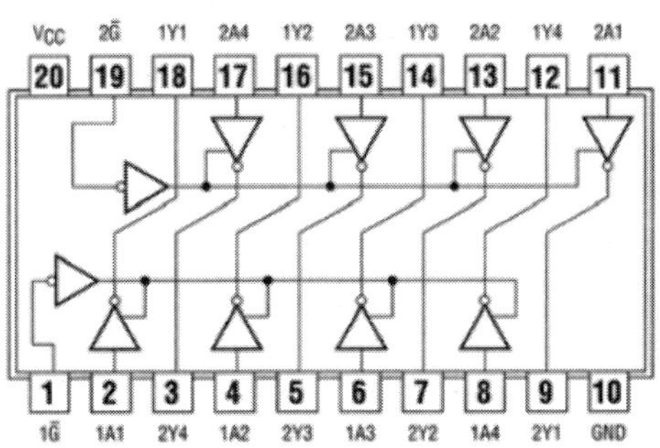

74241
Octal Bus Drivers 3-State

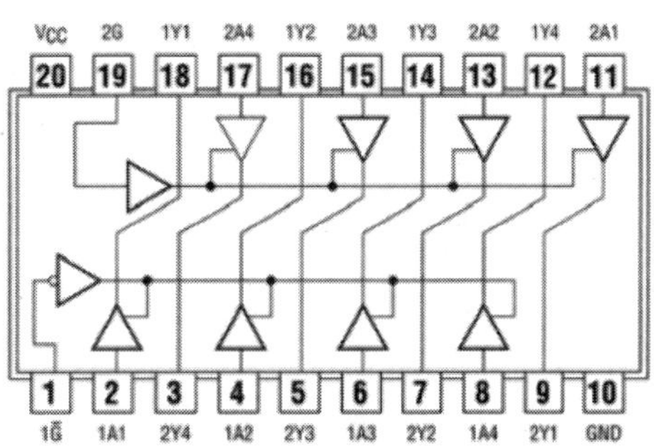

74242
Quad Bus Transceiver

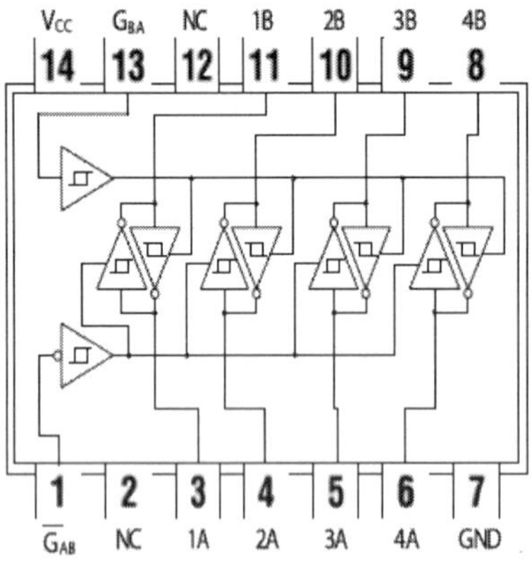

74243
Quadruple Bus Transceivers

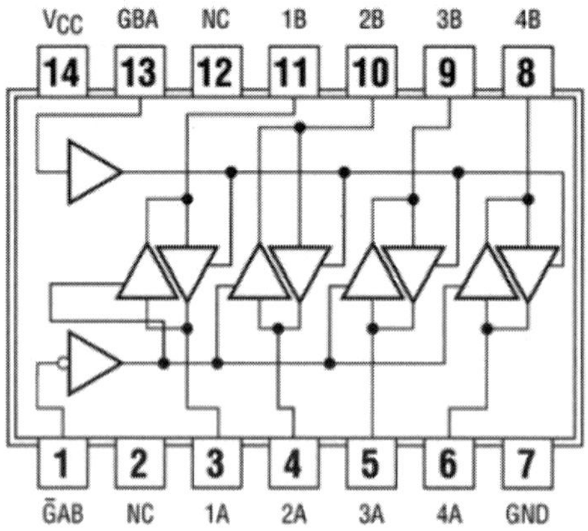

74244
Octal Bus Drivers 3-State

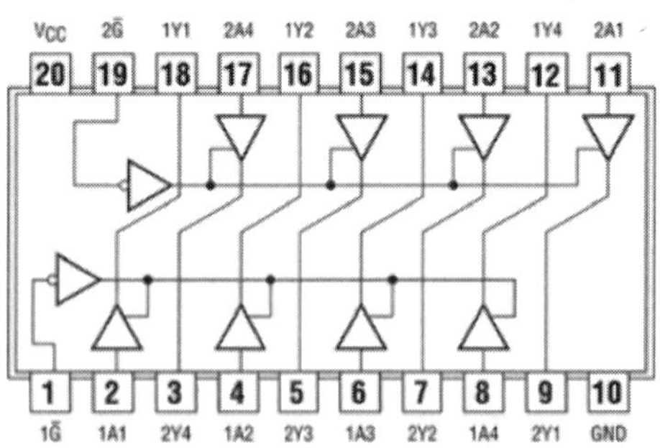

74245
Octal Bus Transceivers 3-State

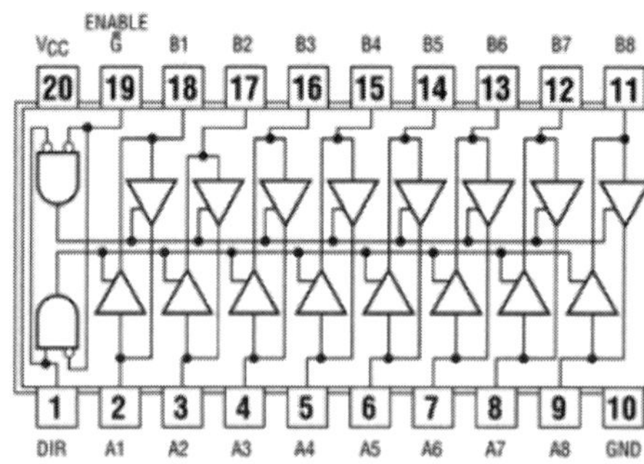

74246, 74247
BCD-to-Seven Segment Decoders

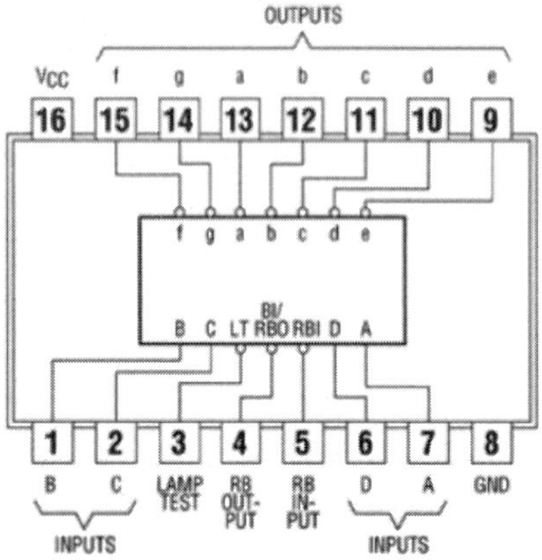

74248, 74249
BCD-to-Seven Segment Decoders

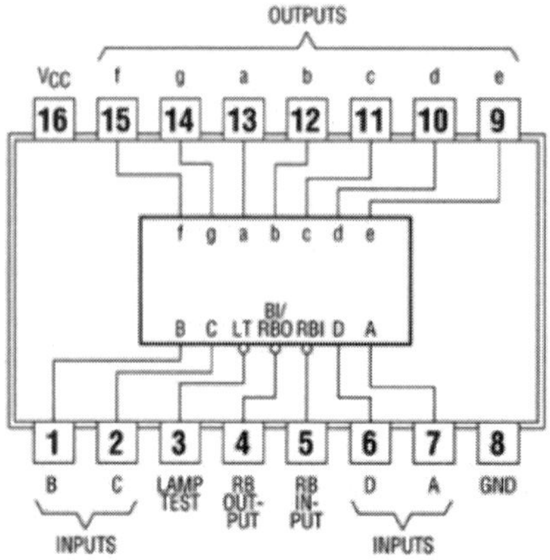

74251

Data Selectors/Multiplexers 3-State

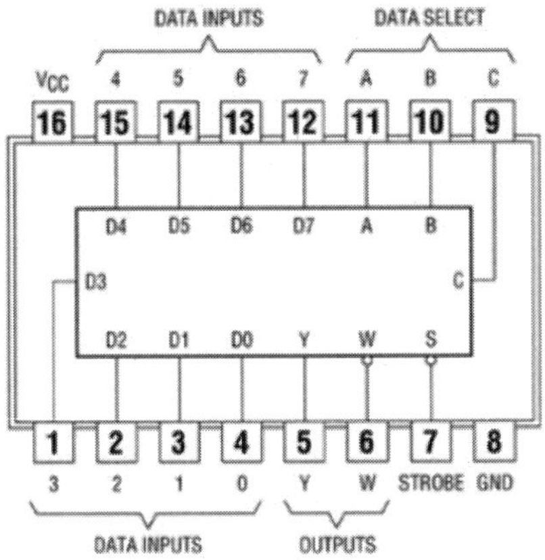

74253

Dual 4-to-1 Line Data Selector/Multiplexers 3-State

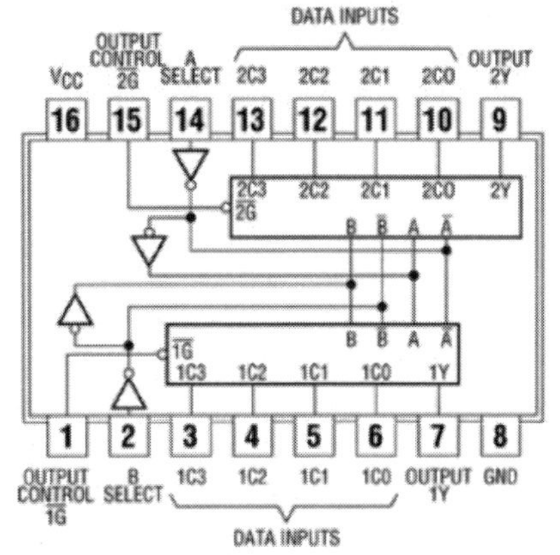

74256

Dual 4-Bit Addressable Latch

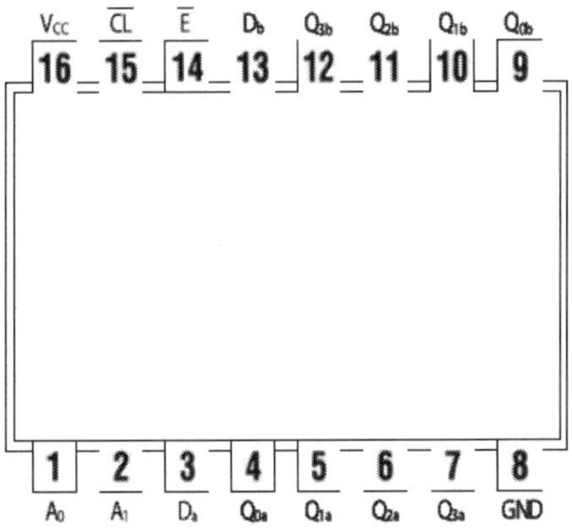

74257

Quad 2-to-1 Data Selector/Multiplexers 3-State

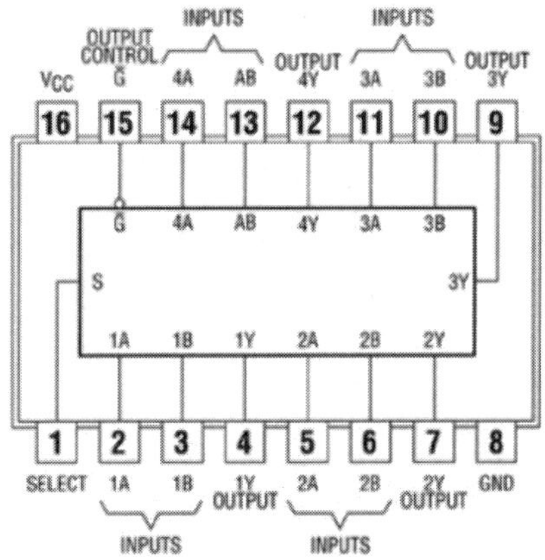

74258

Quad 2-to-1 Data Selector/Multiplexers 3-State

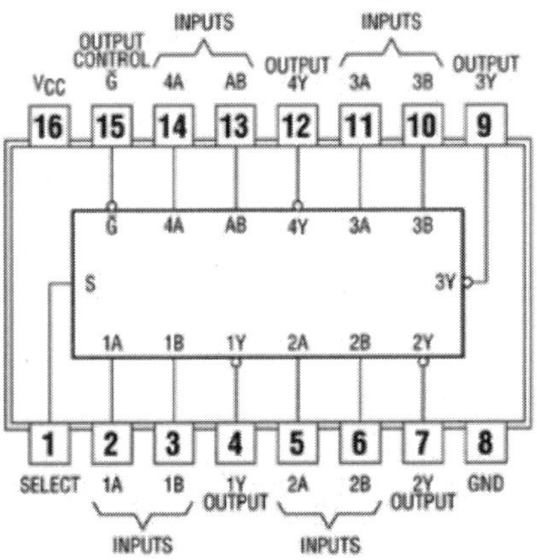

74259

8-Bit Addressable Latches

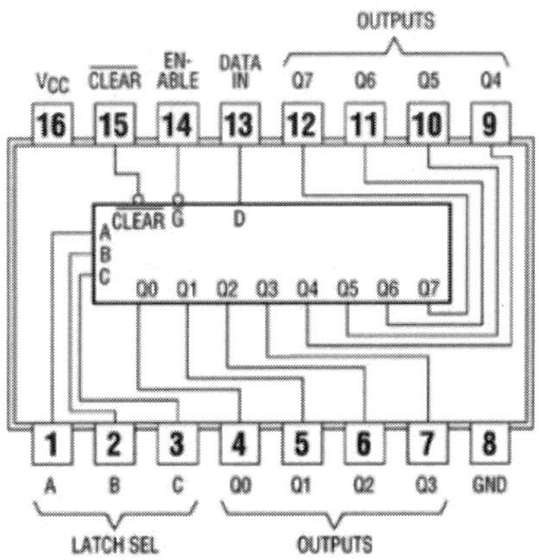

74260
Dual 5-Input NOR Gates

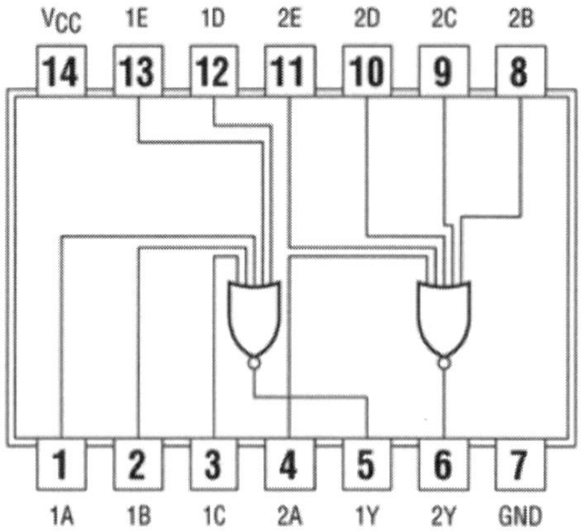

74266
Quad 2-Input XNOR O.C.

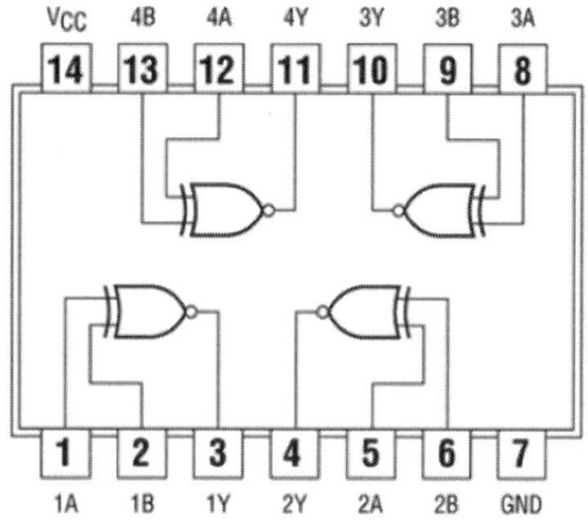

74273
Octal D-Type Flip Flops

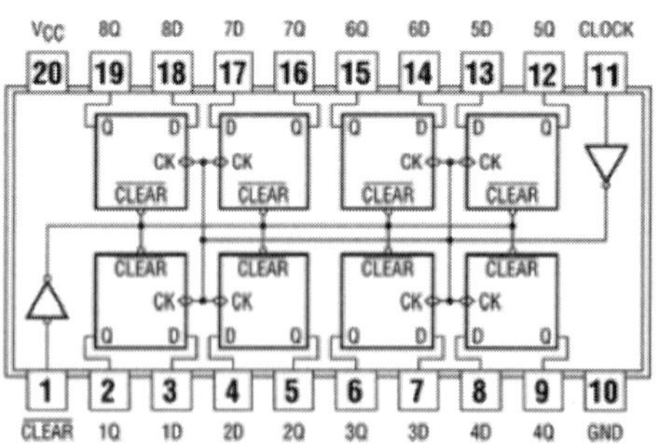

74276
Quad J-$\overline{K}$ Flip Flops

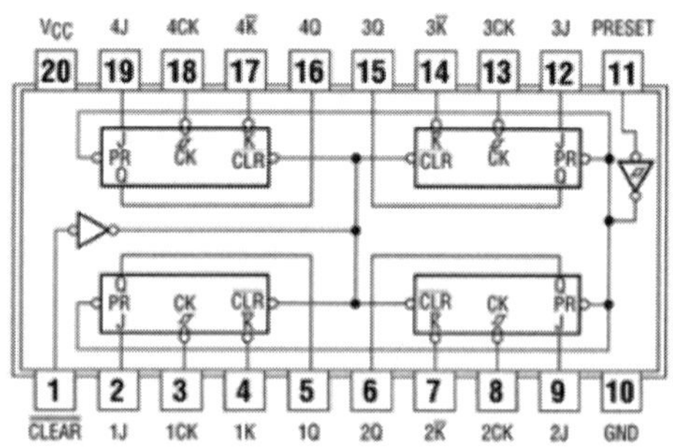

74279
Quad $\overline{S}$-$\overline{R}$ Latches

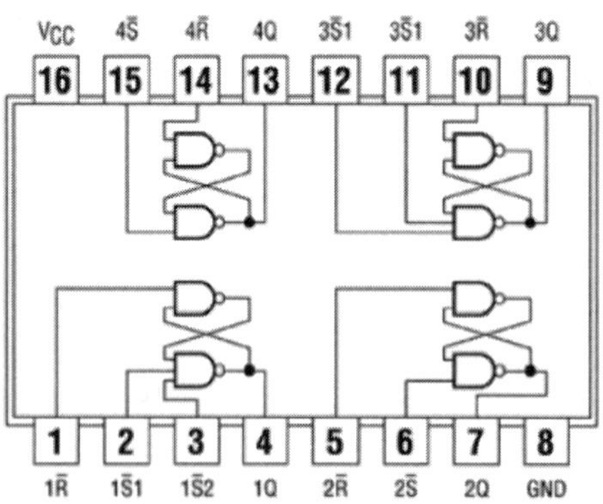

74280
9-Bit Parity Generators/Checkers

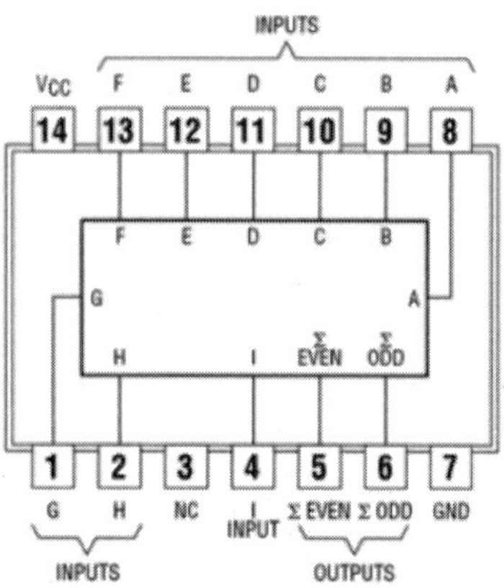

74283
4-Bit Binary Full Adders*

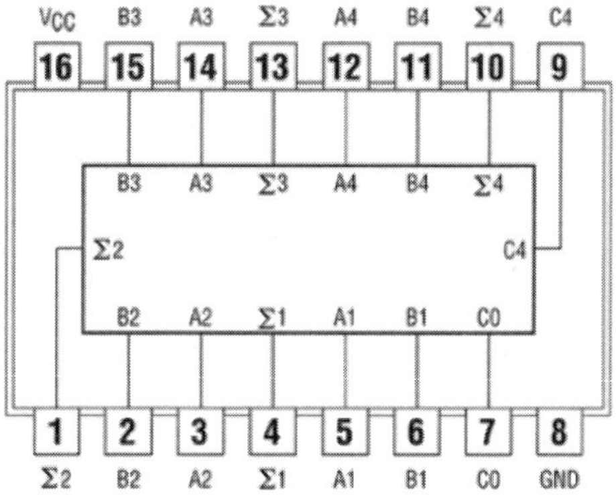

74286
9-Bit Parity Generators/Checkers

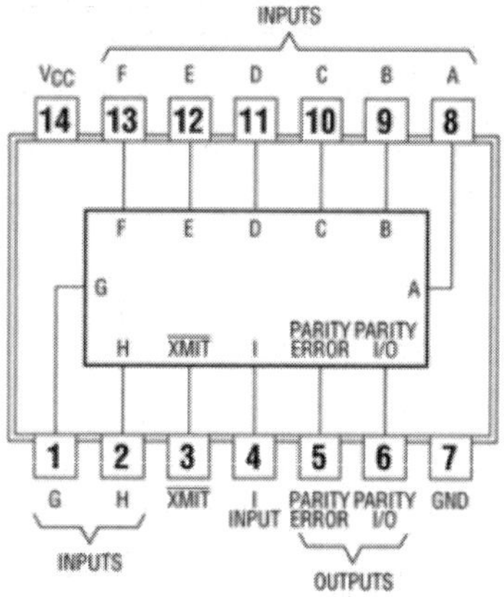

74290
Decade Counter

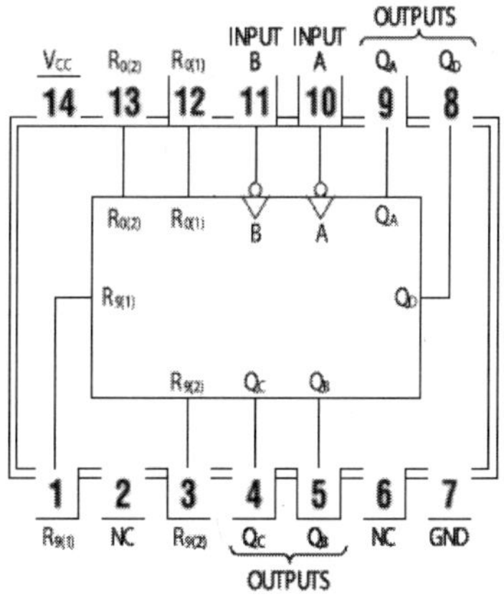

74293
4-Bit Binary Counters

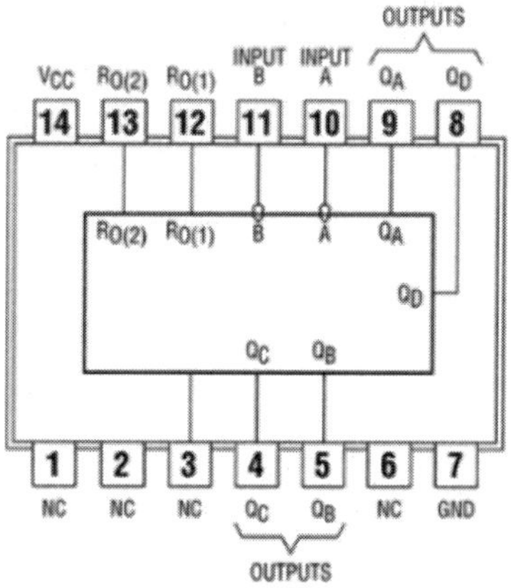

74295
4-Bit Shift PIPO 3-State

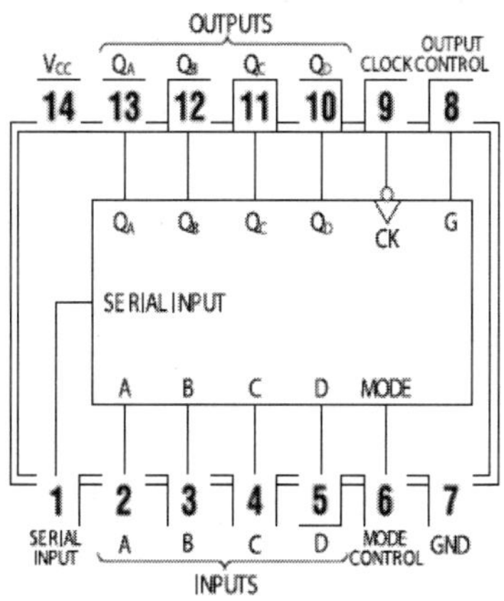

74298
Quad 2-Input Multiplexers with Storage

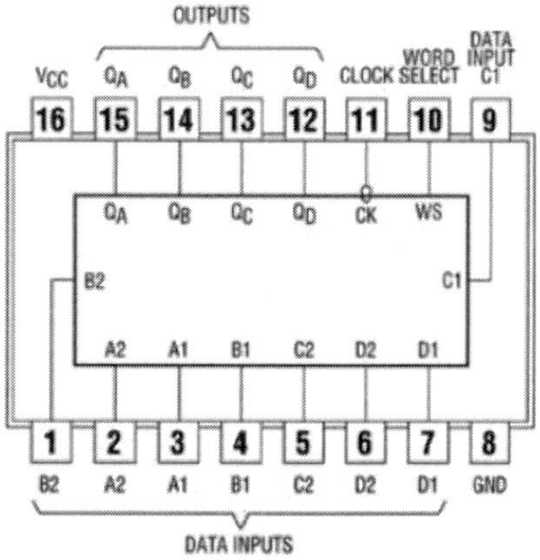

74299, 74323

8-Bit bidirectional Universal Shift/Storage Registers

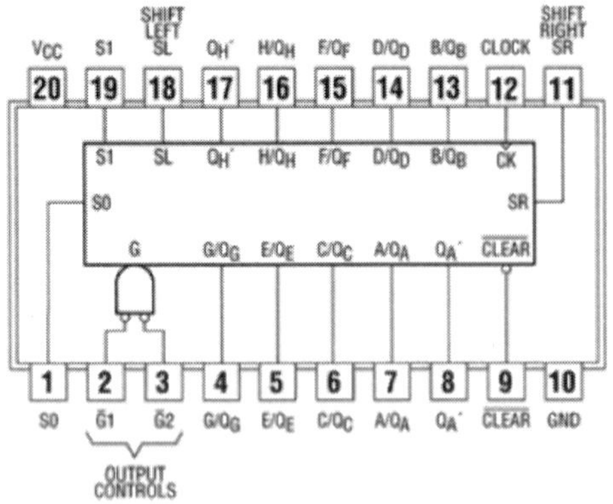

74322

8-Bit Shift Register with Sign Extend

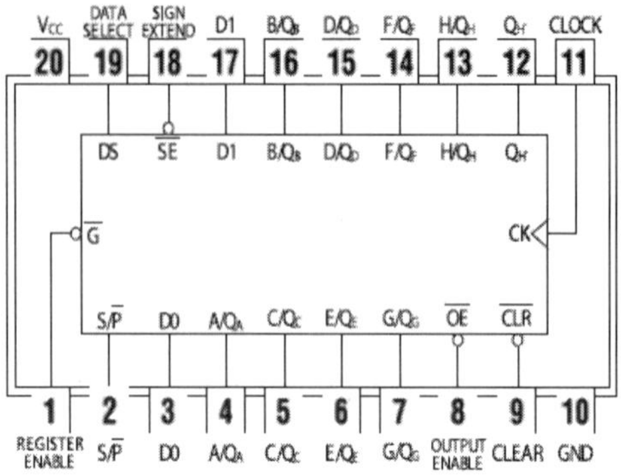

74348

8-to-3 Line Priority Encoder

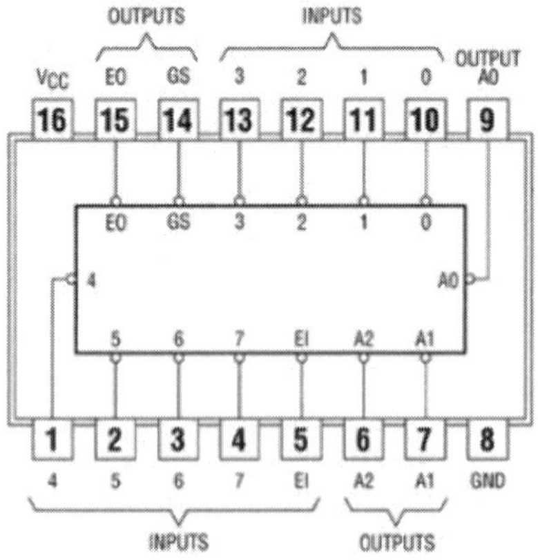

74352

Dual 4-to-1 Line Data Selector

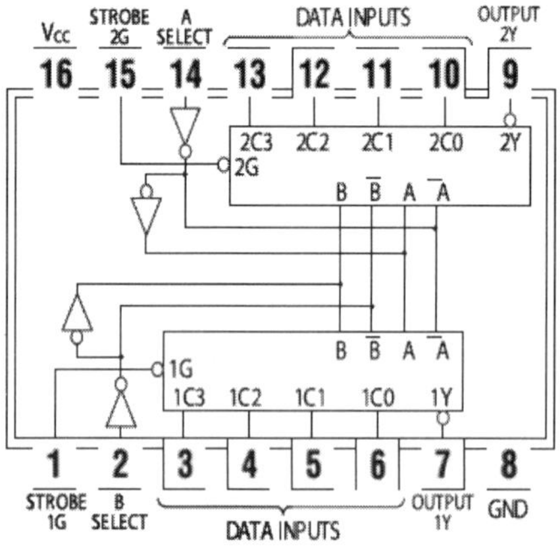

74353

Dual 4-to-1 Line Data Selector 3-State

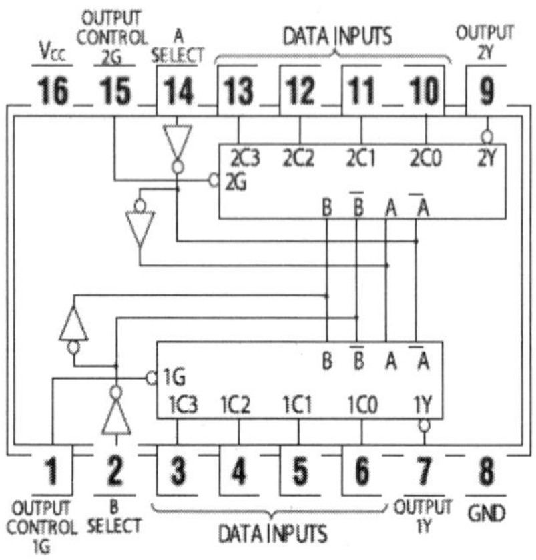

74365

Hex Bus Drivers Hex Buffers/Line Drivers 3-State

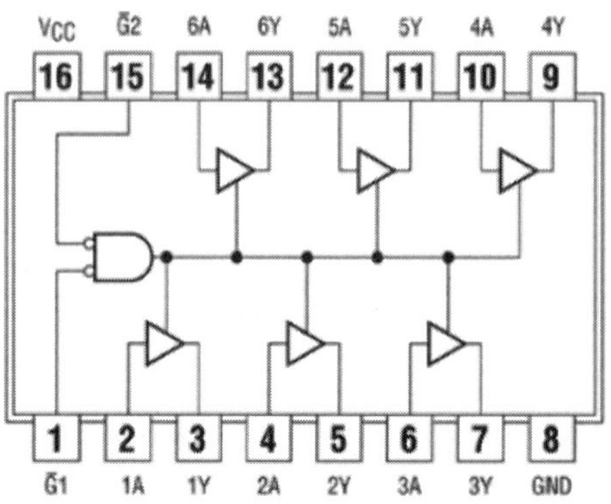

74366
Hex Bus Drivers Hex inverters/Line Drivers 3-State

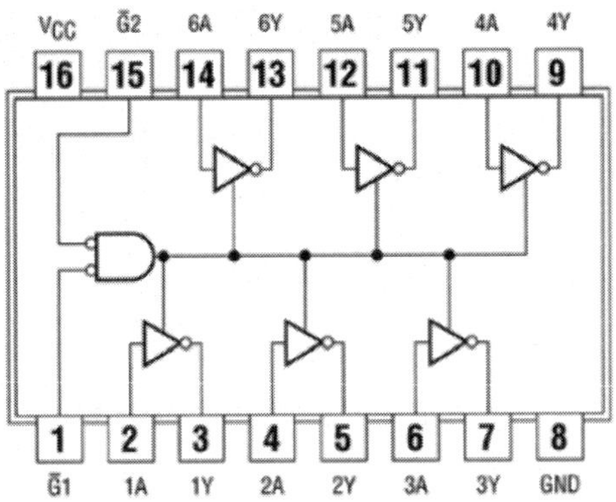

74367
Hex Bus Drivers Hex Buffers/Line Drivers 3-State

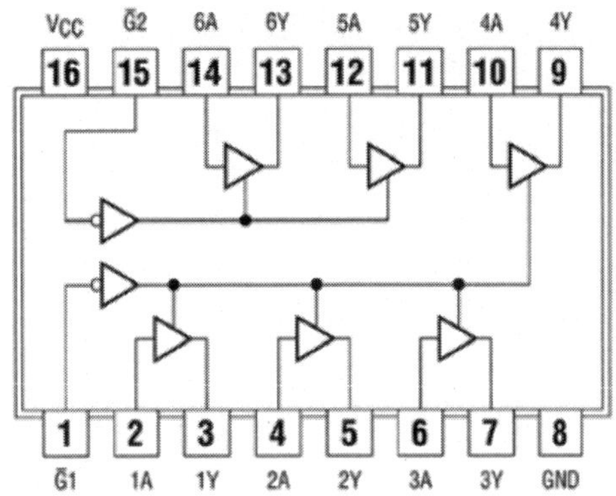

74368
Hex Bus Drivers Hex inverters/Line Drivers 3-State

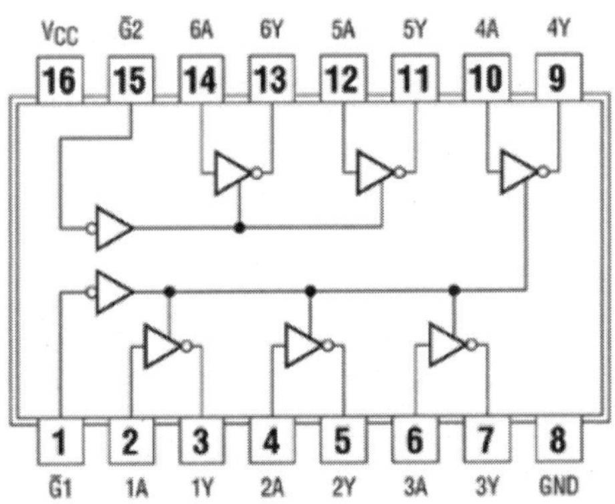

74373
Octal D-Type Latches 3-State

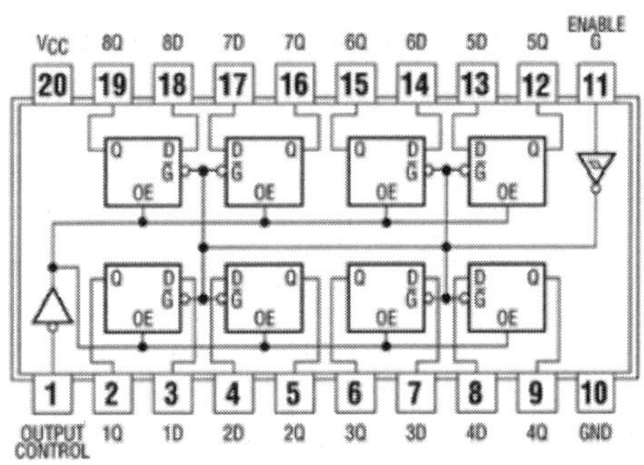

74374
Octal D-Type Flip Flops 3-State

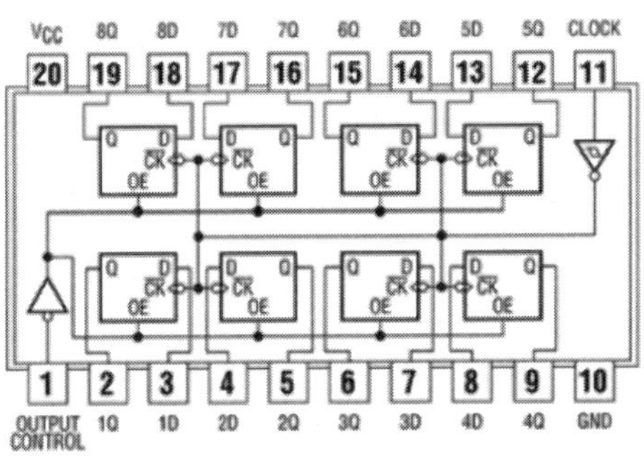

74375
Quad Latches

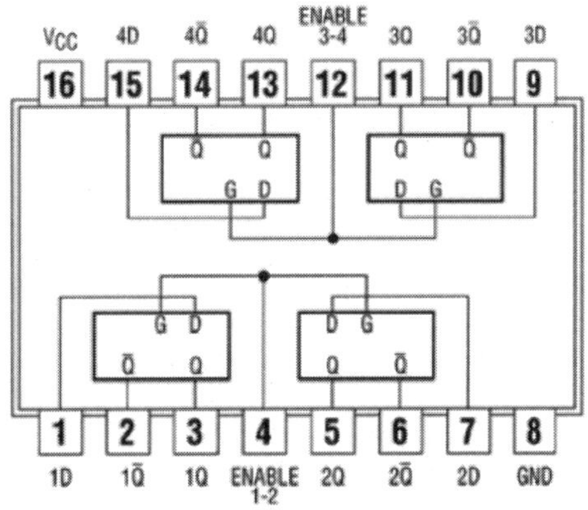

74376
Quad J-K Flip Flops

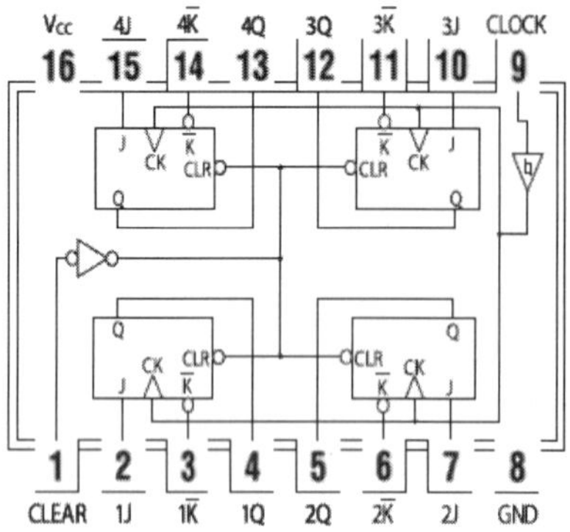

74377
Octal D-Type Flip Flops with Enable

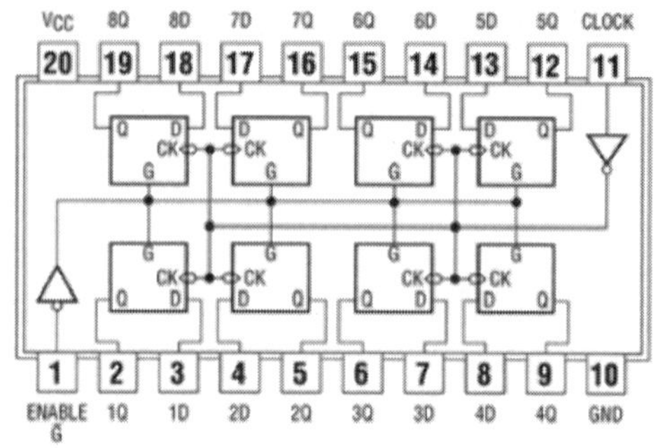

74378, 74174
Hex D-Type Flip Flops Clock with Enable

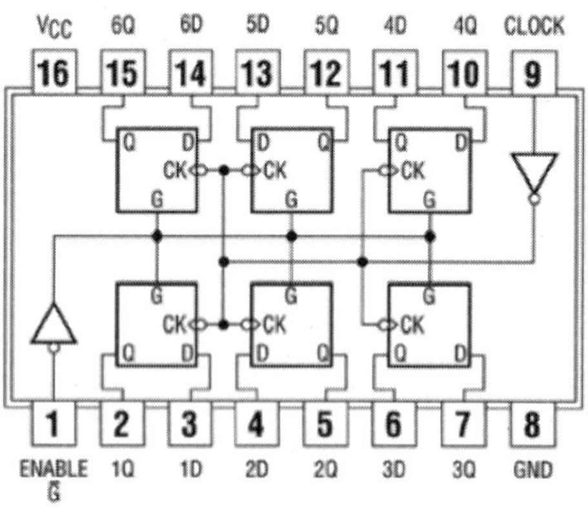

74379, 74175
Quad D-Type Flip Flops with Enable

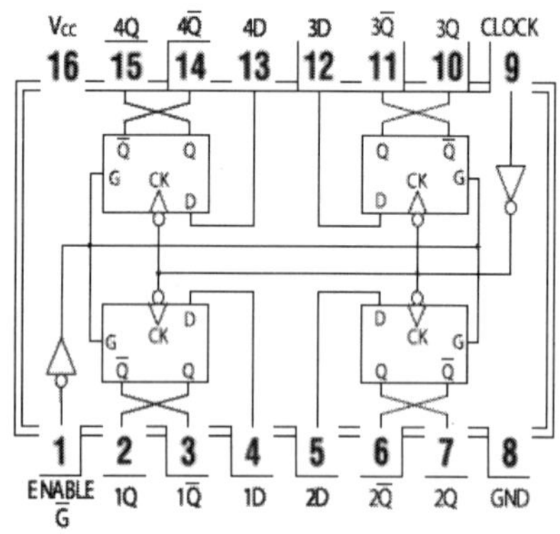

74381, 74382
ALU/Function Generator

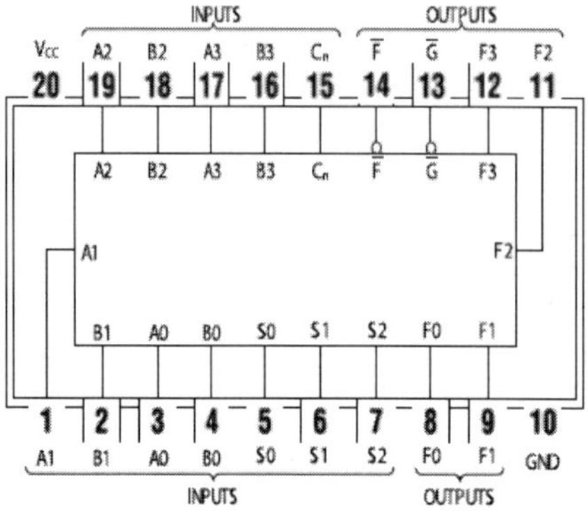

74386
Quad 2-Input XOR

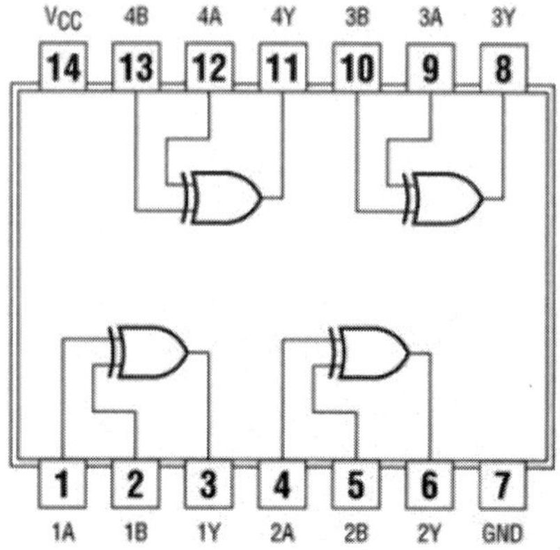

74390
Dual Decade Counters

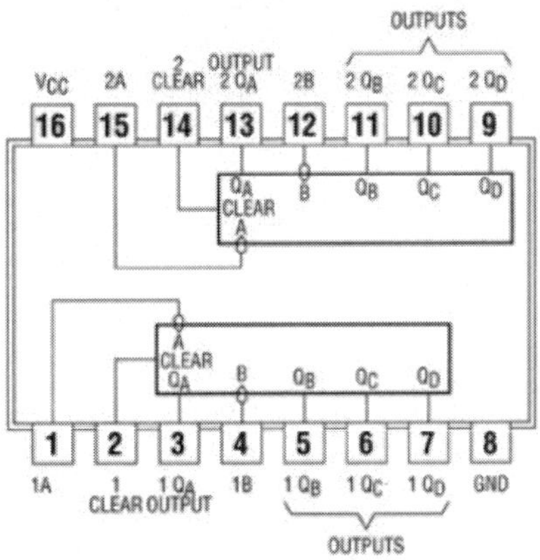

74393
Dual 4-Bit Binary Counters

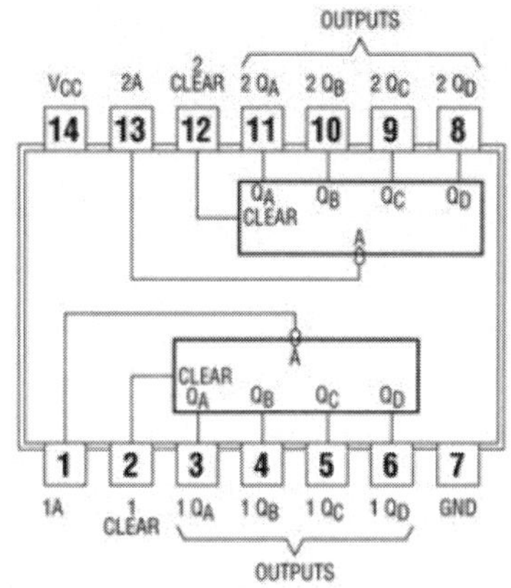

74395
4-Bit Shift Register PIPO

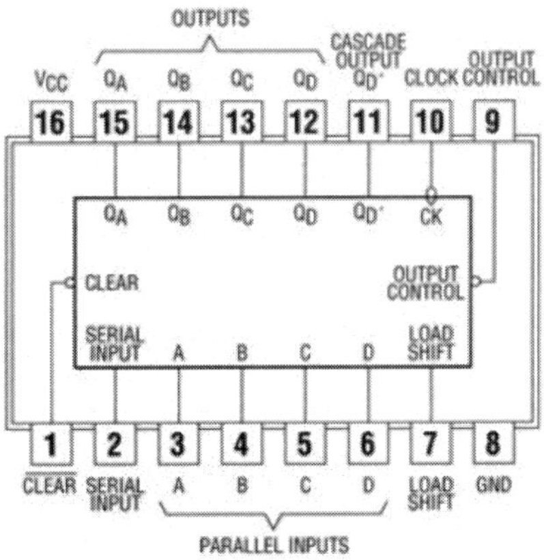

74396
Octal Storage Register

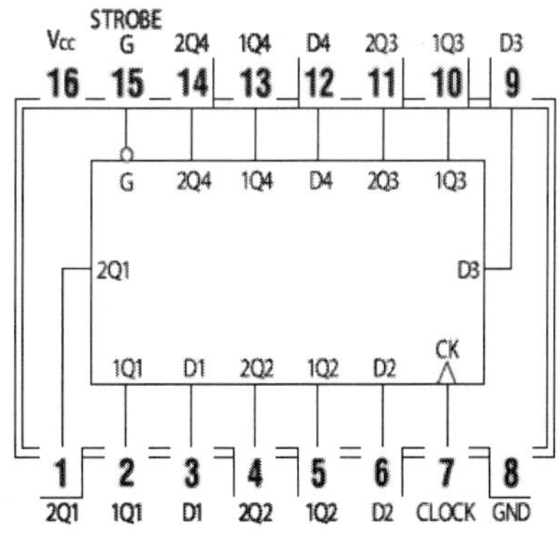

74398
Quad 2-Input Multiplexer with Storage

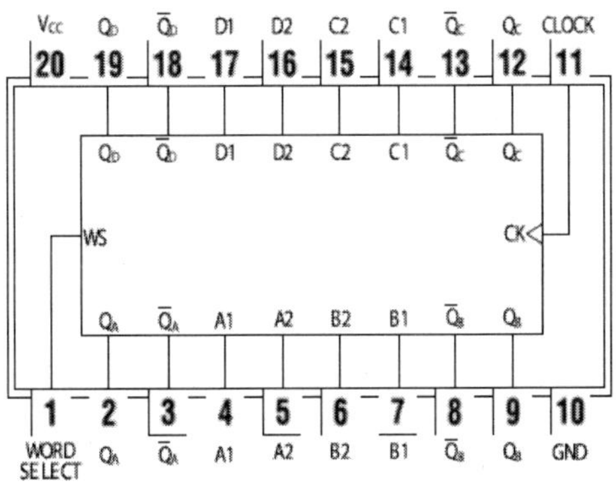

74399
Quad 2-Input Multiplexer with Storage

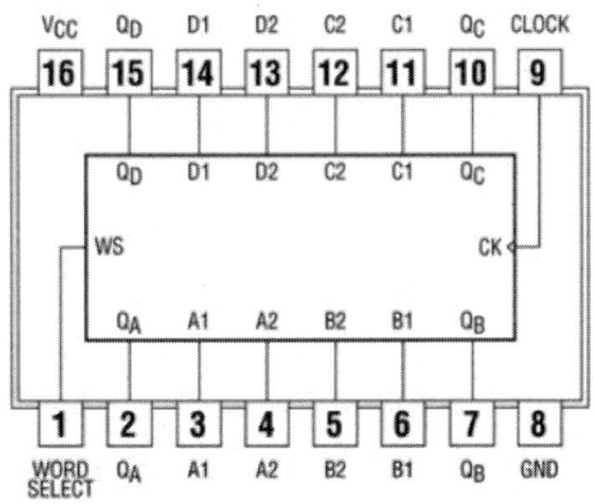

74422
Monostable Multivibrator

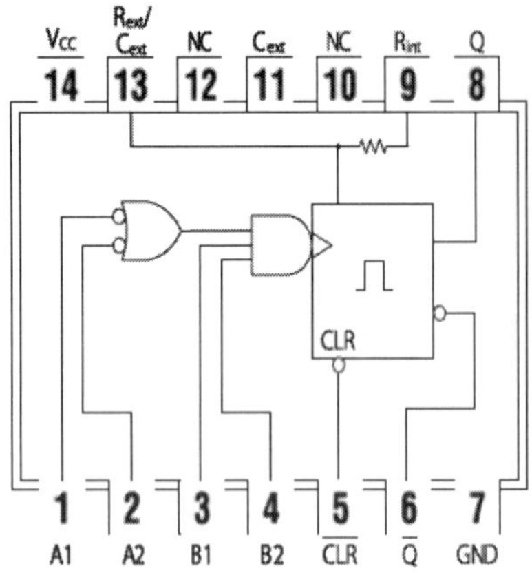

74423
Mono Stable Multivibrator

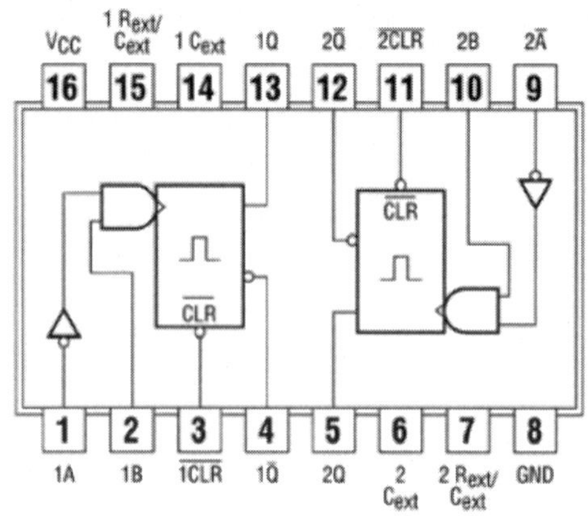

74425
Quad 3-State Buffers

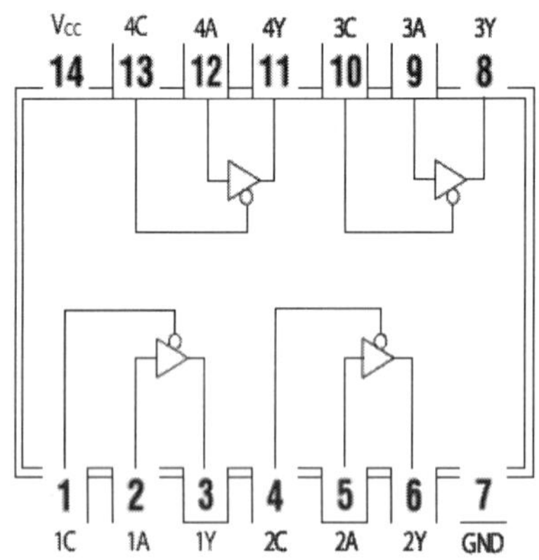

74426
Quad 3-State Buffers

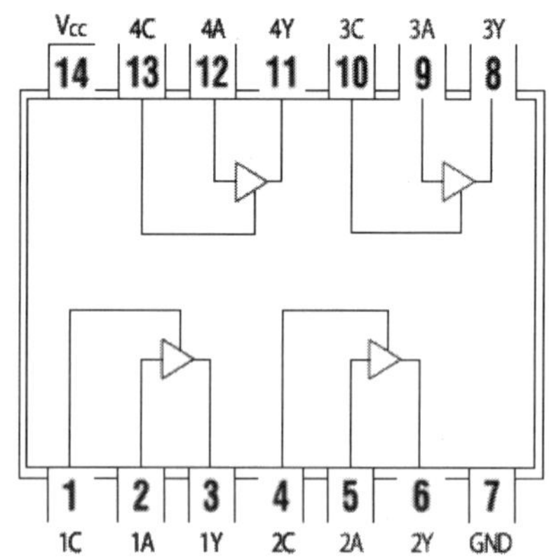

74440, 74441, 74442, 74443, 74444
Quadruple Tridirectional Bus Transceivers

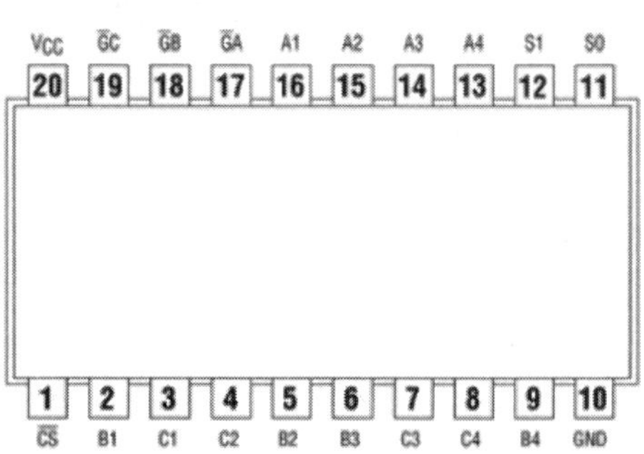

74490
Dual Decade Counters

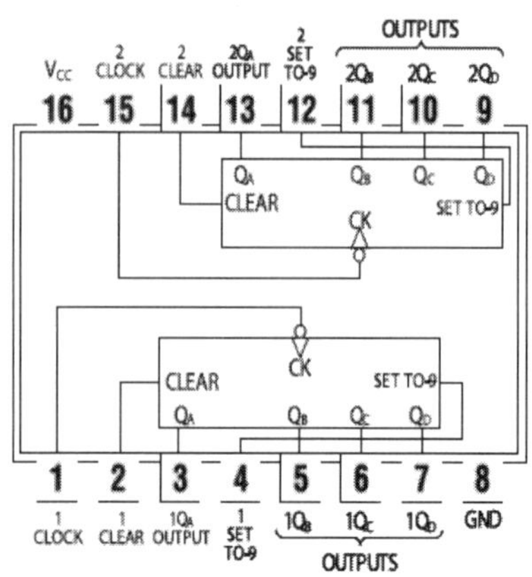

74520, 74521, 74688, 74689
8-Bit Identity Comparator

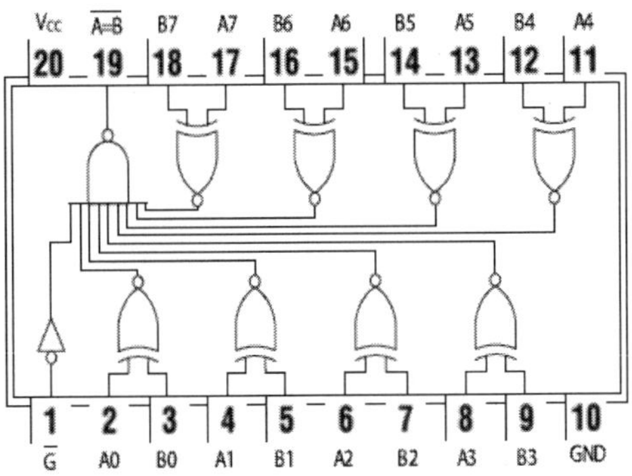

74534
Octal D-Type Edge-triggered Flip Flops

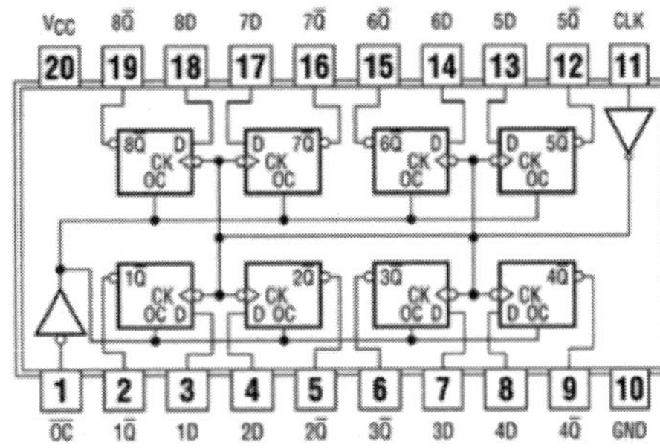

74540, 74541
Octal Buffers/Drivers 3-State

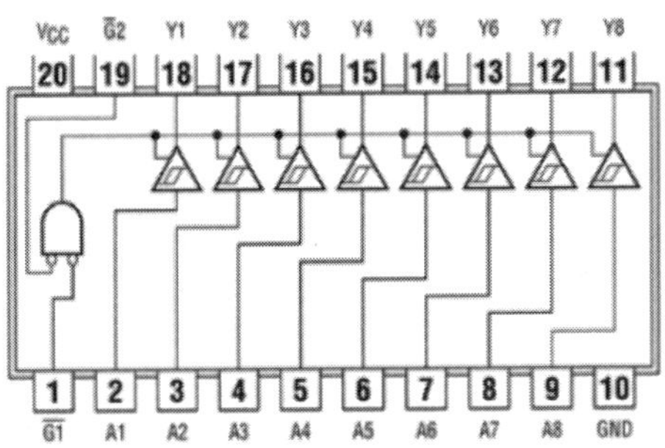

74543
Octal Registered Transceivers

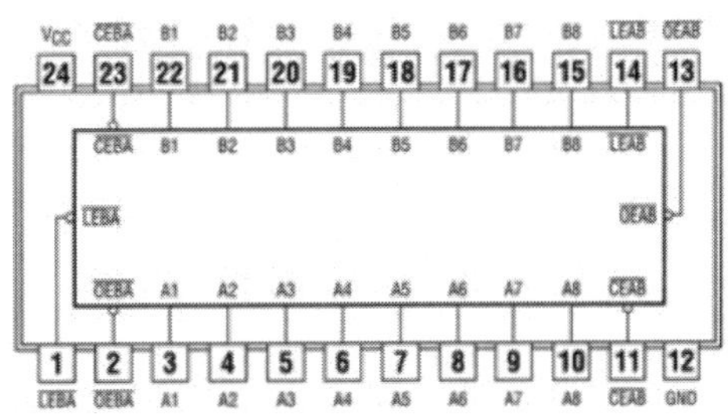

74564
Octal D-Type Flip Flops

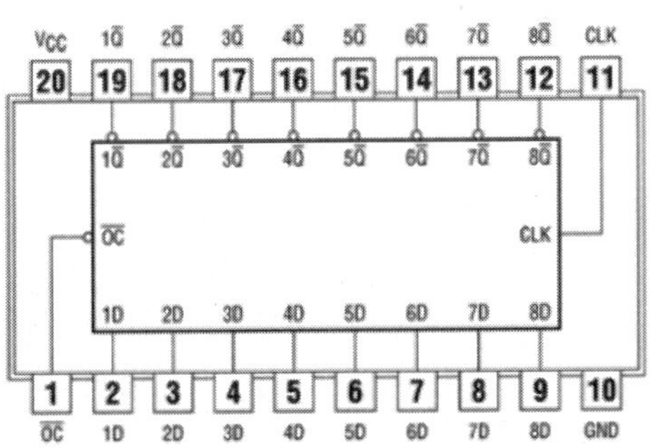

74569
Synchronous Binary Counter 3-State

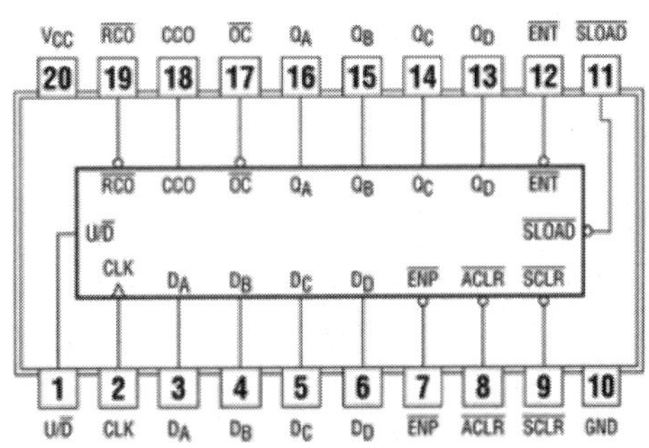

74573
Octal D-Type Latches

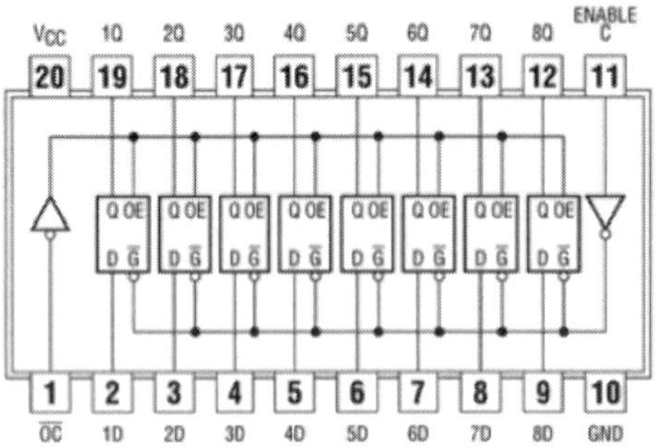

74574
Octal D-Type Edge-triggered Flip Flops

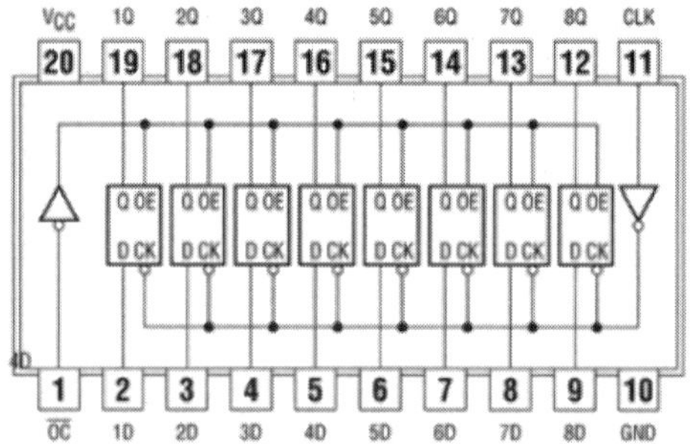

74575
Octal D-Type Edge-triggered Flip Flops

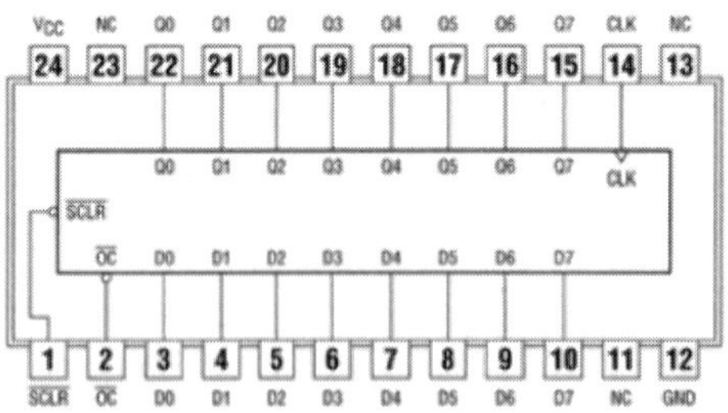

74595, 74596
8-Bit Shift Registers

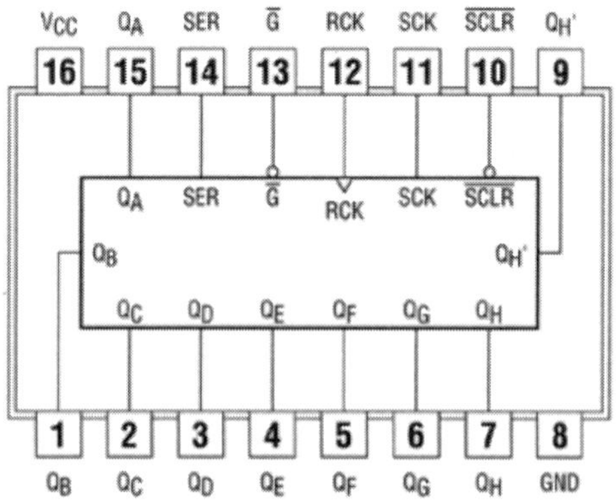

74597
8-Bit Shift Registers

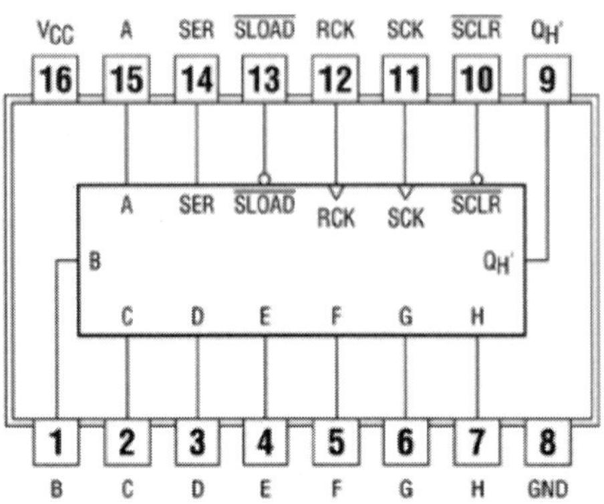

74620, 74621, 74623
Octal Bus Transceivers 3-State

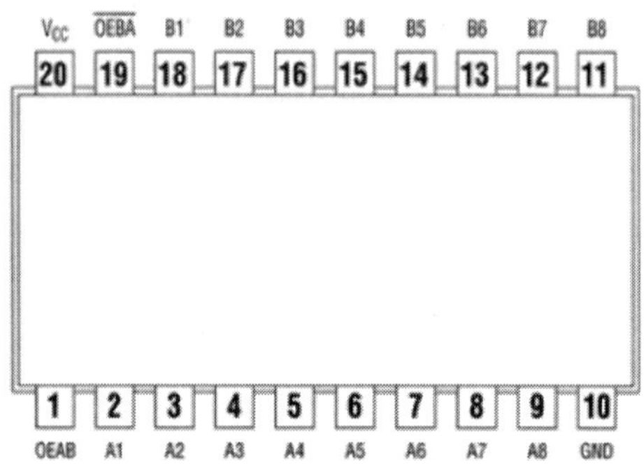

74622
Octal Bus Transceiver O.C.

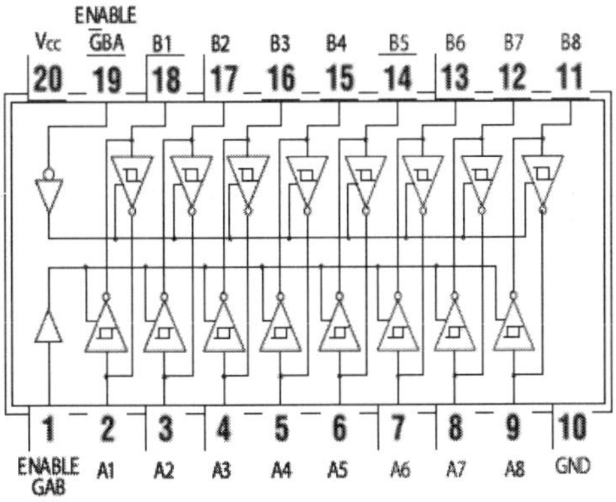

74638
Octal Bus Transceivers

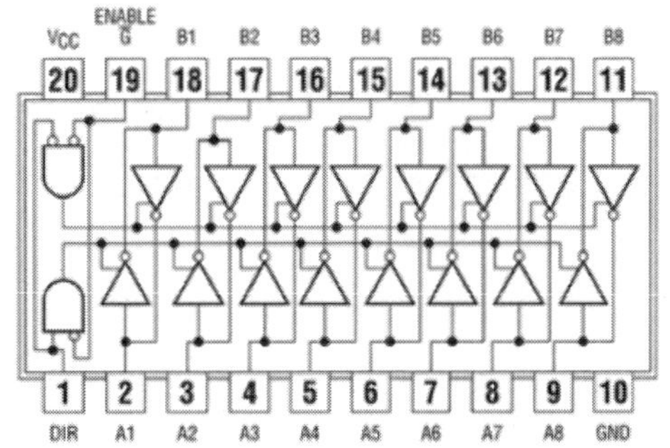

74639
Octal Bus Transceivers

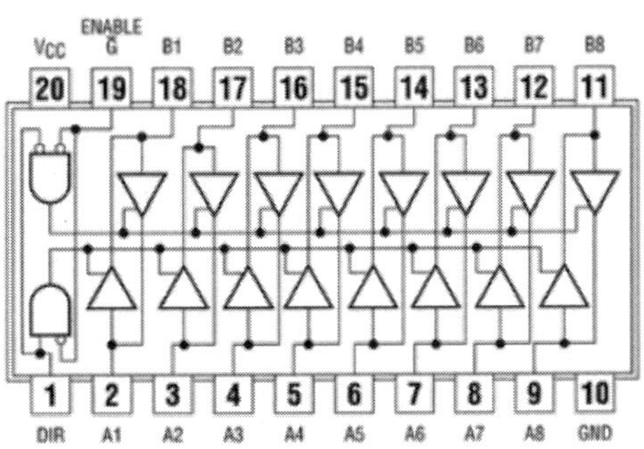

74640, 74642
Octal Bus Transceivers 3-State

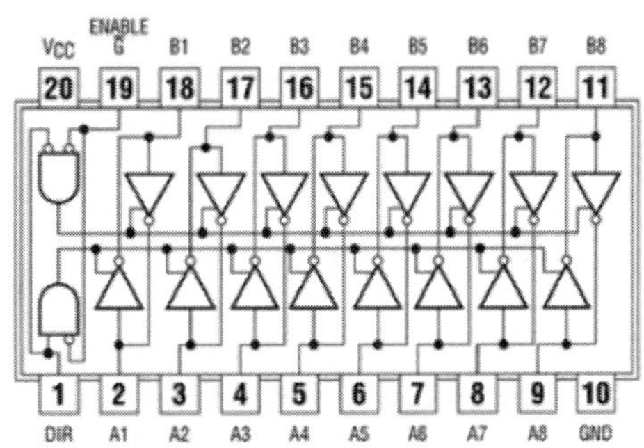

74641, 74645
Octal Bus Transceivers O.C.

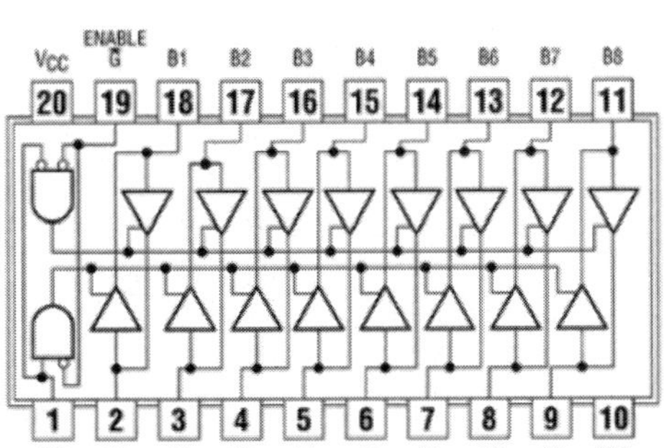

74643, 74644
Octal 3-State Bus Transceivers

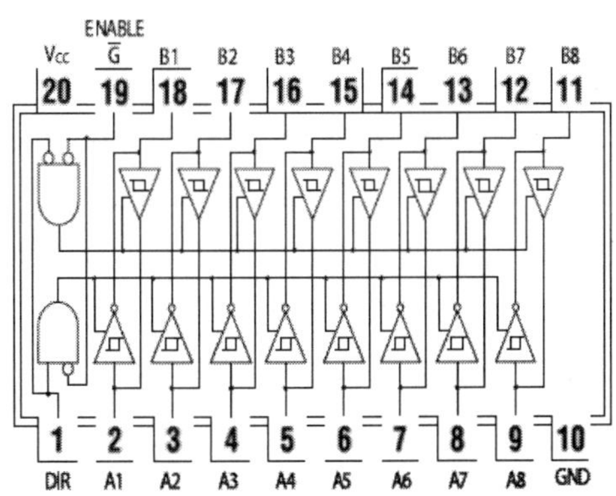

74646, 74647, 74648
Octal Bus Transceivers and Registers

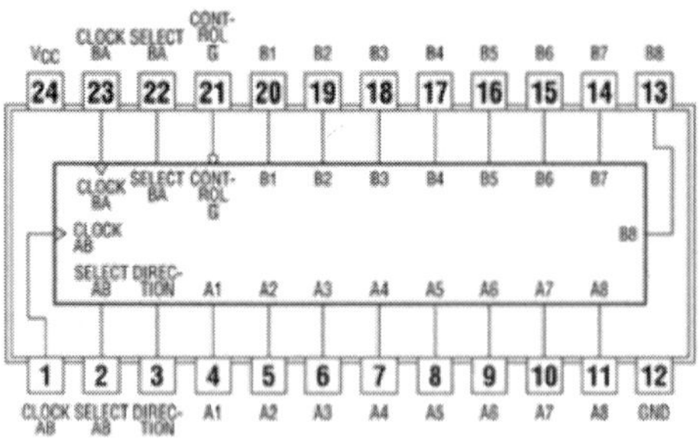

74651, 74652, 74653, 74654
Octal Bus Transceivers and Registers

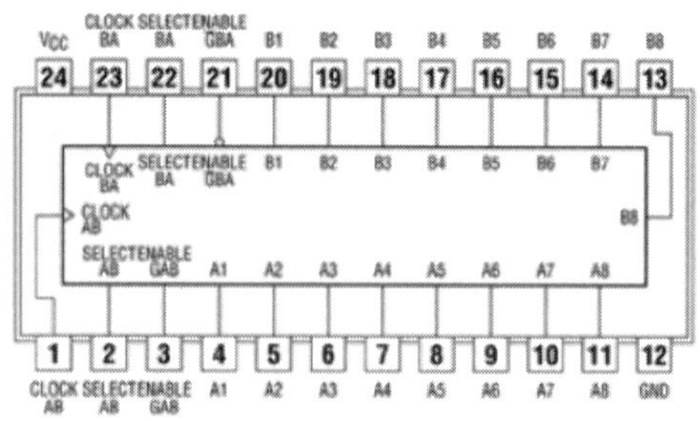

74668, 74669
Presettable Synchronous 4-Bit Up/Down Binary Counter

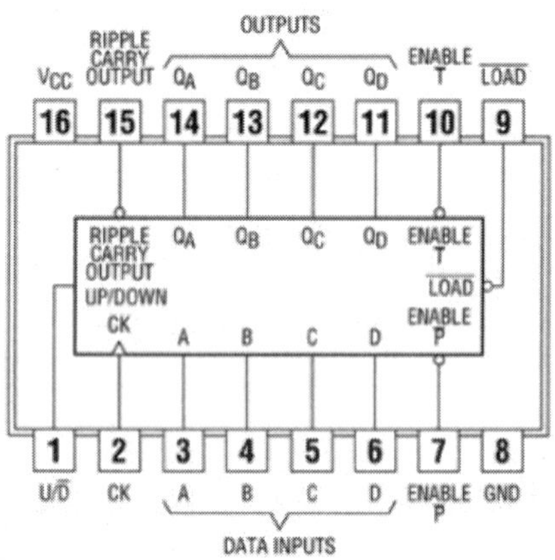

74670
4x4 Register File

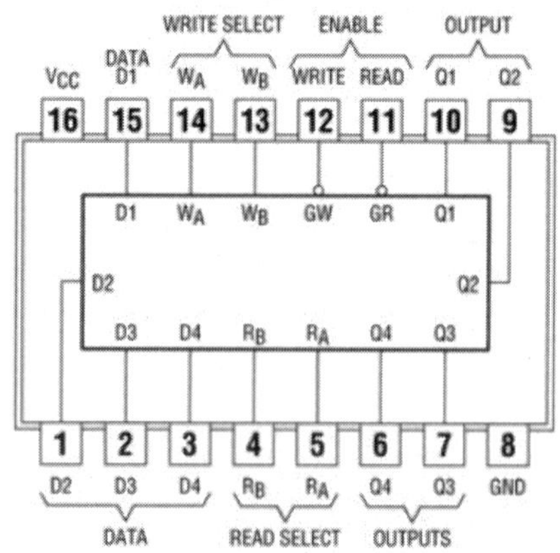

74673
16-Bit Shift Register

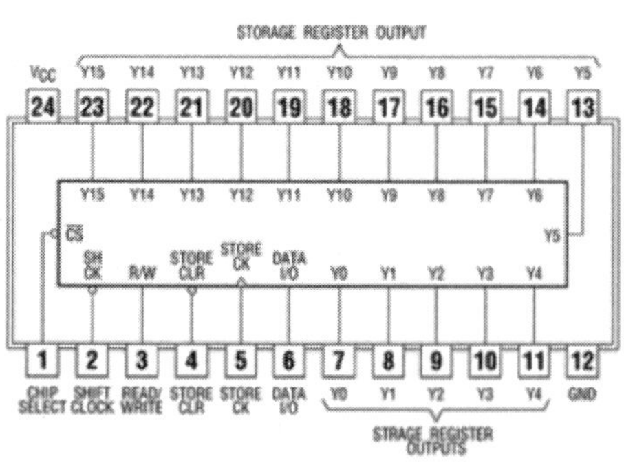

74688, 74689, 74520, 74521
8-Bit Equal-to Comparator

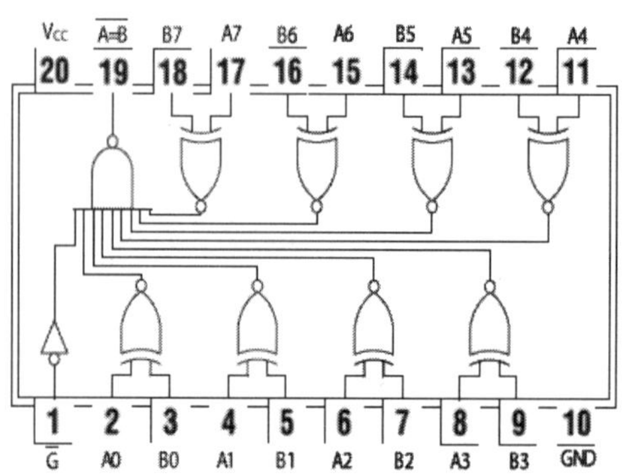

4000
Dual 3-Input NOR Gate plus Inverter

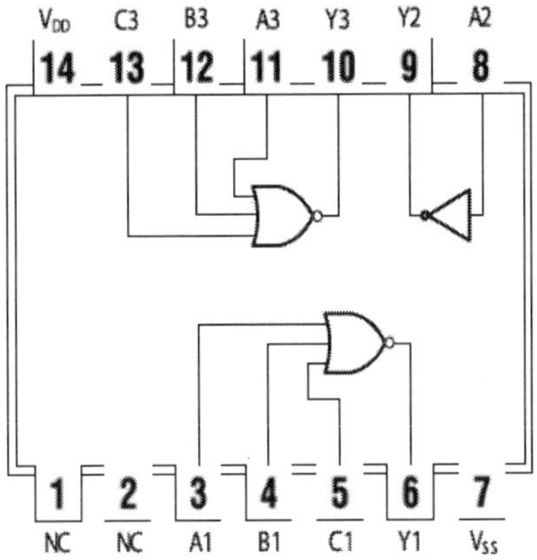

4001
Quad 2-Input NOR Gate

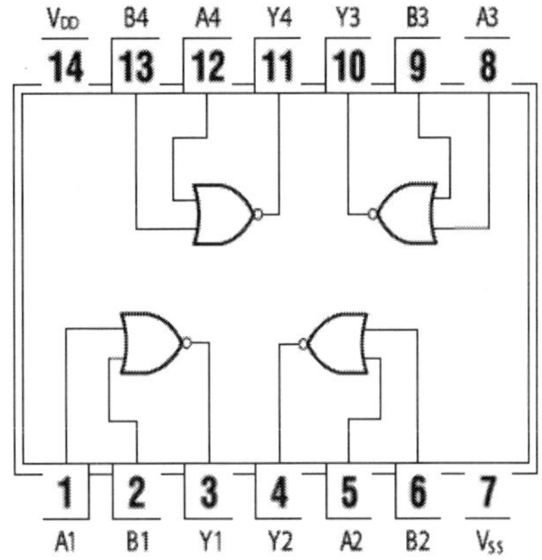

4002
Dual 4-Input NOR Gate

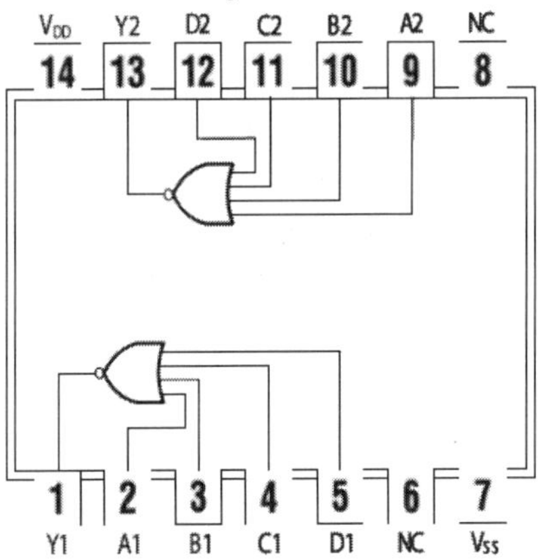

4006
18-Stage Static Shift Register

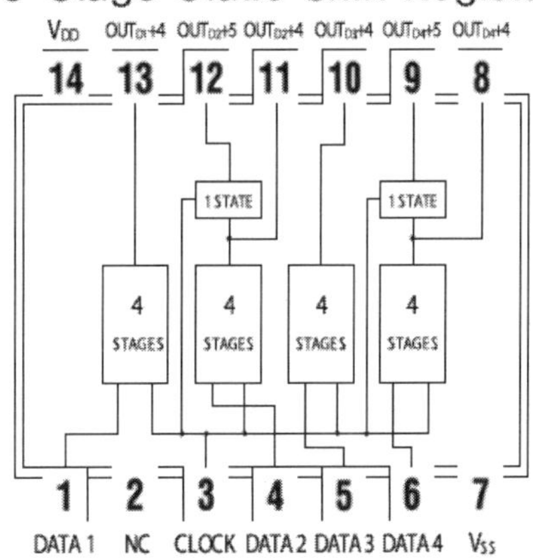

4007
Dual Complementary Pair plus Inverter

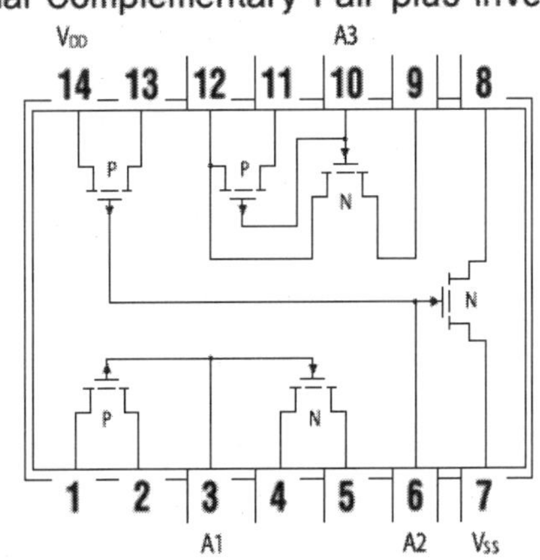

4008
4-Bit Full Adder with Parallel Carry Out

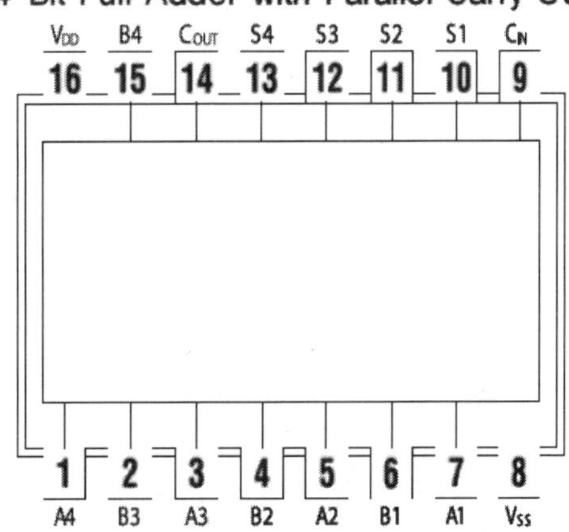

4009
Hex Buffer/Converter(Inverting)

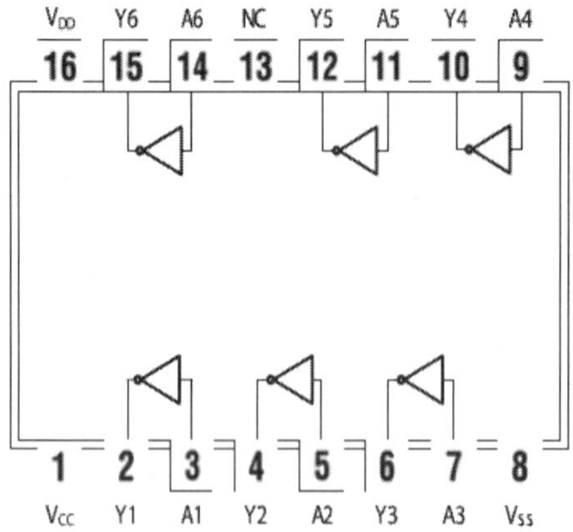

4010, 4050
Hex Buffer/Converter(Non-Inverting)

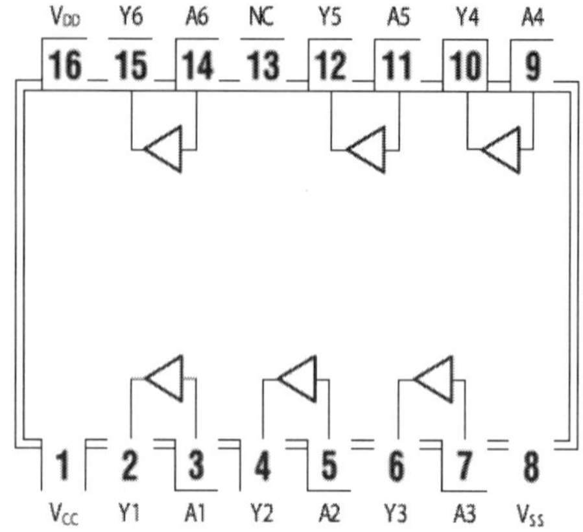

4011
Quad. 2-Input NAND Gate

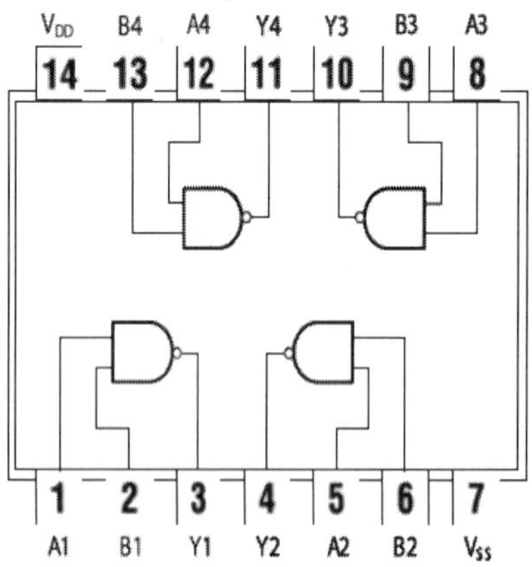

4012
Dual 4-Input NAND Gate

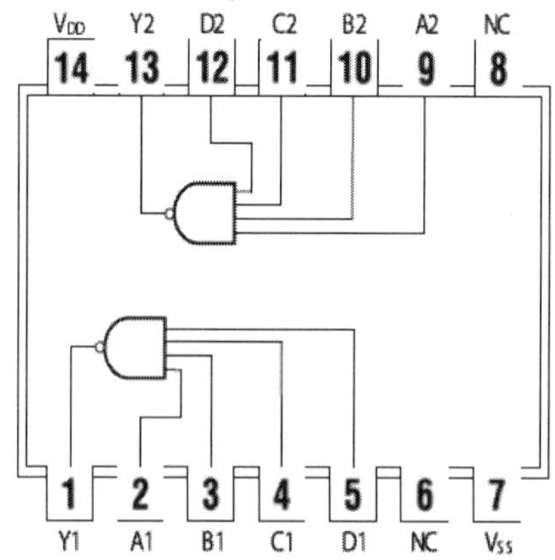

4013
Dual D Flip Flop with Set/Reset Capability

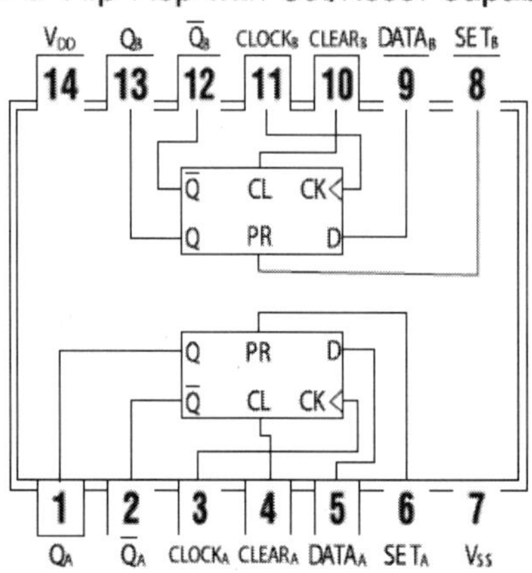

4014
8-Stage with Synchronous Parallel Input/ Serial Output Static Shift Register

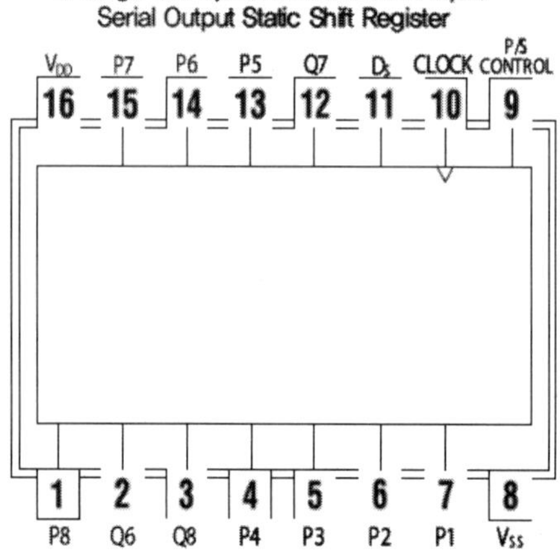

4015
Dual 4-Stage with Serial Input/Parallel Output Shift Register

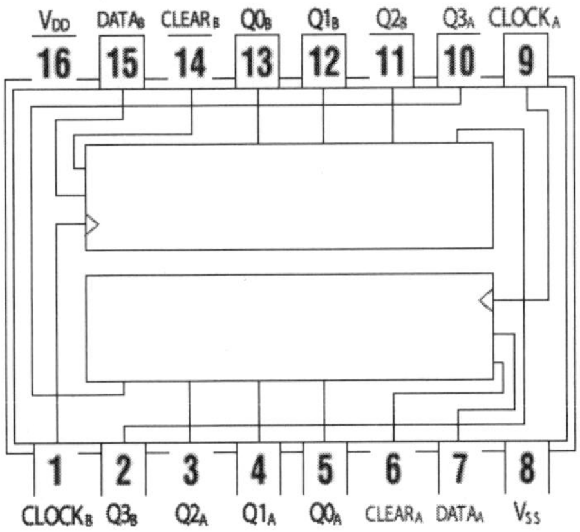

4016, 4066
Quad. Bilateral Switch

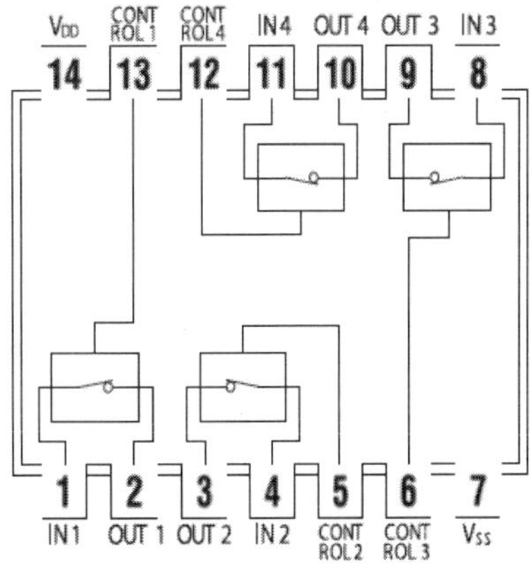

4017
Decade Counter/Divider Plus 10 Decoded Decimal Output

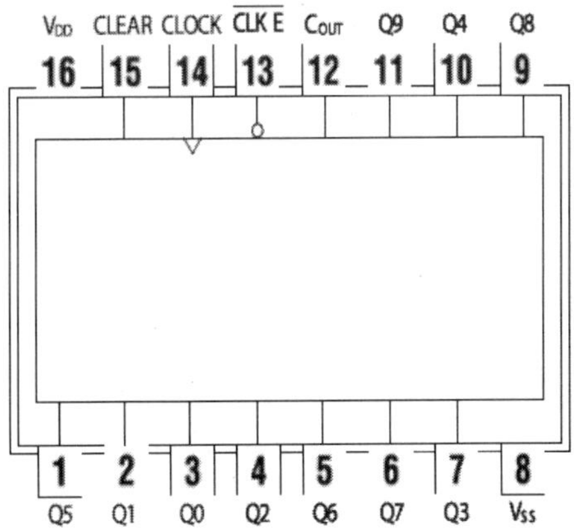

4018
Presettable Divide-by-N Counter

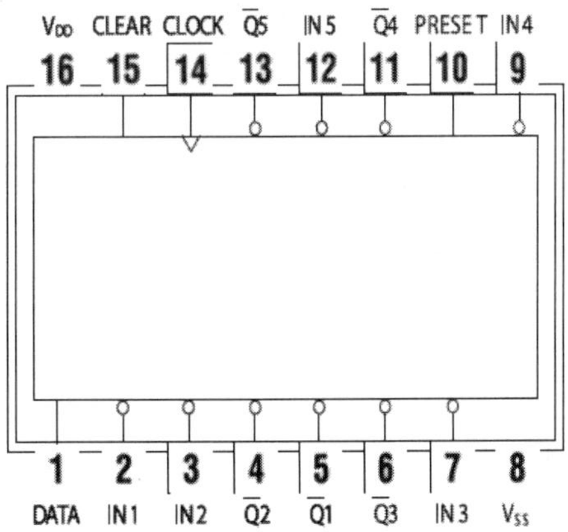

4019
Quad. AND/OR Select Gate

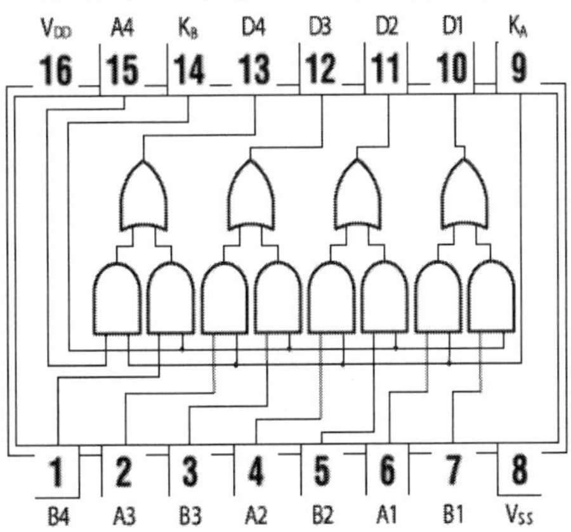

4020
14-Stage Ripple-Carry Binary Counter/Divider

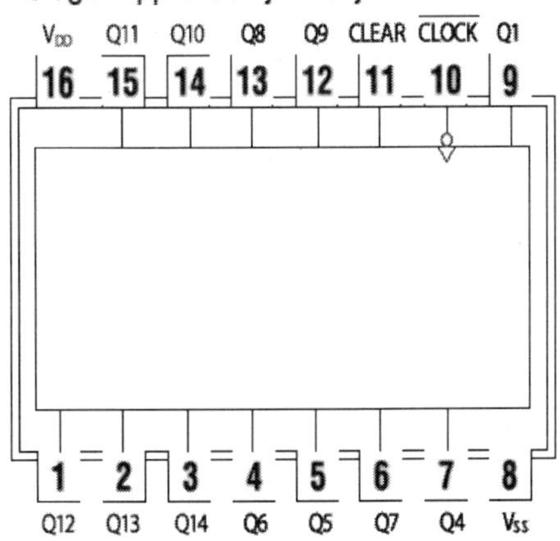

4021
8-Stage Static Shift Register (Asynchronous Parallel Input or Synchronous Serial Input/Serial Output)

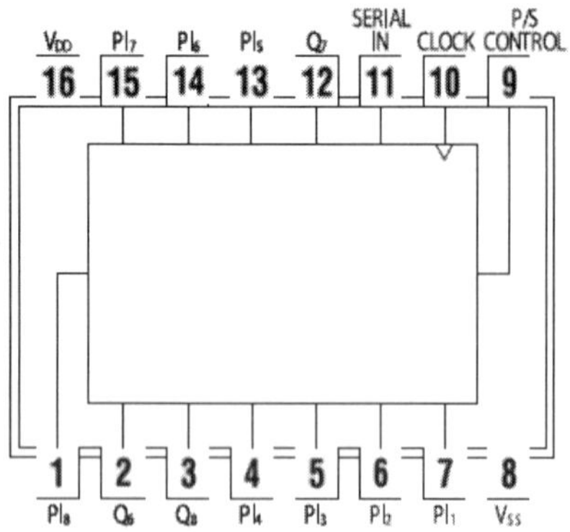

4022
Divide-by-8 Counter/Divider with 8 Decoded Outputs

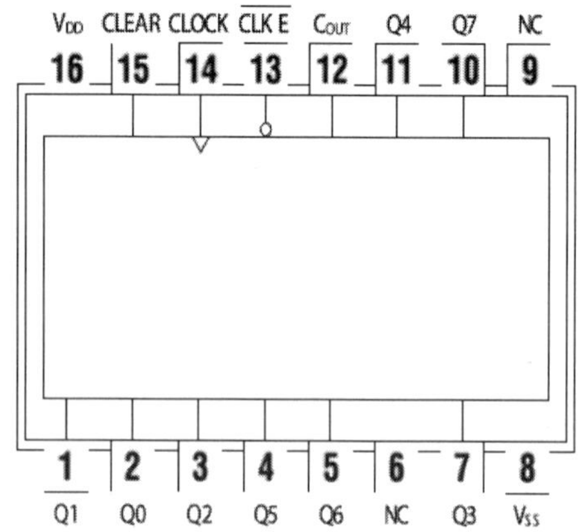

4023
Triple 3-Input NAND Gate

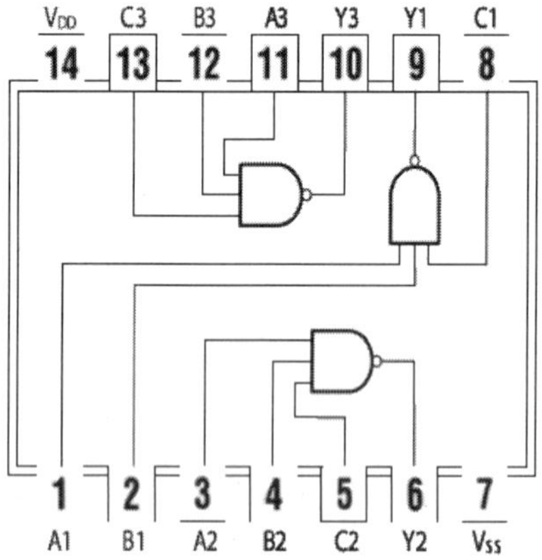

4024
7-Stage Binary with Buffered Reset Counter

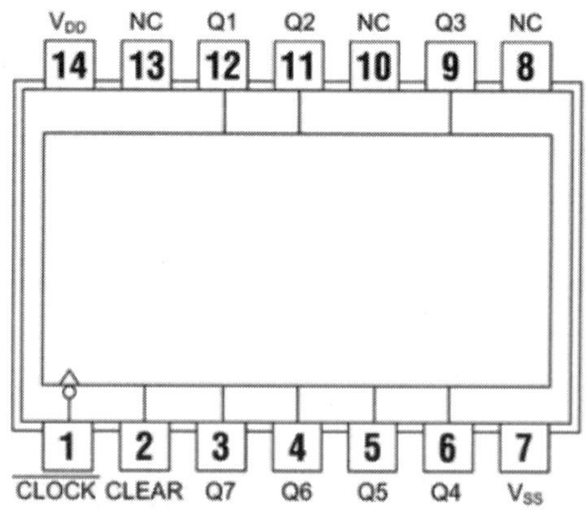

4025
Triple 3-Input NOR Gate

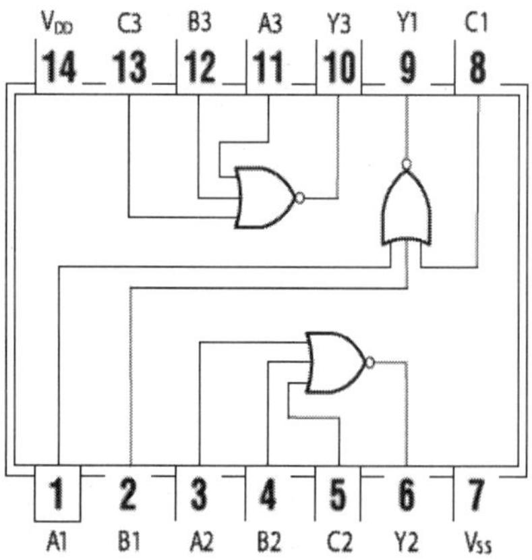

4026
Decade Counters/Dividers with Decoded 7-Segment Display Output and Display Enable

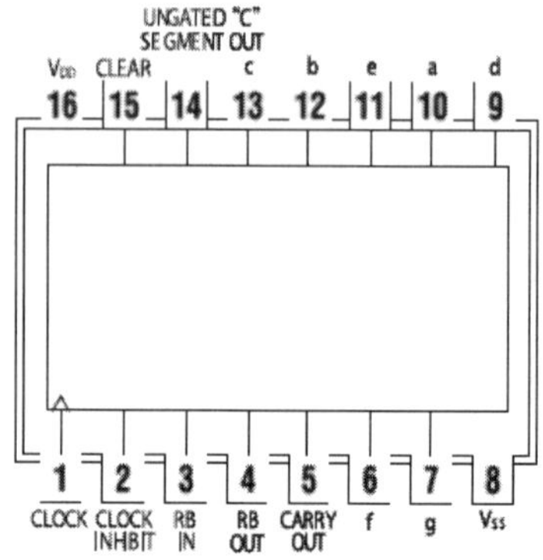

4027
Dual J-K Master-Slave Flip Flop

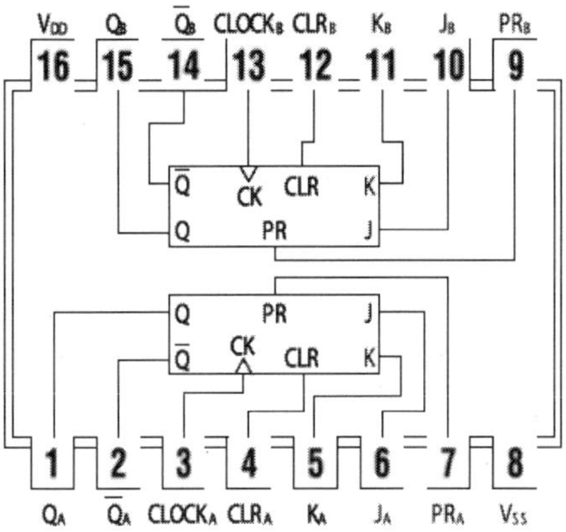

4028
BCD-to-Decimal/Binary-to-Octal Decoder

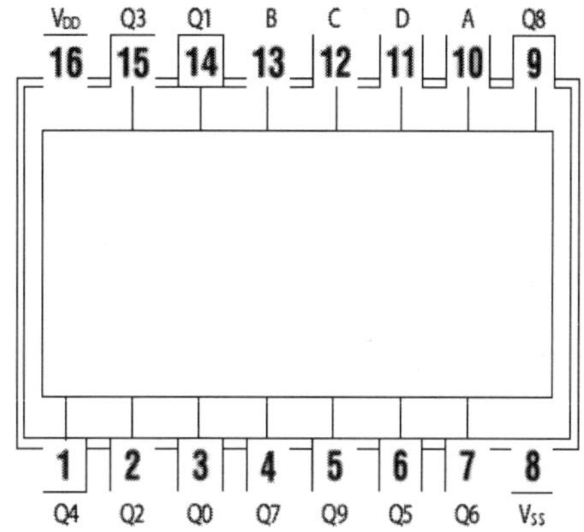

4029
Presettable Binary/BCD Up/Down Counter

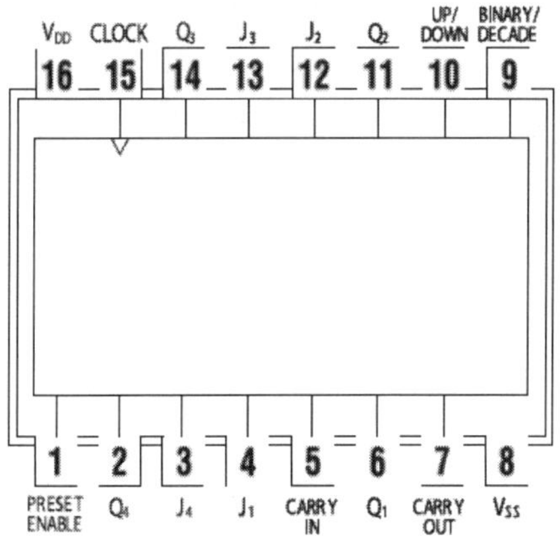

4030
Quad. Exclusive-OR Gate

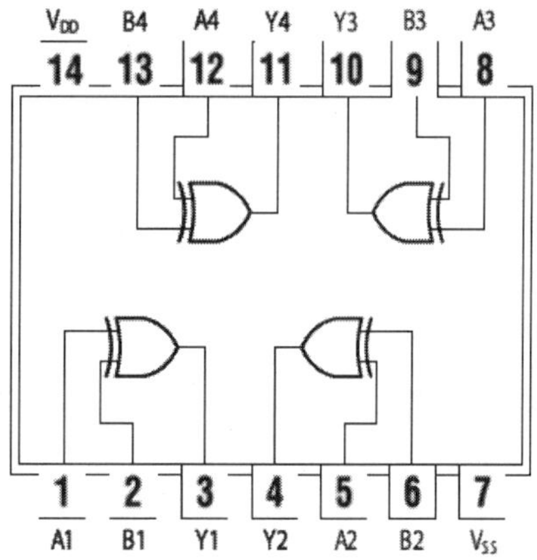

4031
64-Stage Static Shift Register

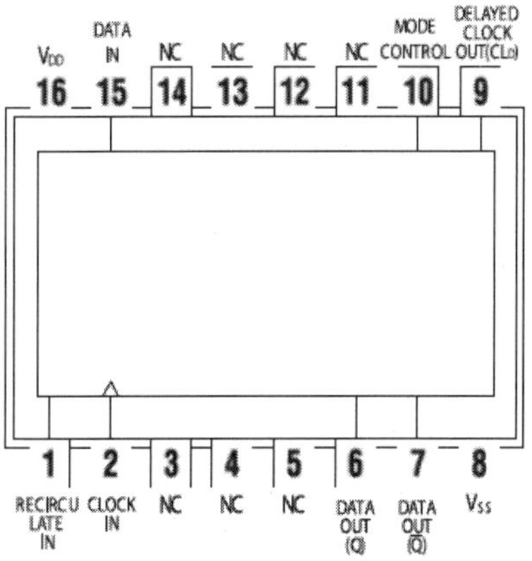

4032, 4038
Triple Serial Adder (Positive Logic)

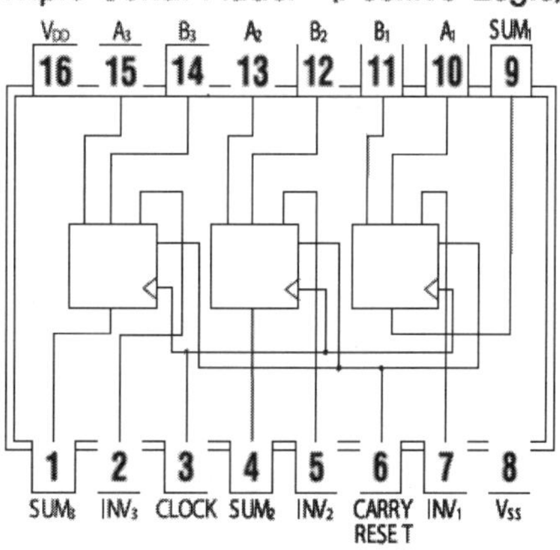

4033
Decade Counters/Dividers with 7-Segment Display Output and Ripple Blanking

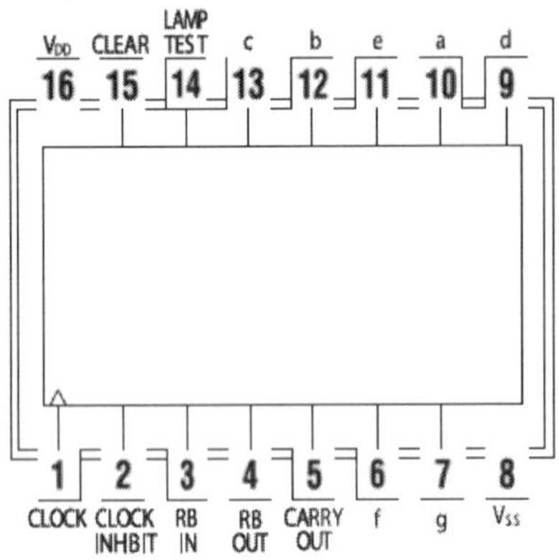

4034
8-Stage Static Bidirectional Parallel/Serial Input/Output Bus Register

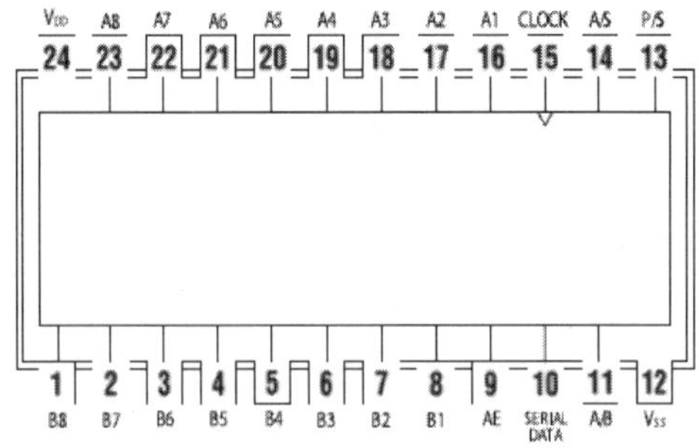

4035
4-Stage Parallel-In/Parallel-Out with J-K Input and True Complement Output

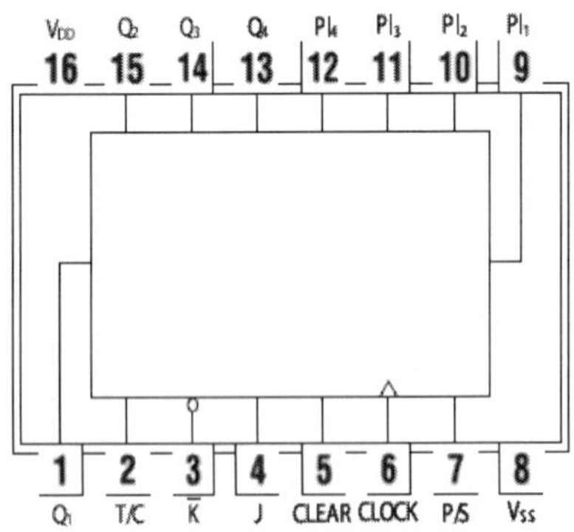

4040
12-Stage Ripple-Carry Binary Counter/Divider

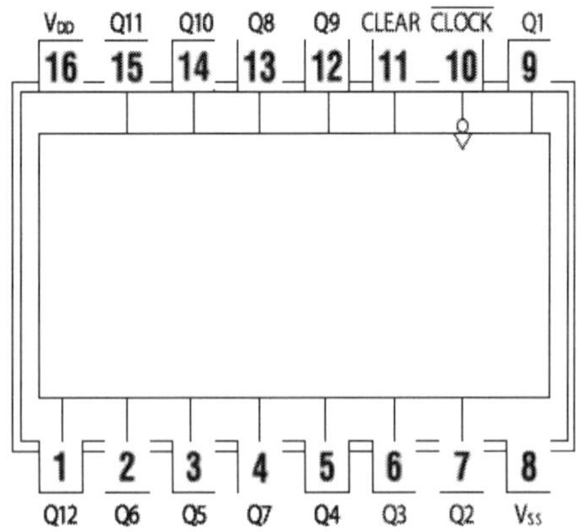

4041
Quad. True/Complement Buffer

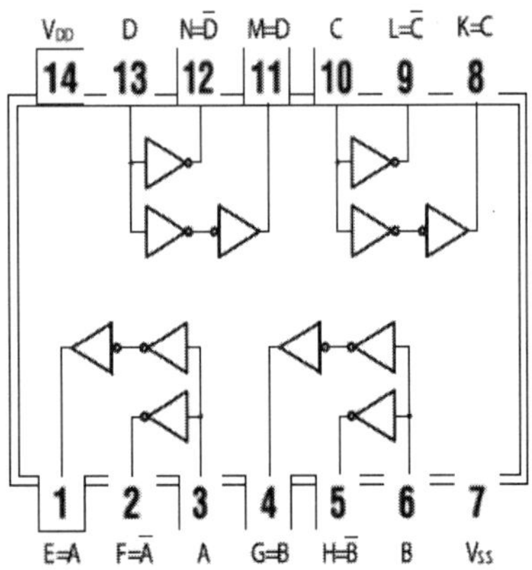

4042
Quad. Clocked D Latch

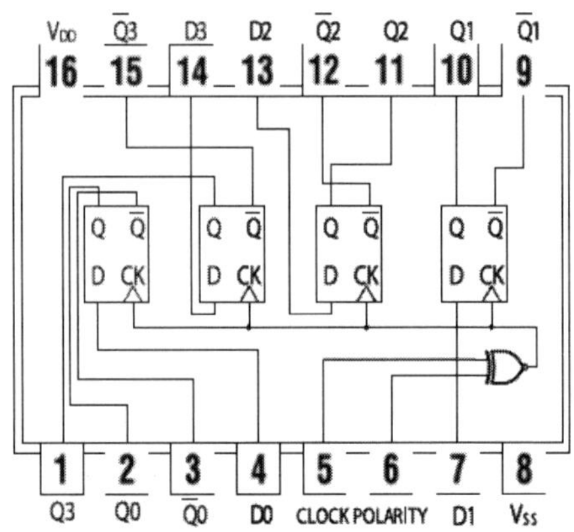

4043
Quad. NOR R-S Latch (3-State Output)

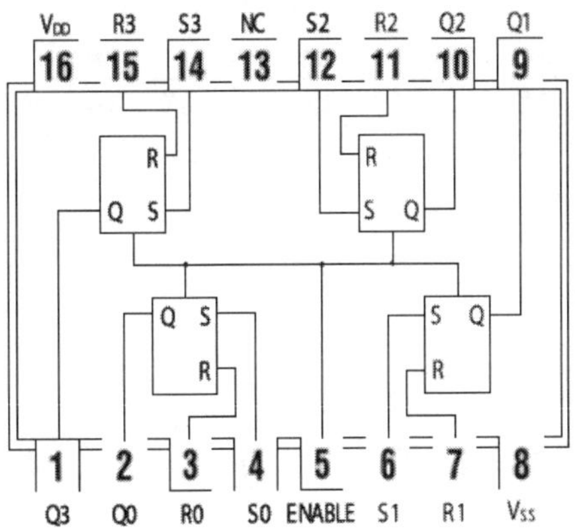

4044
Quad. NAND R-S Latch (3-State Output)

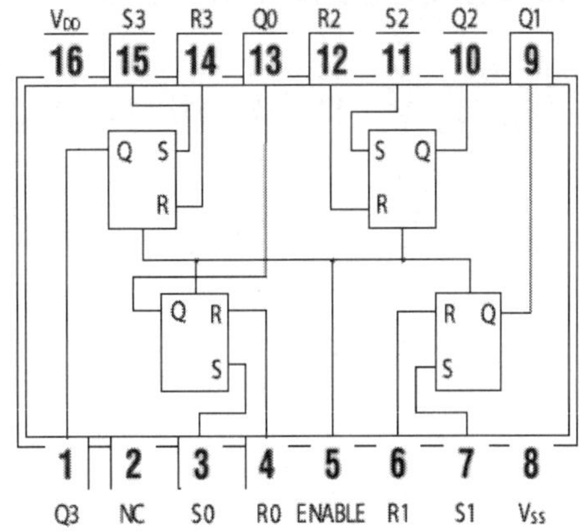

4045
21-Stage Counter

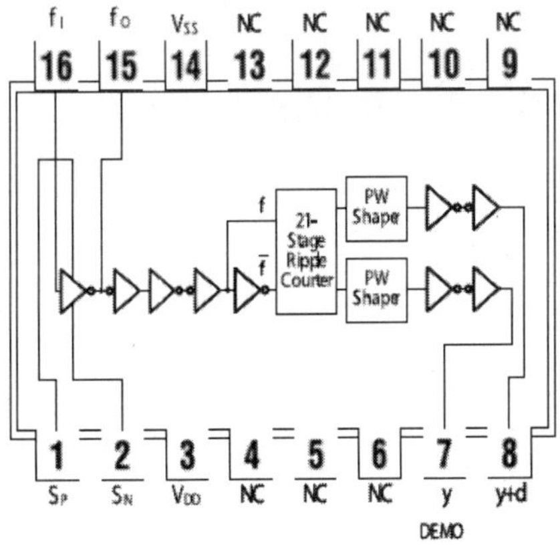

4046
Phase-Locked Loop

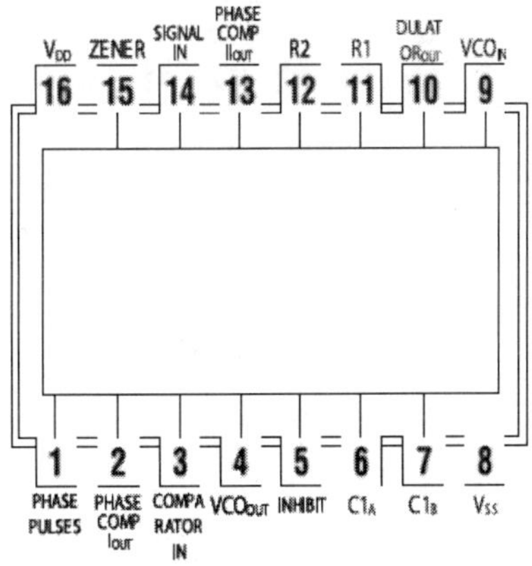

4047
Low-Power Monostable/Astable Multivbrator

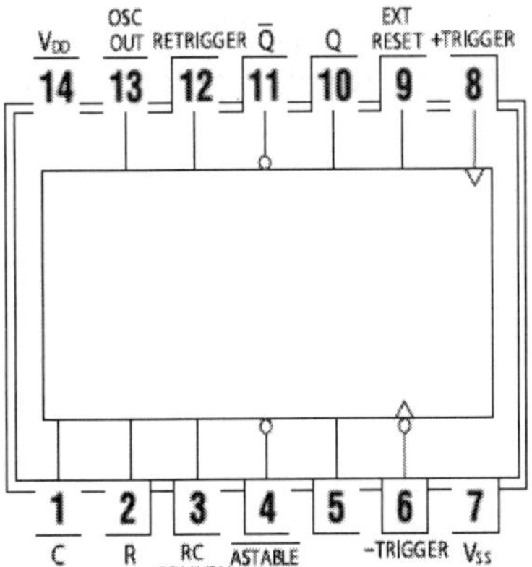

4048
Multi-Function Expandable 8-Input Gate

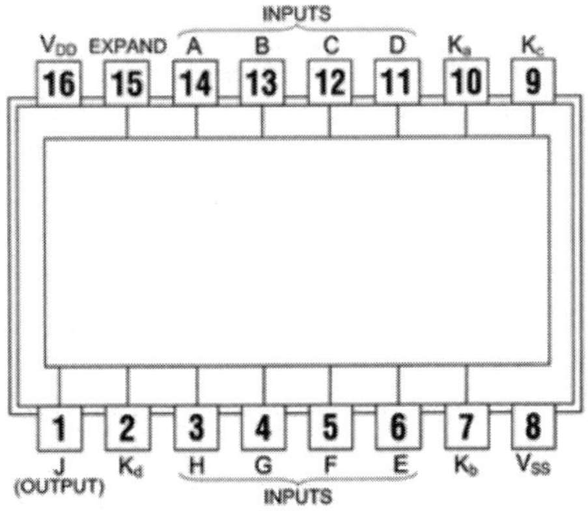

4049
Hex Buffer/Converter (Inverting)

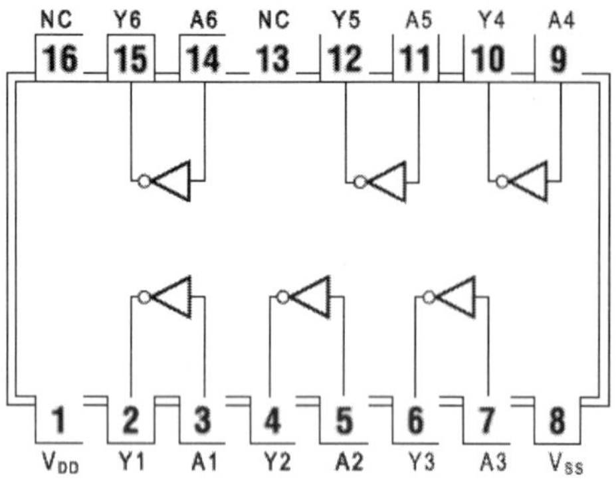

4050
Hex Buffer/Converter(Non-Inverting)

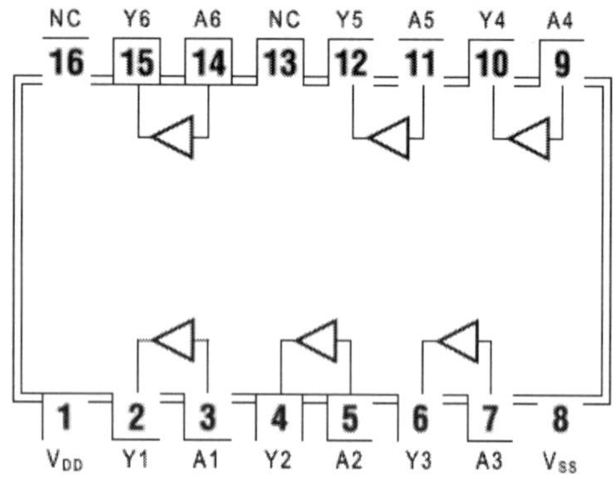

4051
8-Channel Analog Multiplexer/Demultiplexer

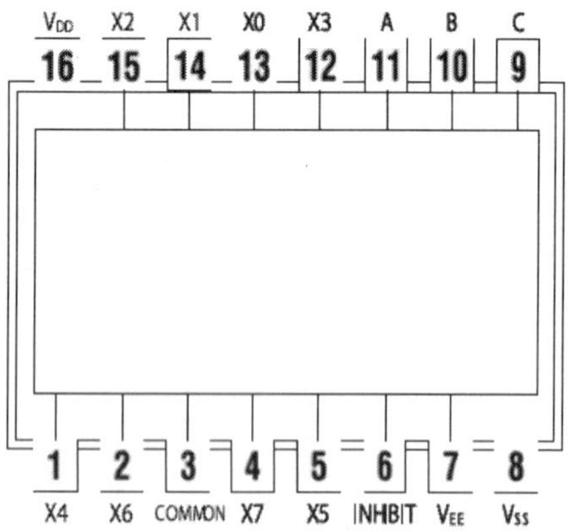

4052
Dual 4-Channel Analog Multiplexer/Demultiplexer

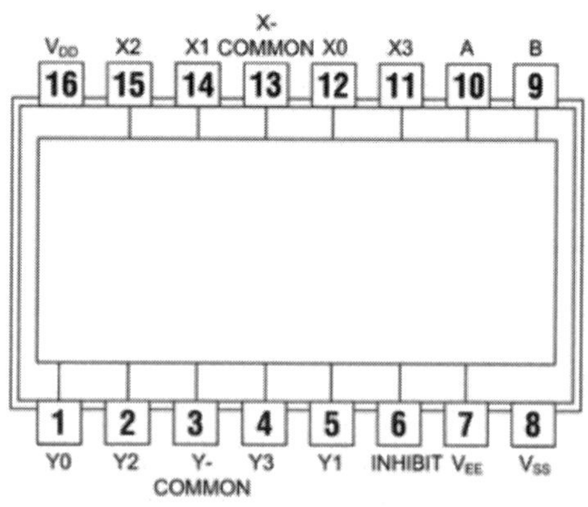

4053
Triple 2-Channel Analog Multiplexer/Demultiplexer

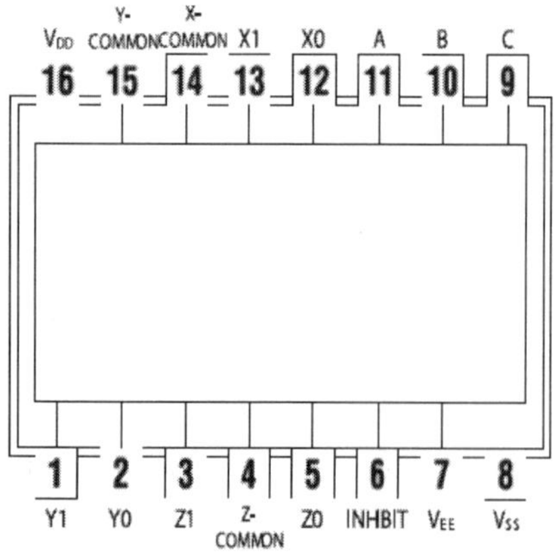

4054
4-Line Liquid-Crystal Display Drivers

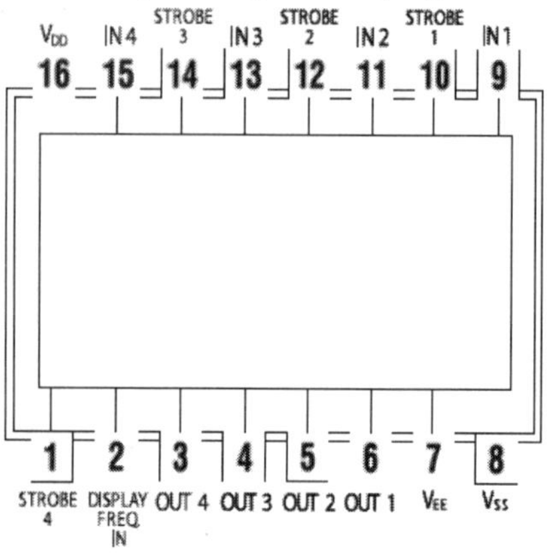

4055

Liquid-Crystal BCD-to-7 Segment Decoder/Driver with Display-Frequency Outputs

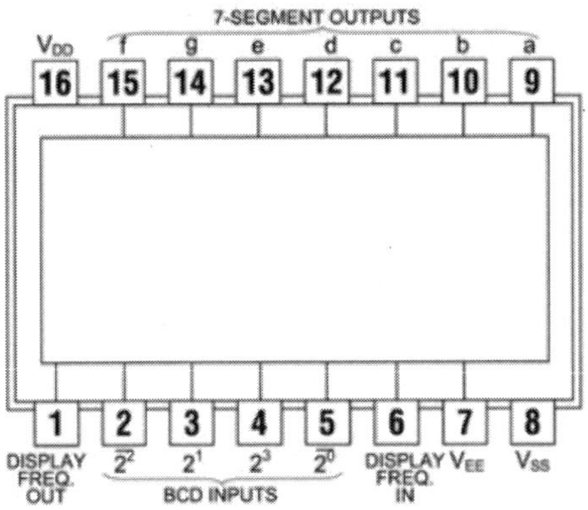

4056

Liquid-Crystal BCD-to-7 Segment Decoder/Driver with Strobed-Latch Function

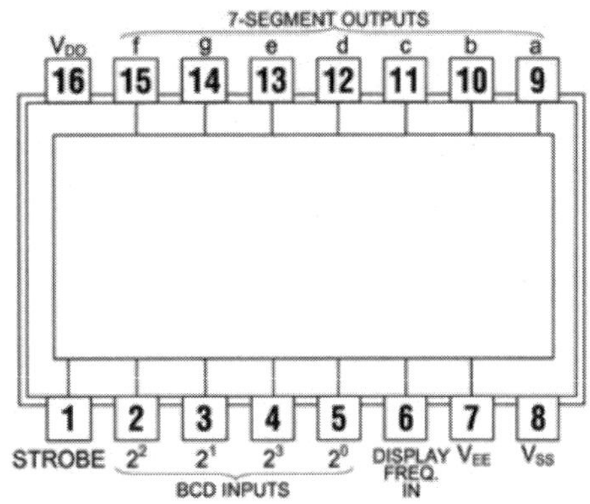

4059

Programmable Divide-By-N Counter

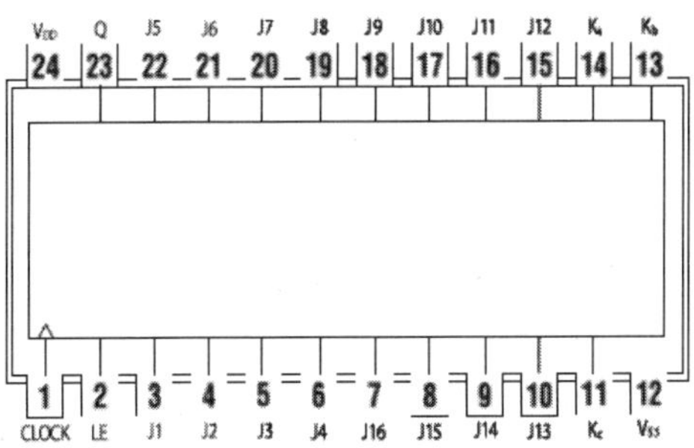

4060

14-Stage Ripple-Carry Binary Counter/Divider and Oscillator

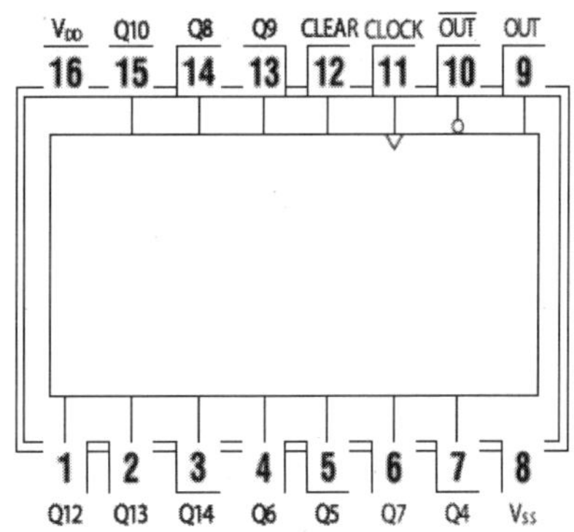

4063

4-Bit Magnitude Comparator

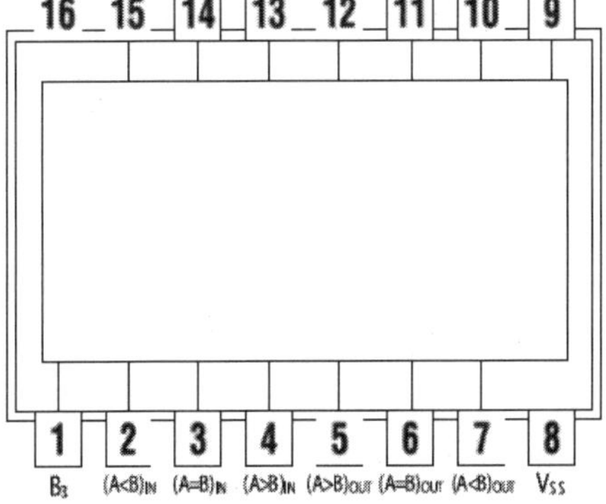

4067

16-Channel Analog Multiplexer/Demultiplexer

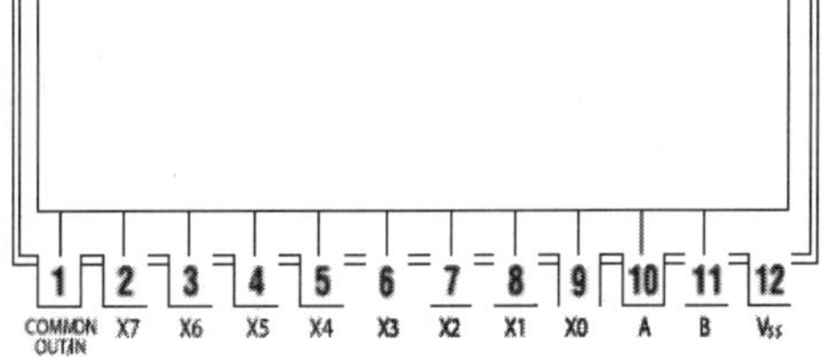

4068
8-Input NAND/AND Gate

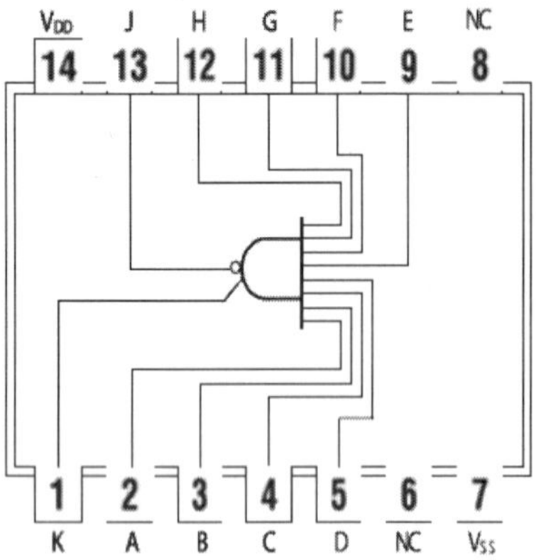

4069
Hex Inverter

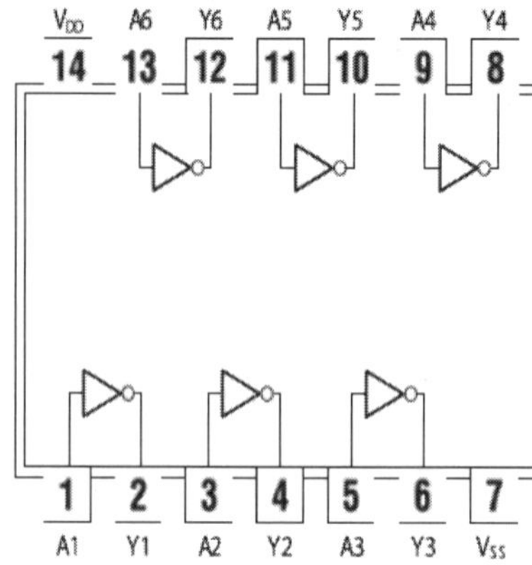

4070
Quad. Exclusive OR Gate

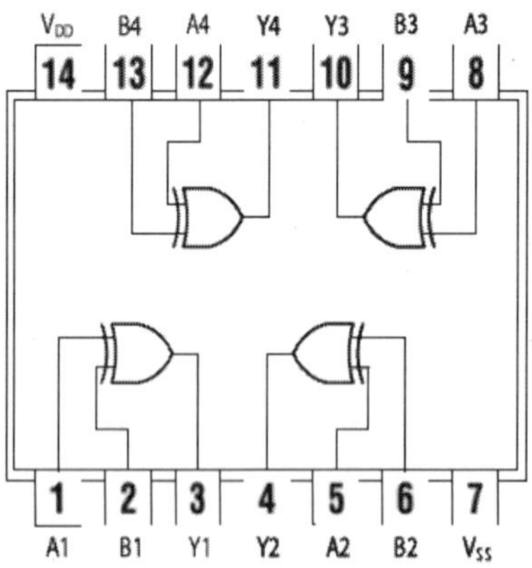

4071
Quad. 2-Input OR Gate

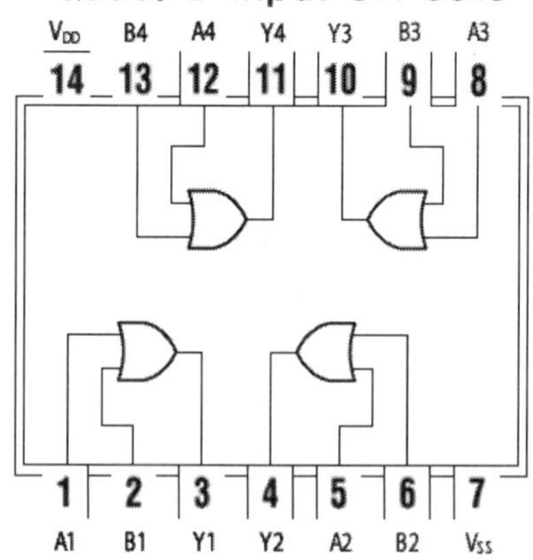

4072
Dual 4-Input OR Gate

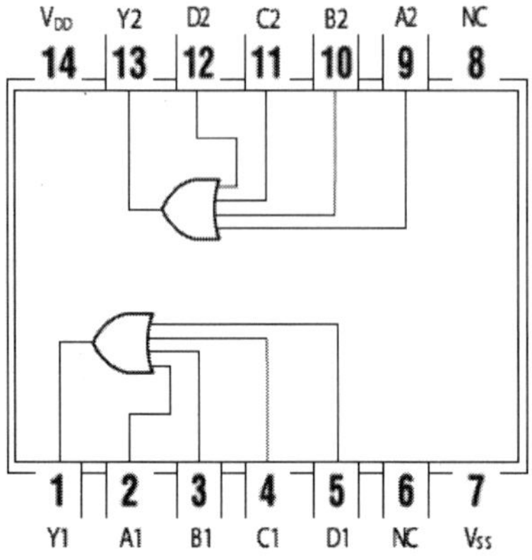

4073
Triple 3-Input AND Gate

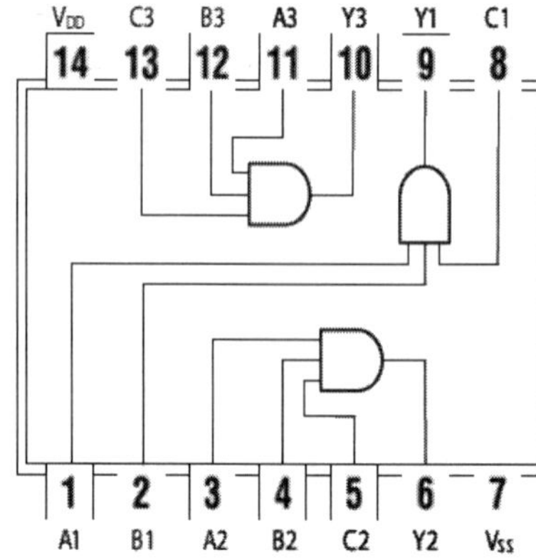

4075
Triple 3-Input OR Gate

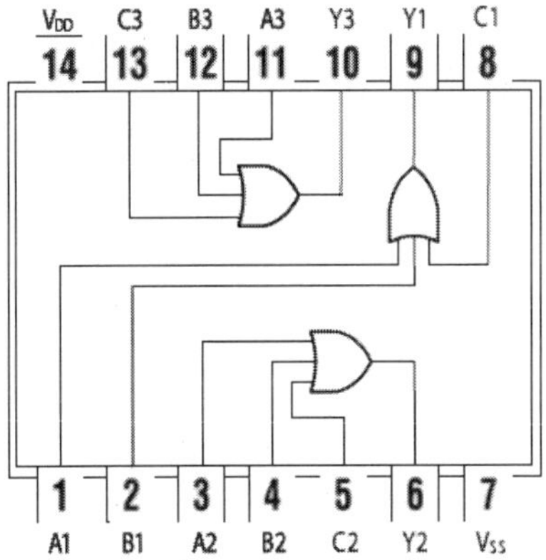

4076
Quad. D-Type Register with Tri-State Outputs

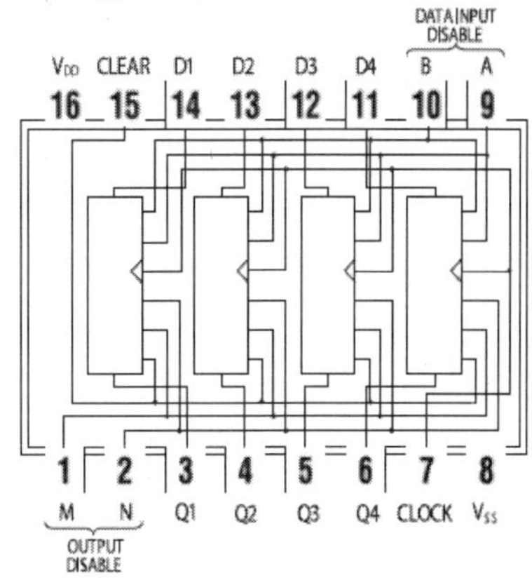

4077
Quad. Exclusive-NOR gate

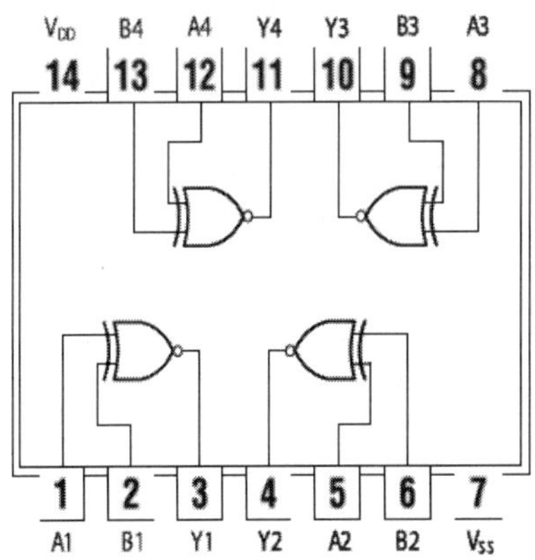

4078
Exclusive NOR Gate

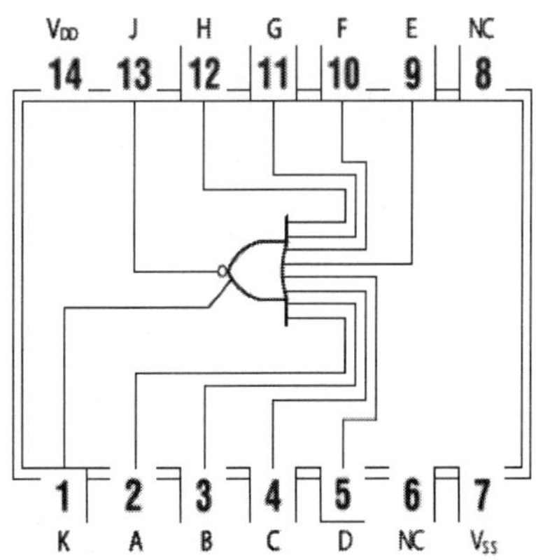

4081
Quad. 2-Input AND Gate

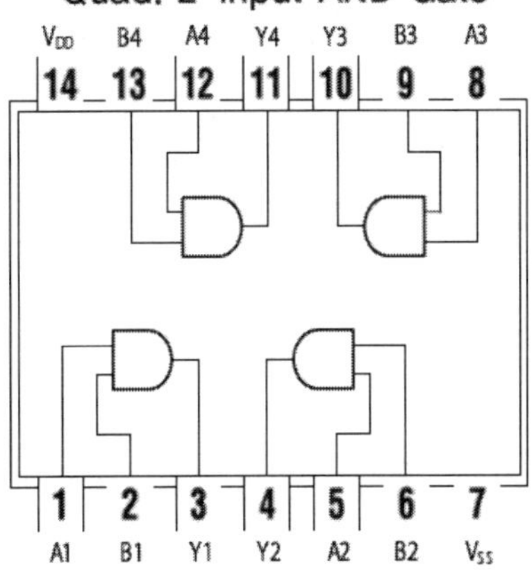

4082
Dual 4-Input AND Gate

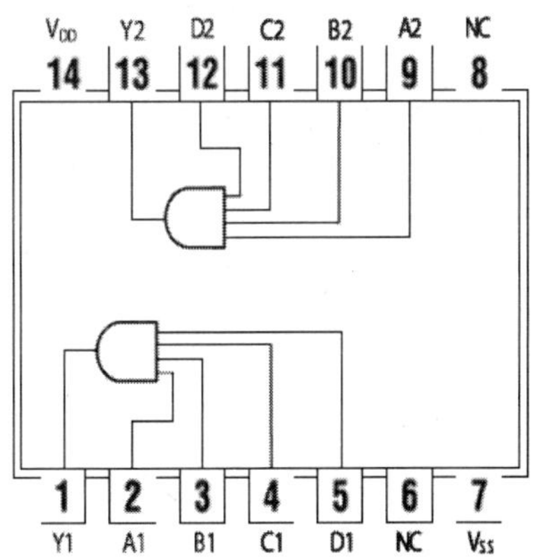

4085
Dual 2-Wide 2-Input AND OR INVERT Gate

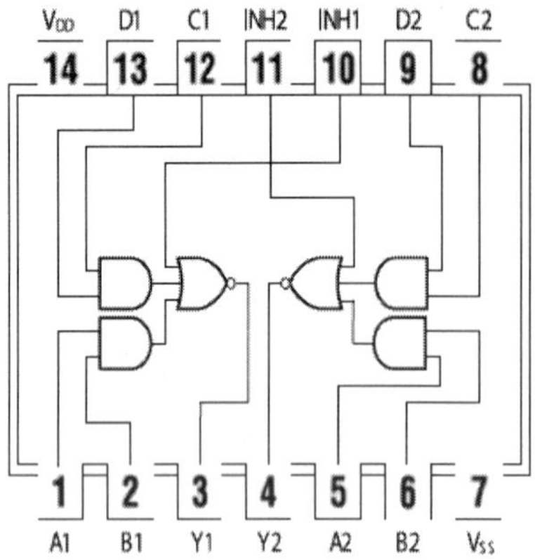

4086
Expandable 4-Wide 2-Input AND-OR-INVERT Gate

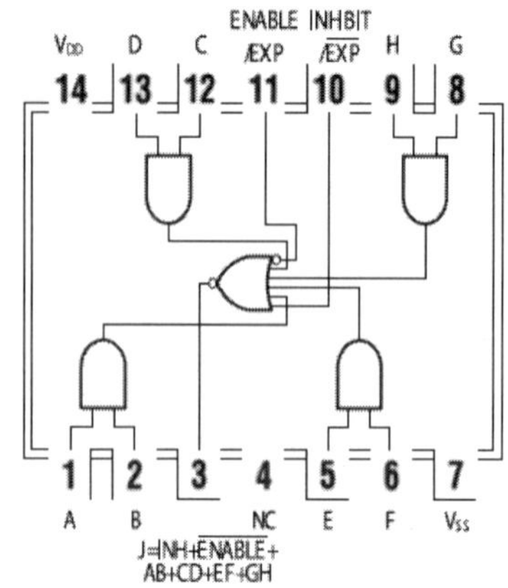

4089
Binary Rate Multiplier

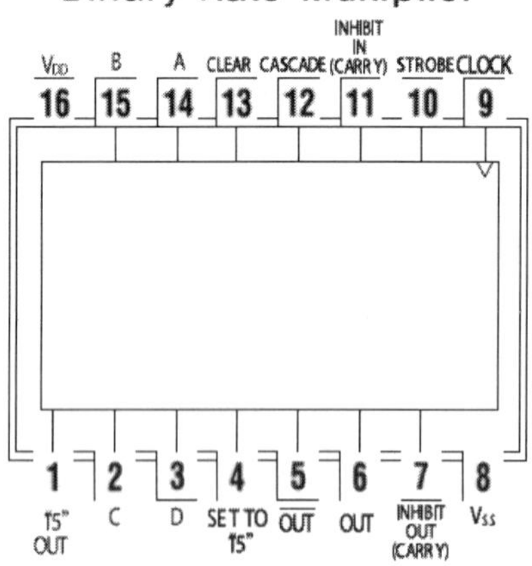

4093
Quad. 2-Input NAND Schmitt Trigger

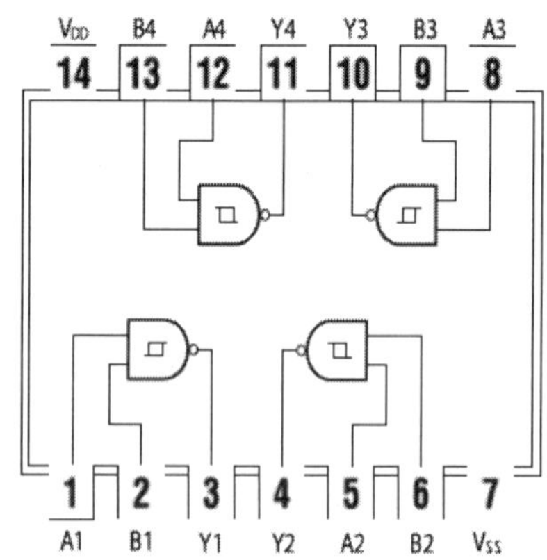

4094
8-Stage Shift and Store Bus Register with Tri-State Outputs

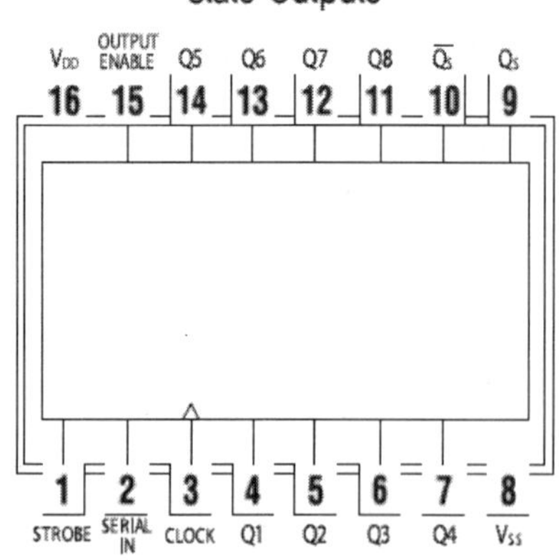

4095
Gated J-K Master-Slave Flip Flop with Set Reset (Non-Inverting J and K Input)

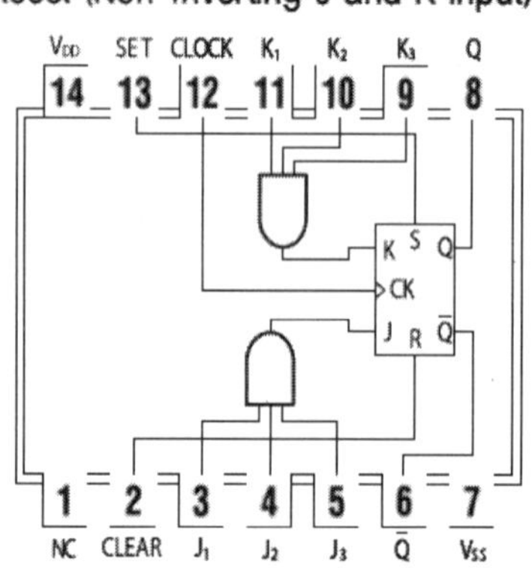

4096

Gated J-K Master-Slave Flip Flop with Set Reset
(Inverting and Non-Inverting J and K Input)

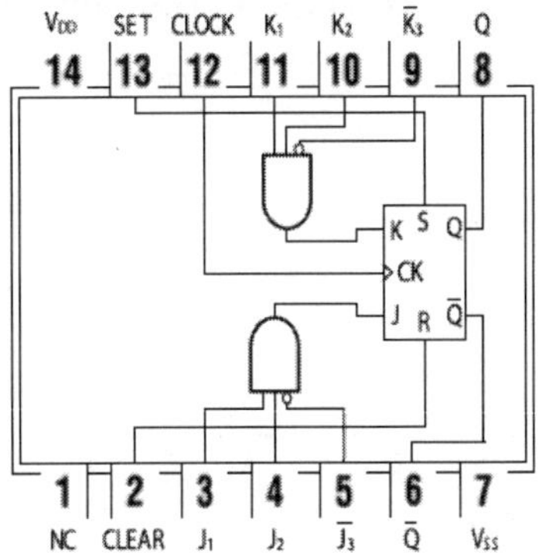

4097

Analog Multiplexers/Demultiplexers

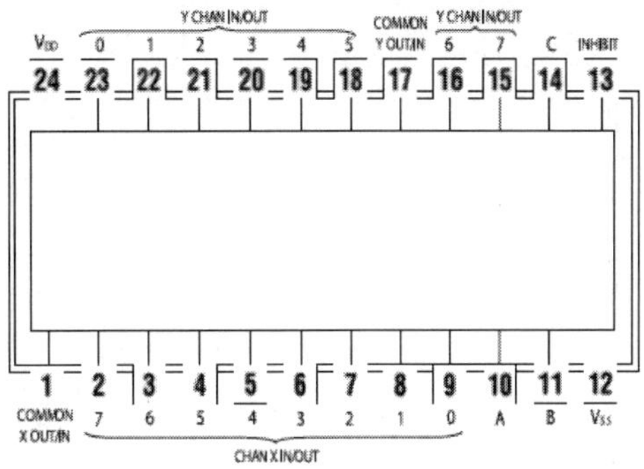

4098

Dual Monostable Multivibrator

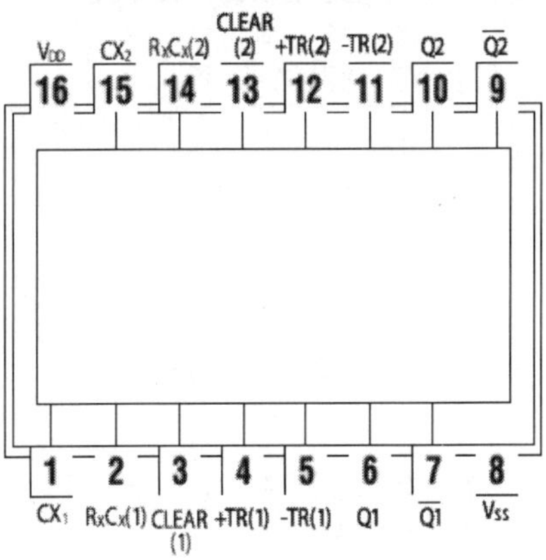

4099

8-Bit Addressable Latch

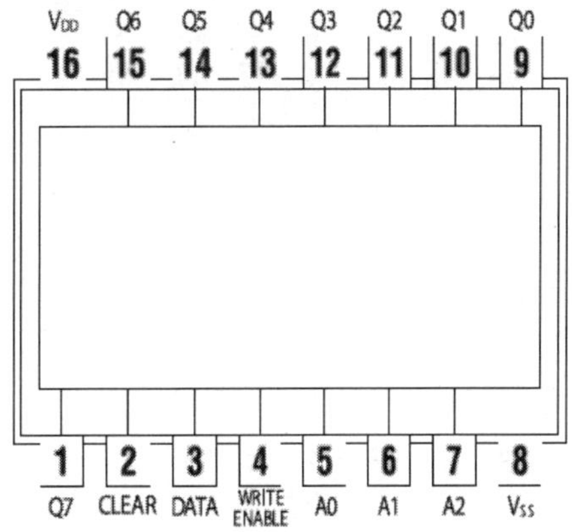

40100

32-Stage Static Left/Right Shift Register

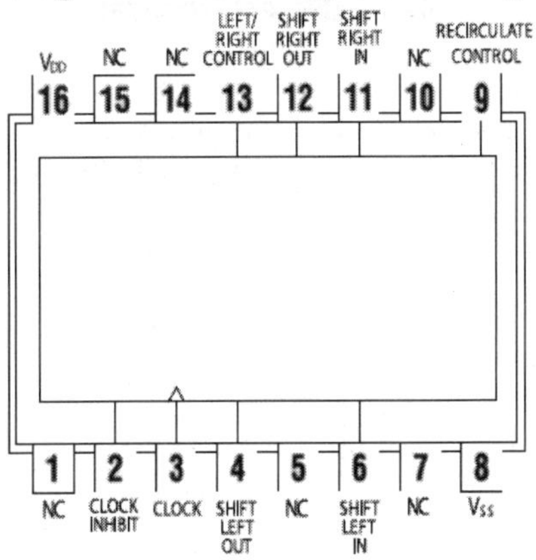

40101

9-Bit Parity Generator/Checker

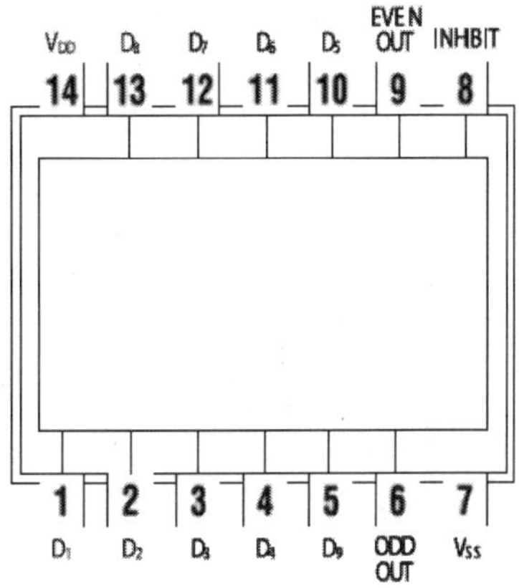

40102, 40103
8-Stage Presettable Synchronous BCD Down Counter

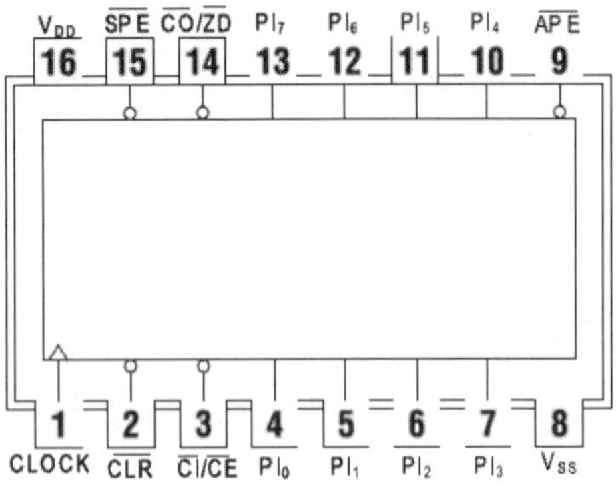

40104
4-Bit Bidirectional Universal Register

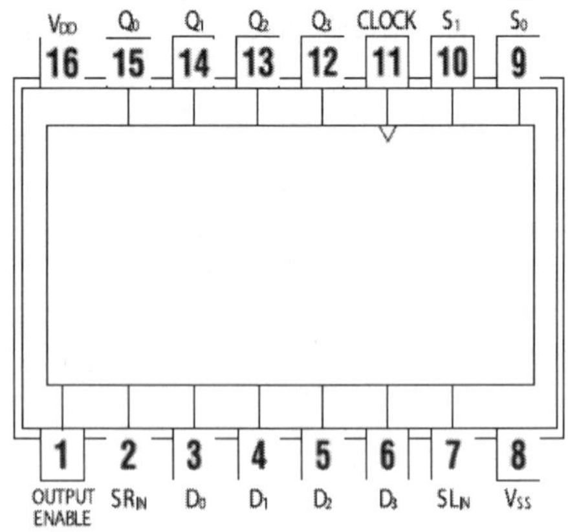

40105
4-Bit Wide x 16-Bit Long FIFO Register

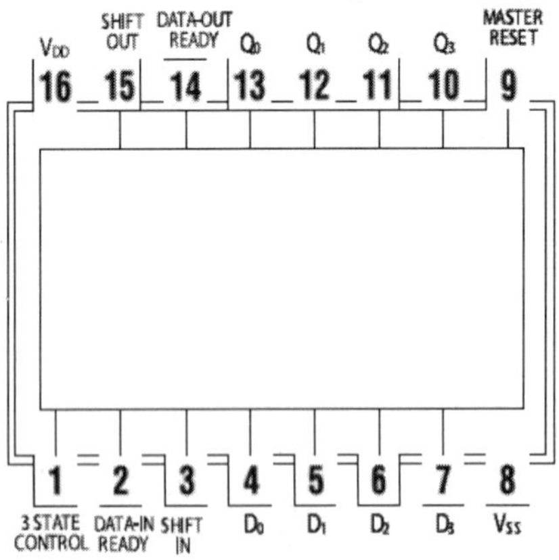

40106
Hex Schmitt Trigger

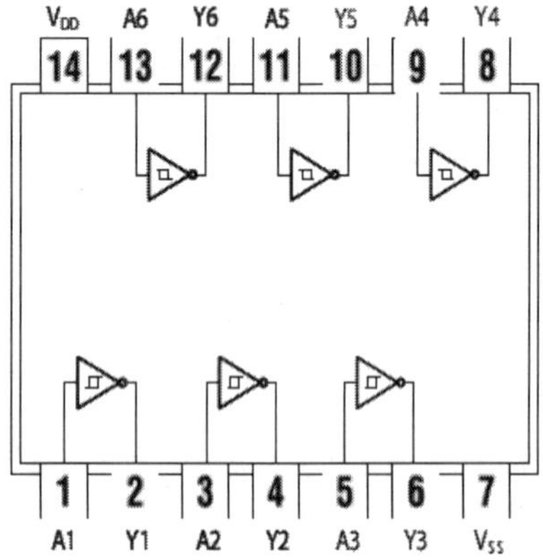

40107
Dual 2-Input NAND Buffer/Driver

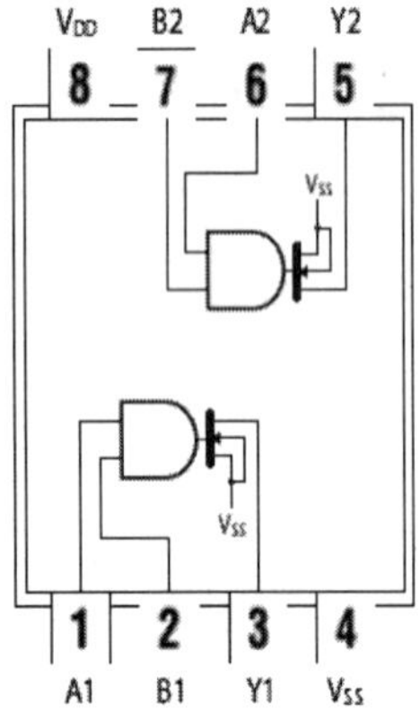

40108
4x4 Multiport Register

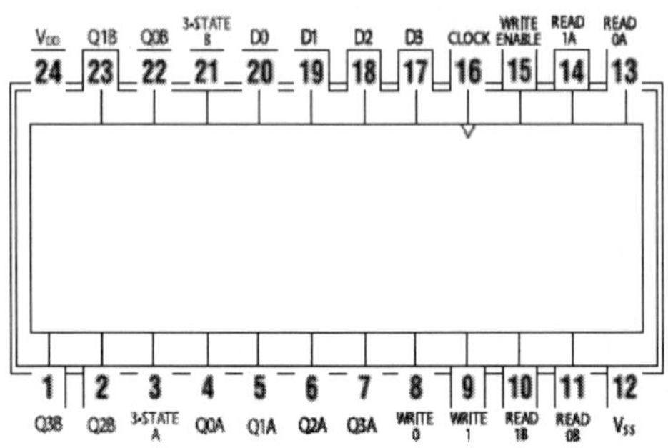

40109
Quad. Low-to-High Voltage Level Shifter

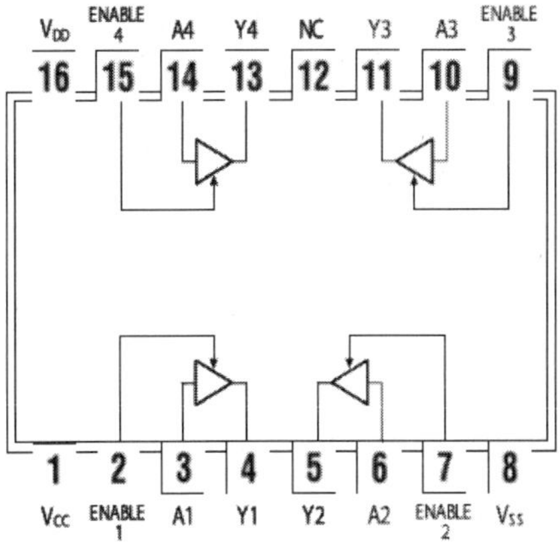

40147
10-Line to 4-Line BCD Priority Encoder

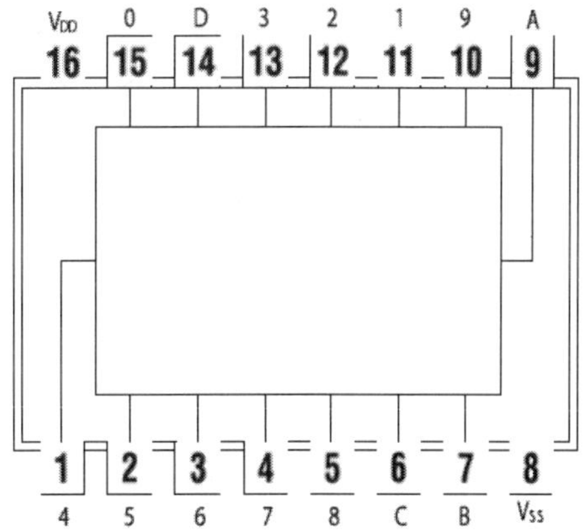

40160
Decade Counter with Asynchronous Clear

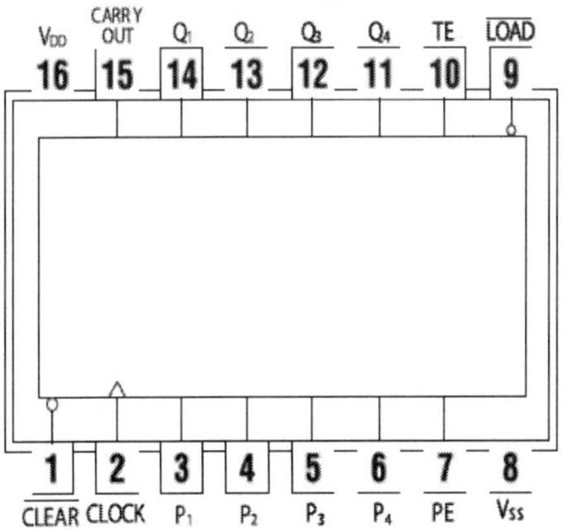

40161/40163
4-bit Binary Counter

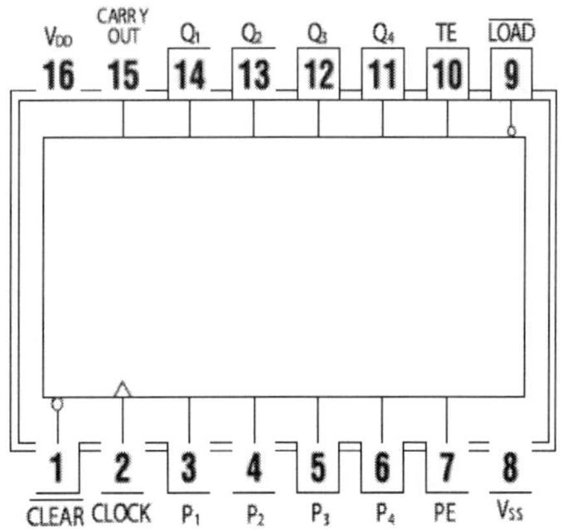

40162
Decade Counter

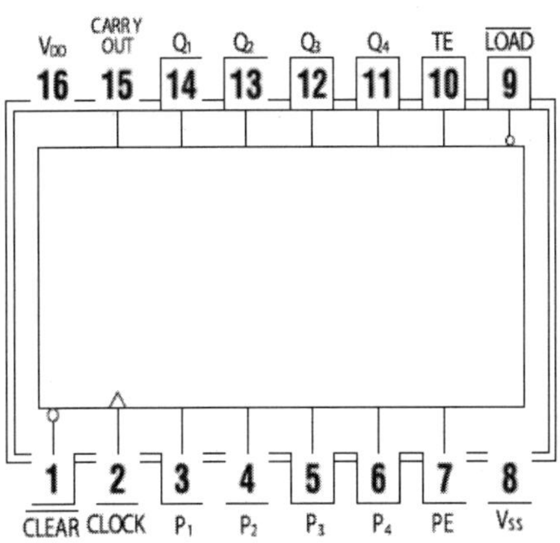

40174
Hex D Flip Flop

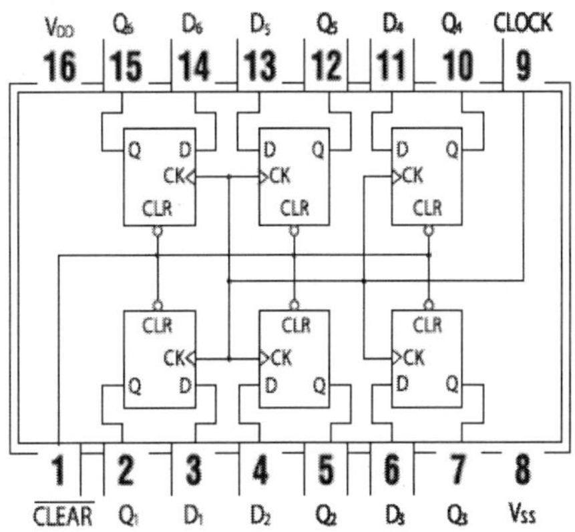

40175
Quad. D Flip Flop

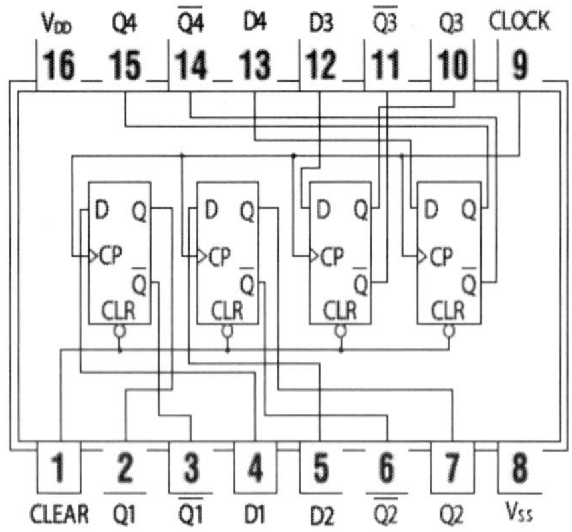

40181
4-Bit Arithmetic Logic Unit

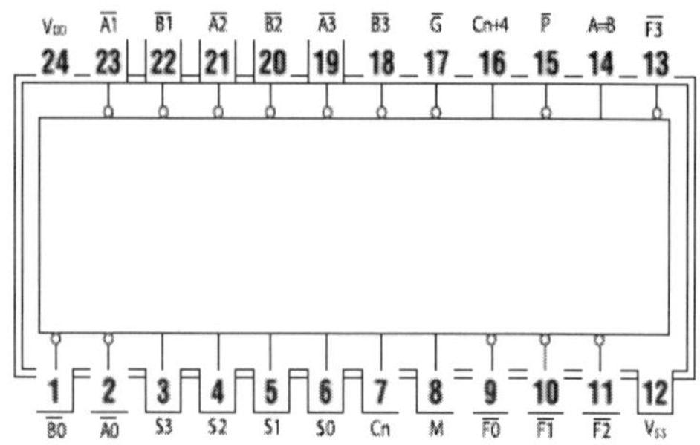

40182
Look-Ahead Carry Generator

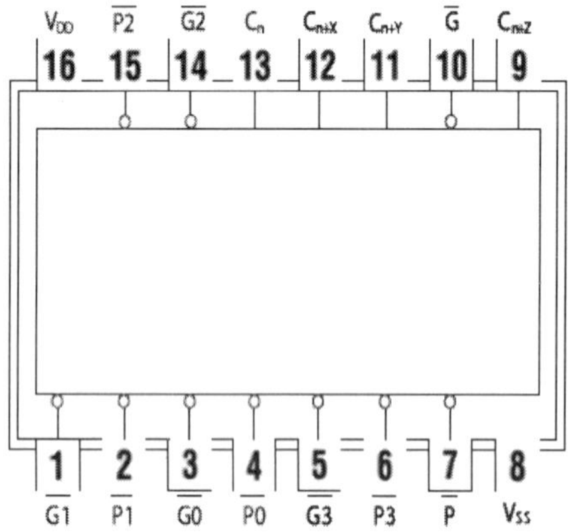

40192(BCD), 40193(BIN)
Presettable 4-Bit BCD(BINARY) Up/Down Counter

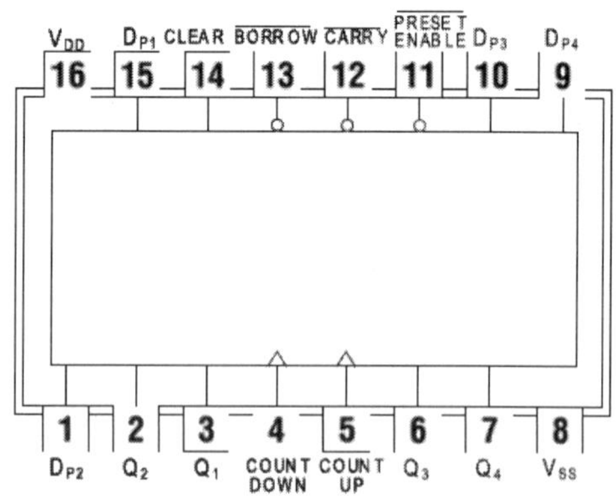

40194
4-Bit Bidirectional Universal Shift Register

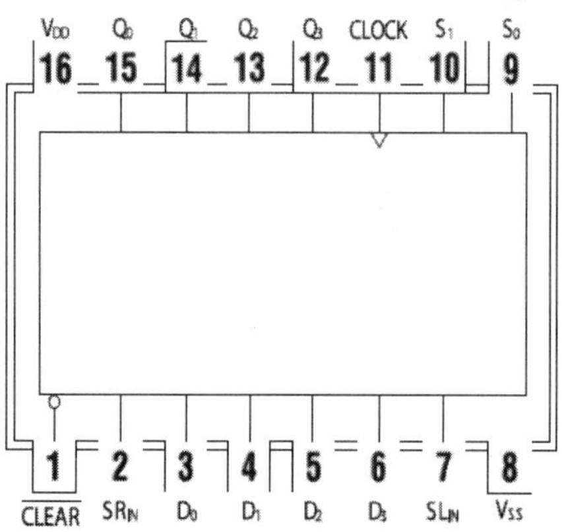

40195
4-Bit Parallel Shift Register

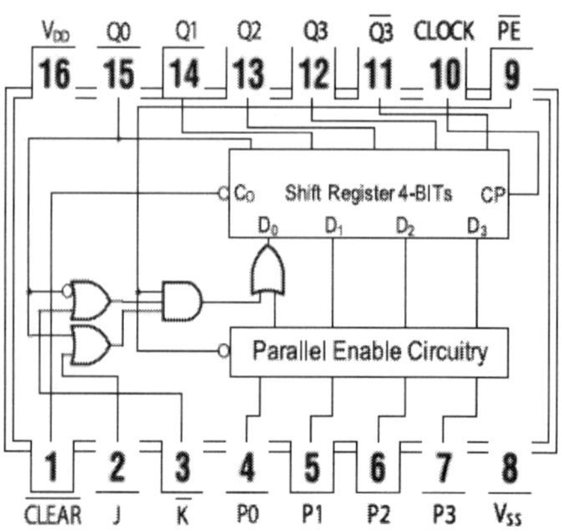

40208
4x4 Multiport Register

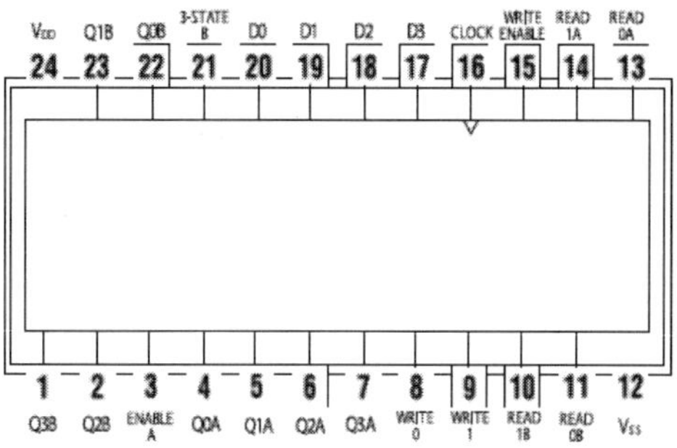

40240
Inverting Octal 3-State Buffer

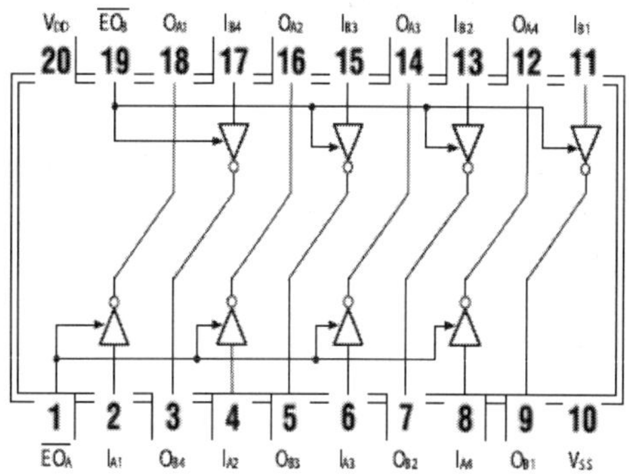

40244
Octal 3-State Buffer

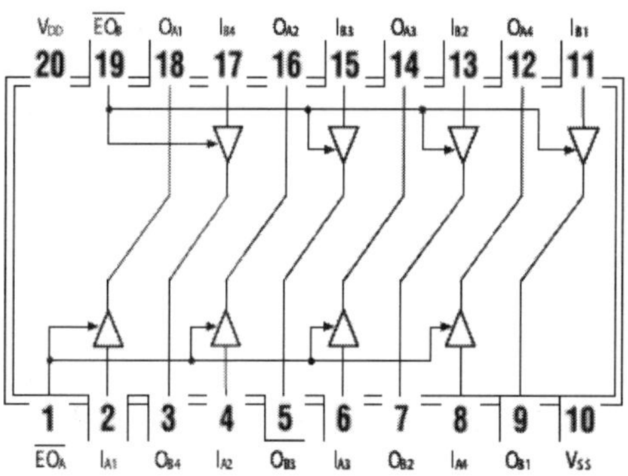

4501
Triple Gate(Dual 4-Input NAND, 2-Input NOR/OR, 8-Input AND/NAND)

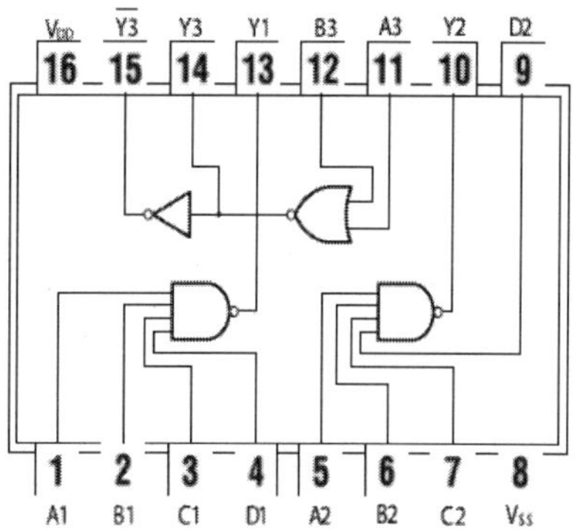

4502
Strobed Hex Inverter/Buffer

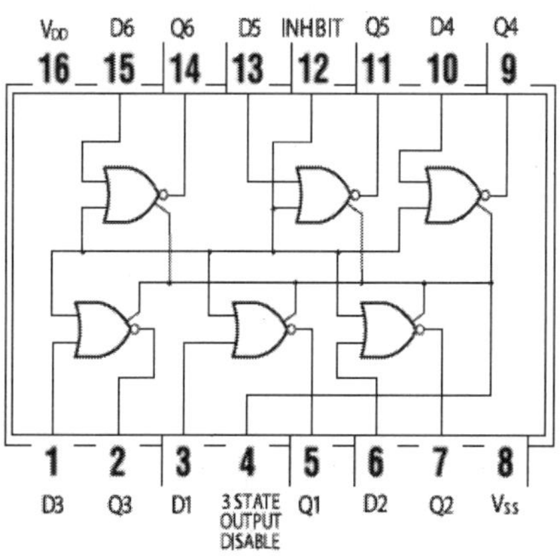

4503
Hex Non-Inverting 3-State Buffer

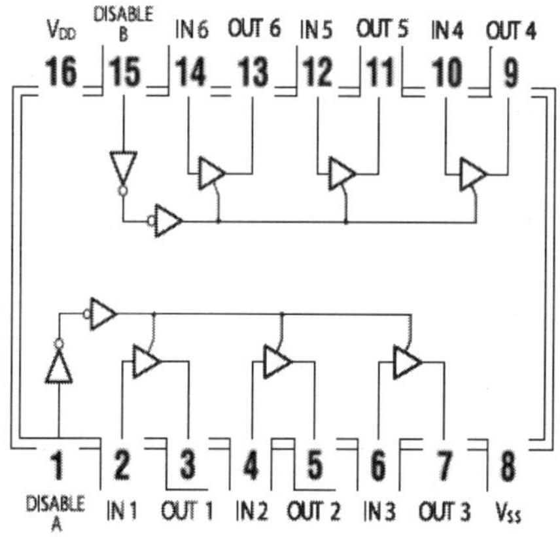

4504
Hex Level Shifter for TTL or CMOS to CMOS

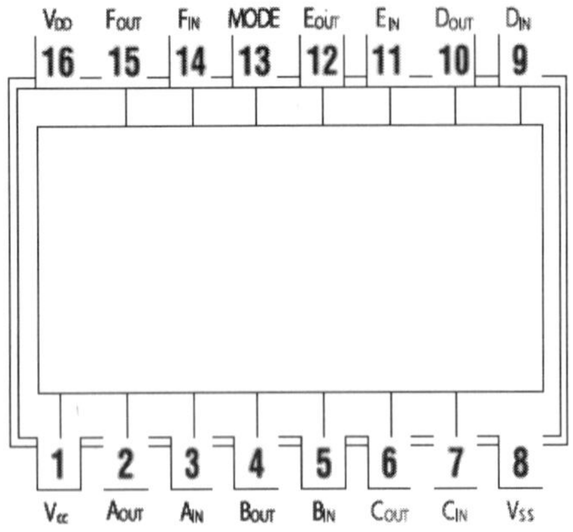

4506
Dual 2-Wide 2-Input Expandable AND-OR-INVERTER Gate

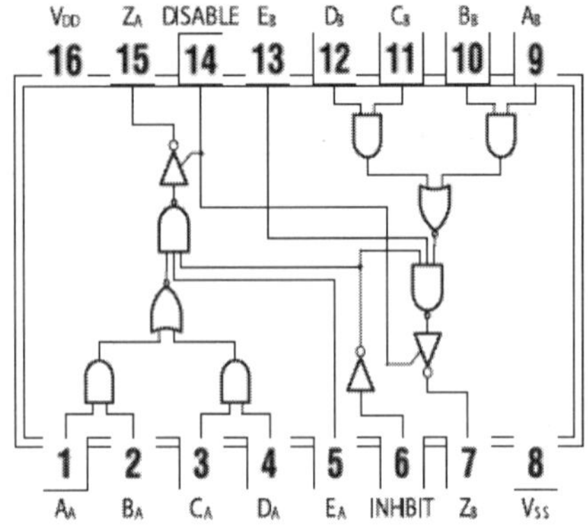

4508
Dual 4-Bit Latch

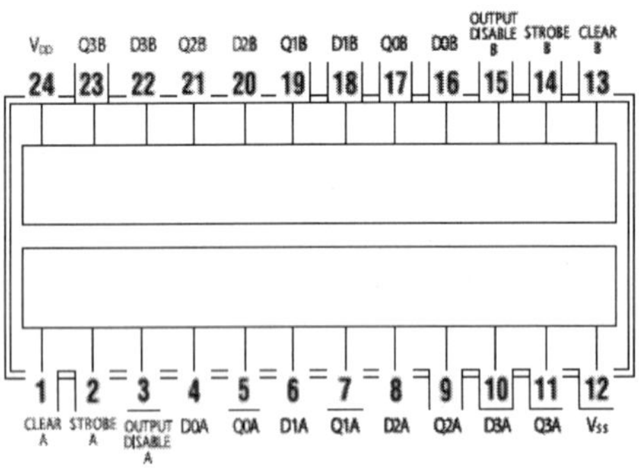

4510(BCD), 4516(BIN)
BCD(BINARY) Up/Down Counter

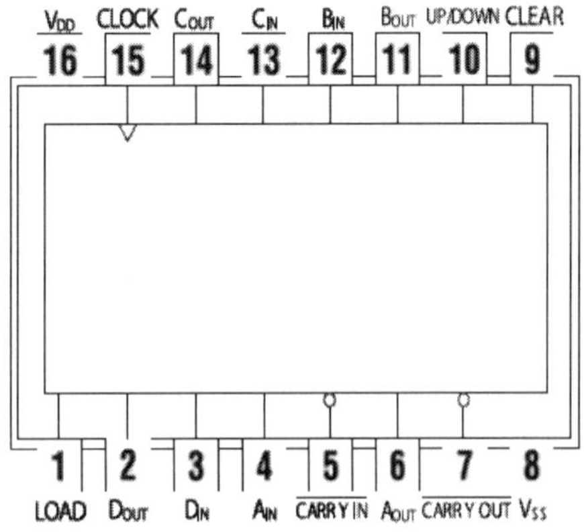

4511
BCD-to-7-Segment Latch/Decoder/Driver

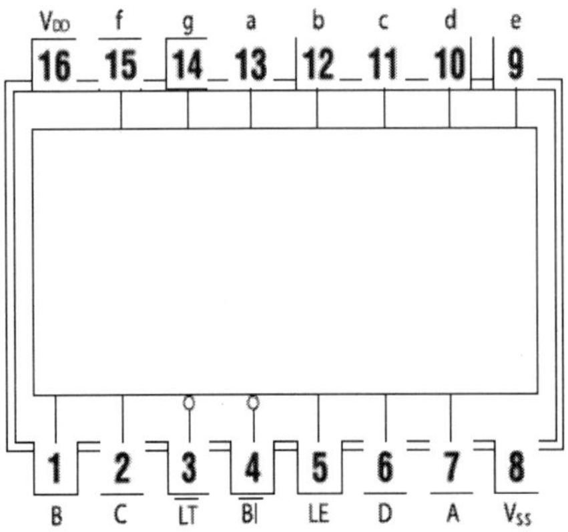

4512
8-Channel Data Selector

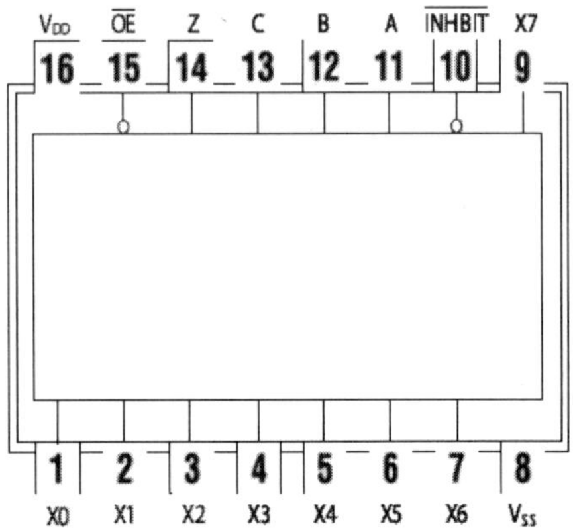

4513
BCD-to-7-Segment Latch/Decoder/Driver with Ripple Blanking

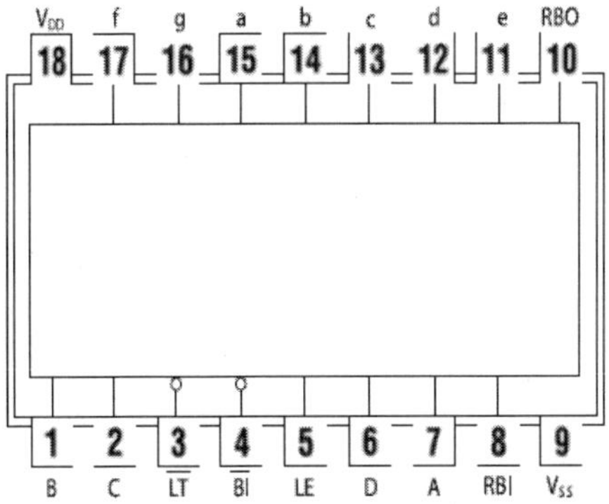

4514
4-Bit Latch/4-to-16 Line Decoder(Active High)

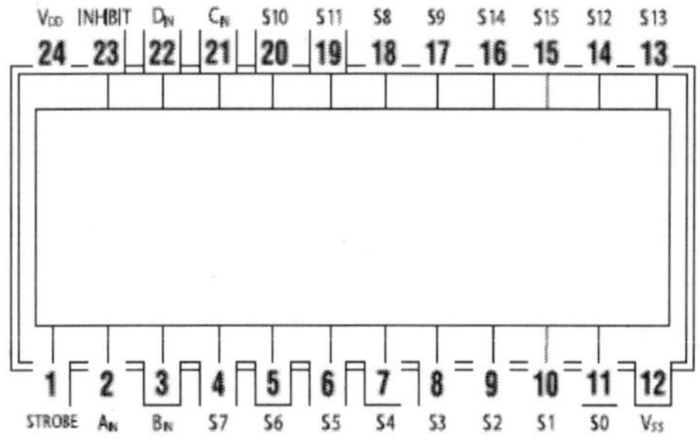

4515
4-Bit Latch/4-to-16 Line Decoder(Active Low)

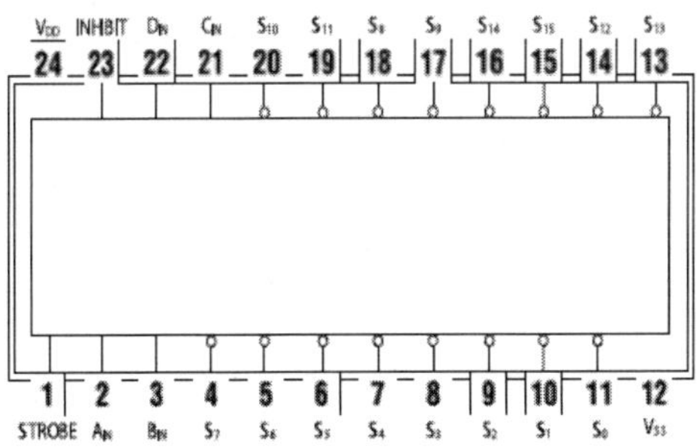

4517
Dual 64-Bit Static Shift Register

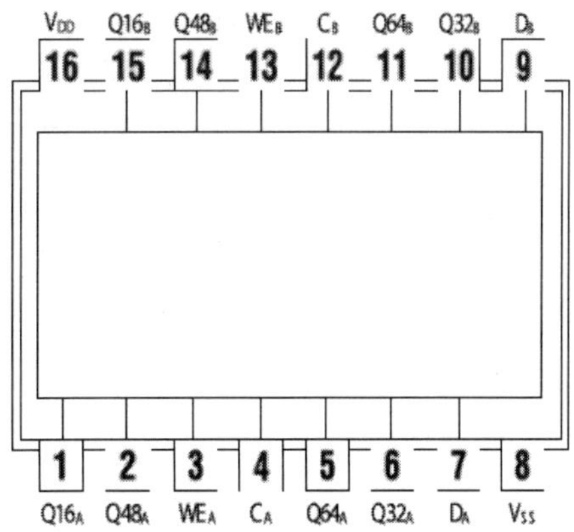

4518(BCD), 4520(BIN)
Dual BCD(BINARY) Up Counter

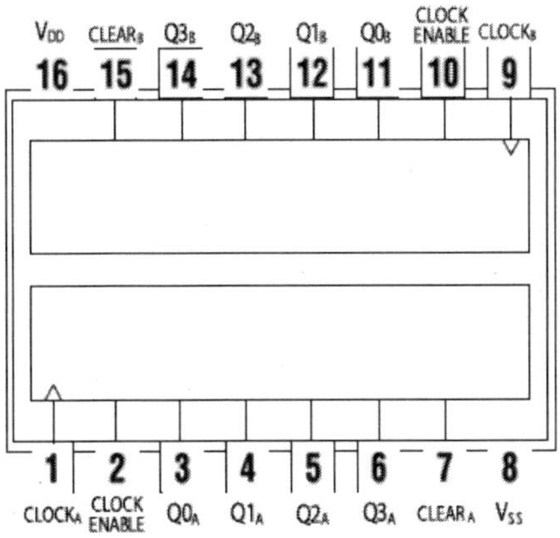

4519
4-Bit AND/OR Selector or Quad. 2-Channel Data Selector or Quad Exclusive NOR Gate

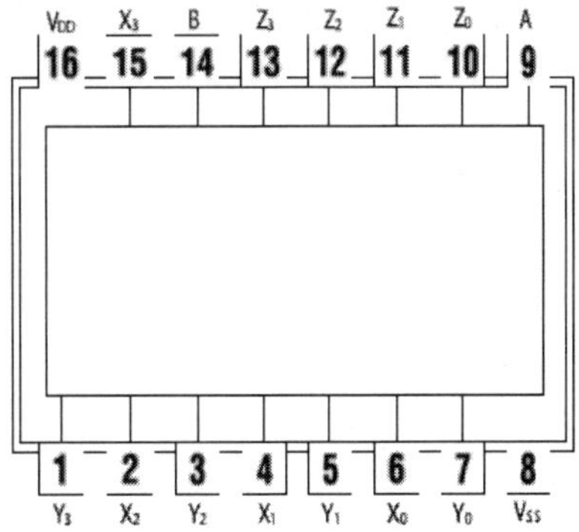

4521
24-Stage Frequency Divider

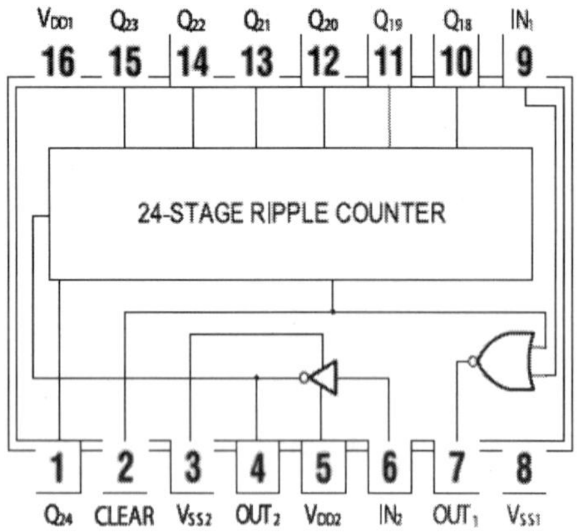

4522(BCD), 4526(BIN)
Programmable Divide-by-N 4-Bit BCD(BINARY) Counter

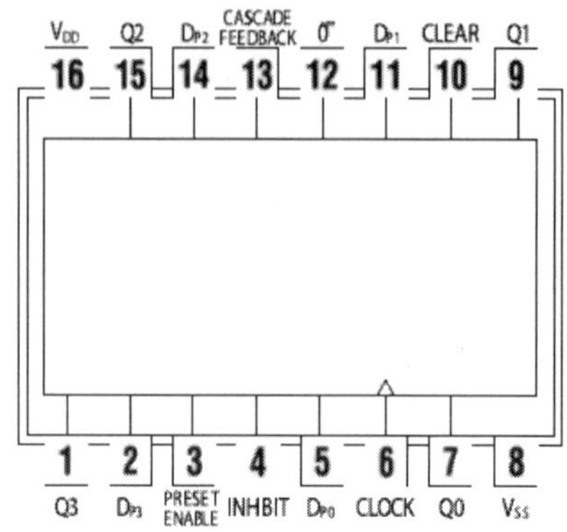

4527
BCD Rate Multiplier

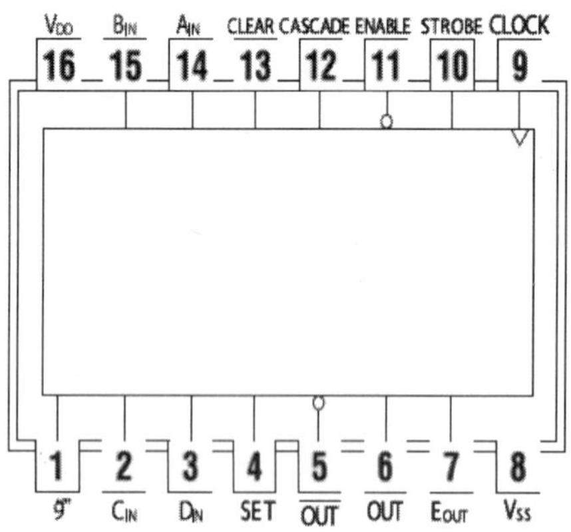

4528
Dual Monostable Multivibrator

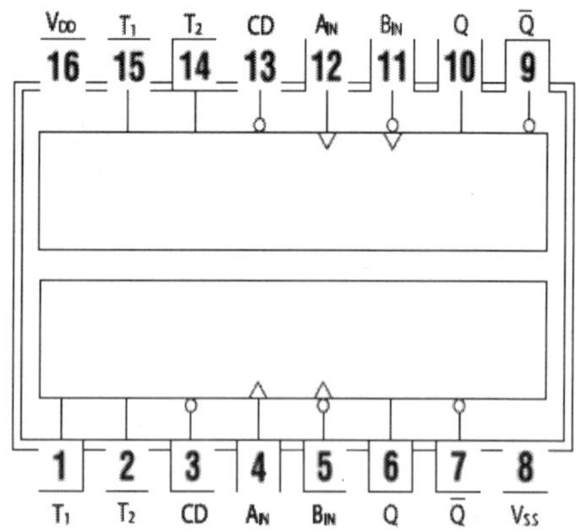

4529
Dual 4-Channel Analog Data Selector

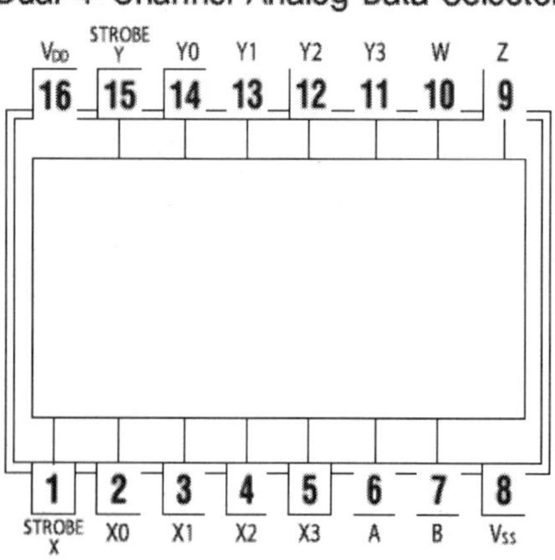

4530
Dual 5-Input Majority Logic Gate

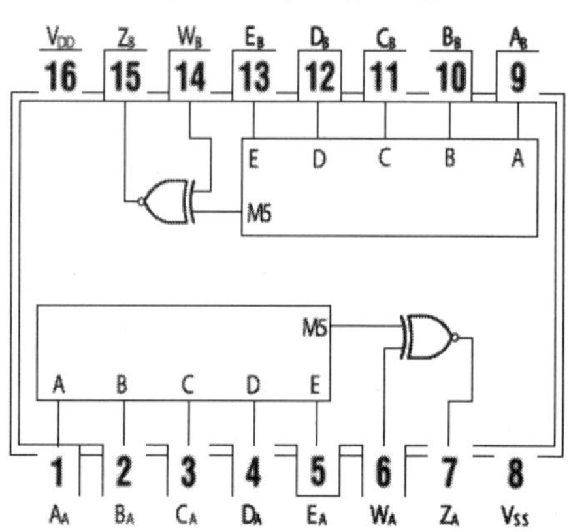

4531
12-Bit Parity Tree

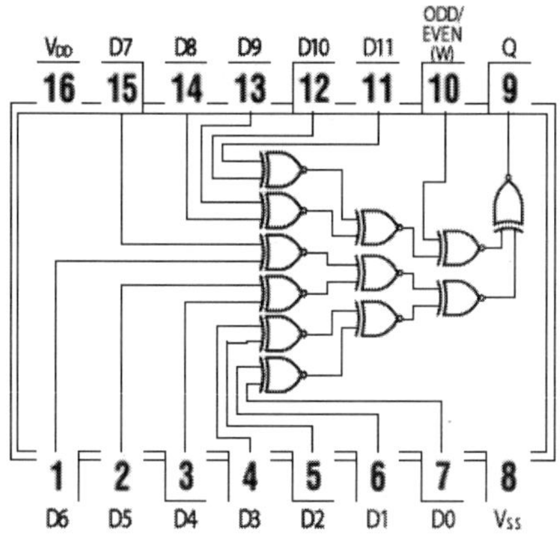

4532
8-Bit Priority Encoder

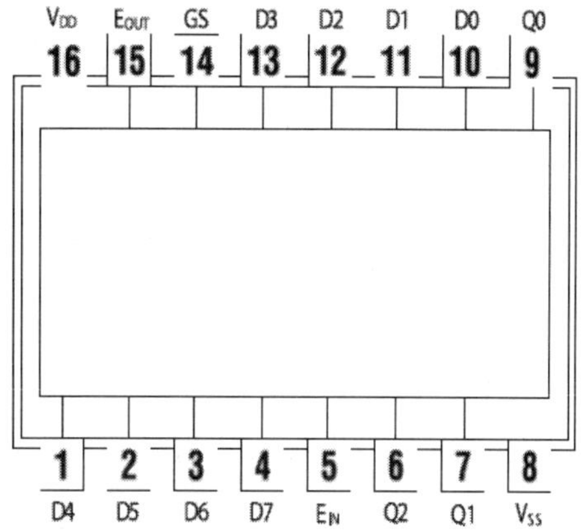

4534
Real Time 5-Decade Counter

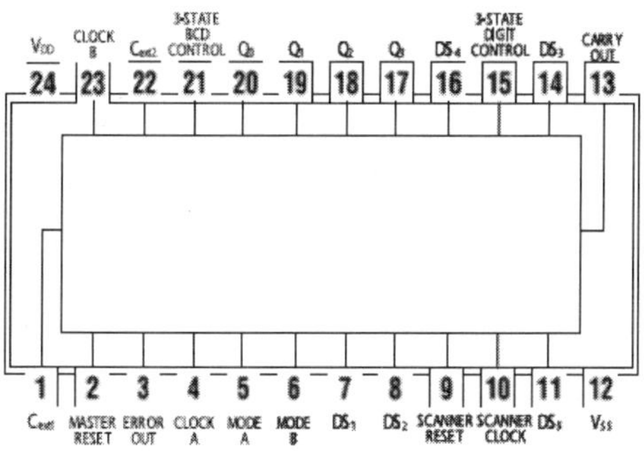

4536
Programmable Timer

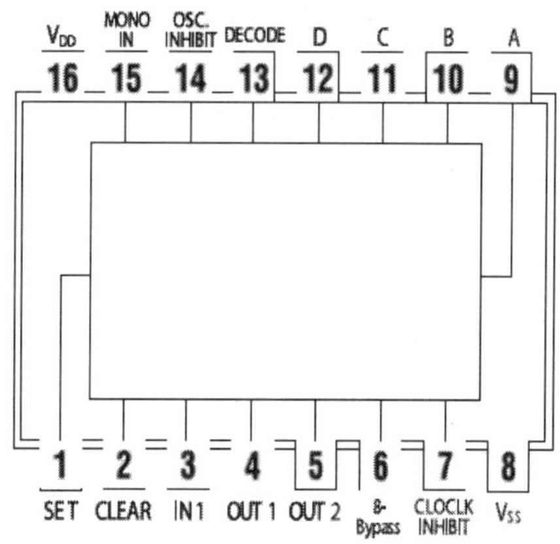

4538
Dual Precision Retriggerable/Resettable Monostable Multivibrator

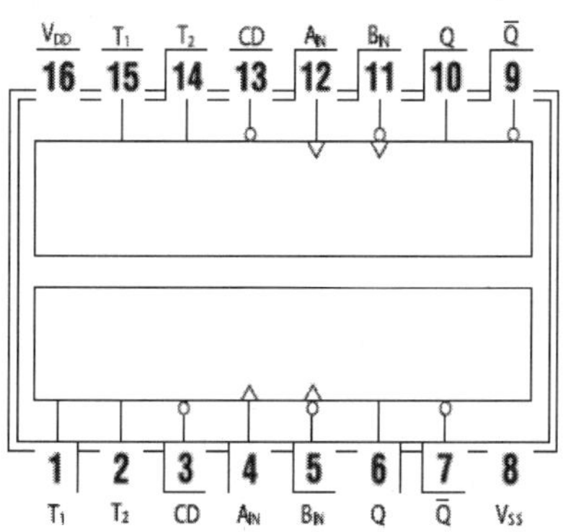

4539
Dual 4-Channel Data Selector/Multiplexer

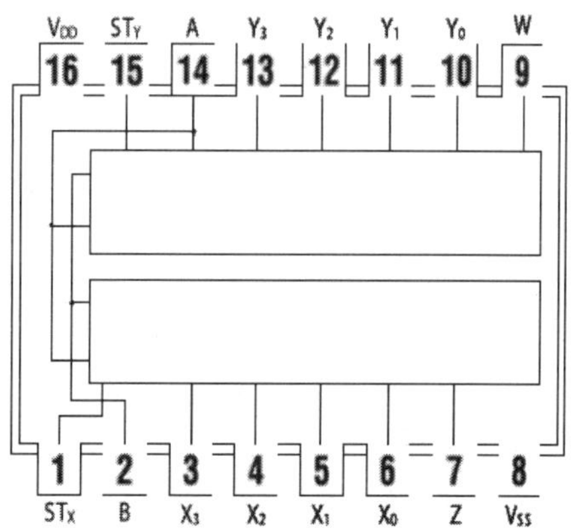

4541
Programmable Oscillator/Timer

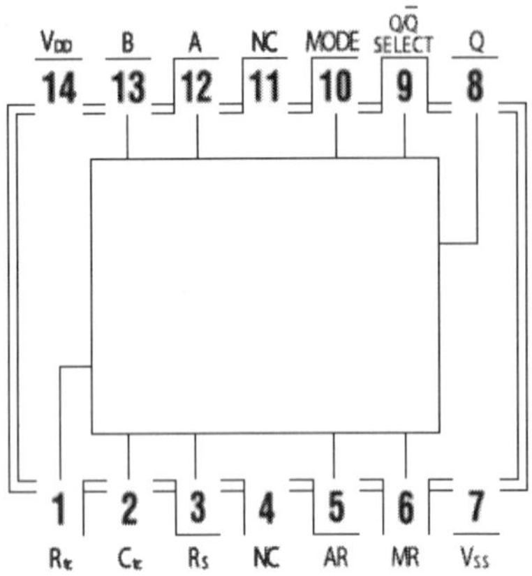

4543
BCD-to-7-Segment Latch/Decoder/Driver (for Liquid Crystal)

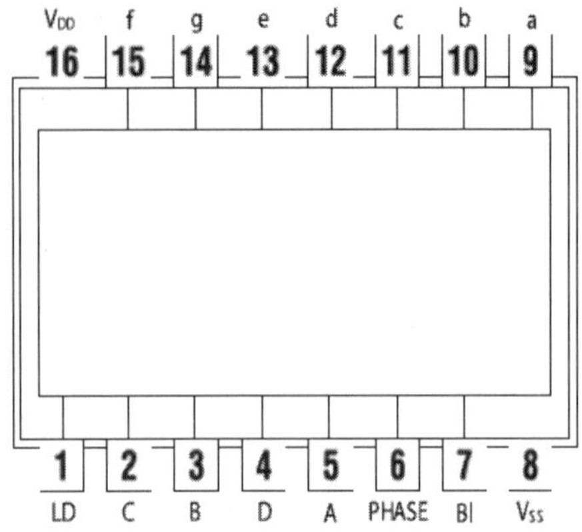

4544
BCD-to-7-Segment Latch/Decoder/Driver(for Liquid Crystal)

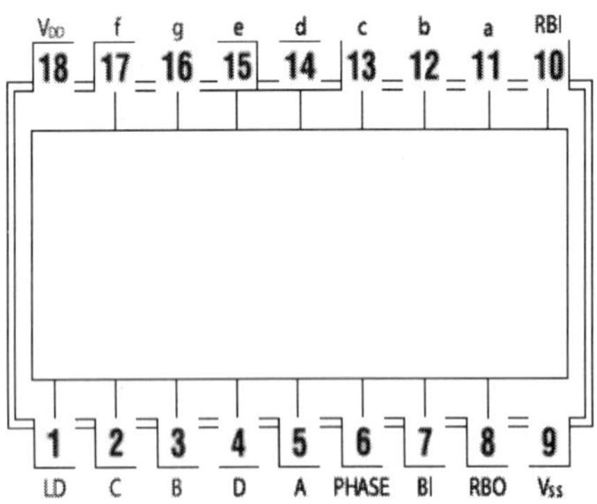

4547
BCD-to-7-Segment Decoder/Driver

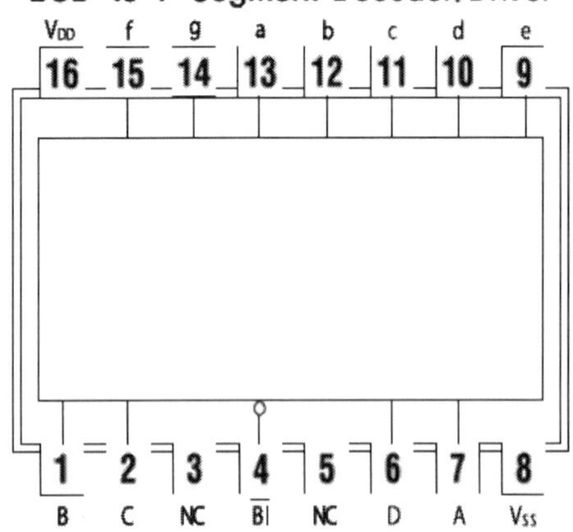

4549, 4559
Successive Approximation Registers

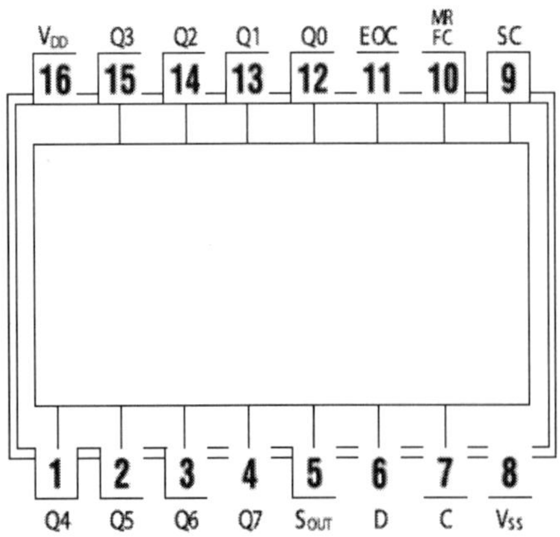

4551
Quad. 2-Channel Analog Multiplexer/Demultiplexer

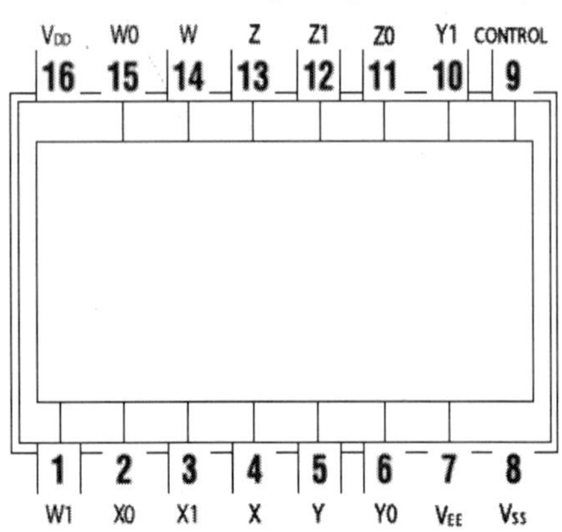

4553
3-Digit BCD Counter

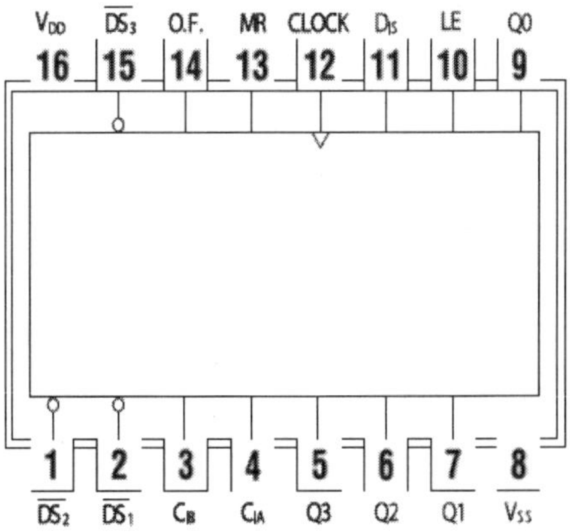

4554
2x2 Bit Parallel Binary Multiplier

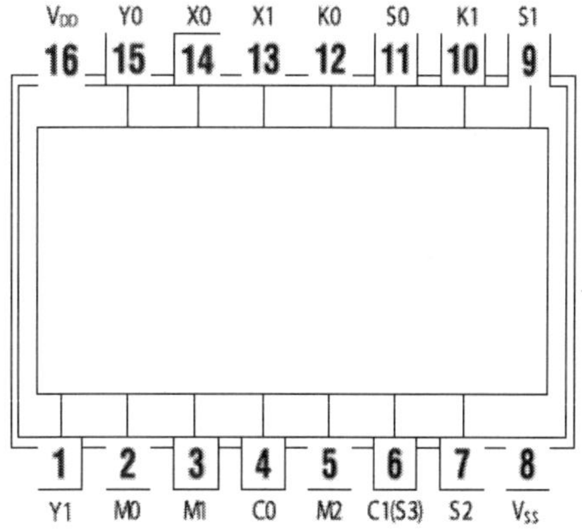

4555
Dual Binary to 1-of-4 Decoder/Demultiplexer (Active High Outputs)

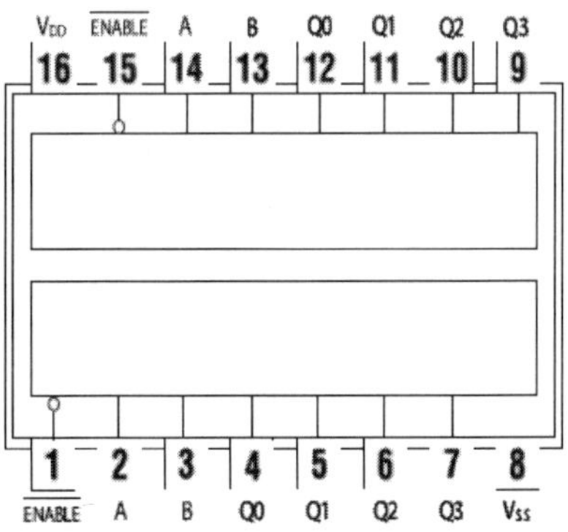

4556
Dual Binary to 1-of-4 Decoder/Demultiplexer (Active High Outputs)

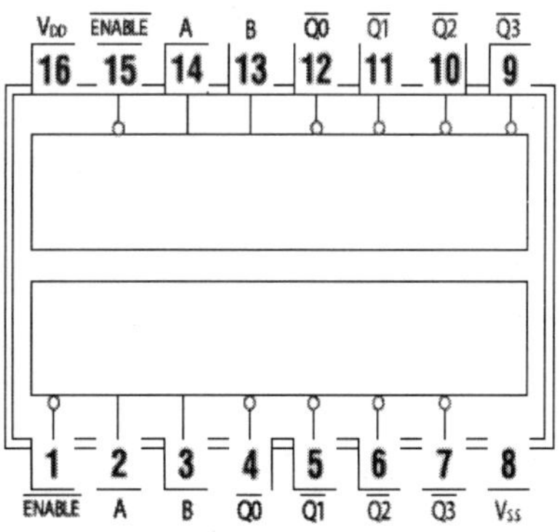

4557
1-to-64 Bit Variable Length Shift Register

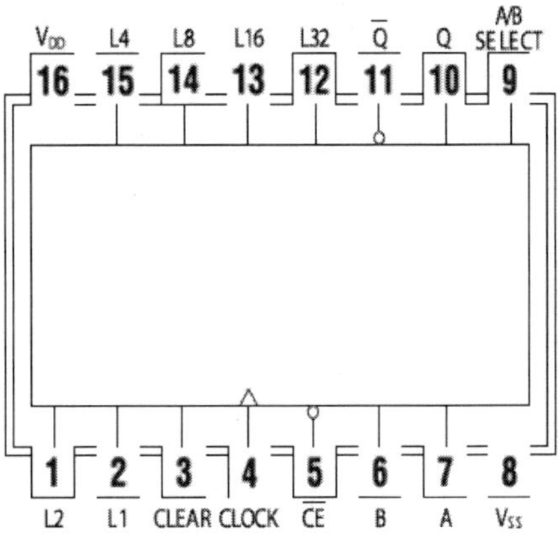

4558
BCD-To-Seven Segment Decoder

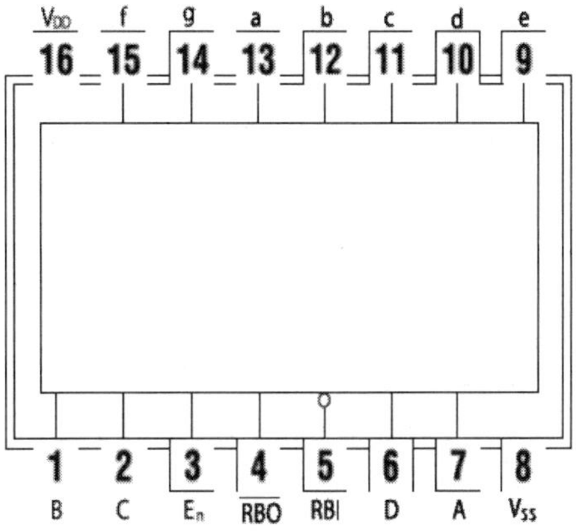

4560
NBCD Adder

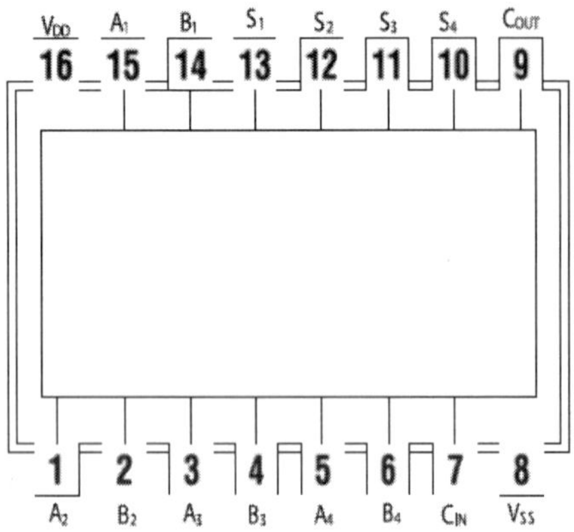

4561
9's Complementer

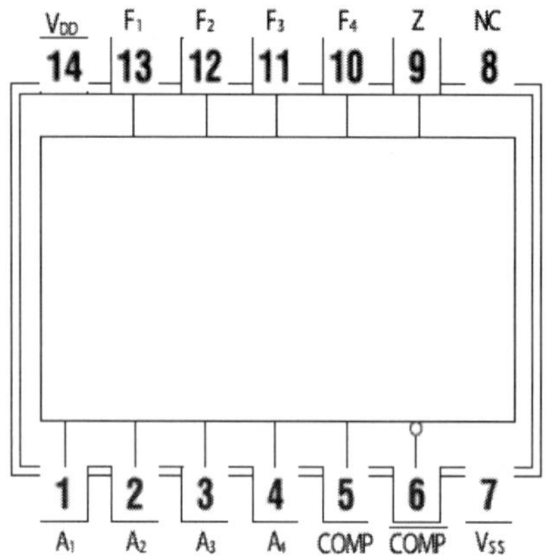

4562
128-Bit Static Shift Register

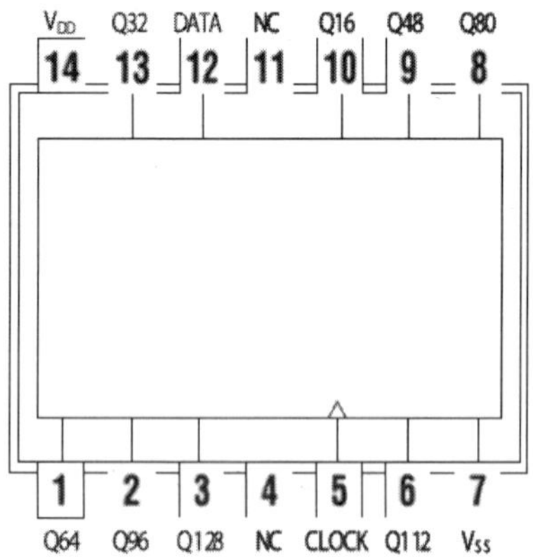

4568
Phase Comparator/Programmable Counter

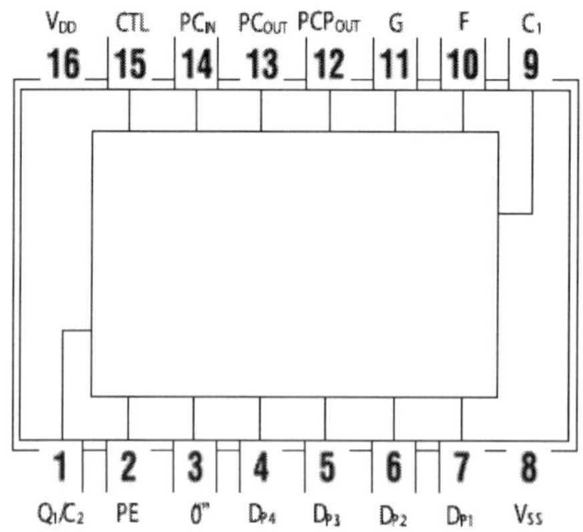

4569
Programmable Divide-by-N Dual 4-Bit Binary/BCD Down Counter

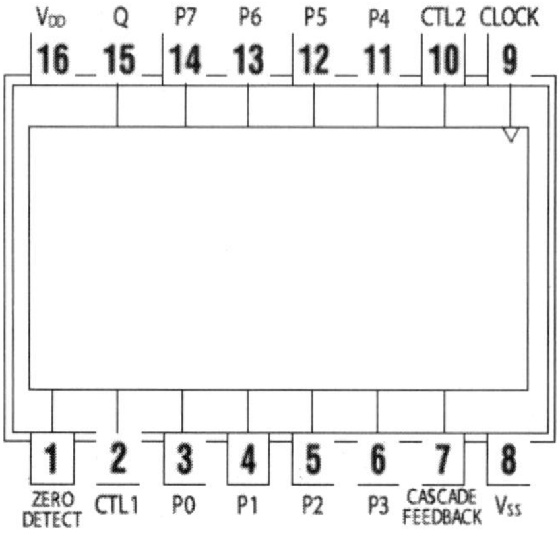

4572
Hex Gate(4 Inverter plus 2-Input NOR plus 2-Input NAND Gate)

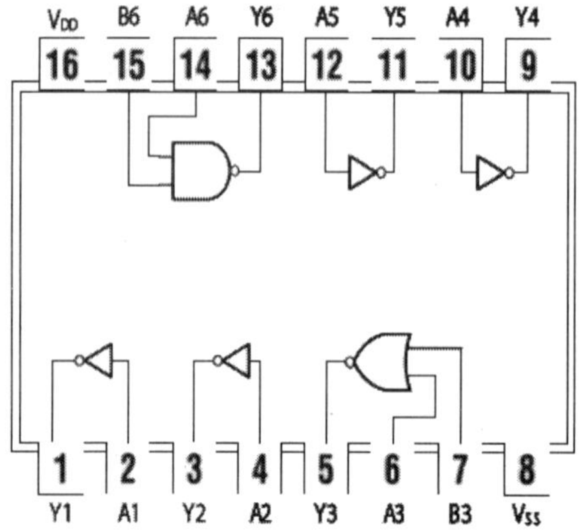

4580
4x4 Multiport Register

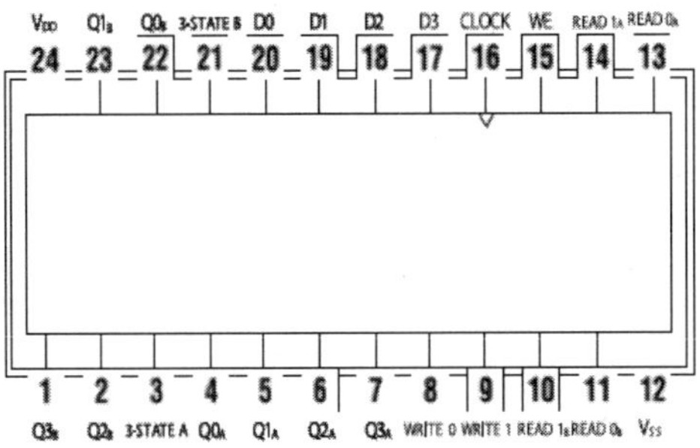

4581
4-Bit Arithmetic Logic Unit

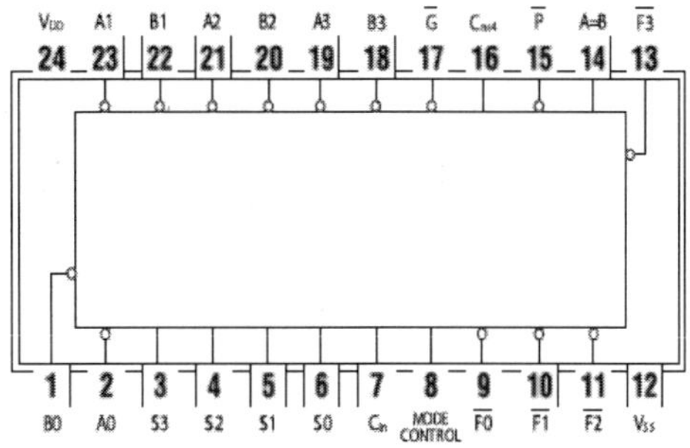

4582
Look-Ahead Carry Block

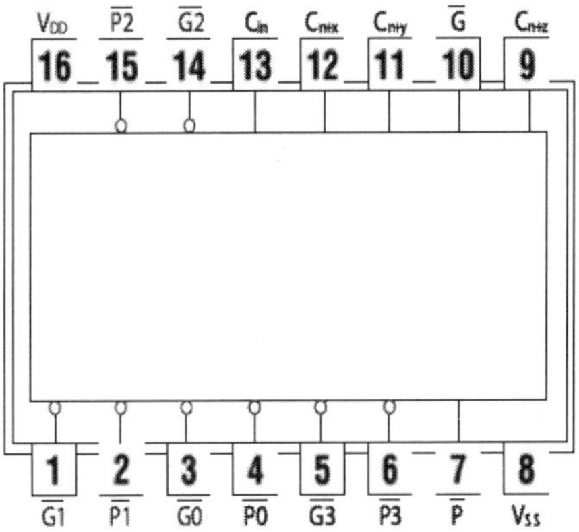

4583
Dual Schmitt Trigger

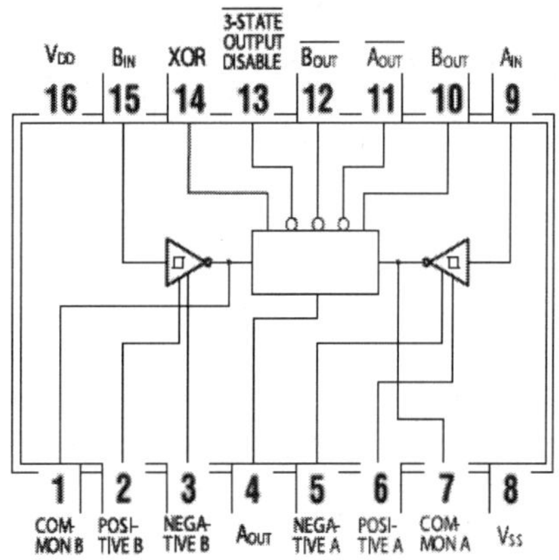

4584
Hex Schmitt Trigger

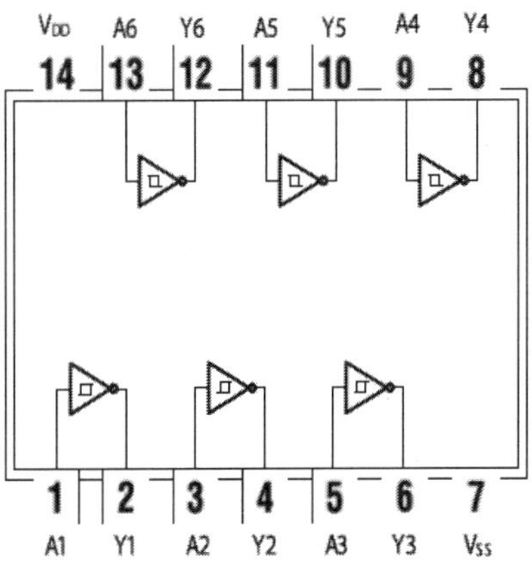

4585
4-Bit Magnitude Comparator

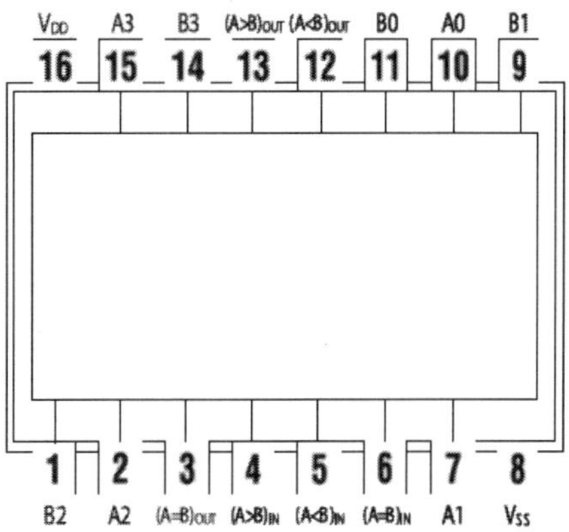

4597
8-Bit Bus-Compatible Counter Latch(3-State Output)

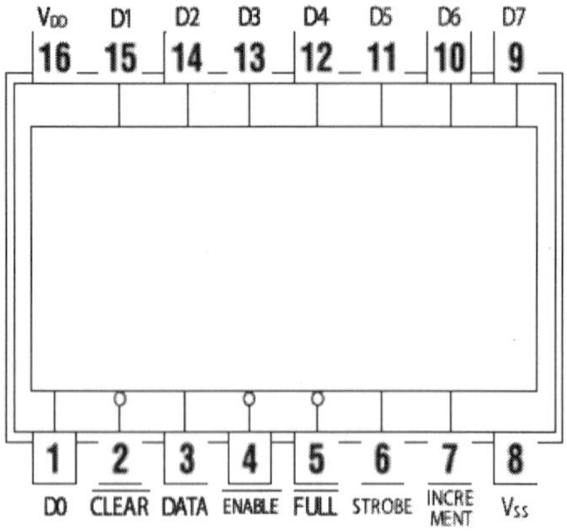

4598
8-Bit Bus-Compatible Addressable Latch(3-State Output)

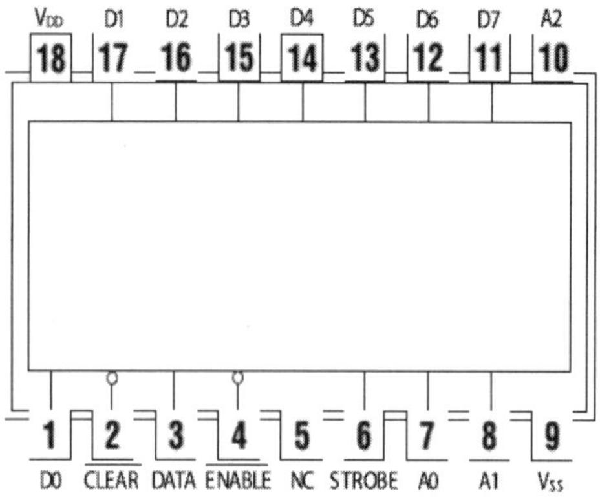

4599
8-Bit Addressable Latch

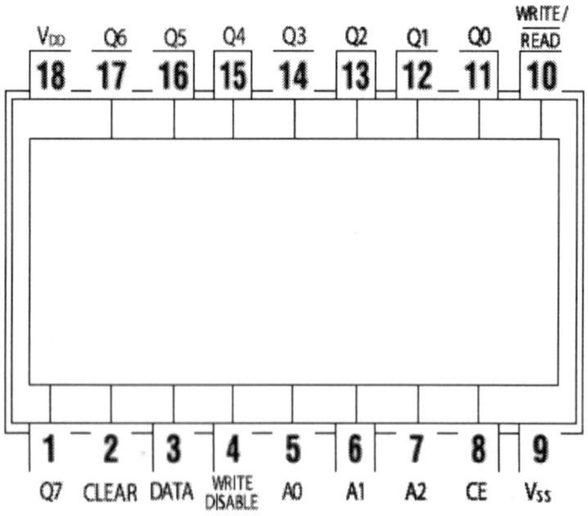

참고문헌

[1] 윤길중, **디지털논리회로**, 동일출판사, 1998

[2] 박송배, **디지털회로 및 시스템**, 문운당, 2008

[3] 황병원, **릴레이 무접점 순서제어**, 오옴사, 1994

[4] 윤대용 외 1인, **시퀀스제어회로**, 동일출판사, 1995

[5] 현근호, **PLC실무**, 경문사, 2007

찾아보기

[ㅂ]

[ㅅ]

[ㅇ]

[ㅈ]

[ㅊ]

[ㅋ]

[ㅌ]

[ㅍ]

◪ 지은이

현근호(玄根浩)
- 한양대학교 공과대학 전기공학과 졸업
- 한양대학교 대학원 전기공학과 졸업 (공학박사)
- 국방과학연구소(ADD) 연구원
- 현재 신성대학교 전기과 교수
- 강의분야: 시퀀스 및 PLC제어, 자동제어, 디지털공학
- 연구분야: 비선형 및 적응제어, 신재생에너지
- 이메일: hyunkh@shinsung.ac.kr

정일화(鄭日和)
- 경희대학교 공과대학 전자공학과 졸업
- 경희대학교 대학원 전자공학과 졸업 (공학박사)
- 현재 신성대학교 정보통신과 교수
- 강의분야: 정보통신공학, 디지털공학, 전산실무
- 연구분야: 컴퓨터네트워크, 디지털시스템
- 이메일: jungih@shinsung.ac.kr

무접점 시퀀스 제어를 위한

디지털 논리회로

지은이 현근호 · 정일화
펴낸이 조경희
펴낸곳 경문사
펴낸날 2013년 10월 28일 1판 1쇄
2018년 3월 5일 1판 3쇄
등 록 1979년 11월 9일 제313-1979-23호
주 소 04057, 서울특별시 마포구 와우산로 174
전 화 (02)332-2004 팩스 (02)336-5193
이메일 kyungmoon@kyungmoon.com
facebook facebook.com/kyungmoonsa

값 20,000원

ISBN 978-89-6105-730-1

★ 경문사 홈페이지에 오시면 즐거운 일이 생깁니다.
http://www.kyungmoon.com

한국과학기술출판협회 회원사